航天科技图书出版基金资助出版

固体火箭自主制导理论

许 志 张 迁 唐 硕 著

中国宇航出版社
·北 京·

图书在版编目(CIP)数据

固体火箭自主制导理论 / 许志，张迁，唐硕著. -- 北京：中国宇航出版社，2020.5
ISBN 978-7-5159-1787-0

Ⅰ. ①固… Ⅱ. ①许… ②张… ③唐… Ⅲ. ①火箭-自主制导-研究 Ⅳ. ①V448.131

中国版本图书馆 CIP 数据核字(2020)第 075768 号

责任编辑　张丹丹　　　封面设计　宇星文化

出版发行　中国宇航出版社
社　址　北京市阜成路 8 号　　邮　编　100830
(010)60286808　　(010)68768548
网　址　www.caphbook.com
经　销　新华书店
发行部　(010)60286888　(010)68371900
(010)60286887　(010)60286804(传真)
零售店　读者服务部
(010)68371105
承　印　天津画中画印刷有限公司

版　次　2020 年 5 月第 1 版
2020 年 5 月第 1 次印刷
规　格　787×1092
开　本　1/16
印　张　16.75
字　数　407 千字
书　号　ISBN 978-7-5159-1787-0
定　价　138.00 元

航天科技图书出版基金简介

航天科技图书出版基金是由中国航天科技集团公司于2007年设立的，旨在鼓励航天科技人员著书立说，不断积累和传承航天科技知识，为航天事业提供知识储备和技术支持，繁荣航天科技图书出版工作，促进航天事业又好又快地发展。基金资助项目由航天科技图书出版基金评审委员会审定，由中国宇航出版社出版。

申请出版基金资助的项目包括航天基础理论著作，航天工程技术著作，航天科技工具书，航天型号管理经验与管理思想集萃，世界航天各学科前沿技术发展译著以及有代表性的科研生产、经营管理译著，向社会公众普及航天知识、宣传航天文化的优秀读物等。出版基金每年评审1~2次，资助20~30项。

欢迎广大作者积极申请航天科技图书出版基金。可以登录中国宇航出版社网站，点击“出版基金”专栏查询详情并下载基金申请表；也可以通过电话、信函索取申报指南和基金申请表。

网址：http：//www. caphbook. com

电话：(010) 68767205，68768904

序

进入21世纪以来，空间快速响应技术受到了世界各航天强国的广泛关注和高度重视，可以预见该技术在未来空间探索、空间开发和空间应用等方面必将发挥越来越重要的作用。具有快速响应能力的固体运载火箭，凭借其快速机动发射、高可靠性、低成本等特点业已成为小卫星和其他快速进入空间载荷的理想载运工具。

当前，世界各航天大国都在努力研制和发展快速发射固体运载火箭相关的制导理论方法和应用技术，不遗余力地追求主动、快速控制空间，以满足未来空间应急保障的能力并提高在轨服务系统的维修性和维护性。在军事应用方面，目前大部分国家的天基系统在设计和研制过程中对防御措施的考虑较少，具有暴露性、开放性、脆弱性等特点，因而弹性空间发射系统已经成为发展趋势，这要求整体系统具备快速空间任务响应能力，以在未来完成空天联合作战环境下所必需的空间应急保障任务。而在民用航天方面，近年来小卫星逐渐呈现个性化、定制化和众筹化等特点，其发射服务方式逐渐由传统的工业搭载转变为商业购买，迫切需要运载火箭提供能力匹配、快速响应、灵活便捷、成本合理、系统规范的发射服务。因此，要求固体火箭制导算法必须具有快速响应即时任务的自主适应性和高可靠性。

不同于传统液体运载火箭在发射前推进剂能够根据发射任务进行调整，且能够在入轨点附近采用制导关机的方式来满足终端精度要求。快速响应的全固体运载火箭为提高可靠性取消了推力终止机构，发动机只能耗尽关机而无法根据制导指令进行主动关机。因此在面对不同载荷及不同轨道任务时，必然存在多余能量的耗散问题。在实际飞行过程中，发动机性能受环境温度影响显著，推力及秒流量呈现大散布特征和不确定性。此外固体火箭发动机具有工作时间短、推力大等特点，必须采用助推—滑行—助推的飞行模式才能将有效载荷准确送入目标轨道。因此，在快速发射高精度即时任务的需求下，对固体运载火箭制导技术适应飞行任务的自主性、大散差条件下的鲁棒性提出了更高的要求。

固体运载火箭制导方法的本质是求解具有固定能量约束的两点边值问题，因此本书主要对其制导方法面临的多级助推—滑行—助推模式下的动势能分配、耗尽关机方式下发动机能量管理以及速度控制过程对终端多约束的耦合抑制三个核心问题进行系统性阐述。本书作者长期从事固体运载火箭、弹道导弹以及各种先进组合动力飞行器的主动段制导技术研究，对新的制导理论和方法开展了大量的研究和攻关，并以理论与工程相结合的方式解决实际问题。本书的研究成果具有重要的理论意义和工程应用价值，对从事固体火箭主动段制导的设计人员具有很高的参考价值。

余梦伦

前　言

固体运载火箭凭借可快速机动发射、可靠性高、成本低等特点业已成为小卫星和其他快速进入空间载荷的理想运载工具，具有主动快速控制空间的能力，并能满足未来空间应急保障的需要。为提高火箭可靠性及结构质量比，当前固体火箭发动机移除了推力终止装置，导致其只能采用耗尽关机方式而无法根据制导指令进行主动关机。在飞行过程中发动机燃烧特性受环境温度影响变化显著，实际推力及秒流量呈现非线性且大散布的特点，要求制导方法具有强自适应性和鲁棒性。此外，固体运载火箭助推段由于工作时间短、推力大等特性，必须采用助推—滑行—助推的飞行模式才能具备对不同入轨任务的自适应能力。因此，在快速发射高精度入轨任务的需求下，对其制导技术适应飞行任务的自主性、大散差条件下的鲁棒性提出了更高的要求。

随着固体运载火箭技术的不断完善以及在快速发射需求下，无论是固体运载火箭的对地载荷为了适应更快、更准和任务多变的实战环境，还是空间载荷为了满足多约束的空间轨道，其制导技术必须采用具有较强自适应能力的制导算法，在理论上突破固体运载火箭助推—滑行—助推模式下自适应制导技术、耗尽关机方式下多约束能量管理技术以及参数偏差和不确定性条件下高精度入轨技术。在制导计算过程中不仅需要具有强实时性、高可靠性的特点，还必须减少对离线设计参数的依赖，对快速响应任务具有较强的自适应能力。综合固体运载火箭本身的特点以及快速发射不同载荷质量、高低入轨条件等即时任务的技术需求，其制导算法业已成为制约固体运载火箭发展的核心技术之一。

本书共 10 章：第 1 章介绍了固体运载火箭制导技术需求及其发展现状；第 2 章介绍了制导技术研究的飞行力学基础知识；第 3 章建立了固体运载火箭动力学模型并分析了固体运载火箭制导技术特性；第 4 章介绍了传统的摄动制导方法及其拓展的广义摄动制导原理；第 5 章介绍了远程运载火箭经典的闭路制导方法并提出了最优反馈的闭路制导方法；第 6 章介绍了具有制导关机能力的运载火箭迭代制导方法；第 7 章介绍了耗尽关机的固体运载火箭适应滑行—助推飞行模式的定点制导方法；第 8 章介绍了耗尽关机方式下固体运载火箭的能量管理方法；第 9 章介绍了多子级固体运载火箭适应助推—滑行—助推飞行模式的定点制导拓展方法；第 10 章综合验证并分析了固体运载火箭的自主制导技术。第 1~3 章为读者阐述了固体运载火箭制导技术的研究背景和意义、飞行力学基础知识以及动力学模型等共性问题。第 4~6 章回顾了运载火箭成熟的摄动制导方法、闭路制导方法以及迭代制导方法，并结合固体运载火箭的特点做出了相关的算法改进及完善。第 7~10 章针对多子级耗尽关机的固体运载火箭进行了系统的理论推导和综合验证，提出了具有自适应确定点火时间的定点制导方法和耗尽关机多约束能量管理方法；同时，考虑多子级助推—滑行—助推飞行模式以及能量管理方法的耦合影响问题，分别对定点制导方法的基础原理进行拓展及应用性改进；最后在快速发射不同载荷质量、高低入轨条件等即时任务需求下，综合验证了所提制导方法的高精度终端多约束能力、对参数偏差及不确定性的强鲁棒性以及不同任务的自适应能力。

本书是作者在吸收前人研究成果的基础上，结合研究团队在固体运载火箭制导领域 10 余年的研究成果撰写而成的，主要目的是在完善固体运载火箭主动段制导的理论体系的基础上，将理论与工程相结合，以解决实际工程中的问题。本书是作者团队长期、持续创新研究成果的积累和结晶。本书的出版离不开研究团队中每一位成员的努力工作，在此谨向对本书研究成果做出贡献的每一位成员致以诚挚的谢意！

本书编写分工如下：第 1~2 章由唐硕编写，第 3~6 章、第 10 章由许志编写，第 7~9 章由张迁编写。全书由许志统稿。参与收集资料和编写的人员还有张源、马宗占、张皓、张子祯、韩谨阳、刘家宁等同学，在此表示感谢！

本书可供从事固体运载火箭制导领域技术研究的工程技术人员、学者和相关专业的研究生参考。

由于作者水平有限，书中难免存在疏漏和不当之处，恳请读者批评指正。

作　者

2020 年 5 月

目　录

第 1 章　绪　论

1.1　固体运载火箭自主制导技术需求概述

进入 21 世纪以来，空间快速响应技术[1]受到世界各军事强国的广泛关注和高度重视。该技术首先在军事应用和民营航天领域得到了初步应用[2]，蕴藏了巨大的空间潜在优势，可以预见在未来空间探索、空间开发和空间应用等方面必将具有越来越重要的应用效益。快速发射提高了空间快速响应系统的快速性、操纵性以及维护性。在此背景下，固体运载火箭凭借其快速机动发射、高可靠性、低成本等特点业已成为小卫星和其他快速进入空间载荷的理想运载工具[3-4]。

当前，世界各航天大国都在努力研制和发展快速发射固体运载火箭的相关理论方法和应用技术[5]，不遗余力地追求主动、快速控制空间，以满足未来空间应急保障的需要，并提高在轨服务系统的维修性和维护性[6]。在军事应用方面，目前大部分国家的天基系统在设计和研制过程中对防御措施的考虑较少[7-8]，具有暴露性、开放性和脆弱性等特点，因而弹性空间发射系统逐渐成为新的发展趋势，这就要求整体系统具备快速空间任务响应能力，以在未来空天联合作战环境下完成所必需的空间应急保障任务。在民营航天方面，近年来小卫星逐渐呈现个性化、定制化和众筹化等特点，其发射服务逐渐由传统的工业搭载转变为商业购买，这些特点决定了运载火箭迫切需要提供能力匹配、快速响应、灵活便捷、成本合理、系统规范的发射服务[9-10]。

快速发射能力是影响空间快速响应操纵性和快速性的关键能力之一，固体运载火箭凭借其独特的快速机动发射能力业已成为“快速响应发射”任务的首要选择。目前固体运载火箭需要采用多子级助推—滑行—助推的飞行模式进入较高的卫星轨道，而且固体火箭发动机存在性能参数大散差的特性，在快速发射高精度入轨任务的需求下对其制导技术提出了更高的要求。综合固体运载火箭本身的特点以及快速发射不同载荷质量、高低入轨条件等即时任务的技术需求，其制导算法业已成为制约固体火箭发展的核心技术之一。

不同于传统液体运载火箭(或者具有液体上面级的固体火箭)在发射前能够根据发射任务对推进剂进行调整且能够进行制导关机，快速响应的全固体运载火箭，其发动机药柱由于预先装填并取消了推力终止装置，在面对不同载荷或不同轨道任务时，必然存在多余能量的耗散问题，导致以推进剂最省的闭环最优制导方法(液体火箭制导方法)无法适用于耗尽关机方式。此外，固体火箭发动机具有工作时间短、推力大等特点，必须采用助推—滑行—助推的飞行模式将有效载荷准确送入目标轨道。因此，固体运载火箭制导方法的本质是求解具有固定能量约束的两点边值问题，重点突破三大关键技术：1)固体运载火箭在助推—滑行—助推飞行模式下的自适应制导问题；2)耗尽关机方式下的多约束能量管理问题；3)在参数有偏差和不确定性条件下的高精度入轨问题。

本书重点研究多级固体运载火箭助推—滑行—助推飞行模式制导方法面临的终端多约束、轨道任务自适应以及耗尽关机能量管理等难题，从理论层面上解决速度增量固定的多段兰伯特问题及终端时间固定的两点边值问题。针对快速发射即时轨道任务，面对不同载荷质量(从最大载荷至空载荷)、高低太阳同步轨道(1 000~300km)等发射任务，制导方法具备对终端任务的在线自适应能力；针对运载能力不足的情况，制导方法需要尽可能地实现原定飞行任务，提高固体火箭制导技术的终端精度、鲁棒性以及自适应性，为增强空间快速响应制导技术的可靠性提供理论支撑。

1.2 固体运载火箭发展现状及特点概述

固体运载火箭已经在空间武器和运载火箭领域占据重要地位，尤其是以美国、俄罗斯为代表的世界航天强国已经拥有了多种固体运载火箭系列，可以在数小时至数天内快速将多种有效载荷送入空间[11]。

美国自20世纪50年代末开始研制固体运载火箭[12]，目前已经完成侦察兵、大篷车、雅典娜、飞马座、米诺陶、金牛座六个系列，如图1-1所示。俄罗斯基于战略导弹发展出多款快速响应运载火箭，如起跑号、隆声号、静海号等，其发射准备时间大多在14天以内。欧洲研制了织女号固体运载火箭，作为阿里安-5运载火箭和联盟号运载火箭的补充，

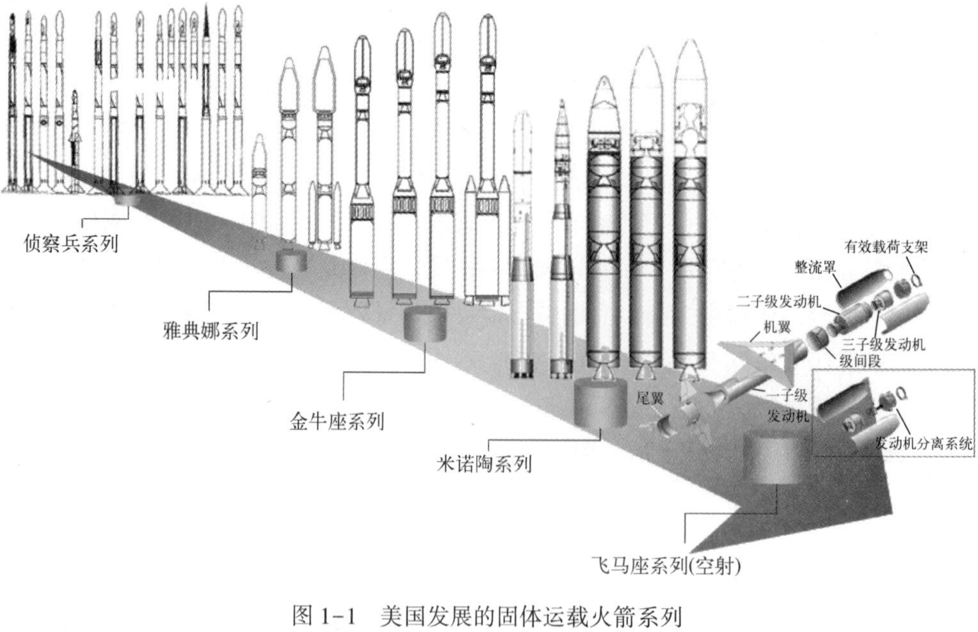

图1-1 美国发展的固体运载火箭系列

该型号用于发射政府和商用小型有效载荷，以降低发射成本。日本自1969年起先后研制了L系列、M系列、J-1等固体运载火箭，为降低发射成本，缩短发射周期，日本于2009年启动了新型固体运载火箭艾普斯龙的研制工作。印度自1995年起先后成功研制了SLV-3、ASLV固体运载火箭和PSLV固液混合运载火箭[13]，以色列和巴西等国家也都相继发展了各自的小型固体运载火箭。

我国在新一代全固体运载火箭的研制中已经开始部署一定程度上具备快速进出空间能力的产品，特别是CZ-11(长征十一号)和SD-1(捷龙一号)全固体运载火箭的成功研制[14]，极大地提高了我国运载火箭的快速发射能力，如图1-2所示。在研制过程中，其制导方法依然仅停留在满足预定发射任务的程度，无法实现对即时响应任务的快速发射。因此，为充分发挥全固体运载火箭快速进入空间的优势，需要在前期研究成果的基础上开展固体运载火箭在线自主制导技术研究，进一步提高固体火箭的多任务适应性与可靠性。

(a) CZ-11　(b) SD-1

图1-2　我国快速发射的全固体运载火箭

固体运载火箭的上升段在飞行过程中从大气层内快速跨越至真空环境并进入目标轨道，包含多子级飞行任务和多阶段助推滑行模式。图1-3展示了艾普斯龙固体运载火箭上升段飞行时序及任务剖面[15]。当运载火箭进入真空环境后，大气压强及火箭所受的气动力可以忽略，运载火箭所受的气动载荷及气动角等过程约束也随之消失，为其制导算法的设计提供了更大的空间。此外，不同于液体火箭具有的主动关机能力，固体火箭发动机若要实现主动关机，需要采用反向喷管作为推力终止装置。在用碳纤维或有机纤维缠绕制造的发动机壳体顶部安装反向喷管，既在生产工艺上增加了制造难度，又破坏了原本的结构[16]，如图1-4所示。取消了推力终止装置的固体运载火箭，一方面必须采用助推—滑行—助推的飞行模式完成空间轨道任务，另一方面只能采用推进剂耗尽的方式来进入目标轨道。因此，在飞行轨迹设计和制导技术研究中，助推—滑行—助推的制导模式以及耗尽关机速度管控是不可回避的问题。

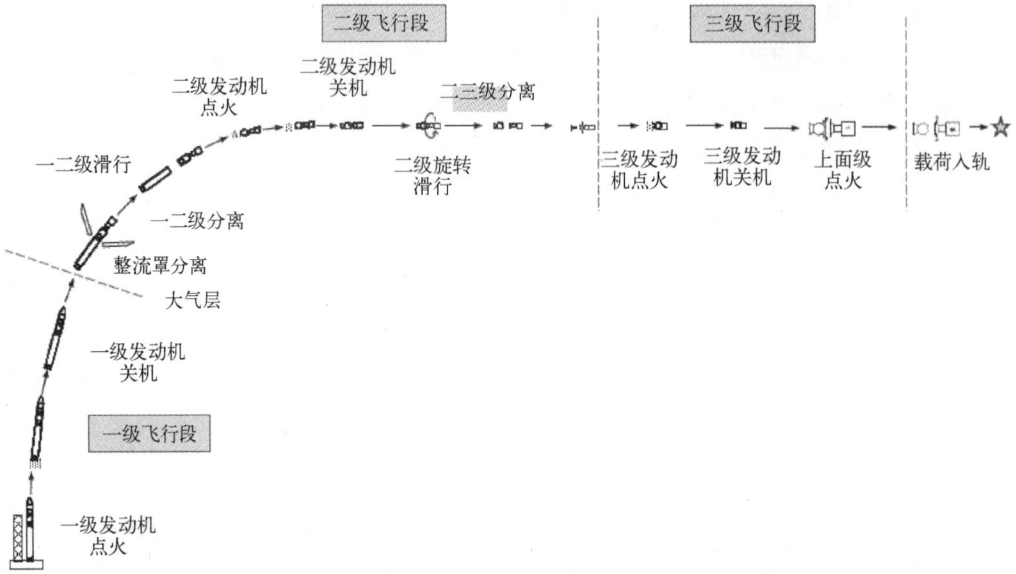

图 1-3　艾普斯龙固体运载火箭上升段飞行时序及任务剖面

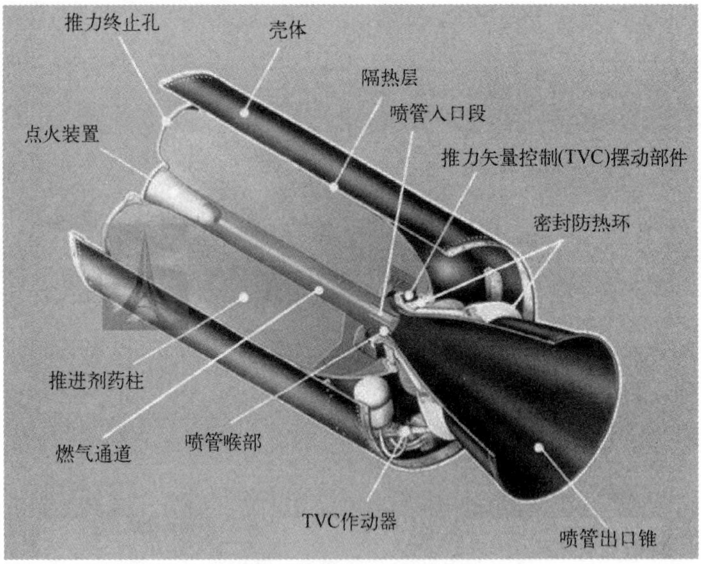

图 1-4　固体火箭发动机推力终止装置示意图

1.3　适用助推—滑行—助推的轨迹优化研究现状

固体火箭轨迹优化问题可描述为，一组包含微分-代数约束和不等式约束的非线性最优控制问题，即在满足各种约束条件下，寻找系统的动态输入，使某种特定的性能指标最小化。最优控制问题的起源可追溯至 17 世纪由伯努利(Bernoulli)提出的著名捷线(Brachistochrone)问题。经过上百年的研究，最优控制理论得到了充分的发展并取得了长足的进步。早在 1847 年，柯西(Cauchy)就提出了经典的极值梯度算法；20 世纪 50 年代，贝尔曼(Bellman)推导了最优性充分条件，完成了动态规划方法的奠基工作；1962 年，庞特里亚金(Pontryagin)为解决包含约束条件的最优控制问题提出了极大(极小)值原理，该方法得到砰砰控制的最优控制解。但是随着约束条件的增多以及所考虑问题的复杂性，传统的方法已经很难求解到最优控制问题的解析解[17-18]。由于商业计算机的普及以及计算性能的飞速提升，轨迹优化方法逐步由解析求解向数值求解转变[19-20]。数值方法将连续时间的轨迹优化/规划问题通过某种途径转换为近似的、在有限空间内的、具有一定精度的离散优化问题，通过求解离散问题而得到原问题的解，逐渐形成了以数值计算结合轨迹优化/规划的计算制导方式——“计算制导和控制”(Computational Guidance and Control)。轨迹优化迭代计算过程如图 1-5 所示。

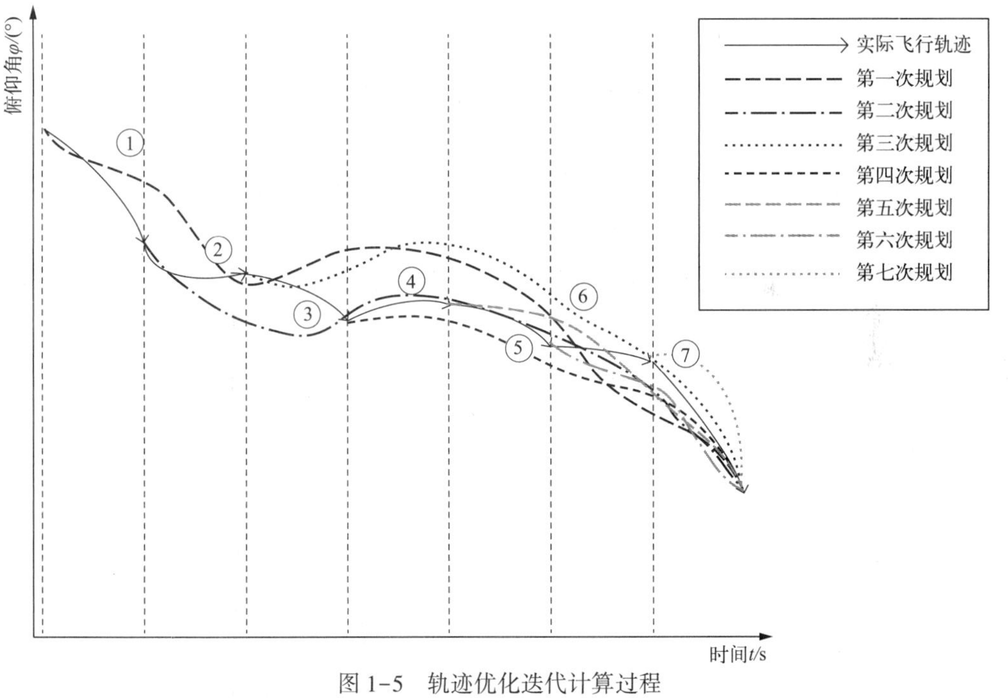

图 1-5 轨迹优化迭代计算过程

1.3.1 基于间接法的轨迹优化

对于液体运载火箭或者装配液体上面级的固体火箭，推进剂最省(或者载荷质量最大)是重要指标之一。很多学者以间接法庞特里亚金极大值原理为基础，推导最优轨迹的一阶必要条件，将轨迹优化问题转化为两点边值问题[21-22](Two-point Boundary Value Problem, TPBVP)，并研究了最优闭环制导方法以求解燃料最省的上升段制导问题。Ping Lu 和

Dukeman 等人[23-25]在大气内更为复杂的飞行环境下，根据最优控制原理证明了最优推力矢量方向和乘子矢量之间的理论关系。大量研究表明，对于小推力火箭或者高轨道任务，采用助推—滑行—助推的飞行模式能够减小燃料消耗或者增大入轨质量[26-27]。一般情况下，两点边值问题的解析解难以求得，必须通过数值算法进行求解。常用的数值算法有：有限差分法[28]、间接配点法[26]、间接打靶法[29]以及奇异摄动法[31-33]等。针对具有最优滑行弧的两点边值问题，文献[30]和文献[31]分别采用了解析和数值的混合法、解析多重打靶法来求解，并通过与现存的标准优化工具进行对比，验证了该方法能够快速、可靠地收敛至最优解。

虽然间接法能够得到控制量的精确表达式，且精度较高，但是存在以下缺点[32-34]：

1)基于极大值原理的最优性的一阶必要条件的推导非常复杂，并且通用性差；

2)算法的收敛域小，必须对未知变量的初值给出较为精确的估计；

3)协态变量的物理意义不明确，难以给出合理的初始猜测值；

4)需要预先确定轨迹的约束段和非约束段。

间接数值算法的上述缺点成为实际工程应用的主要障碍。而 20 世纪 60~70 年代，基于最优控制原理的迭代制导方法[35](Iterative Guidance Mode，IGM)和动力显式制导[18,36](Powered Explicit Guidance，PEG)则是采用解析迭代格式进行制导求解的两种工程应用方法。在微分方程的计算方面，通过合理的假设与简化[37-39]，得到微分方程的原函数并选取合适的迭代变量，构造出非线性方程组的一维解析迭代格式，尽管在算法最优性上有所欠缺，但保证了算法的实时性和收敛性。

随着箭载计算机技术和制导理论的发展，当前液体运载火箭的制导方法已经由迭代制导或动力显式制导向多任务的故障可重构自主制导技术发展。美国国家航空航天局(NASA)在新一代太空发射系统(Space Launch System，SLS)任务计划中[40]，将解析迭代格式的动力显式制导与间接数值优化方法进行对比[41]，结果表明，动力显式制导虽在飞行轨迹的最优性上略有欠缺，但在算法实时性、可靠性和收敛性方面均具有明显的优势。因此，太空发射系统中重型运载火箭采用了基于改进的解析迭代格式动力显式制导方法，而非依赖于大量数值滚动优化的间接法，以解决液体火箭故障可重构、多约束、高精度入轨等问题[45-46]。

1.3.2 基于直接法的轨迹优化

直接法采用参数化方法将状态变量和控制变量离散化[42]，使连续时间的最优控制问题转化为非线性规划问题(Nonlinear Programming Problems，NLP)，由相应的 NLP 求解器对数值问题进行求解计算来得到最优轨迹[46]。目前序列二次规划(Sequential Quadratic Programming，SQP)法和内点法(Interior Point Methods，IPM)是求解 NLP 的主要优化算法，在各种轨迹优化软件中都得到了应用[43-44]。由于直接法种类繁多，包括直接打靶法、多重直接打靶法、遗传算法、配点法以及凸优化方法等，本书重点介绍在运载火箭上研究较多的伪谱法和凸优化方法。

伪谱法是近几年发展起来的一种全局配点法[45-46]，采用全局正交多项式作为配点函数，以正交多项式(或正交多项式的导数)的零点作为节点对状态方程进行离散，然后采用加权的拉格朗日(Lagrange)插值多项式对控制量和状态量进行逼近，以插值多项式为基础求得状态量的导数，最后考虑各种约束[47]来构造 NLP。根据选用的正交多项式不同[48]，伪谱法分为高斯伪谱法[49]、拉道伪谱法[50]、勒让德伪谱法[49,51]以及切比雪夫伪谱法[52-53]。对于光滑最优控制问题，伪谱法的收敛速度快、精度高、收敛域大，但是对于非光滑问题或混合问题[54]，伪谱法将产生严重的问题，如收敛速度急剧降低、精度变差、不能精确处理内点约束等。另一方面，即使对于光滑问题，伪谱法也可能需要过高阶次的全局多项式对最优控制问题进行精确逼近，进而导致 NLP 变得稠密并影响计算效率，甚至导致 NLP 出现病态而不能求解[55]。由于配点数呈现中间稀疏而两端密集的状态，当变量变化较大时，稀疏的配点不能准确捕获变量的变化规律且误差较大，因此 Darby 等人提出了可自适应调节配点数和离散区间数的多区间 HP 伪谱法[56-57]。该方法是一种同时调整轨迹区间划分数量、区间宽度和各个区间的多项式阶次的伪谱法，通过增加划分区间的数量提高计算精度[58]。

凸优化方法是研究 NLP 的一个重要手段，是针对一类特殊问题的快速、稳定的全局优化算法[59]。近年来该方法被广泛应用于航空航天领域，尤其是太空探索技术公司(SpaceX)的猎鹰火箭针对一子级回收段的制导技术[60-61]，采用了过去一直停留在理论阶段的凸优化算法，极大地推动了在线制导技术的进步。根据火箭动力学模型将非凸的轨迹优化问题转化为由凸函数描述的凸优化问题，从而使原始的 NLP 求解，具有一般数值优化算法收敛域大的优点，并且还具有更快的收敛速度[62]。在实际计算过程中，凸优化算法具有多项式时间复杂度，从而保证在给定精度条件下具有求解时间可控的收敛效率，能够在预先确定的迭代次数上限内收敛，且迭代次数几乎与问题的维数无关[63]。另外，求解凸优化问题时采用的原始-对偶内点法，对于一些特定的凸优化问题，该求解器不依赖于任何初始猜想条件并且能够可靠地求解[64]。但是，由于固体运载火箭的动力学特性具有高度非线性并且需要考虑严格的(非凸的)过程约束条件，需要采用序列优化的技术对线性问题的解进行逼近[65]。早期凸优化方法不能确保在控制量约束及状态约束下的轨迹凸化是无损的，文献[66]建立了在状态约束作用下的普遍凸化理论并推广至具有控制量约束的情况，证明了在无状态约束作用下或处于瞬时有限数量状态约束作用下的最优轨迹，凸化过程是无损的。文献[67]针对轨迹凸化问题，从理论上将有限时间间隔上的状态约束进一步拓展至连续多状态的约束以及具有控制量约束的作用，拓展了飞行器轨迹无损凸化的范围。

由于固体运载火箭的在线制导需要快速、可靠地实时求解制导指令，且最优化方法在数值解算过程中是以线性解迭代逼近至非线性解，并没有从数学原理上证明多约束下非线性解的收敛关系，因此均无法保证非线性解的收敛性和收敛时间。伪谱法大量的计算容量、求解时间的不确定性以及收敛的不稳定性导致了难以在箭上在线应用，而是停留在离线的轨迹优化或规划设计阶段[68]；凸优化方法针对耗尽关机的固体运载火箭上升段运行轨迹，在其凸化过程存在着一定的理论难度及局限性，而多级多阶段的助推—滑行—助推飞行模式下全程轨迹的无损凸化更为困难[69]。目前非线性优化＼规划问题的求解器SQP[71]和IPM[48,74]为通用化求解工具，给箭载计算机上嵌入式的在线制导应用的检测及验证带来了困难。

1.3.3 模型预测静态规划方法

根据非线性最优控制理论，轨迹优化及规划方法在对性能指标优化过程中，除了要满足终端约束条件，还要满足飞行路径中定义的约束。但是，无论是采用直接法还是间接法对最优控制问题进行求解，由于这种滚动迭代优化方法计算量巨大，导致箭载计算机难以实时求解[70-71]。在固体运载火箭在线制导飞行过程中，其飞行包络受载荷、结构、控制等多个专业的约束限制，并非是一个发散式迭代优化的轨迹形式，尤其是在线制导解算的制导指令属于一类有限边界问题[72-73]。

近年来，一些学者根据这些特性将模型预测控制(Model Predictive Control，MPC)和近似动态规划(Approximate Dynamic Programming，ADP)相结合形成了一种模型预测静态规划(Model Predictive Static Programming，MPSP)方法[74]，以解决具有终端约束的有限时域最优控制问题。该方法是基于非线性最优控制理论推导出的一种次优静态迭代方法，考虑迭代计算的闭环形式以及敏感度矩阵的递归计算，其具有高效的计算求解过程和闭环实时求解的潜力。为了实现控制指令序列的实时更新，模型预测静态规划方法不同于最优控制中两点边值问题的数值滚动计算，它仅使用一个与状态向量维数相同的静态共态向量，并且在实施迭代求解过程中，不需要直接计算协态乘子向量，而是通过递归计算来求得更新该向量所需的灵敏度矩阵。由于灵敏度矩阵计算是一个递归过程，因此每次迭代周期控制指令序列的更新所需计算量非常小，使得模型预测静态规划方法在计算上非常有效甚至可执行在线制导。此外，可对飞行过程约束进行处理是数值计算制导方法的显著优势[75-77]，模型预测静态规划方法根据所设计的二次型邻近最优指标和控制指令序列迭代更新形式的不同，对于无意义的初始参考轨迹(包括不满足过程约束的参考轨迹)采用最优化控制量的迭代形式来静态优化满足约束条件的最优飞行轨迹；对于合理设计的初始参考轨迹，采用最优修正量的迭代形式在参考轨迹附近静态优化出满足约束条件的邻近最优飞行轨迹。根据实际处理问题的不同，模型预测静态规划方法采用灵活的形式来处理最优飞行轨迹的终端约束及路径约束问题[78]。

文献[79-80]针对由固体火箭发动机燃尽时间的不确定性引起的最终边界处的不确定性问题，采用具有更灵活的终端时间处理能力的逆动力学方法，来保证MPSP方法在有限迭代次数下制定更严格的终端条件，并实现了将固体运载火箭引导到大气之外的交班点约束。文献[81]针对固体火箭拦截器制导阶段飞行时间的不确定性问题，采用模型预测静态规划方法，通过将时间变量替换为最终位置变量，实现了在不确定时间条件下的高精度制导问题。文献[82]提出了一种新改进的一般模型预测静态规划(Generalized Model Predictive Static Programming，G-MPSP)方法，该方法不需要进行方程离散化来实现连续时间的闭环制导，并针对三维空间中具有过程角约束的对地目标进行了理论研究和验证。文献[72]针对固体火箭大气层内飞行阶段的高精度分离点约束问题，提出了一种具有气动载荷等过程约束的基于模型预测静态规划方法的闭环制导方案，该方法能够消除大气层内飞行阶段气动和推力模型的不确定性，以提高固体运载火箭分离点的精度，并且将火箭的卫星载荷引导到期望的轨道上。模型预测静态规划方法在闭环实时求解上具有独特的优势，在固体运载火箭的弹道及制导理论设计上也有诸多应用[83]。然而，对于固体运载火箭耗尽关机方式下的多余能量耗散问题，尤其是在解决过程约束限制下的固定时间两点边值问题时，用线性近似规划来求解复杂非线性问题将导致收敛时间及收敛效率明显下降，导致该制导方法在实际应用过程中仍面临着诸多困难与挑战。

1.4　适用耗尽关机方式的制导方法研究现状

固体火箭发动机主动关机过程需要在顶部打孔来产生反向推力，如图1-6所示，不仅生产工艺难度很大，而且破坏了整体结构强度，关机精度较差。Patha J. T. 和 White J. E. 分别提出了能量管理制导策略以及关机时间不敏感的需要速度制导策略[84-85]，并通过相关的制导方法来解决固体火箭发动机耗尽关机方式下的制导问题。由于其技术具有高度敏感性，故后续公开披露的文献较少。国内耗尽关机制导技术主要由远程运载火箭制导算法[86-87]改进发展而来，公开发表文献的主要研究思路是以闭路制导结合速度控制的混合制导方法[88]，在制导过程中主要通过需要速度矢量的求解、基底制导指令的确定以及附加

图1-6　固体火箭发动机产生反向推力

姿态角指令的生成，来实现耗尽关机能量的管理，其中需要速度矢量的计算本质上是兰伯特问题的求解、由待增速度矢量来确定基底制导指令，以及由能量管理方法产生附加姿态角指令进行剩余能量耗散。这种耗尽关机制导方案已成为解决固体运载火箭制导技术的主要方案[89-91]，故本书主要针对兰伯特问题、闭路制导方法以及能量管理方法进行梳理及分析。

1.4.1 兰伯特问题的求解方法

固体运载火箭由于推力较大、额定时间短，需要采用助推—滑行—助推的飞行模式进入卫星轨道。如果将持续助推的过程认为是瞬时脉冲过程，忽略发动机产生的位置增量，固体火箭将面临开普勒轨道任务的两点边值问题，即兰伯特问题[92]。固体运载火箭兰伯特问题描述为：已知火箭的当前位置矢量和目标位置矢量，需寻找初始速度矢量(即闭路制导中需要的速度矢量)来实现在一定飞行时间条件下经过这两个位置的飞行轨迹。因此，通过开普勒轨道兰伯特原理建立在多级助推—滑行—助推飞行模式下的制导问题，并以解析的方式得到当前状态与目标约束之间的理论关系。

由于兰伯特问题是由开普勒轨道解析表达式组成的超越方程组，无法得到该问题的解析解，需要通过轨道参数或动力学状态参数迭代计算求解[93-94]。目前求解兰伯特问题的方法主要有两类：运动学方程的参数迭代方法，该方法与飞行力学联系紧密且迭代参数具有实际飞行的物理意义，因此在航天器上应用较为广泛；圆锥曲线几何参数迭代方法，该方法根据开普勒轨道具有的椭圆轨道性质，从轨道根数上进行迭代计算，其对于天体轨道的适用性更为广泛。文献[95]研究了一种多阶段圆锥曲线几何参数迭代方法，并通过拉格朗日乘子法找到兰伯特问题的解。文献[96]研究了一种直观的参量化方法，选取航迹角为迭代变量，将轨迹变量与轨道根数联系起来，由于迭代变量具有动力学实际意义，故在迭代过程中更加容易理解各物理量的变化规律，进而根据实际物理量的参数范围来保证迭代的收敛。文献[97]研究了一种使用解析梯度信息的迭代求解方法，提升了兰伯特问题的求解效率，但是需要雅可比矩阵，增加了迭代的复杂度。无论是运动学方程的参数迭代方法，还是圆锥曲线几何参数迭代方法，均能解决兰伯特问题求解的收敛性及计算效率问题，在实际应用过程中甚至可以通过将运动学方程的参数与圆锥曲线几何参数混合迭代来提高迭代计算的稳定性。

固体运载火箭在大气层外通常由多子级助推器将卫星载荷送入太阳同步轨道，由于太阳同步圆轨道的特殊性，入轨点仅约束地心距的大小而不限制其矢量方向，而且在偏心率接近零值时，真近点角、近地点幅角将失去实际意义，导致兰伯特问题在特殊的圆轨道迭代计算时出现参数奇异。此外，多子级固体火箭具有多个脉冲助推过程，原兰伯特问题将拓展为多级兰伯特问题，增加了迭代求解过程的参数变量以及超越方程组的维度，导致迭代求解的稳定性及收敛性下降。因此，针对固体运载火箭的多级兰伯特问题，从当前位置将多阶段脉冲矢量与目标轨道入轨点联系起来，通过多阶段开普勒轨道运动方程将发动机产生的速度增量与目标轨道根数约束建立起理论关系，是解决助推—滑行—助推模式下多子级飞行轨道能量规划的关键，但该问题的求解比原兰伯特问题更为复杂，且对于在线制导的应用仍具有一定的困难。

1.4.2 闭路制导及其改进方法

闭路制导方法通过引入需要速度矢量的概念将飞行任务与发动机推力矢量方向联系起来，其理论假设为[98]：由于固体火箭额定工作时间短，将发动机产生的速度增量认为是瞬时脉冲矢量，并忽略了持续工作期间对火箭位置的影响，且始终控制发动机推力矢量方向与待增速度矢量方向保持一致。对于耗尽关机的固体运载火箭，发动机能够产生的剩余视速度增量由剩余推进剂决定，通过待增速度矢量的大小以及剩余视速度增量能够直观地给出火箭需要耗散的多余能量[99]。对于制导关机的(液体)运载火箭，以燃料最优为性能指标，通过最优控制原理推导出多约束条件下的最优控制解析解，并根据解析解模型设计出自适应能力强的迭代制导方法。闭路制导方法与迭代制导方法是目前火箭型号上应用比较广泛且成熟可靠的制导方法。但随着飞行任务需求的提升，尤其是在快速响应任务特性下，闭路制导方法不具备终端多约束能力，而迭代制导方法仅适用于推进过程，导致上述方法在采用助推—滑行—助推飞行模式的固体运载火箭上存在一定的局限性。

为了提高制导方法的适应性及多终端约束能力，很多学者为闭路制导和迭代制导做出了大量的贡献。茹家欣[38]针对液体运载火箭的主要特点及迭代制导的理论基础，根据火箭质点简化动力学方程和最优控制解析解形式，推导出三维空间内以推力矢量方向为控制变量且具有位置约束能力的迭代制导方法。王东丽[100]将迭代制导技术应用于远程固体运载火箭上，仿真结果表明对速度矢量约束较强而位置矢量的散布较大。李连仲[101]根据远程固体运载火箭的特点提出了一种非正交分解法来求解椭圆轨道方程，通过线性化重力加速度和引入虚拟目标点，得到了需要速度矢量的解析表达式，使闭路制导方法更具有一般性。陈克俊等[102]将需要速度矢量作为迭代变量提出了一种适用于固体火箭的迭代制导方法，通过闭环迭代计算的形式提高了终端精度。针对闭路制导鲁棒性问题，文献[103]考虑了发动机性能参数散布特性，提出需用速度增益曲面的概念并设计了基于该概念的大气层外导引方法。针对以轨道根数为终端约束的制导问题，文献[104]根据实时飞行状态与轨道根数之间的关系推导出需要速度求解方程，并应用于发射近地圆轨道的闭路制导控制中。文献[105]考虑了地球非球形 J_2 摄动项对弹道的影响，改进了需要速度求解算法，以修正地球引力摄动在长时段飞行过程中引起的求解偏差。

固体运载火箭持续助推阶段远小于自由飞行段，具有“短燃弧”特点，并不适用于“长燃弧”的液体火箭迭代制导方法，主要是因为：1)迭代制导方法在关于位置修正项的理论推导中进行了大量的线性化假设，当助推时间较短时，位置修正的影响远比速度修正要大，即线性化条件并不满足；2)迭代制导方法应用于制导关机方式下的持续助推过程且具有终端五个状态量的约束能力，而闭路制导方法更注重对待增速度矢量的控制以适应耗尽关机模式，并不严格约束位置矢量。此外，由于持续助推过程不仅产生速度增量，还产生位置增量，上述闭路制导算法及其改进形式[109-110]均是以需要速度矢量为导引量，而忽略了制导过程中位置矢量变化对终端约束产生的影响，故针对终端多约束条件的入轨任务，其制导精度较差，鲁棒性无法保证。

1.4.3　耗尽关机能量管理方法

对于固体运载火箭因耗尽关机方式引起的多余能量耗散问题，远程运载火箭采用交变姿态速度控制(Alternate Attitude Energy Management，AEM)方法耗散多余能量，开拓者系列固体火箭采用零射程线算法以耗尽关机的方式实现落点约束的飞行任务。从算法的本质上讲，零射程线算法[106]是在一簇满足射程约束的椭圆轨道中不断地更新需要速度矢量，从而使待增速度矢量与发动机产生的剩余视速度增量相匹配[107-109]；附加姿态速度控制方法则是通过附加姿态角的方式，使发动机产生的“速度弧”所对应的“矢量弦”等于待增速度矢量，并不改变原需要速度矢量[110]。显然，零射程线算法仅对具有射程约束的椭圆轨道具有实际意义，对其他多终端约束的飞行任务其适用性较差，而附加姿态速度控制方法并不依赖于终端任务条件，从发动机产生的等效速度增量角度来解决耗尽关机问题[111]，具有更强的适用性。

耗尽关机方式下的能量管理问题，主要是通过控制推力与所需速度矢量之间的夹角来抵消多余的速度模量，典型的方法有闭环形式的一般能量管理（General Energy Management，GEM）方法以及开环形式的交变姿态能量管理方法。Paul Z.[112]针对多余能量耗散问题提出了闭环形式的一般能量管理方法，但是该方法生成的终端姿态角及姿态角速率变化过大，且依然存在终端约束量过少的问题。AEM 通过预先规划姿态角变化规律能够实现更多的终端约束量[113]，同时能够针对实际对象的模型进行细化处理。文献[114-116]对速度控制曲线不断改进和完善，并考虑了过程约束和过渡过程的处理，实现了耗尽关机方式下的速度管控。文献[117]设计了一种姿态角单次机动的速度控制方法，具有大比例视速度模量耗散能力且更有利于控制系统的设计。文献[90]设计了一种在发动机关机时间不确定下进行补偿的姿态调整方法，达到终端状态不受关机时间偏差影响的目的。文献[89]提出了一种应用在偏航通道上的速度控制方法，并建立了参数化的飞行程序模型，利用修正牛顿法进行多终端约束的迭代计算，实现了不同关机点能量约束的弹道设计。

能量管理方法以待增速度矢量为基底制导矢量，通过设计不同的速度增量控制(Velocity Increment Control，VIC)模型来产生附加姿态角并耗散多余能量，现有能量管理方法的研究主要集中在非线性模型的规划及算法闭环的迭代格式上，却忽略了速度控制过程中附加位置矢量产生的耦合影响，以及速度控制实施的最佳通道问题，导致对能量管理的耗散程度适应性差且制导精度下降。此外，在能量管理过程中产生的附加姿态角及姿态角速率，使得制导指令变化剧烈，尤其是在速度控制程度较大时，姿态角速率将超过控制系统跟踪能力的极限，出现控制饱和跟踪的现象并导致实际飞行任务无法完成。

1.5 现有制导方法存在的主要问题

当前火箭制导算法正经历由摄动制导阶段向迭代制导/闭路制导等自适应制导阶段过渡的发展过程。近几年，美国的重型运载火箭“太空发射系统”针对下一代制导技术提出了三个主要特点：1）可执行定时、定点、定姿入轨条件或其他多终端约束；2）可在任意两级间加入一个滑行段并在线进行优化，来拓宽发射窗口以及提升运载能力；3)采用数学计算中公认最有效的数值方法，使可靠性和运算速度满足在线应用要求。此外，SpaceX公司的猎鹰火箭针对一子级回收段的制导技术，采用了过去一直停留在理论阶段的凸优化算法，首次将轨迹优化算法用于液体火箭的在线制导，有效解决了液体火箭在线自适应制导的多约束、高精度问题，极大地推动了火箭制导技术的进步。

但是，固体火箭为了提高可靠性，取消了推力终止装置，导致发动机只能耗尽关机而不能进行制导关机，其制导算法必须考虑能量管理问题，单一的以推进剂最省为性能指标的最优制导算法无法直接应用；其次，固体火箭发动机具有工作时间短、推力大等特点，火箭必须采用助推—滑行—助推的飞行模式将有效载荷送入轨道；最后，固体火箭发动机具有性能偏差受环境影响较大、推力曲线严重非线性以及关机后效无法准确预估等特点，要求其制导算法必须具有较强的偏差在线抑制能力，以保证入轨精度。因此，通用化的数值计算轨迹优化方法对固体运载火箭动力学模型具有一定的适用性，但是在制导应用过程中仍需要结合对象的特点进行制导理论研究和方法设计。自适应制导技术的主要特点见表1-1所示。

表1-1 自适应制导技术的主要特点

项目	轨迹优化	自适应制导方法	制导应用
约束	多约束	在两者之间寻求平衡 ⟷	尽可能少的约束
目标	任何兴趣相关方		仅目标相关
算法	纯数值计算的方法		数值与解析法的组合
算法时间要求	几分钟至小时级	全局的 局部的	毫秒级到秒级
求解的确定性	不能确保有解	复杂的 简洁的	必须确保有解
参数的变化	可以处理大规模的参数变化	耗时的 实时的	能够处理的可变参数量很少
结果	标称轨迹——不总是实际控制的轨迹		满足实时控制的可行的飞行轨迹

虽然远程弹道导弹在助推段采用闭路制导方法导引载荷进入目标椭圆轨道实现射程约束，液体运载火箭在真空助推过程中采用迭代制导方法实时生成制导指令将卫星送入空间轨道，但是，固体运载火箭上升段包含多子级和多阶段飞行过程，从大气层内快速跨越至真空环境直至进入目标轨道。当固体运载火箭进入真空环境时，必须采用典型的助推—滑

行—助推的制导模式，由于助推段与滑行段特点不同，导致目前经典的制导方法在固体运载火箭中难以直接应用，存在诸多技术难点，需要进一步考虑与完善：

1）固体火箭发动机的推力大小取决于推进剂的装药设计而呈现强非线性，在实际飞行过程中无法通过调节阀门来控制推力值，这导致对于具有终端多约束条件的入轨任务，固体运载火箭的解析制导模型难以设计。

2）在飞行过程中，固体火箭发动机的推力和秒耗量受飞行环境影响明显，尤其是在实战场景下，发动机在高低温状态下的推力和秒耗量与工况值偏差达到10%～15%。因此，基于离线设计的与摄动偏导数相关的制导技术无法适用于具有大散差特性的固体运载火箭，需要鲁棒性更强的自适应制导技术。

3）采用耗尽关机的制导方式，固体运载火箭失去了对终端状态控制的物理手段，一方面需要额外的速度管控方法来实现多约束条件，另一方面由持续助推过程产生的累计偏差和不确定性无法通过关机方程进行有效的抑制，这导致比较成熟的最优迭代制导技术无法适用，需要通过适用于耗尽关机的在线制导技术来实现速度大小的控制并抑制发动机的大散差特性。

4）为满足快速响应任务的发射需求，固体运载火箭采用多子级助推—滑行—助推的飞行模式，这导致传统的远程弹道导弹闭路制导技术无法满足新的特性需求，而这种具有多子级、多阶段的制导模型加大了设计过程中的难度。尤其是滑行点火时间的在线求解方法和各子级飞行任务的在线规划方法，直接决定了火箭对不同任务的适用范围，因而需要从理论上设计适应性强、可靠性高的制导方法。

由于大多数学者仅针对其中的某个孤立技术问题进行研究，并未统一考虑固体运载火箭助推—滑行—助推飞行模式下的制导技术问题，因此，无论是以基于需要速度的闭路制导算法（未考虑终端多约束），还是以推进剂最省的闭环最优制导方法（仅适用于助推过程），均未从固体运载火箭所面临的理论问题出发，缺少对滑行点火时间、耗尽关机能量管理和终端多约束之间的理论机理研究，从而导致制导方法精度较差，鲁棒性无法保证且任务适应性不强。

参考文献

[1] Dept. of Defense and Office of the Director of National Intelligence. Fact Sheet：Resilience of Space Capabilities[EB/OL].(2011-01-11)/[2013-02-08]. http：//www.defense.gov/home/features/2011/0111_nsss/docs. 2011.

[2] Dept. of Defense and Office of the Director of National Intelligence. National Security Space Strategy[EB/OL].(2011-01-11)/[2013-02-08]. http：//www.defense.gov/home/features/2011/0111_nsss/docs. 2011.

[3] 赵丽娜．运载火箭快速响应技术发展研究[D]．哈尔滨：哈尔滨工业大学，2013：1-9.

[4] 赵炜渝，王远振，韦荻山．快速空间响应航天运载器的发展[J]．中国航天，2008(6)：22-26.

[5] 洪蓓，梁欣欣，辛万青．固体运载火箭多约束弹道优化[J]．导弹与航天运载技术，2012(3)：1-5.

[6] 殷兴良，申世光．构造快速进入空间和应用空间的能力[J]．中国航天，2002(2)：13-14.

[7] 董正宏，廖育荣，高永明．我国空间快速响应体系结构发展模式[J]．国防科技，2009，30(4)：47-50.

[8] 果琳丽，申麟，杨勇，等．中国航天运输系统未来发展战略的思考[J]．导弹与航天运载技术，2006(1)：1-5.

[9] KIM Y A, MCLEOD G. Toward a new strategy for operationally responsive space[C]. Los Angeles, CA: American Institute of Aeronautics and Astronautics, 2010.

[10] BORKY J M, CONGER R C. Operational concepts and payoffs for responsive space systems[C]. Redondo Beach, CA: American Institute of Aeronautics and Astronautics, 2003.

[11] 刘党辉，尹云霞．快速航天发射现状与建设[J]．国防科技，2018，39(6)：8-14.

[12] 陈杰．美国快速空间响应运载器发展研究[J]．中国航天，2007(8)：33-35.

[13] 俞启东，马梦颖，裴胤，等．印度弹道导弹发展分析与趋势预测[J]．战术导弹技术，2017(5)：16-21.

[14] 龙乐豪，王小军，果琳丽．中国进入空间能力的现状与展望[J]．中国工程科学，2006，8(11)：25-28.

[15] YAMAGUCHI H, MORITA Y, IMOTO T, et al. Developing of guidance and control system for enhanced epsilon launch vehicle[C]. Montreal, Canada: Univelt Inc., 2016: 233-241.

[16] 宋春霞，胡波，闫大庆．2013 年各国固体火箭技术进展[J]．中国航天，2014(7)：40-45.

[17] DORIS C C, SMITH I E. Development of the iterative guidance mode with its application to various vehicles and missions[J]. Spacecraft Rockets, 1967, 4(7): 898-903.

[18] BROWN K R, HARROLD E F, JOHNSON G W. Some new results on space shuttle atmospheric ascent optimization[C]. Santa Barbara, CA: Guidance, Control and Flight Mechanics Conference, 1970: 1-8.

[19] BROWN K, JOHNSON G. Rapid computation of optimal trajectories[J]. IBM Journal of Research and Development, 1967(11): 373-382.

[20] BETTS J T. Survey of numerical methods for trajectory optimization[J]. Journal of Guidance Control and Dynamics, 1998, 21(2): 193-207.

[21] BRYSON A. Applied optimal control: optimization, estimation, and control[M]. New York: IEEE, 1975.

[22] 宋征宇．从准确、精确到精益求精——载人航天推动运载火箭制导方法的发展[J]．航天控制，2013，31(1)：4-10.

[23] LU P, ZHANG L, SUN H. Ascent guidance for responsive launch: a fixed-point approach[C]. San Francisco, CA, United states: American Institute of Aeronautics and Astronautics, 2005: 6041-6058.

[24] CALISE A J, MELAMED N, LEE S J. Design and evaluation of a three-dimensional optimal ascent guidance algorithm[J]. Journal of Guidance Control and Dynamics, 1998, 21(6): 867-875.

[25] DUKEMAN G A, CALISE A J. Enhancements to an atmospheric ascent guidance algorithm[C]. Austin, TX, United states: American Institute of Aeronautics and Astronautics Inc, 2003: 1-11.

[26] GATHH P F, CALISE A J. Optimization of launch vehicle ascent trajectories with path constraints and coast

arcs[J]. Journal of Guidance Control and Dynamics, 2001, 24(2): 296-304.

[27] LU P, GRIFFIN B J, DUKEMAN G A, et al. Rapid optimal multiburn ascent planning and guidance[J]. Journal of Guidance Control and Dynamics, 2008, 31(6): 1656-1664.

[28] LU P, PAN B F. Highly constrained optimal launch ascent guidance[J]. Journal of Guidance Control and Dynamics, 2010, 33(2): 404-414.

[29] DUKEMAN G A, HILL A D. Rapid trajectory optimization for the Ares Ⅰ launch vehicle[C]. Honolulu, Hawaii: American Institute of Aeronautics and Astronautics, 2008: 1-12.

[30] HULL D G. Conversion of optimal control problems into parameter optimization problems[J]. Journal of Guidance Control and Dynamics, 1997, 20(1): 57-60.

[31] WALTER L, SCHLOFFEL G, THEODOULIS S, et al. Multiple shooting condensing for online gain scheduling in interceptor guidance[C]. National Harbor, MD, United states: American Institute of Aeronautics and Astronautics, 2014: 1-17.

[32] 雍恩米, 陈磊, 唐国金. 飞行器轨迹优化数值方法综述[J]. 宇航学报, 2008(2): 397-406.

[33] 康炳南. 通用航空飞行器轨迹优化设计研究[D]. 西安: 西北工业大学, 2010.

[34] 李惠峰, 李昭莹. 高超声速飞行器上升段最优制导间接法研究[J]. 宇航学报, 2011, 32(2): 297-302.

[35] 陈新民, 余梦伦. 迭代制导在运载火箭上的应用研究[J]. 宇航学报, 2003(5): 484-489.

[36] MCHENRY R L, BRAND T J, LONG A D, et al. Space shuttle ascent guidance navigation and control[J]. The Journal of the Astronautical Sciences, 1979, XXⅦ(1): 1-38.

[37] 吕新广, 宋征宇. 载人运载火箭迭代制导方法应用研究[J]. 载人航天, 2009, 15(1): 9-14.

[38] 茹家欣. 液体运载火箭的一种迭代制导方法[J]. 中国科学(E辑: 技术科学), 2009, 39(4): 696-706.

[39] 吕新广, 宋征宇. 长征运载火箭制导方法[J]. 宇航学报, 2017, 38(9): 895-902.

[40] PORTEN V D, AHMAD N, HAWKINS M, et al. Powered explicit guidance modifications & enhancements for space launch system Block-1 and Block-1B vehicles[R]. Walker, C. A. H., 2018.

[41] AHMAD N, HAWKINS M, DER PORTEN P V, et al. Closed loop guidance trade study for space launch system Block-1B vehicle[C]. Snowbird, UT, United states: Univelt Inc., 2018: 3089-3105.

[42] ROSS I M, FAHROO F. A perspective on methods for trajectory optimization[C]. Monterey, CA, United states: AIAA/AAS Astrodynamics Specialist Conference and Exhibit 2002, 2002: 1-7.

[43] HERMAN A L, CONWAY B A. Direct optimization using collocation based on high-order gauss-lobatto quadrature rules[J]. Journal of Guidance Control and Dynamics, 1996, 19(3): 592-599.

[44] MATTINGLEY J, BOYD S. Cvxgen: A code generator for embedded convex optimization[J]. Optimization and Engineering, 2012, 13(1): 1-27.

[45] 杨希祥, 杨慧欣, 王鹏. 伪谱法及其在飞行器轨迹优化设计领域的应用综述[J]. 国防科技大学学报, 2015, 37(4): 1-8.

[46] XUAN Y, ZHANG W H, ZHANG Y L. Trajectory optimization of solid launch vehicle based on legendre pseudospectral method[J]. Journal of Solid Rocket Technology, 2008, 31(5): 425-429.

[47] FRANCOLIN C, RAO A. Direct trajectory optimization and costate estimation of state inequality path-con-

strained optimal control problems using a radau pseudospectral method[C]. Minneapolis, MN, United states: American Institute of Aeronautics and Astronautics, 2012: 1-11.

[48] HUNTINGTON G T, BENSON D, RAO A V. A comparison of accuracy and computational efficiency of three pseudospectral methods[C]. Hilton Head, SC, United states: American Institute of Aeronautics and Astronautics, 2007: 840-864.

[49] 张佩俊, 刘鲁华, 王建华. 基于高斯伪谱法的空天飞机上升段最优轨迹设计[J]. 空间控制技术与应用, 2017, 43(2): 13-20.

[50] 乔鸿, 徐忠达, 佘智勇. 基于 Radau 伪谱法的临近空间飞行器助推—滑翔段轨迹优化仿真[J]. 战术导弹技术, 2017(4): 47-51.

[51] 杨希祥, 张为华. 基于 Gauss 伪谱法的固体运载火箭上升段轨迹快速优化研究[J]. 宇航学报, 2011, 32(1): 15-21.

[52] GONG Q, ROSS I M, FAHROO F. Costate computation by a chebyshev pseudospectral method[J]. Journal of Guidance Control and Dynamics, 2010, 33(2): 623-628.

[53] GUO X, ZHU M. Direct trajectory optimization based on a mapped chebyshev pseudospectral method[J]. Chinese Journal of Aeronautics, 2013, 26(2): 401-412.

[54] ROSS I, FAHROO F. Pseudospectral knotting methods for solving nonsmooth optimal control problems[J]. Journal of Guidance Control Dynamics, 2004, 27(3): 397-405.

[55] RAGHUNATHAN T. The pseudospectral method for the optimal control problem[J]. International Journal of Applied Engineering Research, 2015, 10(17): 37338-37339.

[56] DARBY C L, HAGER W W, RAO A V. Direct trajectory optimization using a variable low-order adaptive pseudospectral method[J]. Journal of Spacecraft and Rockets, 2011, 48(3): 433-445.

[57] DARBY C L, HAGER W W, RAO A V. An hp-adaptive pseudospectral method for solving optimal control problems[J]. Optimal Control Applications & Methods, 2011, 32(4): 476-502.

[58] TANG X J, LIU Z B, HU Y. New results on pseudospectral methods for optimal control[J]. Automatica, 2016(65): 160-163.

[59] PINSON R M, LU P. Trajectory design employing convex optimization for landing on irregularly shaped asteroids[J]. Journal of Guidance Control and Dynamics, 2018, 41(6): 1243-1256.

[60] LIU X F. Fuel-optimal rocket landing with aerodynamic controls[J]. Journal of Guidance Control and Dynamics, 2019, 42(1): 65-77.

[61] BLACKMORE L. Autonomous precision landing of space rockets[J]. Bridge, 2016, 4(46): 15-20.

[62] LIU X F, LU P. Solving non-convex optimal control problems by convex optimization[C]. Boston, MA, United states: American Institute of Aeronautics and Astronautics, 2013: 1-30.

[63] MAO Y, SZMUK M, AGKMESE B. Successive convexification of non-convex optimal control problems and its convergence properties[C]. Las Vegas, NV, United states: Institute of Electrical and Electronics Engineers, 2016: 3636-3641.

[64] ANDERSEN E D, ROOS C, TERLAKY T. On implementing a primal-dual interior-point method for conic quadratic optimization[J]. Mathematical Programming, 2003, 95(2): 249-277.

[65] CHENG X M, LI H F, ZHANG R. Efficient ascent trajectory optimization using convex models based on the

newton-kantorovich/pseudospectral approach[J]. Aerospace Science and Technology, 2017, 66: 140-151.

[66] EREN U, DUERI D, ACIKMESE B. Constrained reachability and controllability sets for planetary precision landing via convex optimization[J]. Journal of Guidance Control and Dynamics, 2015, 38(11): 2067-2083.

[67] DUERI D, ACIKMESE B, SCHARF D P. Customized real-time interior-point methods for onboard powered-descent guidance[J]. Journal of Guidance Control and Dynamics, 2017, 40(2): 197-212.

[68] 张志国, 余梦伦, 耿光有, 等. 应用伪谱法的运载火箭在线制导方法研究[J]. 宇航学报, 2017, 38(3): 262-269.

[69] 张志国, 马英, 耿光有, 等. 火箭垂直回收着陆段在线制导凸优化方法[J]. 弹道学报, 2017, 29(1): 9-16.

[70] KIRCHES C, WIRSCHING L, BOCK H G, et al. Efficient direct multiple shooting for nonlinear model predictive control on long horizons[J]. Journal of Process Control, 2012, 22(3): 540-550.

[71] PATTERSON M A, RAO A V. Gpops-ii: A matlab software for solving multiple-phase optimal control problems using hp-adaptive gaussian quadrature collocation methods and sparse nonlinear programming[J]. ACM Transactions on Mathematical Software, 2014, 41(1): 1-37.

[72] BHITRE N G, PADHI R. State constrained model predictive static programming: A slack variable approach[J]. IFAC Proceedings Volumes, 2014, 47(1): 832-839.

[73] SAKODE C M, PADHI R. Computationally efficient suboptimal control design for impulsive systems based on model predictive static programming[J]. IFAC Proceedings Volumes, 2014, 47(1): 41-46.

[74] PADHI R, KOTHARI M. Model predictive static programming: a computationally efficient technique for suboptimal control design[J]. International Journal of Innovative Computing Information and Control, 2009, 5(2): 399-411.

[75] 杨希祥, 江振宇, 张为华. 固体运载火箭上升段弹道快速设计方法研究[J]. 宇航学报, 2010, 31(4): 993-997.

[76] FU B, GUO H, CHEN K, et al. Aero-thermal heating constrained midcourse guidance using state-constrained model predictive static programming method[J]. Journal of Systems Engineering and Electronics, 2018, 29(6): 1263-1270.

[77] LUO Y Z, TANG G J, LI H Y. Optimization of multiple-impulse minimum-time rendezvous with impulse constraints using a hybrid genetic algorithm[J]. Aerospace Science and Technology, 2006, 10(6): 534-540.

[78] OZA H B, PADHI R. Impact-angle-constrained suboptimal model predictive static programming guidance of air-to-ground missiles[J]. Journal of Guidance Control and Dynamics, 2012, 35(1): 153-164.

[79] PADHI R. An optimal explicit guidance scheme for ballistic missiles with solid motors[C]. Portland, OR, United states: American Institute of Aeronautics and Astronautics, 1999: 1006-1016.

[80] MAITY A, PADHI R, MALLARAM S, et al. MPSP guidance of a solid motor propelled launch vehicle for a hypersonic mission[C]. Minneapolis, MN, United states: American Institute of Aeronautics and Astronautics, 2012: 1-23.

[81] DWIVEDI P N, BHATTACHARYAA A, PADHI R. Computationally efficient suboptimal mid course guidance using model predictive static programming[C]. Seoul, Korea, Republic of: IFAC Secretariat, 2008.

[82] A M, B O H, R P. Generalized model predictive static programming and angle-constrained guidance of air-to-ground missiles[J]. Journal of Guidance Control and Dynamics, 2014, 37(6): 1897-1913.

[83] 王萌萌, 张曙光. 基于模型预测静态规划的自适应轨迹跟踪算法[J]. 航空学报, 2018, 39(9): 194-202.

[84] PATHA J T, MCGEHEE R K. Guidance, energy management, and control of a fixed-impulse solid-rocket vehicle during orbit transfer[C]. AIAA-Paper, 1976: 1-12.

[85] WHITE J E. Cut-off insensitive guidance with variable time of flight[C]. Monterey, CA, United states: American Institute of Aeronautics and Astronautics, 1993: 793-800.

[86] 金鑫, 魏凯, 周非, 等. 长征-11: 小火箭、大用途[J]. 国际太空, 2016(12): 24-25.

[87] 陈克俊. 耗尽关机制导方法研究[J]. 国防科技大学学报, 1996(3): 35-39.

[88] 李连仲. 远程弹道导弹闭路制导方法研究[J]. 系统工程与电子技术, 1980(4): 1-17.

[89] 李新国, 王晨曦, 王文虎. 基于修正 Newton 法的固体火箭能量管理弹道设计[J]. 固体火箭技术, 2013, 36(1): 1-5.

[90] 廖洪昌, 陈奇昌, 王明海. 耗尽关机闭路制导导引方法研究[J]. 弹箭与制导学报, 2007(2): 35-38.

[91] XU Z, ZHANG Q. Multi-constrained ascent guidance for solid propellant launch vehicles[J]. Aerospace Science and Technology, 2018(76): 260-271.

[92] 张迁, 许志, 李新国. 一种多级全固体运载火箭上升段自主制导方法[J]. 宇航学报, 2019, 40(1): 19-28.

[93] NELSON S L, ZARCHAN P. Alternative approach to the solution of lambert's problem[J]. Journal of Guidance Control and Dynamics, 1992, 15(4): 1003-1009.

[94] LEE S I, AHN J, BANG J. Dynamic selection of zero-revolution lambert algorithms using performance comparison map[J]. Aerospace Science and Technology, 2016(51): 96-105.

[95] ZHANG G, ZHOU D, MORTARI D, et al. Covariance analysis of lambert's problem via lagrange's transfer-time formulation[J]. Aerospace Science and Technology, 2018(77): 765-773.

[96] AVANZINI G. A simple lambert algorithm[J]. Journal of Guidance Control and Dynamics, 2008, 31(6): 1587-1594.

[97] AHN J, LEE S-I. Lambert algorithm using analytic gradients[J]. Journal of Guidance Control and Dynamics, 2013, 36(6): 1751-1761.

[98] 王继平, 王明海, 杨建明. 一种新的闭路制导导引方法[J]. 航天控制, 2007(5): 58-61.

[99] 朱建文, 刘鲁华, 汤国建. 低弹道多约束固体火箭能量管理方法研究[J]. 弹箭与制导学报, 2012, 32(5): 121-123.

[100] 王东丽. 远程弹道导弹迭代制导方法研究[D]. 哈尔滨: 哈尔滨工业大学, 2007.

[101] 李连仲. 弹道飞行器自由飞行轨道的解析解法[J]. 宇航学报, 1982(1): 1-17.

[102] 陈克俊, 刘鲁华, 孟云鹤. 远程火箭飞行动力学与制导[M]. 长沙: 国防工业出版社, 2013: 247-254.

[103] 陈峰, 肖业伦, 陈万春. 基于需用速度增益曲面的大气层外超远程拦截导引方法[J]. 航空学报, 2010, 31(2): 342-349.

[104] 刘云凤, 罗俊, 赵世范. 闭路制导在小型固体运载火箭中的应用[J]. 航天控制, 2005(3): 46-50.

[105] 呼卫军, 王欢, 周军. J_2 项摄动下的远程拦截耗尽关机中制导律设计[J]. 宇航学报, 2017, 38(7): 694-703.

[106] 马瑞萍, 肖凡, 许化龙. 一种基于零射程线的闭路制导方法[J]. 弹箭与制导学报, 2010, 30(5): 43-46.

[107] 周军, 潘彦鹏, 呼卫军. 固体火箭的鲁棒自适应耗尽关机制导方法研究[J]. 航天控制, 2013, 31(3): 34-39.

[108] AHN J, ROH W R. Analytic time derivatives of instantaneous impact point[J]. Journal of Guidance Control and Dynamics, 2014, 37(2): 383-390.

[109] JO B U, AHN J. Near time-optimal feedback instantaneous impact point (IIP) guidance law for rocket [J]. Aerospace Science and Technology, 2018(76): 523-529.

[110] 尤伟帅, 周军, 呼卫军. 固体运载器耗尽关机制导方法研究[J]. 计算机与现代化, 2013(7): 113-116.

[111] 张志健, 王小虎. 固体火箭多约束耗尽关机的动态逆能量管理方法[J]. 固体火箭技术, 2014, 37(4): 435-441.

[112] PAUL Z. Tactical and strategic missile guidance[M]. 7th ed Reston VA: American Institute of Aeronautics and Astronautics, 2019: 290-298.

[113] 徐衡, 陈万春. 满足多约束的主动段能量管理制导方法[J]. 北京航空航天大学学报, 2012, 38(5): 569-573.

[114] ZHANG Q, XU Z. Autonomous ascent guidance with multiple terminal constraints for all-solid launch vehicles[J]. Aerospace Science and Technology, 2020(97): 105633.

[115] 张迁, 许志, 李新国. 一种小型固体运载火箭末级多约束制导方法[J]. 宇航学报, 2020, 41(3): 298-308.

[116] 陈思远, 夏群利, 李然. 固体火箭助推段终端多约束能量管理制导研究[J]. 系统工程与电子技术, 2016, 38(8): 1860-1866.

[117] 姚党鼐, 张力, 王振国. 姿态角单次调整的固体运载火箭耗尽关机能量管理方法[J]. 国防科技大学学报, 2013, 35(1): 39-42.

第 2 章　飞行力学基础知识

为使非本专业技术人员或学生能够完全读懂本书，本章系统介绍了飞行器动力学建模和制导理论所必需的物理和数学知识，包括地球环境模型、牛顿动力学基本定律和坐标系变换等，这些基础知识贯穿于全书。固体运载火箭从地球表面快速穿越大气层进入真空环境，空间卫星载荷以惯性坐标系内的轨道要素为终端约束，而对地载荷是以与地球固连的相对参数为终端约束。因此，地球环境模型的表述、动坐标系与惯性坐标系之间的关系以及动力学基本原理等知识是固体运载火箭飞行力学与制导的基础。

2.1　地球形状及飞行环境

运载火箭相对于地球的运动状态和飞行轨迹是研究运载火箭的关键参数，这些参数与地球的运动规律及形状密切相关[1]，因此必须对地球有一定的认识。地球作为围绕太阳运动的行星，它既有绕太阳的转动(公转)，也有绕自身轴的转动(自转)。地球绕太阳公转的周期为 365.256 36 个平太阳日，地球自转角速度 $\omega_e = 7.292\ 115 \times 10^{-5}$rad/s。

2.1.1　地球形状

地球是一个形状复杂的物体。地球自转使其成为一个两极间距离小于赤道直径的扁球体。可用旋转椭球体(参考椭球体)来描述，其表面称为参考椭球面。在地心赤道坐标系内，参考椭球面方程表示为

$$\frac{x_E^2}{a_E^2} + \frac{y_E^2}{a_E^2} + \frac{z_E^2}{b_E^2} = 1 \qquad (2-1)$$

显然，其椭圆满足的方程是

$$\frac{x_E^2}{a_E^2} + \frac{z_E^2}{b_E^2} = 1 \qquad (2-2)$$

式中，a_E 为地球的长半轴，$a_E = 6\ 378\ 137$m；b_E 为地球的短半轴，$b_E = 6\ 356\ 752.3$m，并记

$$e^2 = \frac{a_E^2 - b_E^2}{a_E^2}, \qquad (e')^2 = \frac{a_E^2 - b_E^2}{b_E^2} \qquad (2-3)$$

式中，e 为参考椭球体的第一偏心率；e' 为参考椭球体的第二偏心率。过地轴的任一平面与参考椭球面的截线称为地球子午椭圆，子午椭圆的方程式见式(2-3)。地球表面任一点的地心纬度 ϕ 可由下式确定

$$\phi = \arctan\left(\frac{z_E}{\sqrt{x_E^2 + y_E^2}}\right) \tag{2-4}$$

过椭球上任一点的参考椭球面的法线与赤道平面的夹角称为该点的地理纬度，记为 B。北半球地理纬度为正，南半球地理纬度为负。根据椭圆几何理论知识，可得

$$\tan B = \frac{a_E^2}{b_E^2} \cdot \frac{x_E}{y_E} = \frac{a_E^2}{b_E^2}\tan\phi$$

也可写为

$$\tan B = \frac{1}{1 - e^2}\tan\phi \tag{2-5}$$

在火箭质点弹道的计算中，通常采用 CGCS2000 坐标系下的静止标准圆球地球模型和参考椭球体地球模型，地球模型的主要参数见表 2-1。而与之相关的坐标系有发射坐标系、发射惯性坐标系、地心坐标系、弹体坐标系和速度坐标系，相应坐标系的具体定义和方向余弦关系见 2.2 节。

表 2-1　CGCS2000 坐标系地球模型的主要参数

主要参数	CGCS 2000 坐标系地球模型	
	静止标准圆球	参考椭球体
长半轴 a_d/m	6 371 000. 790 0	6 378 137. 0
引力常数 μ/($10^8 m^3/s^2$)	3 986 004. 418	3 986 004. 418
二阶带谐系数 $J_2/10^{-8}$	0. 0	108 262. 983 225 8
四阶带谐系数 $J_4/10^{-8}$	0. 0	-237. 091 125 614 1
自转角速度 Ω/(10^{-5}rad/s)	0. 0	7. 292 115
第一偏心率平方 e^2	0. 0	0. 006 694 380 022 90
第二偏心率平方 $(e')^2$	0. 0	0. 006 739 496 775 48
等体积球半径 R_m/m	6 371 000. 790 0	6 371 000. 790 0

2.1.2　标准大气

标准大气表是以实际大气为特征，以统计平均值为基础并结合一定的近似数值计算而形成的，它反映了大气状态参数的年平均状况。1976 年美国国家海洋和大气局、美国国家航空航天局、美国空军部联合制定了新的美国国家标准大气表，它依据大量的探空火箭探测资料和人造地球卫星对一个以上完整的太阳活动周期的探测结果，把高度扩展到 1 000km。1980 年我国根据航空航天部门的工作需要，将 1976 年美国国家标准大气表中 30km 以下的数据定作中华人民共和国国家标准大气表，将 30km 以上的数据作为选用值。显然，利用标准大气表所算得的运载火箭运动轨迹，所反映的只是运载火箭“平均”运动规

律。对运载火箭设计而言，只关心该型号运载火箭在“平均”大气状态下的运动规律，因此，运用标准大气表就可以了。对运载火箭飞行试验而言，也可以以标准大气下的运动规律作为依据，然后考虑实际大气条件与该标准大气的偏差对试验结果的影响，来对运载火箭的运动进行分析。

在进行弹道分析计算中，若将标准大气表的上万个数据输入到计算机中，则工作量及存储量均很大。如能使用公式计算大气温度、密度、压强、声速等诸参数，既能节省许多内存容量，也不必做大量的插值运算，可节省大量机时。在杨炳尉所著《标准大气参数的公式表示》中给出了以标准大气表为依据，采用拟合法得出的从海平面到 91km 范围内的标准大气参数计算公式。运用该公式计算的参数值与原标准大气表之值的相对误差小于 3/10 000。可以认为利用这套公式进行弹道分析计算是足够精确的，可代替原标准大气表，具体计算公式为

$$\begin{cases} H_w = H/(1 + H/6\ 356\ 766) \\ T = T_b + L(H_w - H_{wb}) \\ p = \begin{cases} p_b \cdot [1 + L(H_w - H_{wb})]^{-g_s/(L \cdot R)}, & L \neq 0 \\ p_b \cdot e^{[-g_s \cdot (H_w - H_{wb})/(R \cdot T_b)]}, & L = 0 \end{cases} \\ S_v = \sqrt{\kappa \cdot R \cdot T} = 20.046\ 8\sqrt{T} \end{cases} \tag{2-6}$$

式中，R 为标准气体参数，$R=287.052\ 87$J/kg；H_w 为重力位势高度；H 为海拔；T 为热力学温度(K)；κ 为等熵指数，$\kappa=1.4$；p 为飞行高度对应的压强；g_s 为标准海平面重力加速度，$g_s=9.806\ 65\text{m/s}^2$；$S_v$ 为飞行高度对应的声速(m/s)；H_{wb}、T_b、L、p_b 分别为位势高、下界温度、温度梯度、大气压力，并按表 2-2 取值。

表 2-2　H_{wb}、T_b、L、p_b 的取值

H_{wb}/m	T_b/K	L/(K/m)	p_b/Pa
0	288.15	0	101 325
11 000	216.65	−0.006 5	22 632.040 1
20 000	216.65	0	5 474.877 425
32 000	228.65	0.001	868.015 778 8
47 000	270.65	0.002 8	110.905 773 2
51 000	270.65	0	66.938 528
71 000	214.65	−0.002 8	3.956 392 15
84 890	186.87	−0.002	0.370 795 9
>90 000	186.87	0	0

2.1.3　风场模型

地球大气的全部质量大约仅为地球质量的百万分之一，可是大气对运载火箭的动力飞行弹道、近地卫星运行轨道和各种再入飞行器运动弹道均有较大的影响。固体运载火箭的初始阶段位于稠密的大气层内，飞行过程中受到空气动力的强烈作用，而气动力的解算依赖于大气模型及气动力相关系数。大气参数(密度、压强、温度、马赫数等)不仅随高度变化，同时随经纬度、季节变化明显，此外还受大气环流影响，所以准确描述大气模型具有相当大的难度。大气的最底层是对流层，顶部所在高度在赤道地区约为18km，在两极地区只有8km左右。在对流层集中了整个大气层质量的75%左右及水汽的95%。该层是大气变化最复杂的层次，一些大气现象，如风、云、雾、雷暴、积冰等均出现在这一层中。太阳辐射能的51%被地面吸收，19%被大气和云吸收，30%被大气层反射并散射回宇宙空间，故地球表面温度比大气高，地球就像一个大火炉，使下面的大气受热上升，上面冷空气下降，在对流层中发生了空气的对流，大气沿垂直方向上、下对流。平流层高度在11~50km，在整个平流层随着高度的升高，大气的密度和压力一直是下降的，如在50km处的参数值只有地球表面处相应值的0.08%。中间层高度在50~90km，而电离层大约从50km高度起，延伸到地球上空数百千米处。

运载火箭在穿越大气层的过程中，风的干扰对飞行轨迹有非常重要的影响。大气成分及组成环境的不同给描述风场带来了很大的困难。风场的一般变化规律主要是通过平稳风、切变风以及风向等进行描述的，其中，切变风对运载火箭的姿态运动带来较大的冲击，而平稳风会持续地干扰火箭质心运动。典型风场模型如图2-1所示。

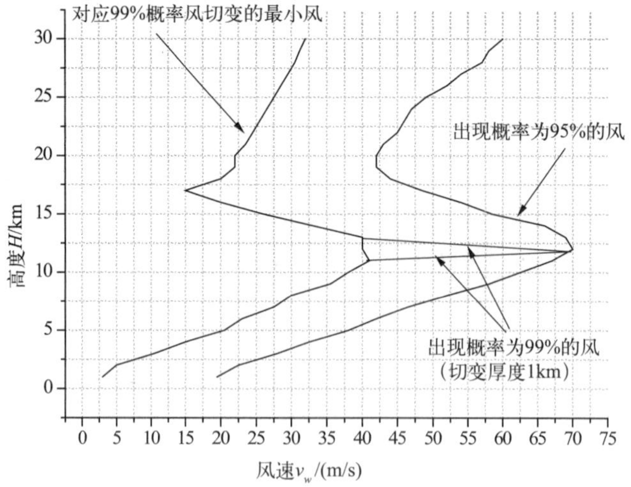

图2-1　典型风场模型

箭体相对于来流的速度在箭体坐标系 $o_b-x_by_bz_b$ 平面的投影与 x_b 轴的夹角(顺时针旋转

为正）为侧滑角 β；相对于静止大气的速度在箭体坐标系 $o_b-x_by_bz_b$ 平面的投影与相对速度的夹角（顺时针旋转为正）为攻角 α。在计算气动力时，由于风的作用使来流相对地球运动而非静止。在地面发射坐标系内，由风场模型得到风速 $\boldsymbol{v}_w$，运载火箭相对速度矢量为 $\boldsymbol{v}$，相对来流的速度为

$$\boldsymbol{v}_g^w = \boldsymbol{v} - \boldsymbol{v}_w \tag{2-7}$$

运载火箭考虑风场影响的攻角和侧滑角表达式为

$$\begin{cases}\beta = -\arctan(v_{gz}^w / v_{gx}^w) \\ \alpha = \arcsin\left[v_{gy}^w / \sqrt{(v_{gx}^w)^2 + (v_{gz}^w)^2}\right]\end{cases} \tag{2-8}$$

于是，包含风影响的箭体轴向力、法向力以及侧向力为

$$\begin{cases}R_x = \dfrac{1}{2}\rho(v_{gx}^w)^2 S_{ref}\cdot\left[C_X(M_a,\ \alpha,\ h) + C_{X_0}(M_a,\ h)\right] \\ R_y = \dfrac{1}{2}\rho(v_{gx}^w)^2 S_{ref}\cdot C_Y(M_a,\ \alpha,\ h) \\ R_z = \dfrac{1}{2}\rho(v_{gx}^w)^2 S_{ref}\cdot C_Z(M_a,\ \beta,\ h)\end{cases} \tag{2-9}$$

式中，$C_{X_0}(M_a,\ h)$为底阻力系数；$C_X(M_a,\ \alpha,\ h)$，$C_Y(M_a,\ \alpha,\ h)$和 $C_Z(M_a,\ \beta,\ h)$分别为轴向力系数、法向力系数以及侧向力系数，它们由相应的气动力系数表插值得到；ρ 为飞行高度对应的大气密度；S_{ref}为气动参考面积。

2.1.4　引力和重力

假设地球外一质量为 m 的质点相对于地球是静止的，该质点受到地球的引力为 $m\boldsymbol{g}$，另由于地球自身在以 $\boldsymbol{\omega}_e$ 角速度旋转，故该质点还受到随同地球旋转而引起的离心惯性力，将该质点所受的引力和离心惯性力之和称为该质点所受的重力，记为 $m\boldsymbol{g}'$，并满足

$$m\boldsymbol{g}' = m\boldsymbol{g} + m\boldsymbol{a}_e' \tag{2-10}$$

式中，$\boldsymbol{a}_e'$为离心惯性加速度，$\boldsymbol{a}_e' = -\boldsymbol{\omega}_e\times(\boldsymbol{\omega}_e\times\boldsymbol{r})$；$\boldsymbol{r}$ 为地心矢径。空间一点的离心惯性加速度 $\boldsymbol{a}'_e$，是在该点与地轴组成的子午面内并与地轴垂直指向球外。将其分解到 $\boldsymbol{r}^0$ 及 ϕ^0 方向，其大小分别记为 a_{er}'，$a_{e\phi}'$，则可得

$$\begin{cases}a_{er}' = r\omega_e^2\cos^2\phi \\ a_{e\phi}' = -r\omega_e^2\sin\phi\cos\phi\end{cases} \tag{2-11}$$

对于一个保守力场，场外一单位质点受到该力场的作用力称为场强，记作 $\boldsymbol{F}$，它是矢量场。场强 $\boldsymbol{F}$ 与该质点在此力场中具有的势函数 U 有如下关系

$$\boldsymbol{F} = \mathrm{grad}U \tag{2-12}$$

式中，势函数 U 为一标量函数，又称引力位。地球对球外质点的引力场为一保守力场，若设地球为一均质圆球，可把地球质量 M 看作集中于地球中心，则地球对球外距地心为 r 的

一单位质点的势函数为

$$U = \frac{fM}{r} \tag{2-13}$$

式中，f 为万有引力常数，记 $\mu = fM$，μ 为地球引力系数。由式(2-12)可得，地球对距球心 r 处一单位质点的场强为

$$\boldsymbol{g} = -\frac{\mu}{r^2}\boldsymbol{r}^0 \tag{2-14}$$

场强 $\boldsymbol{g}$ 又称为单位质点在地球引力场中所具有的引力加速度矢量。实际上，地球是一个形状复杂的非均质物体，若要求出其对地球外一点的势函数，则需对整个地球进行积分，即

$$U = f\int_M \frac{\mathrm{d}m}{\rho} \tag{2-15}$$

式中，$\mathrm{d}m$ 为地球单元体积的质量；ρ 为 $\mathrm{d}m$ 至空间研究的一点的距离。为了精确地求出势函数，只有已知地球表面的形状和地球内部的密度分布，才能计算该积分值，目前还是很难做到的。可以通过球谐函数展开式得到地球势函数的标准表达式

$$\begin{aligned} U = {} & \frac{\mu}{r} - \frac{\mu}{r}\sum_{n=2}^{\infty}\left[\left(\frac{a_e}{r}\right)^n J_n P_n(\sin\phi)\right] + \\ & \frac{\mu}{r}\sum_{n=2}^{\infty}\sum_{m=1}^{n}\left[\left(\frac{a_e}{r}\right)^n (C_{nm}\cos m\lambda + S_{nm}\sin m\lambda) P_{nm}(\sin\phi)\right] \end{aligned} \tag{2-16}$$

式中，a_e 为地球赤道平均半径；ϕ、λ 为地心纬度和经度；J_n 为带谐系数，且 $J_n = -C_{n0}$；当 $n \neq m$ 时，C_{nm}、S_{nm} 为田谐系数；当 $n = m$ 时，C_{nm}、S_{nm} 为扇谐系数；$P_n(\sin\phi)$ 为勒让德函数；$P_{nm}(\sin\phi)$ 为缔合勒让德函数。在弹道设计和计算中，为了方便，还可近似取式(2-16)中到 J_2 为止的势函数，即

$$U = \frac{\mu}{r}\left[1 + \frac{J_2}{2}\left(\frac{a_e}{r}\right)^2 (1 - 3\sin^2\phi)\right] \tag{2-17}$$

有了势函数后即可根据式(2-12)求取单位质量质点受地球引力作用的引力加速度矢量 $\boldsymbol{g}$，由式(2-17)可见，正常势函数仅与观测点的距离 r 及地心纬度 ϕ 有关。因此，引力加速度 $\boldsymbol{g}$ 总是在地球地轴与所考察的空间点构成的平面内，该平面与包含 r 在内的子午面重合。对于位于 p 点的单位质量质点而言，为计算该点的引力加速度矢量，作过 p 点的子午面且 r 的单位矢量为 $\boldsymbol{r}^0$，并在此子午面内垂直 $o_e p$ 且指向 ϕ 增加方向的单位矢量为 $\boldsymbol{\phi}^0$，则引力加速度 $\boldsymbol{g}$ 在 r^0 及 ϕ^0 方向的投影分别为(令 $J = 3J_2/2$)

$$\begin{cases} g_r = -\dfrac{\mu}{r^2}\left[1 + J\left(\dfrac{a_e}{r}\right)^2 (1 - 3\sin^2\phi)\right] \\ g_\phi = -\dfrac{\mu}{r^2} J \left(\dfrac{a_e}{r}\right)^2 \sin 2\phi \end{cases} \tag{2-18}$$

2.2　基于方向余弦矩阵的坐标系变换方法

原点相同的两个直角坐标系的空间姿态可以用不同的方法来描述，目前常用的方法有方向余弦矩阵法、欧拉角法、四元数法等。这些方法可以互相转换，可根据其用途选择合适的描述方法[2]。

2.2.1　方向余弦矩阵法

(1) 方向余弦矩阵的定义

有两个具有公共原点的坐标系 $b(\boldsymbol{e}_{x_b},\ \boldsymbol{e}_{y_b},\ \boldsymbol{e}_{z_b})$ 和 $I(\boldsymbol{e}_{x_I},\ \boldsymbol{e}_{y_I},\ \boldsymbol{e}_{z_I})$，令 I 的坐标轴在空间固定，b 各轴可以绕原点任意转动。坐标系 b 和坐标系 I 各轴的余弦依次组成的矩阵称为方向余弦矩阵 $\boldsymbol{C}_b^I$，定义为

$$\boldsymbol{C}_b^I = \begin{bmatrix} \boldsymbol{e}_{x_I}\cdot\boldsymbol{e}_{x_b} & \boldsymbol{e}_{x_I}\cdot\boldsymbol{e}_{y_b} & \boldsymbol{e}_{x_I}\cdot\boldsymbol{e}_{z_b} \\ \boldsymbol{e}_{y_I}\cdot\boldsymbol{e}_{x_b} & \boldsymbol{e}_{y_I}\cdot\boldsymbol{e}_{y_b} & \boldsymbol{e}_{y_I}\cdot\boldsymbol{e}_{z_b} \\ \boldsymbol{e}_{z_I}\cdot\boldsymbol{e}_{x_b} & \boldsymbol{e}_{z_I}\cdot\boldsymbol{e}_{y_b} & \boldsymbol{e}_{z_I}\cdot\boldsymbol{e}_{z_b} \end{bmatrix} = \begin{bmatrix} l_1 & l_2 & l_3 \\ m_1 & m_2 & m_3 \\ n_1 & n_2 & n_3 \end{bmatrix} \tag{2-19}$$

且可以得到矢量的坐标变换

$$\begin{bmatrix} x_I \\ y_I \\ z_I \end{bmatrix} = \boldsymbol{C}_b^I \begin{bmatrix} x_b \\ y_b \\ z_b \end{bmatrix} \quad 或 \quad \begin{bmatrix} x_b \\ y_b \\ z_b \end{bmatrix} = [\boldsymbol{C}_b^I]^{\mathrm{T}} \begin{bmatrix} x_I \\ y_I \\ z_I \end{bmatrix}$$

由此可以看出，方向余弦矩阵 $\boldsymbol{C}_b^I$ 是正交矩阵，并具有以下性质：

1) 方向余弦矩阵的行列式等于 1，即 $\| \boldsymbol{C}_b^I \| = 1$；

2) 方向余弦矩阵的逆等于其转置，即 $[\boldsymbol{C}_b^I]^{-1} = [\boldsymbol{C}_b^I]^{\mathrm{T}}$；

3) 方向余弦矩阵元素具有正交性，即

$$\sum_{i=1}^{3} c_{ij}c_{ik} = \sum_{i=1}^{3} c_{ji}c_{ki} = \delta_{jk} = \begin{cases} 1 & (j = k) \\ 0 & (j \neq k) \end{cases}$$

4) 方向余弦矩阵的每一个元素等于其代数余子式，即

$$c_{ij} = \begin{vmatrix} c_{(i+1)(j+1)} & c_{(i+1)(j+2)} \\ c_{(i+2)(j+1)} & c_{(i+2)(j+2)} \end{vmatrix}$$

矢量经过方向余弦矩阵的正交变换后其模保持不变。

(2) 方向余弦矩阵微分方程

假定坐标系 I 中有一个常矢量 $\boldsymbol{r}_I$，该矢量在坐标系 b 中表示为 $\boldsymbol{r}_b$，坐标系 b 以角速度 $\boldsymbol{\omega}$ 绕坐标系 I 旋转，于是可写出

$$\boldsymbol{r}_I = \boldsymbol{C}_b^I \boldsymbol{r}_b \tag{2-20}$$

将式(2−20)对时间 t 求导数，得

$$\dot{\boldsymbol{r}}_I = \dot{\boldsymbol{C}}_b^I \boldsymbol{r}_b + \boldsymbol{C}_b^I \dot{\boldsymbol{r}}_b \tag{2-21}$$

因为坐标系 b 以角速度 $\boldsymbol{\omega}$ 旋转，所以矢量 $\boldsymbol{r}_b$ 以角速度“$-\boldsymbol{\omega}$”相对坐标系 b 旋转，故满足如下矢量关系

$$\dot{\boldsymbol{r}}_b = -\boldsymbol{\omega}_b \times \boldsymbol{r}_b \tag{2-22}$$

可以证明上述矢量关系式与下面的矩阵关系式相对应

$$\dot{\boldsymbol{r}}_b = -[\boldsymbol{\omega}_b \times]\boldsymbol{r}_b \tag{2-23}$$

式中，$\boldsymbol{\omega}_b = \omega_{x_b}\boldsymbol{e}_{x_b} + \omega_{y_b}\boldsymbol{e}_{y_b} + \omega_{z_b}\boldsymbol{e}_{z_b}$，并定义矩阵运算

$$[\boldsymbol{\omega}_b \times] = \begin{bmatrix} 0 & -\omega_{z_b} & \omega_{y_b} \\ \omega_{z_b} & 0 & -\omega_{x_b} \\ -\omega_{y_b} & \omega_{x_b} & 0 \end{bmatrix} \tag{2-24}$$

因为 $\dot{\boldsymbol{r}}_I = \boldsymbol{0}$，得到方向余弦矩阵满足的微分方程

$$\dot{\boldsymbol{C}}_b^I = \boldsymbol{C}_b^I [\boldsymbol{\omega}_b \times] \tag{2-25}$$

其转置对应的方程为

$$\dot{\boldsymbol{C}}_I^b = -[\boldsymbol{\omega}_b \times]\boldsymbol{C}_I^b \tag{2-26}$$

实质上是描述了一个坐标系相对于另一个坐标系转动，且转动的相对角速度在动坐标系内为已知时，两个坐标系间方向余弦矩阵所满足的微分方程。

2.2.2 欧拉角的定义及其求解

欧拉角主要用于建立两个坐标系的联系[3]，本书为了描述方便，将绕坐标系的 x 轴、y 轴和 z 轴转动分别定义为 1 轴、2 轴、3 轴，并定义两个具有公共原点的坐标系 $b(\boldsymbol{e}_{x_b}, \boldsymbol{e}_{y_b}, \boldsymbol{e}_{z_b})$ 和 $I(\boldsymbol{e}_{x_I}, \boldsymbol{e}_{y_I}, \boldsymbol{e}_{z_I})$。

1)按照“2−3−1”转序定义欧拉角。其定义如下：使坐标系 b 和 I 各轴重合后，先绕坐标系 I 的 $\boldsymbol{e}_{y_I}$ 轴旋转 ψ，再绕 $\boldsymbol{e}'_{z_b}$ 轴旋转 φ，最后绕 $\boldsymbol{e}_{x_b}$ 轴旋转 γ，如图 2−2 所示。

已知坐标系 b 相对于坐标系 I 按 2−3−1 转序的欧拉角，则可写出由欧拉角描述的坐标变换方向余弦矩阵为

$$\boldsymbol{C}_I^b = \boldsymbol{R}_x(\gamma)\boldsymbol{R}_z(\varphi)\boldsymbol{R}_y(\psi)$$

式中，$\boldsymbol{R}_x(\gamma)$，$\boldsymbol{R}_y(\psi)$ 和 $\boldsymbol{R}_z(\varphi)$ 为初等旋转矩阵，可由式(2−19)推导具体形式

$$\boldsymbol{R}_x(\gamma) = \begin{bmatrix} 1 & 0 & 0 \\ 0 & \cos\gamma & \sin\gamma \\ 0 & -\sin\gamma & \cos\gamma \end{bmatrix}, \quad \boldsymbol{R}_y(\psi) = \begin{bmatrix} \cos\psi & 0 & -\sin\psi \\ 0 & 1 & 0 \\ \sin\psi & 0 & \cos\psi \end{bmatrix},$$

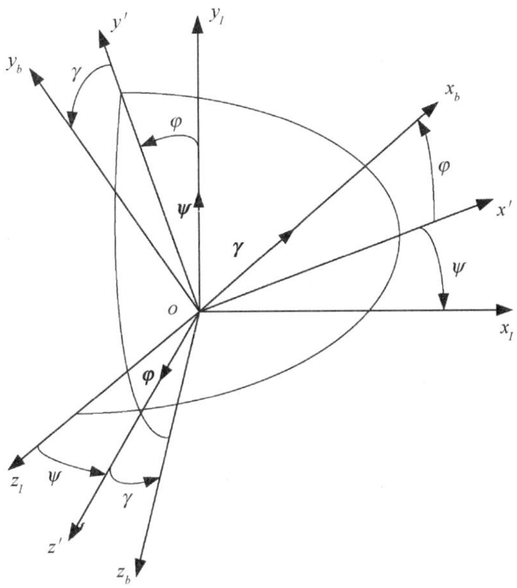

图 2-2　按照“2-3-1”转序定义的欧拉角

$$\boldsymbol{R}_z(\varphi)=\begin{bmatrix}\cos\varphi & \sin\varphi & 0\\ -\sin\varphi & \cos\varphi & 0\\ 0 & 0 & 1\end{bmatrix}$$

从图 2-2 可看出，角速度矢量 $\dot{\boldsymbol{\varphi}}$、$\dot{\boldsymbol{\psi}}$、$\dot{\boldsymbol{\gamma}}$ 分别在 $\boldsymbol{e}'_{z_b}$ 轴、$\boldsymbol{e}_{y_I}$轴和 $\boldsymbol{e}_{x_b}$轴方向上，它们也是非正交的。同样定义坐标系 b 旋转角速度矢量在坐标系 b 中的分量为 ω_{x_b}、ω_{y_b}、ω_{z_b}，其旋转矢量应满足

$$\dot{\boldsymbol{\varphi}}+\dot{\boldsymbol{\psi}}+\dot{\gamma}=\omega_{x_b}+\omega_{y_b}+\omega_{z_b} \tag{2-27}$$

存在角速度矢量关系

$$\begin{cases}\dot{\gamma}=\dot{\gamma}\boldsymbol{e}_{x_b}\\ \dot{\boldsymbol{\varphi}}=\dot{\varphi}\sin\gamma\boldsymbol{e}_{y_b}+\dot{\varphi}\cos\gamma\boldsymbol{e}_{z_b}\\ \dot{\boldsymbol{\psi}}=\dot{\psi}\cos\varphi\boldsymbol{y}'+\dot{\psi}\sin\varphi\boldsymbol{e}_{x_b}\\ \boldsymbol{y}'=\cos\gamma\boldsymbol{e}_{y_b}-\sin\gamma\boldsymbol{e}_{z_b}\end{cases} \tag{2-28}$$

根据式(2-27)和式(2-28)，化简后得到

$$\dot{\boldsymbol{\psi}}=\dot{\boldsymbol{\psi}}\sin\varphi\boldsymbol{e}_{x_b}+\dot{\boldsymbol{\psi}}\cos\varphi\cos\gamma\boldsymbol{e}_{y_b}-\dot{\boldsymbol{\psi}}\cos\varphi\sin\gamma\boldsymbol{e}_{z_b} \tag{2-29}$$

考虑到 $\boldsymbol{\omega}_{xb}=\omega_{xb}\boldsymbol{e}_{xb}$，$\boldsymbol{\omega}_{yb}=\omega_{yb}\boldsymbol{e}_{yb}$，$\boldsymbol{\omega}_{zb}=\omega_{zb}\boldsymbol{e}_{zb}$，则存在

$$\begin{bmatrix}\omega_{xb}\\ \omega_{yb}\\ \omega_{zb}\end{bmatrix}=\begin{bmatrix}0 & \sin\varphi & 1\\ \sin\gamma & \cos\varphi\cos\gamma & 0\\ \cos\gamma & -\cos\varphi\sin\gamma & 0\end{bmatrix}\begin{bmatrix}\dot{\varphi}\\ \dot{\psi}\\ \dot{\gamma}\end{bmatrix} \tag{2-30}$$

2)按照“3-2-1”转序定义欧拉角。图 2-3 给出了按照“3-2-1”转序定义的欧拉角的箭体坐标系与惯性坐标系间的几何关系。首先使箭体坐标系与惯性坐标系重合，然后箭体绕 z_b 轴旋转角 φ，再绕 y_b 轴旋转角 γ，最后绕 x_b 轴旋转角 ψ。于是，按照“3-2-1”转序定义的欧拉角(φ、ψ、γ)唯一确定了火箭相对于惯性坐标系的姿态。

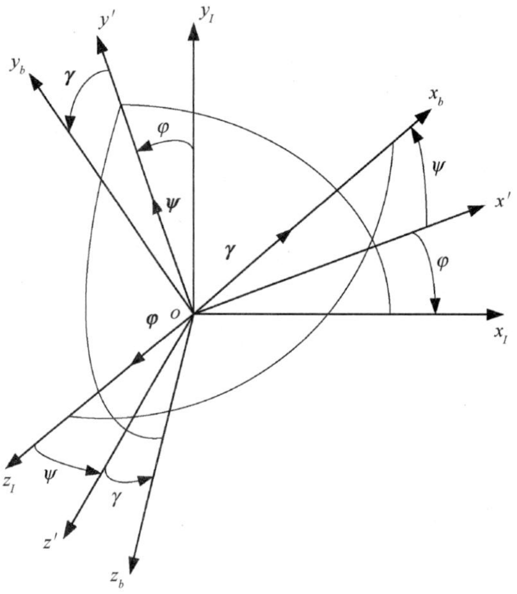

图 2-3　按照“3-2-1”转序定义的欧拉角

从图 2-3 可看出，角速度矢量 $\dot{\varphi}$、$\dot{\gamma}$、$\dot{\psi}$ 分别在 oz_I 轴、y'轴和 ox_b 轴方向上，显而易见，它们是非正交的。若定义箭体旋转角速度在箭体坐标系的分量为 ω_{x_b}、ω_{y_b}、ω_{z_b}，则根据投影关系可写出

$$\begin{bmatrix}\omega_{x_b}\\ \omega_{y_b}\\ \omega_{z_b}\end{bmatrix}=\begin{bmatrix}-\sin\psi & 0 & 1\\ \cos\psi\sin\gamma & \cos\gamma & 0\\ \cos\psi\cos\gamma & -\sin\gamma & 0\end{bmatrix}\begin{bmatrix}\dot{\varphi}\\ \dot{\psi}\\ \dot{\gamma}\end{bmatrix} \tag{2-31}$$

或

$$\begin{bmatrix}\dot{\varphi}\\ \dot{\psi}\\ \dot{\gamma}\end{bmatrix}=\begin{bmatrix}0 & \sin\gamma/\cos\psi & \cos\gamma/\cos\psi\\ 0 & \cos\gamma & -\sin\gamma\\ 1 & \tan\psi\sin\gamma & \tan\psi\cos\gamma\end{bmatrix}\begin{bmatrix}\omega_{x_b}\\ \omega_{y_b}\\ \omega_{z_b}\end{bmatrix} \tag{2-32}$$

3) 由方向余弦矩阵确定欧拉角。已知两个坐标系间的方向余弦矩阵也可求出对应的欧拉角。已知发射惯性坐标系到箭体坐标系的方向余弦矩阵的各个元素，即 $\boldsymbol{C}_I^b=[c_{ij}]_{i,j=1,2,3}$ 为已知。若采用 $\varphi\to\psi\to\gamma$ 转序定义的欧拉角，则有

$$\boldsymbol{C}_I^b=\begin{bmatrix}\cos\varphi\cos\psi & \sin\varphi\cos\psi & -\sin\psi\\ \cos\varphi\sin\psi\sin\gamma-\sin\varphi\cos\gamma & \sin\varphi\sin\psi\sin\gamma+\cos\varphi\cos\gamma & \cos\psi\sin\gamma\\ \cos\varphi\sin\psi\cos\gamma+\sin\varphi\sin\gamma & \sin\varphi\sin\psi\cos\gamma-\cos\varphi\sin\gamma & \cos\psi\cos\gamma\end{bmatrix}\tag{2-33}$$

则对应的欧拉角可按下式计算

$$\varphi=\begin{cases}\arctan\left(\dfrac{c_{12}}{c_{11}}\right) & c_{11}>0\\ \pi\cdot\operatorname{sgn}(c_{12})+\arctan\left(\dfrac{c_{12}}{c_{11}}\right) & c_{11}<0\\ \dfrac{\pi}{2}\operatorname{sgn}(c_{12}) & c_{11}=0\end{cases}$$

$$\gamma=\begin{cases}\arctan\left(\dfrac{c_{23}}{c_{33}}\right) & c_{33}>0\\ \pi\cdot\operatorname{sgn}(c_{23})+\arctan\left(\dfrac{c_{23}}{c_{33}}\right) & c_{33}<0\\ \dfrac{\pi}{2}\operatorname{sgn}(c_{33}) & c_{33}=0\end{cases}$$

其中 $\psi=-\arcsin(c_{13})$。若采用按 $\psi\to\varphi\to\gamma$ 转序定义的欧拉角，则有

$$\boldsymbol{C}_I^b=\begin{bmatrix}\cos\varphi\cos\psi & \sin\varphi & -\cos\varphi\sin\psi\\ -\sin\varphi\cos\psi\cos\gamma+\sin\psi\sin\gamma & \cos\varphi\cos\gamma & \sin\varphi\sin\psi\cos\gamma+\cos\psi\sin\gamma\\ \sin\varphi\cos\psi\sin\gamma+\sin\psi\cos\gamma & -\cos\varphi\sin\gamma & -\sin\varphi\sin\psi\sin\gamma+\cos\psi\cos\gamma\end{bmatrix}\tag{2-34}$$

则对应的欧拉角可按下式计算

$$\psi=\begin{cases}\arctan\left(\dfrac{-c_{13}}{c_{11}}\right) & c_{11}>0\\ \pi\cdot\operatorname{sgn}(-c_{13})+\arctan\left(\dfrac{-c_{13}}{c_{11}}\right) & c_{11}<0\\ \dfrac{\pi}{2}\operatorname{sgn}(c_{13}) & c_{11}=0\end{cases}$$

$$\gamma=\begin{cases}\arctan\left(\dfrac{-c_{32}}{c_{11}}\right) & c_{33}>0\\ \pi\cdot\operatorname{sgn}(-c_{32})+\arctan\left(\dfrac{-c_{32}}{c_{11}}\right) & c_{33}<0\\ \dfrac{\pi}{2}\operatorname{sgn}(-c_{32}) & c_{33}=0\end{cases}$$

其中 $\varphi=\arcsin(c_{12})$。

2.3　基于四元数的坐标系变换方法

早在19世纪，哈密顿(Hamilton W. R.)首先在数学中引入四元数的概念，并建立了四元数理论，后来克莱茵(Klein T.)等人做了进一步研究，但该理论一直未得到实际应用。自20世纪70年代起，随着航空航天领域中飞行器姿态控制系统功能的迅速发展，发现用欧拉角描述飞行器姿态有奇异点，如式(2-32)中，当 $\psi=\pi/2$ 时，$\cos\psi=0$，此时方程有奇异点。2.2.3节讨论的方向余弦矩阵不存在奇异点，但至少需要计算6个独立变量，计算比较复杂。于是，广泛采用了变量为4个的四元数法[4]。

2.3.1　四元数的定义及运算规则

定义四元数 $\boldsymbol{q}$ 为一个超复数

$$\boldsymbol{q}=q_0+q_1\boldsymbol{i}+q_2\boldsymbol{j}+q_3\boldsymbol{k} \tag{2-35}$$

式中，q_0 为四元数的标量部分，后三项为矢量部分，记为 $\bar{\boldsymbol{q}}$，因此式(2-35)也可写成

$$\boldsymbol{q}=q_0+\bar{\boldsymbol{q}} \tag{2-36}$$

规定四元数的模等于1，记

$$N[\boldsymbol{q}]=(q_0^2+q_1^2+q_2^2+q_3^2)^{\frac{1}{2}}=1 \tag{2-37}$$

定义 $q_0=1$，$q_1=q_2=q_3=0$ 的四元数为单位四元数，用 $\boldsymbol{I}$ 表示单位四元数，即

$$\boldsymbol{I}=1+0\boldsymbol{i}+0\boldsymbol{j}+0\boldsymbol{k}$$

并规定四元数乘法(以符号“∘”表示四元数相乘)运算规则为

$$\begin{cases}\boldsymbol{i}\circ\boldsymbol{i}=\boldsymbol{j}\circ\boldsymbol{j}=\boldsymbol{k}\circ\boldsymbol{k}=-1\\ \boldsymbol{i}\circ\boldsymbol{j}=-\boldsymbol{j}\circ\boldsymbol{i}=\boldsymbol{k}\\ \boldsymbol{j}\circ\boldsymbol{k}=-\boldsymbol{k}\circ\boldsymbol{j}=\boldsymbol{i}\\ \boldsymbol{k}\circ\boldsymbol{i}=-\boldsymbol{i}\circ\boldsymbol{k}=\boldsymbol{j}\end{cases} \tag{2-38}$$

定义四元数 $\boldsymbol{q}$ 的共轭四元数为

$$\boldsymbol{q}^*=q_0-\bar{\boldsymbol{q}} \tag{2-39}$$

四元数的运算法则，满足以下规律：

1)加减法运算满足交换律、结合律。

2)四元数乘法运算：

$$\boldsymbol{q}\circ\boldsymbol{p}=(q_0+\bar{\boldsymbol{q}})\circ(p_0+\bar{\boldsymbol{p}})=q_0p_0+p_0\bar{\boldsymbol{q}}+q_0\bar{\boldsymbol{p}}+\bar{\boldsymbol{q}}\circ\bar{\boldsymbol{p}} \tag{2-40}$$

及

$$\bar{\boldsymbol{q}}\circ\bar{\boldsymbol{p}}=\bar{\boldsymbol{q}}\times\bar{\boldsymbol{p}}-\bar{\boldsymbol{q}}\cdot\bar{\boldsymbol{p}} \tag{2-41}$$

式(2-41)表明，两个四元数矢量的乘法等于两个矢量的叉乘减去它们的点乘，故 $\boldsymbol{q}\circ\boldsymbol{p}\neq$

$\boldsymbol{p}\circ\boldsymbol{q}$，所以四元数乘法不服从交换律，有右乘和左乘之分。根据乘法规则有

$$\boldsymbol{q}\circ\boldsymbol{q}^{*}=\boldsymbol{q}^{*}\circ\boldsymbol{q}=N[\boldsymbol{q}]=1 \tag{2-42}$$

3）四元数除法计算：先定义四元数的倒数为四元数的逆，则有

$$\boldsymbol{p}^{-1}=\frac{1}{\boldsymbol{p}}=\frac{1}{p_0+\bar{\boldsymbol{p}}}=\frac{p_0-\bar{\boldsymbol{p}}}{N[\boldsymbol{p}]}=\boldsymbol{p}^{*} \tag{2-43}$$

式(2-43)表明，四元数的逆等于其共轭四元数，故存在

$$\boldsymbol{q}\circ\boldsymbol{q}^{-1}=\boldsymbol{q}^{-1}\circ\boldsymbol{q}=N[\boldsymbol{q}]=1 \tag{2-44}$$

根据四元数的逆的定义，使用四元数的逆表示四元数除法，且由于四元数乘法是不可交换的，故四元数除法也有左除、右除之分。左除是由 $\boldsymbol{a}\circ\boldsymbol{x}=\boldsymbol{b}$ 得 $\boldsymbol{x}=\boldsymbol{a}^{-1}\circ\boldsymbol{b}$，而右除是由 $\boldsymbol{x}\circ\boldsymbol{a}=\boldsymbol{b}$ 得 $\boldsymbol{x}=\boldsymbol{b}\circ\boldsymbol{a}^{-1}$。那么，四元数积的逆为

$$(\boldsymbol{p}\circ\boldsymbol{q})^{-1}=(\boldsymbol{p}\circ\boldsymbol{q})^{*}=q_0p_0-p_0\bar{\boldsymbol{q}}-q_0\bar{\boldsymbol{p}}-\bar{\boldsymbol{q}}\circ\bar{\boldsymbol{p}}=\boldsymbol{q}^{-1}\circ\boldsymbol{p}^{-1} \tag{2-45}$$

显然

$$(\boldsymbol{p}\circ\boldsymbol{q})^{*}=\boldsymbol{q}^{*}\circ\boldsymbol{p}^{*} \tag{2-46}$$

上述两式表明，两个四元数之积的逆等于每个四元数的逆以原乘积相反的顺序作积。多个四元数之积的共轭四元数或求逆方法可以类推。

2.3.2　用四元数描述矢量绕定轴旋转

假定有一矢量 $\boldsymbol{r}$ 绕单位矢量 $\boldsymbol{e}_q$ 旋转二面角 ϑ 后，转到新的位置为矢量 $\boldsymbol{r}'$，求 $\boldsymbol{r}$ 与 $\boldsymbol{r}'$间的矢量关系，如图 2-4 所示。

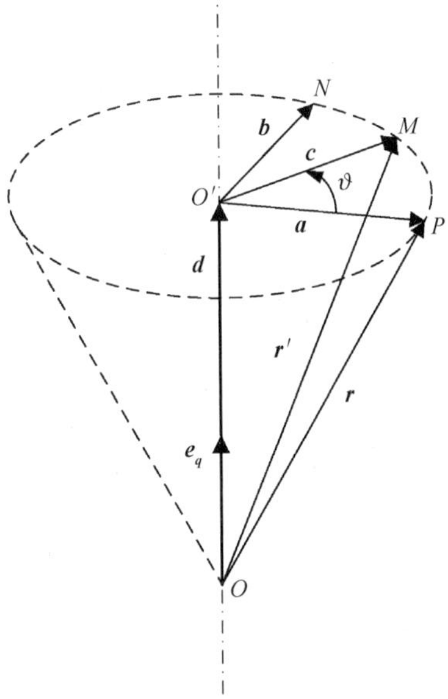

图 2-4　矢量绕定轴旋转关系示意图

矢量 $\boldsymbol{r}$ 是由 O 点至 P 点的矢径构成的，矢量 $\boldsymbol{r}$ 绕 OO'轴（即绕单位矢量 $\boldsymbol{e}_q$）旋转二面角

ϑ 后转至 $\boldsymbol{r}'$，其端点为 M，图中 M，P，O'各点均在与 OO'轴向垂直的平面内。再作如下辅助矢量：由 O 点至 O'点作矢量 $\boldsymbol{d}$；由 O'点至 P，M 点分别作矢量 $\boldsymbol{a}$ 和 $\boldsymbol{c}$；由 O'点作矢量 $\boldsymbol{b}$ 使其垂直矢量 $\boldsymbol{d}$ 和 $\boldsymbol{a}$，且其端点 N 在过 P，M 点并与 OO'垂直的大圆上，存在

$$\begin{cases} \boldsymbol{r}' = \boldsymbol{d} + \boldsymbol{c} \\ \boldsymbol{c} = \sin\vartheta \boldsymbol{b} + \cos\vartheta \boldsymbol{a} \\ \boldsymbol{b} = \boldsymbol{e}_q \times \boldsymbol{r} \\ \boldsymbol{d} = (\boldsymbol{r} \cdot \boldsymbol{e}_q)\boldsymbol{e}_q \\ \boldsymbol{a} = \boldsymbol{r} - \boldsymbol{d} \end{cases} \tag{2-47}$$

根据式(2-47)得到关于 $\boldsymbol{r}'$的等式关系

$$\boldsymbol{r}' = \cos\vartheta \boldsymbol{r} + (1-\cos\vartheta)(\boldsymbol{r}\cdot\boldsymbol{e}_q)\boldsymbol{e}_q + \sin\vartheta \boldsymbol{e}_q \times \boldsymbol{r} \tag{2-48}$$

这里将四元数 $\boldsymbol{q}$ 写为如下形式

$$\boldsymbol{q} = \cos\alpha + \sin\alpha \boldsymbol{e}_q \tag{2-49}$$

将式(2-49)代入 $\boldsymbol{q}\circ\boldsymbol{r}\circ\boldsymbol{q}^*$，可得出

$$\begin{aligned} \boldsymbol{q}\circ\boldsymbol{r}\circ\boldsymbol{q}^* &= (\cos\alpha + \sin\alpha\boldsymbol{e}_q)\circ\boldsymbol{r}\circ(\cos\alpha - \sin\alpha\boldsymbol{e}_q) \\ &= \cos^2\alpha\boldsymbol{r} + \sin2\alpha\boldsymbol{e}_q\times\boldsymbol{r} - \sin^2\alpha\boldsymbol{e}_q\circ\boldsymbol{r}\circ\boldsymbol{e}_q \end{aligned} \tag{2-50}$$

及

$$(\boldsymbol{e}_q\circ\boldsymbol{r})\circ\boldsymbol{e}_q = -2(\boldsymbol{e}_q\cdot\boldsymbol{r})\boldsymbol{e}_q + \boldsymbol{r} \tag{2-51}$$

因此有

$$\boldsymbol{q}\circ\boldsymbol{r}\circ\boldsymbol{q}^* = \cos2\alpha\boldsymbol{r} + (1-\cos2\alpha)(\boldsymbol{e}_q\cdot\boldsymbol{r})\boldsymbol{e}_q + \sin2\alpha\boldsymbol{e}_q\times\boldsymbol{r} \tag{2-52}$$

比较式(2-48)和式(2-52)，若令 $\alpha=\dfrac{\vartheta}{2}$，则有

$$\boldsymbol{r}' = \boldsymbol{q}\circ\boldsymbol{r}\circ\boldsymbol{q}^* \tag{2-53}$$

这说明若取四元数

$$\boldsymbol{q} = \cos\left(\frac{\vartheta}{2}\right) + \sin\left(\frac{\vartheta}{2}\right)\boldsymbol{e}_q \tag{2-54}$$

则矢量 $\boldsymbol{r}$ 经四元数变换 $\boldsymbol{q}\circ\boldsymbol{r}\circ\boldsymbol{q}^*$ 后变为矢量 $\boldsymbol{r}'$。上述推导表明，一个矢量 $\boldsymbol{r}$ 绕定轴旋转二面角 ϑ 转到 $\boldsymbol{r}'$，则 $\boldsymbol{r}$ 和 $\boldsymbol{r}'$之间的关系可用 $\boldsymbol{e}_q$ 和 ϑ 相对应的四元数 $q=\cos(\dfrac{\vartheta}{2})+\sin(\dfrac{\vartheta}{2})\boldsymbol{e}_q$ 来描述，即 $\boldsymbol{r}'=\boldsymbol{q}\circ\boldsymbol{r}\circ\boldsymbol{q}^*$。显然，反变换 $\boldsymbol{r}=\boldsymbol{q}^*\circ\boldsymbol{r}'\circ\boldsymbol{q}$ 也成立。

2.3.3 用四元数描述坐标系旋转

假定坐标系 B 在旋转之前与坐标系 I 重合，而后绕旋转轴 e_q 转过二面角 ϑ，对应的四元数为 $\boldsymbol{q}$。此时，在坐标系 B 中固定矢量 $\boldsymbol{r}_b$ 也随坐标系 B 转过二面角 ϑ。而 $\boldsymbol{r}_b$ 在惯性坐标系 I 中用 $\boldsymbol{r}_I$ 表示，显然，坐标系 B 旋转之前 $\boldsymbol{r}_b$ 与 $\boldsymbol{r}_I$ 重合，而在坐标系 I 中，坐标系 B 旋

转了 ϑ 角，相当于由矢量 $\boldsymbol{r}_b$ 旋转到 $\boldsymbol{r}_I$。因此根据 2.3.2 节中矢量旋转的结果可知

$$\boldsymbol{r}_I = \boldsymbol{q} \circ \boldsymbol{r}_b \circ \boldsymbol{q}^* \tag{2-55}$$

将四元数方程(2-55)改写成矩阵方程。首先将 $\boldsymbol{q}=q_0+\bar{\boldsymbol{q}}$，$\boldsymbol{q}^*=q_0-\bar{\boldsymbol{q}}$ 代入式(2-55)，整理得

$$\boldsymbol{r}_I = (q_0^2 - \bar{\boldsymbol{q}} \cdot \bar{\boldsymbol{q}}) + 2q_0(\bar{\boldsymbol{q}} \times \boldsymbol{r}_b) + 2(\bar{\boldsymbol{q}} \cdot \boldsymbol{r}_b)\bar{\boldsymbol{q}} \tag{2-56}$$

若记矩阵

$$\begin{cases} \boldsymbol{Q}_v = [q_1 \quad q_2 \quad q_3]^{\mathrm{T}} \\ \boldsymbol{r}_I = [r_{x_I} \quad r_{y_I} \quad r_{z_I}]^{\mathrm{T}} \\ \boldsymbol{r}_b = [r_{x_b} \quad r_{y_b} \quad r_{z_b}]^{\mathrm{T}} \end{cases}$$

则式(2-56)可改写成如下矩阵形式

$$\boldsymbol{r}_I = [(q_0^2 - Q_v^{\mathrm{T}}Q_v)I + 2q_0[Q_v \times] + 2Q_vQ_v^{\mathrm{T}}]\boldsymbol{r}_b \tag{2-57}$$

式中推导用到如下关系：

若矢量方程为 $\boldsymbol{a}=(\boldsymbol{b}\cdot\boldsymbol{c})\boldsymbol{c}$，则对应的矩阵方程为 $\boldsymbol{a}=\boldsymbol{c}\boldsymbol{c}^{\mathrm{T}}\boldsymbol{b}$，显然

$$\boldsymbol{C}_b^I = (q_0^2 - \boldsymbol{Q}_v^{\mathrm{T}}\boldsymbol{Q}_v)\boldsymbol{I} + 2q_0[\boldsymbol{Q}_v \times] + 2\boldsymbol{Q}_v\boldsymbol{Q}_v^{\mathrm{T}} \tag{2-58}$$

式(2-58)表明，旋转前后两个坐标系间的方向余弦矩阵可以用四元数来表示，四元数可以描述坐标系旋转。若采用式(2-54)的形式，则 $\boldsymbol{e}_q$ 表示欧拉转轴方向，ϑ 表示欧拉转角。根据 $\boldsymbol{Q}_{\mathrm{v}}^{\mathrm{T}}\boldsymbol{Q}_v=q_1^2+q_2^2+q_3^2$，以及等式关系

$$\boldsymbol{Q}_v\boldsymbol{Q}_v^{\mathrm{T}} = \begin{bmatrix} q_1^2 & q_1q_2 & q_1q_3 \\ q_1q_2 & q_2^2 & q_2q_3 \\ q_1q_3 & q_2q_3 & q_3^2 \end{bmatrix}, \quad [\boldsymbol{Q}_v \times] = \begin{bmatrix} 0 & -q_3 & q_2 \\ q_3 & 0 & -q_1 \\ -q_2 & q_1 & 0 \end{bmatrix} \tag{2-59}$$

则式(2-58)可以表示成

$$\boldsymbol{C}_b^I = \begin{bmatrix} q_0^2+q_1^2-q_2^2-q_3^2 & 2(q_1q_2-q_0q_3) & 2(q_1q_3+q_0q_2) \\ 2(q_1q_2+q_0q_3) & q_0^2-q_1^2+q_2^2-q_3^2 & 2(q_2q_3-q_0q_1) \\ 2(q_1q_3-q_0q_2) & 2(q_2q_3+q_0q_1) & q_0^2-q_1^2-q_2^2+q_3^2 \end{bmatrix} \tag{2-60}$$

2.3.4　用四元数表示坐标系连续旋转

首先讨论坐标系两次连续旋转的情况，假定由坐标系 A 转到坐标系 B 对应的四元数为 $\boldsymbol{q}$；由坐标系 B 转到坐标系 C 对应的四元数为 $\boldsymbol{q}'$；由坐标系 A 转到坐标系 C 对应的四元数为 $\boldsymbol{q}''$。现在求 $\boldsymbol{q}''$与 $\boldsymbol{q}$、$\boldsymbol{q}'$之间的关系。由式(2-55)可以得到

$$\begin{cases} \boldsymbol{r}_A = \boldsymbol{q} \circ \boldsymbol{r}_B \circ \boldsymbol{q}^* \\ \boldsymbol{r}_B = \boldsymbol{q}' \circ \boldsymbol{r}_C \circ \boldsymbol{q}'^* \\ \boldsymbol{r}_A = \boldsymbol{q}'' \circ \boldsymbol{r}_C \circ \boldsymbol{q}''^* \end{cases} \tag{2-61}$$

再将第二式代入第一式，得 $\boldsymbol{r}_A=\boldsymbol{q}\circ\boldsymbol{q}'\circ\boldsymbol{r}_C\circ\boldsymbol{q}'^*\circ\boldsymbol{q}^*$，并将其与第三式比较，考虑到 $(\boldsymbol{q}\circ\boldsymbol{q}')^*=\boldsymbol{q}'^*\circ\boldsymbol{q}^*$，则得

$$\boldsymbol{q}''=\boldsymbol{q}\circ\boldsymbol{q}' \tag{2-62}$$

式(2-62)表明，坐标系经过两次旋转后，从原坐标系到最后坐标系的四元数等于依旋转顺序将每次旋转的四元数自左至右作四元数的积。显然，当坐标系多次旋转时，其四元数关系以此类推。并根据式(2-62)可得

$$\boldsymbol{q}''=\boldsymbol{q}\circ\boldsymbol{q}'=(q_0q_0'-\bar{\boldsymbol{q}}\cdot\bar{\boldsymbol{q}}')+q_0\bar{\boldsymbol{q}}'+q'_0\bar{\boldsymbol{q}}+\bar{\boldsymbol{q}}\times\bar{\boldsymbol{q}}' \tag{2-63}$$

定义 $\boldsymbol{Q}''_v=[q_1''\quad q''_2\quad q_3'']^{\mathrm{T}}$，$\boldsymbol{Q}'_v=[q_1'\quad q_2'\quad q_3']^{\mathrm{T}}$，$\boldsymbol{Q}_v=[q_1\quad q_2\quad q_3]^{\mathrm{T}}$，根据等式(2-63)存在

$$q_0''=q_0q_0'-\boldsymbol{Q}_v^{\mathrm{T}}\boldsymbol{Q}'_v,\quad \boldsymbol{Q}''_v=(q_0\boldsymbol{I}+[\boldsymbol{Q}_v\times])\boldsymbol{Q}'_v+q_0'\boldsymbol{Q}_v \tag{2-64}$$

定义矩阵关系 $\boldsymbol{V}(\boldsymbol{q})=q_0\boldsymbol{I}+[\boldsymbol{Q}_v\times]$，则关于 $\boldsymbol{Q}''_v$的等式可以表示成如下矩阵形式

$$\begin{bmatrix} q_0'' \\ \boldsymbol{Q}''_v \end{bmatrix}=\begin{bmatrix} q_0 & -\boldsymbol{Q}_v^{\mathrm{T}} \\ \boldsymbol{Q}_v & \boldsymbol{V}(\boldsymbol{q}) \end{bmatrix}\begin{bmatrix} q_0' \\ \boldsymbol{Q}'_v \end{bmatrix} \tag{2-65}$$

四元数矩阵 $\boldsymbol{Q}''=[q_0''\quad q_1''\quad q_2''\quad q_3'']^{\mathrm{T}}$，$\boldsymbol{Q}'=[q_0'\quad q_1'\quad q_2'\quad q_3']^{\mathrm{T}}$，$\boldsymbol{Q}=[q_0\quad q_1\quad q_2\quad q_3]^{\mathrm{T}}$，并根据等式(2-65)，得到

$$\boldsymbol{M}(\boldsymbol{q})=\begin{bmatrix} q_0 & -\boldsymbol{Q}_v^{\mathrm{T}} \\ \boldsymbol{Q}_v & \boldsymbol{V}(\boldsymbol{q}) \end{bmatrix} \tag{2-66}$$

那么，得到四元数的矩阵关系

$$\boldsymbol{Q}''=M(\boldsymbol{q})\boldsymbol{Q}',\qquad \boldsymbol{Q}''=\boldsymbol{M}_v^+(\boldsymbol{q}')\boldsymbol{Q} \tag{2-67}$$

式中符号 $\boldsymbol{M}_v^+$ 表示对 $\boldsymbol{M}$ 矩阵中的子矩阵 $\boldsymbol{V}$ 进行转置。从式(2-67)可看出，虽然对于四元数乘法来说其顺序是不能交换的，但它们的矩阵乘法可以交换，不过交换顺序时应将矩阵 $\boldsymbol{M}$ 换成 $\boldsymbol{M}_v^+$。对于三个四元数相乘的情况，若 $\boldsymbol{p}=\boldsymbol{q}\circ\boldsymbol{q}'\circ\boldsymbol{q}''$，则其对应的矩阵乘法为

$$\boldsymbol{P}=\boldsymbol{M}(\boldsymbol{q})\boldsymbol{M}(\boldsymbol{q}')\boldsymbol{Q}'' \tag{2-68}$$

或

$$\boldsymbol{P}=\boldsymbol{M}(\boldsymbol{q})\boldsymbol{M}_v^+(\boldsymbol{q}'')\boldsymbol{Q}' \tag{2-69}$$

式中 $\boldsymbol{P}=[p_0\quad p_1\quad p_2\quad p_3]^{\mathrm{T}}$，仍可证明得到

$$\boldsymbol{M}(\boldsymbol{q})\boldsymbol{M}_v^+(\boldsymbol{q}'')=\boldsymbol{M}_v^+(\boldsymbol{q}'')\boldsymbol{M}(\boldsymbol{q}) \tag{2-70}$$

所以式(2-69)也可写成如下形式

$$\boldsymbol{P}=\boldsymbol{M}_v^+(\boldsymbol{q}'')\boldsymbol{M}(\boldsymbol{q})\boldsymbol{Q}'$$

上述结果表明，四元数矩阵乘法具有可以调换顺序的性质。

2.3.5　四元数满足的微分方程

假定在坐标系 b 中有一个常矢量 $\boldsymbol{r}_b$，坐标系 b 以角速度 $\boldsymbol{\omega}$ 相对惯性坐标系 I 旋转，已

知由坐标系 b 到坐标系 I 的四元数为 $\boldsymbol{q}$，于是有

$$\boldsymbol{r}_{\mathrm{I}} = \boldsymbol{q} \circ \boldsymbol{r}_b \circ \boldsymbol{q}^*$$

将上式对时间 t 求导数，得

$$\frac{\mathrm{d}\boldsymbol{r}_I}{\mathrm{d}t} = \frac{\mathrm{d}\boldsymbol{q}}{\mathrm{d}t} \circ \boldsymbol{r}_b \circ \boldsymbol{q}^* + \boldsymbol{q} \circ \frac{\mathrm{d}\boldsymbol{r}_b}{\mathrm{d}t} \circ \boldsymbol{q}^* + \boldsymbol{q} \circ \boldsymbol{r}_b \circ \frac{\mathrm{d}\boldsymbol{q}^*}{\mathrm{d}t} \tag{2-71}$$

因为 $\boldsymbol{r}_b$ 是坐标系 b 中的常矢量，故$\frac{\mathrm{d}\boldsymbol{r}_b}{\mathrm{d}t}=0$，$\boldsymbol{r}_I$ 是其模不变的常矢量，它的旋转角速度与坐标系 b 的角速度相同，均为 $\boldsymbol{\omega}$，$\boldsymbol{\omega}$ 在坐标系 I 中以 $\boldsymbol{\omega}_I$ 描述，在坐标系 b 中以 $\boldsymbol{\omega}_b$ 描述。显然，作为矢量 $\boldsymbol{\omega}_I$ 与 $\boldsymbol{\omega}_b$ 应满足如下四元数关系

$$\boldsymbol{\omega}_I = \boldsymbol{q} \circ \boldsymbol{\omega}_b \circ \boldsymbol{q}^* \tag{2-72}$$

另外

$$\frac{\mathrm{d}\boldsymbol{r}_I}{\mathrm{d}t} = \boldsymbol{\omega}_I \times \boldsymbol{r}_I \tag{2-73}$$

将 $\boldsymbol{r}_b=\boldsymbol{q}^* \circ \boldsymbol{r}_I \circ \boldsymbol{q}$ 代入式(2−71)，并利用方程

$$\frac{\mathrm{d}\boldsymbol{q}}{\mathrm{d}t} \circ \boldsymbol{q}^* + \boldsymbol{q} \circ \frac{\mathrm{d}\boldsymbol{q}^*}{\mathrm{d}t} = 0 \tag{2-74}$$

可得

$$\frac{\mathrm{d}\boldsymbol{r}_I}{\mathrm{d}t} = \frac{\mathrm{d}\boldsymbol{q}}{\mathrm{d}t} \circ \boldsymbol{q}^* \circ \boldsymbol{r}_I - \boldsymbol{r}_I \circ \frac{\mathrm{d}\boldsymbol{q}}{\mathrm{d}t} \circ \boldsymbol{q}^* \tag{2-75}$$

若记 $\bar{\boldsymbol{p}}=(\mathrm{d}\boldsymbol{q}/\mathrm{d}t) \circ \boldsymbol{q}^*$，则式(2−75)改写为

$$\frac{\mathrm{d}\boldsymbol{r}_I}{\mathrm{d}t} = \bar{p} \circ \boldsymbol{r}_I - \boldsymbol{r}_I \circ \bar{p} = 2\bar{p} \times \boldsymbol{r}_I \tag{2-76}$$

比较式(2−73)和式(2−76)，得

$$\bar{p} = \frac{1}{2}\boldsymbol{\omega}_I$$

所以得到关于四元数 $\boldsymbol{q}$ 的微分方程

$$\frac{\mathrm{d}\boldsymbol{q}}{\mathrm{d}t} = \frac{1}{2}\boldsymbol{\omega}_I \circ \boldsymbol{q} \tag{2-77}$$

再利用式(2−72)，便得到以 $\boldsymbol{\omega}_b$ 描述的微分方程

$$\frac{\mathrm{d}\boldsymbol{q}}{\mathrm{d}t} = \boldsymbol{q} \circ \frac{\boldsymbol{\omega}_b}{2} \tag{2-78}$$

式(2−77)、式(2−78)便是要推导的两个四元数微分方程，将其改写为矩阵方程

$$\begin{bmatrix} \dot{q}_0 \\ \dot{q}_1 \\ \dot{q}_2 \\ \dot{q}_3 \end{bmatrix} = \frac{1}{2} \begin{bmatrix} 0 & -\omega_x & -\omega_y & -\omega_z \\ \omega_x & 0 & \omega_z & -\omega_y \\ \omega_y & -\omega_z & 0 & \omega_x \\ \omega_z & \omega_y & -\omega_x & 0 \end{bmatrix} \begin{bmatrix} q_0 \\ q_1 \\ q_2 \\ q_3 \end{bmatrix} \tag{2-79}$$

2.3.6　由四元数确定方向余弦矩阵

已知由坐标系 A 到坐标系 B 的四元数$(q_0 \quad q_1 \quad q_2 \quad q_3)$，则可给出$\boldsymbol{C}_A^B$ 计算公式

$$\boldsymbol{C}_A^B = \begin{bmatrix} q_0^2+q_1^2-q_2^2-q_3^2 & 2(q_1q_2-q_0q_3) & 2(q_1q_3+q_0q_2) \\ 2(q_1q_2+q_0q_3) & q_0^2-q_1^2+q_2^2-q_3^2 & 2(q_2q_3-q_0q_1) \\ 2(q_1q_3-q_0q_2) & 2(q_2q_3+q_0q_1) & q_0^2-q_1^2-q_2^2+q_3^2 \end{bmatrix}$$

首先，记欧拉角 φ 对应的四元数为 $\boldsymbol{q}_\varphi$，欧拉角 ψ 对应的四元数为 $\boldsymbol{q}_\psi$，欧拉角 γ 对应的四元数为 $\boldsymbol{q}_\gamma$，则可写出

$$\begin{cases} \boldsymbol{q}_\varphi = \begin{bmatrix} \cos\dfrac{\varphi}{2} & 0 & 0 & \sin\dfrac{\varphi}{2} \end{bmatrix} \\ \boldsymbol{q}_\psi = \begin{bmatrix} \cos\dfrac{\psi}{2} & 0 & \sin\dfrac{\psi}{2} & 0 \end{bmatrix} \\ \boldsymbol{q}_\gamma = \begin{bmatrix} \cos\dfrac{\gamma}{2} & \cos\dfrac{\gamma}{2} & 0 & 0 \end{bmatrix} \end{cases} \tag{2-80}$$

1）按“3-2-1”转序的欧拉角对应的四元数。根据式(2-68)，可写出按照“3-2-1”转序的欧拉角对应的四元数为

$$\boldsymbol{P} = \boldsymbol{M}(\boldsymbol{q}_\varphi)\boldsymbol{M}(\boldsymbol{q}_\psi)\boldsymbol{q}_\gamma = \begin{bmatrix} \cos\dfrac{\varphi}{2}\cos\dfrac{\psi}{2}\cos\dfrac{\gamma}{2} + \sin\dfrac{\varphi}{2}\sin\dfrac{\psi}{2}\sin\dfrac{\gamma}{2} \\ \cos\dfrac{\varphi}{2}\cos\dfrac{\psi}{2}\sin\dfrac{\gamma}{2} - \sin\dfrac{\varphi}{2}\sin\dfrac{\psi}{2}\cos\dfrac{\gamma}{2} \\ \sin\dfrac{\varphi}{2}\cos\dfrac{\psi}{2}\sin\dfrac{\gamma}{2} + \cos\dfrac{\varphi}{2}\sin\dfrac{\psi}{2}\cos\dfrac{\gamma}{2} \\ \sin\dfrac{\varphi}{2}\cos\dfrac{\psi}{2}\cos\dfrac{\gamma}{2} - \cos\dfrac{\varphi}{2}\sin\dfrac{\psi}{2}\sin\dfrac{\gamma}{2} \end{bmatrix} \tag{2-81}$$

2）按“2-3-1”转序的欧拉角对应的四元数。根据式(2-68)，可写出按照“2-3-1”转序定义的欧拉角对应的四元数为

$$\boldsymbol{P} = \boldsymbol{M}(\boldsymbol{q}_\psi)\boldsymbol{M}(\boldsymbol{q}_\varphi)\boldsymbol{q}_\gamma = \begin{bmatrix} \cos\dfrac{\varphi}{2}\cos\dfrac{\psi}{2}\cos\dfrac{\gamma}{2} - \sin\dfrac{\varphi}{2}\sin\dfrac{\psi}{2}\sin\dfrac{\gamma}{2} \\ \cos\dfrac{\varphi}{2}\cos\dfrac{\psi}{2}\sin\dfrac{\gamma}{2} + \sin\dfrac{\varphi}{2}\sin\dfrac{\psi}{2}\cos\dfrac{\gamma}{2} \\ \cos\dfrac{\varphi}{2}\sin\dfrac{\psi}{2}\cos\dfrac{\gamma}{2} + \sin\dfrac{\varphi}{2}\cos\dfrac{\psi}{2}\sin\dfrac{\gamma}{2} \\ \sin\dfrac{\varphi}{2}\cos\dfrac{\psi}{2}\cos\dfrac{\gamma}{2} - \cos\dfrac{\varphi}{2}\sin\dfrac{\psi}{2}\sin\dfrac{\gamma}{2} \end{bmatrix} \tag{2-82}$$

2.3.7　方向余弦矩阵所对应的四元数

根据理论力学刚体定点转动的欧拉定理，刚体的任何旋转运动都可以由绕某一定轴转过有限角度来实现。既然方向余弦矩阵描述了两个坐标系间的相互关系，也就给定了绕定点转动刚体的起始和终止位置间的相互关系，因此必定存在一个欧拉转轴和欧拉转角。现在来确定欧拉转轴和欧拉转角。

首先假定已知方向余弦矩阵 $\boldsymbol{C}_b^d$，其欧拉转轴方向的单位矢量为 $\boldsymbol{R}$。$\boldsymbol{R}$ 在坐标系 b 和坐标系 d 中各轴分量应该相等，即满足矩阵方程 $\boldsymbol{C}_b^d\boldsymbol{R}=\boldsymbol{R}$，该方程的解便是特征方程

$$(\boldsymbol{C}_b^d-\lambda\boldsymbol{I})\boldsymbol{R}=\boldsymbol{0} \tag{2-83}$$

其特征值 $\lambda=1$ 时的特征矢量。为求特征矢量 $\boldsymbol{R}$，选定一个坐标系 f，该坐标系的 X_f 轴与特征矢量 $\boldsymbol{R}$ 重合，再假定矩阵 $\boldsymbol{A}$ 为由坐标系 b 到坐标系 f 的正交变换，若把 $\boldsymbol{C}_b^d$ 看成坐标系 b 中的一种变换，且记 $\boldsymbol{C}_b^d$ 在坐标系 f 中的相似变换为 $\overline{\boldsymbol{C}}_b^d$，则根据相似变换原理得

$$\overline{\boldsymbol{C}}_b^d=\boldsymbol{A}\boldsymbol{C}_b^d\boldsymbol{A}^{\mathrm{T}} \tag{2-84}$$

由于 X_f 轴与矢量 $\boldsymbol{R}$ 重合，并假定坐标系 b 绕 X_f 轴旋转 ϑ 后与坐标系 d 重合，即

$$\overline{\boldsymbol{C}}_b^d=\begin{bmatrix}1 & 0 & 0\\ 0 & \cos\vartheta & \sin\vartheta\\ 0 & -\sin\vartheta & \cos\vartheta\end{bmatrix} \tag{2-85}$$

由于欧拉转轴 $\boldsymbol{R}$ 可表示为 $\boldsymbol{R}=[a_{11}\quad a_{12}\quad a_{13}]^{\mathrm{T}}$，也可由四元数的定义得到方向余弦矩阵所对应的四元数

$$\begin{cases}q_0=\cos\dfrac{\vartheta}{2}=\sqrt{1+\cos\vartheta}=\dfrac{1}{2}\sqrt{(1+b_{11}+b_{22}+b_{33})}\\ q_1=a_{11}\sin\dfrac{\vartheta}{2}\\ q_2=a_{12}\sin\dfrac{\vartheta}{2}\\ q_3=a_{13}\sin\dfrac{\vartheta}{2}\end{cases} \tag{2-86}$$

从一个坐标系到另一个坐标系的方向余弦矩阵，不仅可以求出使两个坐标系重合的欧拉转轴和欧拉转角，也可求出对应的四元数。根据矩阵相等则其迹相等的原理得

$$q_0=\frac{1}{2}\sqrt{b_{11}+b_{22}+b_{33}+1} \tag{2-87}$$

由于 $b_{23}-b_{32}=4q_0q_1$，并根据等式(2-86)，得

$$q_1=\frac{b_{23}-b_{32}}{4q_0},\qquad q_2=\frac{b_{31}-b_{13}}{4q_0},\qquad q_3=\frac{b_{12}-b_{21}}{4q_0} \tag{2-88}$$

那么，四元数中的对应参数为

$$q_0=\cos\frac{\vartheta}{2},\quad q_1=\frac{b_{23}-b_{32}}{2\sin\vartheta}\sin\frac{\vartheta}{2},\quad q_2=\frac{b_{31}-b_{13}}{2\sin\vartheta}\sin\frac{\vartheta}{2},\quad q_3=\frac{b_{12}-b_{21}}{2\sin\vartheta}\sin\frac{\vartheta}{2} \tag{2-89}$$

式中 $\vartheta=\arccos[(b_{11}+b_{22}+b_{33}-1)/2]$，故得到四元数与方向余弦矩阵的等式关系

$$\begin{bmatrix} b_{11} & b_{12} & b_{13} \\ b_{21} & b_{22} & b_{23} \\ b_{31} & b_{32} & b_{33} \end{bmatrix}=\begin{bmatrix} q_0^2+q_1^2-q_2^2-q_3^2 & 2(q_1q_2-q_0q_3) & 2(q_1q_3+q_0q_2) \\ 2(q_1q_2+q_0q_3) & q_0^2-q_1^2+q_2^2-q_3^2 & 2(q_2q_3-q_0q_1) \\ 2(q_1q_3-q_0q_2) & 2(q_2q_3+q_0q_1) & q_0^2-q_1^2-q_2^2+q_3^2 \end{bmatrix} \tag{2-90}$$

2.4 动力学基本原理

2.4.1 关于定轴旋转的单位矢量求导

假设长度为常量的矢量 $\boldsymbol{r}$ 以角速度 $\boldsymbol{\omega}$ 绕定轴旋转，经过 Δt 时间后转到 $\boldsymbol{r}'$ 位置，则矢量 $\boldsymbol{r}$ 绕 $\boldsymbol{\omega}$ 轴转过二面角 $\omega\Delta t$，矢端位移 $|\Delta\boldsymbol{r}|=|\boldsymbol{r}'-\boldsymbol{r}|=r\sin\theta\cdot\omega\Delta t$，式中，$\theta$ 是矢量 $\boldsymbol{\omega}$ 和 $\boldsymbol{r}$ 之间的夹角。显然，矢端移动速度为 $r\omega\sin\theta$，移动速度方向与 $\boldsymbol{\omega}\times\boldsymbol{r}$ 的方向一致。所以

$$\left.\frac{\Delta\boldsymbol{r}}{\Delta t}\right|_{\Delta t\to 0}=\frac{\mathrm{d}\boldsymbol{r}}{\mathrm{d}t}=\boldsymbol{\omega}\times\boldsymbol{r} \tag{2-91}$$

如图 2-5 所示，对于定轴旋转的单位矢量有

$$\frac{\mathrm{d}\boldsymbol{e}}{\mathrm{d}t}=\boldsymbol{\omega}\times\boldsymbol{e} \tag{2-92}$$

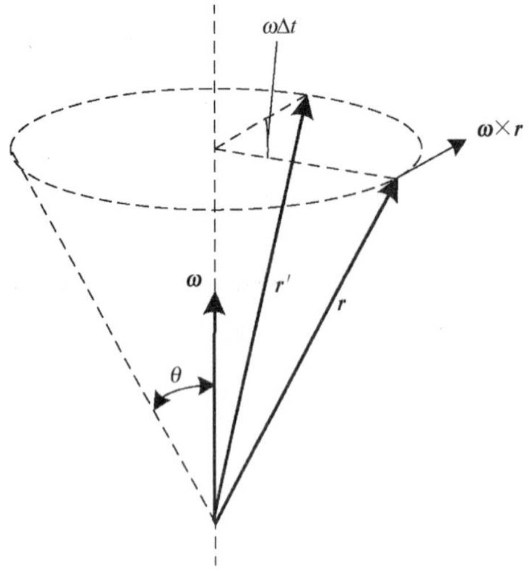

图 2-5　矢量绕定轴旋转引起的矢量关系

2.4.2　矢量的相对导数与绝对导数

假定有一个惯性坐标系 I，及一个相对于惯性坐标系以角速度 $\boldsymbol{\omega}$ 旋转的坐标系 B，两个坐标系各轴的单位矢量分别为 $\boldsymbol{e}_{x_I}$，$\boldsymbol{e}_{y_I}$，$\boldsymbol{e}_{z_I}$和 $\boldsymbol{e}_{x_B}$，$\boldsymbol{e}_{y_B}$，$\boldsymbol{e}_{z_B}$，则存在等式关系

$$\begin{cases}\dfrac{\mathrm{d}\boldsymbol{e}_{x_I}}{\mathrm{d}t}=\dfrac{\mathrm{d}\boldsymbol{e}_{y_I}}{\mathrm{d}t}=\dfrac{\mathrm{d}\boldsymbol{e}_{z_I}}{\mathrm{d}t}=0\\ \dfrac{\mathrm{d}\boldsymbol{e}_{x_B}}{\mathrm{d}t}=\boldsymbol{\omega}\times\boldsymbol{e}_{x_B};\quad \dfrac{\mathrm{d}\boldsymbol{e}_{y_B}}{\mathrm{d}t}=\boldsymbol{\omega}\times\boldsymbol{e}_{y_B};\quad \dfrac{\mathrm{d}\boldsymbol{e}_{z_B}}{\mathrm{d}t}=\boldsymbol{\omega}\times\boldsymbol{e}_{z_B}\end{cases}\tag{2-93}$$

设矢量 $\boldsymbol{r}_I$ 在坐标系 I 中表示为

$$\boldsymbol{r}_I=r_{x_I}\boldsymbol{e}_{x_I}+r_{y_I}\boldsymbol{e}_{y_I}+r_{z_I}\boldsymbol{e}_{z_I}\tag{2-94}$$

该矢量 $\boldsymbol{r}_B$ 在坐标系 B 中表示为

$$\boldsymbol{r}_B=r_{x_B}\boldsymbol{e}_{x_B}+r_{y_B}\boldsymbol{e}_{y_B}+r_{z_B}\boldsymbol{e}_{z_B}\tag{2-95}$$

将式(2-94)两端对时间 t 求导，得

$$\frac{\mathrm{d}\boldsymbol{r}_I}{\mathrm{d}t}=\dot{r}_{x_I}\boldsymbol{e}_{x_I}+\dot{r}_{y_I}\boldsymbol{e}_{y_I}+\dot{r}_{z_I}\boldsymbol{e}_{z_I}\tag{2-96}$$

再将式(2-95)两端对时间 t 求导，得

$$\begin{aligned}\frac{\mathrm{d}\boldsymbol{r}_B}{\mathrm{d}t}&=\dot{r}_{x_B}\boldsymbol{e}_{x_B}+\dot{r}_{y_B}\boldsymbol{e}_{y_B}+\dot{r}_{z_B}\boldsymbol{e}_{z_B}+r_{x_B}\frac{\mathrm{d}\boldsymbol{e}_{x_B}}{\mathrm{d}t}+r_{y_B}\frac{\mathrm{d}\boldsymbol{e}_{y_B}}{\mathrm{d}t}+r_{z_B}\frac{\mathrm{d}\boldsymbol{e}_{z_B}}{\mathrm{d}t}\\&=\frac{\delta\boldsymbol{r}_B}{\delta t}+r_{x_B}(\boldsymbol{\omega}\times\boldsymbol{e}_{x_B})+r_{y_B}(\boldsymbol{\omega}\times\boldsymbol{e}_{y_B})+r_{z_B}(\boldsymbol{\omega}\times\boldsymbol{e}_{z_B})\end{aligned}\tag{2-97}$$

由于 $\boldsymbol{\omega}\times(r_{x_B}\boldsymbol{e}_{x_B}+r_{y_B}\boldsymbol{e}_{y_B}+r_{z_B}\boldsymbol{e}_{z_B})=\boldsymbol{\omega}\times\boldsymbol{r}_B$，故得

$$\frac{\mathrm{d}\boldsymbol{r}_B}{\mathrm{d}t}=\frac{\delta\boldsymbol{r}_B}{\delta t}+\boldsymbol{\omega}\times\boldsymbol{r}_B\tag{2-98}$$

式中$\dfrac{\delta\boldsymbol{r}_B}{\delta t}=\dot{r}_{x_B}\boldsymbol{e}_{x_B}+\dot{r}_{y_B}\boldsymbol{e}_{y_B}+\dot{r}_{z_B}\boldsymbol{e}_{z_B}$，并根据 $\mathrm{d}\boldsymbol{r}_I/\mathrm{d}t=\mathrm{d}\boldsymbol{r}_B/\mathrm{d}t$，得出相对导数与绝对导数的关系为[5]

$$\frac{\mathrm{d}\boldsymbol{r}_I}{\mathrm{d}t}=\frac{\delta\boldsymbol{r}_B}{\delta t}+\boldsymbol{\omega}\times\boldsymbol{r}_B\tag{2-99}$$

2.4.3　动量定理和动量矩定理

动量定理：在惯性坐标系下，作用在飞行器的合外力等于飞行器动量的改变，用公式描述为

$$\boldsymbol{F}=\frac{\mathrm{d}}{\mathrm{d}t}(m\boldsymbol{V})=\dot{m}\boldsymbol{V}+m\frac{\mathrm{d}\boldsymbol{V}}{\mathrm{d}t}\tag{2-100}$$

式中，$\boldsymbol{F}$ 为作用在飞行器上的外力矢量；$\boldsymbol{V}$ 为飞行器质心在惯性坐标系下的速度矢量；m 为物体的质量。

动量矩定理：在惯性坐标系下，作用在飞行器上的合外力矩等于飞行器角动量的改变，用公式描述为

$$\boldsymbol{M} = \frac{\mathrm{d}}{\mathrm{d}t}\boldsymbol{H} \tag{2-101}$$

式中，$\boldsymbol{H}$ 为飞行器在惯性坐标系下的角动量，角动量以列矩阵描述，$\boldsymbol{H}=\boldsymbol{I}\omega_b$；$\boldsymbol{I}$ 为飞行器的惯量张量

$$\boldsymbol{I} = \begin{bmatrix} I_x & -I_{xy} & -I_{xz} \\ -I_{yx} & I_y & -I_{yz} \\ -I_{zx} & -I_{zy} & I_z \end{bmatrix} \tag{2-102}$$

式中，I_x，I_y，I_z 分别为绕物体坐标系 x，y，z 轴的转动惯量；I_{xy}，I_{xz}，I_{yz} 分别为惯量积。通常角动量 $\boldsymbol{H}$ 在体坐标系的描述更为简单，所以对其求导数有

$$\frac{\mathrm{d}}{\mathrm{d}t}\boldsymbol{H} = \frac{\partial}{\partial t}\boldsymbol{H} + \boldsymbol{\omega} \times \boldsymbol{H} \tag{2-103}$$

其中

$$\frac{\partial \boldsymbol{H}}{\partial t} = \frac{\partial}{\partial t}\boldsymbol{I}\boldsymbol{\omega}_b = \dot{\boldsymbol{I}}\boldsymbol{\omega}_b + \boldsymbol{I}\dot{\boldsymbol{\omega}}_b$$

所以物体的角加速度满足的微分方程为

$$\dot{\boldsymbol{\omega}}_b = -\boldsymbol{I}^{-1}\dot{\boldsymbol{I}}\boldsymbol{\omega}_b - \boldsymbol{I}^{-1}[\boldsymbol{\omega}_b \times]\boldsymbol{H} + \boldsymbol{I}^{-1}\boldsymbol{M} \tag{2-104}$$

2.4.4　变质量力学基本原理

运载火箭在飞行过程中的质量不断减小，因此，整个运载火箭的运动过程是一个变质量系[6]。设有一质量随时间变化的质点，其质量在 t 时刻为 $m(t)$，并具有绝对速度 $\boldsymbol{V}_I$，此时该质点的动量为

$$\boldsymbol{Q}(t) = m_i(t)\boldsymbol{V}_I \tag{2-105}$$

在 $\mathrm{d}t$ 时间内，有外部作用在系统质点上的力 $\boldsymbol{F}$，且质点 m_i 向外以相对速度 $\boldsymbol{V}_c$ 喷射出单元质量$-\mathrm{d}m_i$，其表达式为

$$-\mathrm{d}m_i = m_i(t) - m_i(t+\mathrm{d}t) \tag{2-106}$$

假设在 $\mathrm{d}t$ 时间内质点 $m_i(t+\mathrm{d}t)$ 具有的速度增量为 $\mathrm{d}\boldsymbol{V}$，在 $t+\mathrm{d}t$ 时刻，整个质点的动量为

$$\boldsymbol{Q}(t+\mathrm{d}t) = [m_i(t) - (-\mathrm{d}m_i)](\boldsymbol{V}_I + \mathrm{d}\boldsymbol{V}) + (-\mathrm{d}m_i)(\boldsymbol{V}_I + \boldsymbol{V}_c) \tag{2-107}$$

略去小量 $\mathrm{d}m_i\mathrm{d}\boldsymbol{V}_I$，得到动量变化量为

$$\mathrm{d}\boldsymbol{Q} = m_i\mathrm{d}\boldsymbol{V}_I - \mathrm{d}m_i\boldsymbol{V}_c \tag{2-108}$$

即根据变质量力学原理存在等式关系

$$\begin{cases} \dfrac{\mathrm{d}\boldsymbol{Q}}{\mathrm{d}t} = m_i\dfrac{\mathrm{d}\boldsymbol{V}_I}{\mathrm{d}t} - \dfrac{\mathrm{d}m_i}{\mathrm{d}t}\boldsymbol{V}_c = \boldsymbol{F}_i \\ m_i\dfrac{\mathrm{d}\boldsymbol{V}_I}{\mathrm{d}t} = \boldsymbol{F}_i + \dfrac{\mathrm{d}m_i}{\mathrm{d}t}\boldsymbol{V}_c \end{cases} \tag{2-109}$$

2.4.5　变质量质点系动力学方程

在惯性坐标系 $\boldsymbol{e}_{x_I}$，$\boldsymbol{e}_{y_I}$，$\boldsymbol{e}_{z_I}$下，连续质点系动力学方程

$$\boldsymbol{F}_s = \int_m \frac{\mathrm{d}^2\boldsymbol{r}}{\mathrm{d}t^2}\mathrm{d}m \tag{2-110}$$

质点系矢量关系如图 2-6 所示，可得

$$\boldsymbol{R}_i = \boldsymbol{R}_o + \boldsymbol{\rho}_i \tag{2-111}$$

将式(2-111)对时间 t 求二阶导，得到

$$\ddot{\boldsymbol{R}}_i = \ddot{\boldsymbol{R}}_o + \dot{\boldsymbol{\omega}} \times \boldsymbol{\rho}_i + \boldsymbol{\omega} \times (\boldsymbol{\omega} \times \boldsymbol{\rho}_i) + \frac{\delta^2\boldsymbol{\rho}_i}{\delta t^2} + 2\boldsymbol{\omega} \times \frac{\delta\boldsymbol{\rho}_i}{\delta t} \tag{2-112}$$

式中，$\boldsymbol{\omega}$ 为弹体坐标系相对惯性坐标系的旋转角速度；$\boldsymbol{\rho}_i$ 表示系统某质点到质心 C_g 的矢径，根据质心的定义有 $\int_m \boldsymbol{\rho}_i \mathrm{d}m = 0$。因此，将式(2-112)代入式(2-110)，得到

$$\boldsymbol{F}_s = m\frac{\mathrm{d}^2\boldsymbol{R}_o}{\mathrm{d}t^2} + 2\boldsymbol{\omega} \times \int_m \frac{\delta\boldsymbol{\rho}_i}{\delta t}\mathrm{d}m + \int_m \frac{\delta^2\boldsymbol{\rho}_i}{\delta t^2}\mathrm{d}m \tag{2-113}$$

式(2-113)适用于任意变质量物体的一般动力学方程，从而可得任意变质量物体质心运动方程为

$$\begin{aligned} m\frac{\mathrm{d}^2\boldsymbol{R}_o}{\mathrm{d}t^2} &= \boldsymbol{F}_s + \boldsymbol{F}_{1k} + \boldsymbol{F}'_{rel} \\ \boldsymbol{F}'_k &= -2\boldsymbol{\omega} \times \int_m \frac{\delta\boldsymbol{\rho}_i}{\delta t}\mathrm{d}m \\ \boldsymbol{F}'_{rel} &= -\int_m \frac{\delta^2\boldsymbol{\rho}_i}{\delta t^2}\mathrm{d}m \end{aligned} \tag{2-114}$$

式中，$\boldsymbol{F}'_k$和 $\boldsymbol{F}'_{rel}$分别为附加哥氏力和附加相对力。

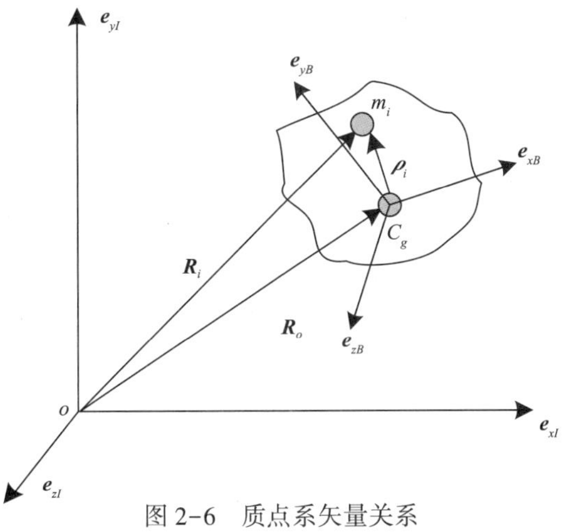

图 2-6　质点系矢量关系

2.5 本章小结

固体火箭从地球表面快速穿越大气层进入真空环境，空间卫星载荷以惯性坐标系内的轨道要素为终端约束，而对地载荷是以与地球固连的相对参数为终端约束。本章首先介绍了地球的形状并给出了 CGCS2000 坐标系地球模型的主要参数，描述了标准大气、风场模型、引力和重力等火箭飞行环境，然后阐述了坐标系变换的基本方法以及用四元数来表示坐标变换的基本原理，最后根据火箭飞行过程中动力学基本原理，推导出旋转矢量求导、相对导数与绝对导数、动量定理和动量矩定理以及变质量力学等基本理论关系。

参考文献

[1] 陈世年，李连仲，王京武. 控制系统设计[M]. 北京：宇航出版社，1996.

[2] 李连仲，王小虎，蔡述江. 捷联惯性导航、制导系统中方向余弦矩阵的递推算法[J]. 宇航学报，2006(3)：349-353.

[3] 李连仲，王欣. 基于箭体系的最佳解耦姿态控制方法[J]. 宇航学报，2006(4)：783-786.

[4] 理查德 H 巴廷. 航天动力学的数学方法[M]. 修订版. 倪彦硕，蒋方华，李俊峰，译. 北京：中国宇航出版社，2018.

[5] 龙乐豪，方心虎，刘淑贞，等. 总体设计：上册[M]. 北京：宇航出版社，1989.

[6] 陈克俊，刘鲁华，孟云鹤. 远程火箭飞行动力学与制导[M]. 长沙：国防工业出版社，2013.

第 3 章　动力学模型及制导技术特性分析

远程固体运载火箭与多级固体运载火箭在飞行轨迹的设计上动力学原理一致，但设计指标的侧重点不同。固体运载火箭的动力学特性显著，通常采用助推—滑行—助推飞行模式将有效载荷送入较高的空间轨道，其发动机性能偏差受环境影响较大，推力呈现强非线性并且采用耗尽关机的制导方式。在评估终端制导精度时，存在制导方法、制导工具、非制导误差项等多个偏差因素。上述动力学模型及制导技术特性，对固体运载火箭的制导理论及方法的研究至关重要。

3.1　运载火箭动力学方程

在运载火箭运动方程中，为了描述运载火箭的速度、位置等状态，以及受推力、气动力、控制力等产生的影响，需要用到多种坐标系。由于在不同的坐标系下，不同参数表示的复杂程度不同，因此要合理地选取坐标系，以获得最简便的表示形式[1]。当所有的量都得到恰当的描述后，再转换到同一坐标系内，形成统一的动力学方程，此时就需要各个坐标系之间的转换关系，如图 3-1 所示。以下定义的各坐标系均为右手直角坐标系。

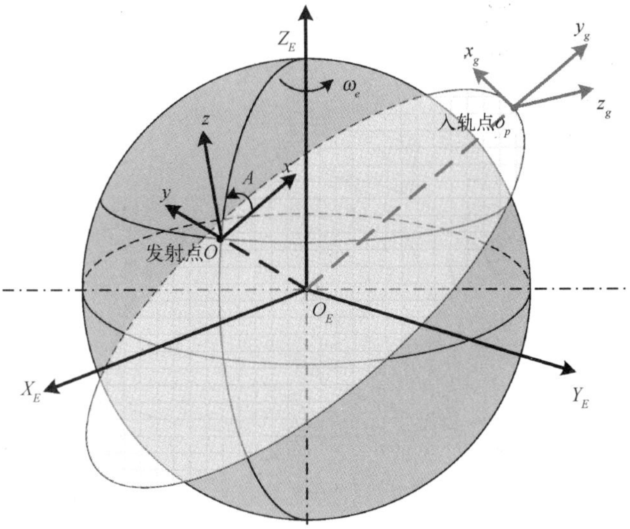

图 3-1　常用坐标系在地球上的展示

3.1.1　常用坐标系的定义

(1)地心惯性坐标系 $O_E-x_Iy_Iz_I$

地心惯性坐标系的原点位于地心 O_E 处，O_Ex_I 轴位于赤道面内，指向平春分点，O_Ez_I 轴和地球自转轴重合，指向北极，O_Ey_I 轴和其他两轴构成右手直角坐标系，如图 3-2 所示。

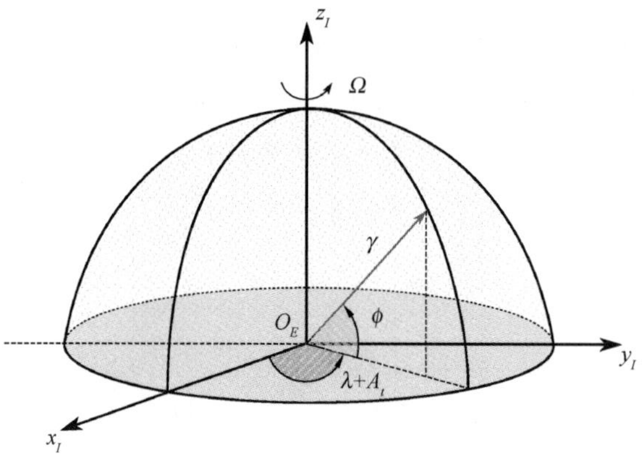

图 3-2　地心惯性坐标系

(2)地心坐标系 $O_E-X_EY_EZ_E$

地心坐标系的原点位于地心 O_E 处，O_EX_E 轴位于赤道面内，指向该时刻的本初子午面与赤道面的交点，O_EZ_E 轴和地球自转轴重合，指向北极，O_EY_E 轴和其他两轴构成右手直角坐标系，如图 3-3 所示。由于地球不断自转，本初子午面的方位不断变化，则 O_EX_E 轴的方位也不断变化，因此这是一个动坐标系。

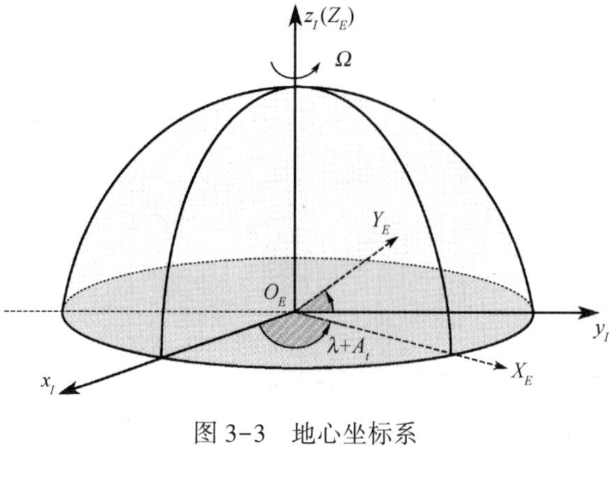

图 3-3　地心坐标系

(3)发射坐标系 $o-xyz$

发射坐标系的原点位于发射点 o，并与发射点固连，ox 轴在发射点当地水平面内指向发射方向，oy 轴垂直于当地水平面向上，oz 轴与其他两轴构成右手直角坐标系。发射坐标系的坐标轴方向随着地球的自转不断发生变化，因此这是一个动坐标系。

(4)北天东地理坐标系 $O_n-x_ny_nz_n$

北天东地理坐标系 $O_n-x_ny_nz_n$ 的坐标原点 O_n 与飞行器质心固连，y_n 轴与地心矢径 $\boldsymbol{r}$ 的方向一致，x_n 轴与 y_n 轴垂直且指向北极，z_n 轴指向东方且与 x_n、y_n 轴成右手正交坐标系。

(5)发射惯性坐标系 $o_I-x_Iy_Iz_I$

发射惯性坐标系与发射坐标系的定义类似，在发射瞬间，o_I 点和 O 点重合，各轴也和发射坐标系对应轴重合。不同的是，此后 o_I 点和各轴的方向在惯性空间内保持不变。

(6)箭体坐标系 $o_b-x_by_bz_b$

箭体坐标系的原点位于箭体的质心 o_b，o_bx_b 轴沿箭体纵轴指向箭体头部，o_by_b 轴在箭体主对称面内垂直于 o_bx_b 轴，o_bz_b 轴和其他两轴组成右手直角坐标系，如图 3-4 所示。

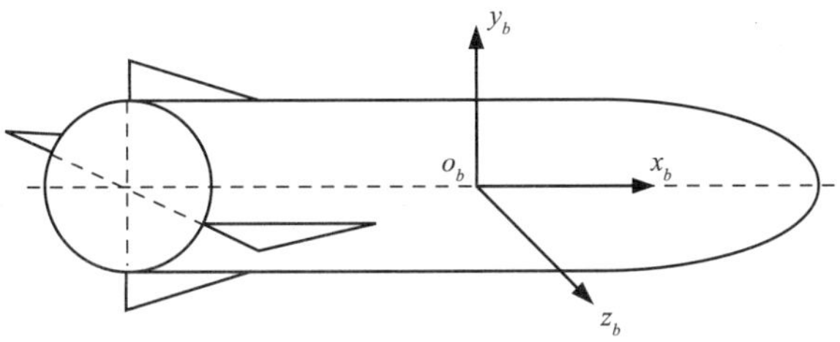

图 3-4　箭体坐标系与箭体关系

(7)速度坐标系 $o_b-x_vy_vz_v$

速度坐标系的原点位于箭体的质心 o_b，o_bx_v 轴指向火箭飞行的方向，o_by_v 轴在箭体纵向主对称面内垂直于 o_bx_v 轴，o_bz_v 轴和其他两轴组成右手直角坐标系。

(8)入轨点轨道坐标系 $o_p-x_gy_gz_g$

坐标系原点 o_p 为箭体质心，o_py_g 轴沿当地地心矢量方向向上，o_px_g 轴与 o_py_g 轴垂直，指向绝对速度方向，o_pz_g 轴与其他两轴组成右手直角坐标系。绝对速度矢量与 o_px_g 轴的夹角是速度倾角 ϑ，速度矢量指向 $x_go_pz_g$ 面上方时，角度值为正。

3.1.2　坐标系间转换关系

固体运载火箭所受的各个力通常根据其物理意义在不同的坐标系内进行描述。为了得到发射坐标系内描绘箭体质心运动的动力学方程，需要将火箭在运动过程中所受到的力投射到相应的坐标系中。将一个坐标系 B 各轴的单位矢量在另一个坐标系 A 各轴上的余弦依次组成的矩阵称为方向余弦矩阵，通过方向余弦矩阵将在坐标系 B 中描述的矢量转换为在坐标系 A 中的分量

$$\begin{bmatrix} x_A \\ y_A \\ z_A \end{bmatrix} = \boldsymbol{C}_B^A \begin{bmatrix} x_B \\ y_B \\ z_B \end{bmatrix} \tag{3-1}$$

为了得到方向余弦矩阵的一般性表示，定义坐标系 B 绕坐标轴旋转某个弧度后得到新的坐标系 A 的基元变换用函数 $R[\cdot]$表示，于是分别绕 x，y 和 z 的基元变换矩阵为

$$R_x[\cdot] = \begin{bmatrix} 1 & 0 & 0 \\ 0 & \cos(\cdot) & \sin(\cdot) \\ 0 & -\sin(\cdot) & \cos(\cdot) \end{bmatrix}, \quad R_y[\cdot] = \begin{bmatrix} \cos(\cdot) & 0 & -\sin(\cdot) \\ 0 & 1 & 0 \\ \sin(\cdot) & 0 & \cos(\cdot) \end{bmatrix},$$

$$R_z[\cdot] = \begin{bmatrix} \cos(\cdot) & \sin(\cdot) & 0 \\ -\sin(\cdot) & \cos(\cdot) & 0 \\ 0 & 0 & 1 \end{bmatrix}$$

因此，根据实际坐标系的定义，通过上述基元变换矩阵即可得到所需的方向余弦矩阵。固体运载火箭无论是地面定基座发射，还是在运载器(如舰船、飞机等)上的动基座发射，该坐标系均与地球表面固连，并作为质心运动方程的基准坐标系。在发射坐标系内获得火箭相对于地球的相对参数，如气动角、风场和来流等，而在矢量方向上发射惯性坐标系由于与惯性测量器件的平台坐标系重合，能够作为描述火箭姿态等信息的基准坐标系。因此，其他坐标系的变换主要是以这两个坐标系为基础。

(1)发射坐标系 $o\text{-}xyz$ 与发射惯性坐标系 $o_I\text{-}x_Iy_Iz_I$

随着运载火箭飞行累计时间到达 t 秒后，发射坐标系已绕地轴转动角度 $\omega_e t$，忽略二阶以上小量后得到

$$\begin{aligned} \boldsymbol{G}_A &= \boldsymbol{I} - [\boldsymbol{\omega}_e^0 \times]\sin(\omega_e t) + [\boldsymbol{\omega}_e^0 \times]^2[1 - \cos(\omega_e t)] \\ &= \begin{bmatrix} 1-(\omega_e^2-\omega_{ex}^2)t^2/2 & \omega_{ez}t+\omega_{ex}\omega_{ey}t^2/2 & -\omega_{ex}t+\omega_{ey}\omega_{ez}t^2/2 \\ -\omega_{ez}t+\omega_{ex}\omega_{ey}t^2/2 & 1-(\omega_e^2-\omega_{ey}^2)t^2/2 & \omega_{ex}t+\omega_{ey}\omega_{ez}t^2/2 \\ \omega_{ey}t+\omega_{ex}\omega_{ez}t^2/2 & -\omega_{ex}t+\omega_{ey}\omega_{ez}t^2/2 & 1-(\omega_e^2-\omega_{ez}^2)t^2/2 \end{bmatrix} \end{aligned} \tag{3-2}$$

运载火箭的发射方向(即由发射方位角所确定的方向)是运载火箭发射前计算得到的诸元，根据运载火箭的目标点位置对发射点处的方位角进行解算，其计算精度直接影响了运载火箭侧向机动的程度。对于卫星载荷任务运载火箭的发射方位角，需要根据入轨点绝对位置进行迭代计算来获得较高精度，以确保运载火箭能够在轨道面内飞行并提高运载能力。

(2)速度坐标系 $o_b\text{-}x_vy_vz_v$ 与箭体坐标系 $o_b\text{-}x_by_bz_b$

一般而言，固体运载火箭垂直发射后仅在射击平面内运动，其横向机动很小，故通常采用 $\varphi\to\psi\to\gamma$ 顺序旋转的欧拉角；然而，随着固体运载火箭技术的不断增强以及飞行任务要求的不断提高，存在中段机动变轨导致箭体 x_b 轴与发射惯性坐标系 z_I 接近，此时采用 $\varphi\to\psi\to\gamma$ 顺序会出现奇异，需要采用 $\psi\to\varphi\to\gamma$ 转序定义的欧拉角。采用 $\varphi\to\psi\to\gamma$ 顺序旋转的欧拉角定义分别是：俯仰角 φ 是火箭纵轴 o_bx_b 在面 xoy 上的投影与 ox 轴的夹角，

投影向量在 ox 轴上方时俯仰角为正；偏航角 ψ 是 o_bx_b 轴与射击平面 xoy 的夹角，o_bx_b 轴在射击面左侧时偏航角为正；滚转角 γ 是火箭绕箭体纵轴 o_bx_b 旋转的角度，当旋转角速度矢量指向 o_bx_b 轴正向时，滚转角取正值。两个坐标系之间的转换矩阵为

$$\boldsymbol{B_G} = R_x[\gamma]R_y[\psi]R_z[\varphi] = \begin{bmatrix} \cos\varphi\cos\psi & \sin\varphi\cos\psi & -\sin\psi \\ \cos\varphi\sin\psi\sin\gamma - \sin\varphi\cos\gamma & \sin\varphi\sin\psi\sin\gamma + \cos\varphi\cos\gamma & \cos\psi\sin\gamma \\ \cos\varphi\sin\psi\cos\gamma + \sin\varphi\sin\gamma & \sin\varphi\sin\psi\cos\gamma - \cos\varphi\sin\gamma & \cos\psi\cos\gamma \end{bmatrix} \quad (3-3)$$

发射坐标系与速度坐标系之间存在三个欧拉角，其定义分别是：航迹倾角 θ 是速度矢量 o_bx_v 在射击平面 xoy 上的投影与 ox 轴的夹角，投影向量在 ox 轴上方时航迹倾角为正；航迹偏航角 σ 是速度矢量 o_bx_v 与射击平面 xoy 的夹角，o_bx_v 轴在射击面左侧时航迹偏航角为正；倾侧角 ν 是火箭绕速度矢量 o_bx_v 旋转的角度，当旋转角速度矢量指向 o_bx_v 轴正向时，倾侧角取正值。两个坐标系之间的转换矩阵为

$$\boldsymbol{V_G} = R_x[\nu]\cdot R_y[\sigma]\cdot R_z[\theta] = \begin{bmatrix} \cos\theta\cos\sigma & \sin\theta\cos\sigma & -\sin\sigma \\ \cos\theta\sin\sigma\sin\nu - \sin\theta\cos\nu & \sin\theta\sin\sigma\sin\nu + \cos\theta\cos\nu & \cos\sigma\sin\nu \\ \cos\theta\sin\sigma\cos\nu + \sin\theta\sin\nu & \sin\theta\sin\sigma\cos\nu - \cos\theta\sin\nu & \cos\sigma\cos\nu \end{bmatrix} \quad (3-4)$$

(3) 地心惯性坐标系 $O_E\text{-}x_Iy_Iz_I$ 与入轨点轨道坐标系 $o_P\text{-}x_gy_gz_g$

考虑地球为标准椭球体，发射惯性坐标系 oy_I 轴与赤道平面的夹角为地理纬度 B_0，发射坐标系 ox 轴与当地子午面切线正北方向的夹角为射击方位角 A_0，发射点所在的子午面与本初子午面的二面角均为经度 λ_0，发射点诸元 A_0，B_0 和 λ_0 通常通过大地测量信息得到，则地心惯性坐标系与发射惯性坐标系之间的转换矩阵为

$$\boldsymbol{G_E} = R_y[-(90^\circ + A_0)]R_x[B_0]R_z[-(90^\circ - \lambda_0)] = \begin{bmatrix} -\sin A_0\sin\lambda_0 - \cos A_0\sin B_0\cos\lambda_0 & \sin A_0\cos\lambda_0 - \cos A_0\sin B_0\sin\lambda_0 & \cos A_0\cos B_0 \\ \cos B_0\cos\lambda_0 & \cos B_0\sin\lambda_0 & \sin B_0 \\ -\cos A_0\sin\lambda_0 - \sin A_0\sin B_0\cos\lambda_0 & \cos A_0\cos\lambda_0 - \sin A_0\sin B_0\sin\lambda_0 & -\sin A_0\cos B_0 \end{bmatrix} \quad (3-5)$$

入轨点轨道坐标系的原点在轨道入轨点 $\boldsymbol{P}$ 处，y_g 轴沿着地心矢量方向 O_EO_P 向上，z_g 轴与轨道法向重合，x_g 轴指向轨道运行方向且与 y_g，z_g 轴构成右手法则。入轨点轨道坐标系通常用在制导方法的设计中，如闭路制导方法在计算需要速度矢量、迭代制导方法计算状态修正量时，均有利于简化状态分量的表示。根据入轨点 $\boldsymbol{P}$ 处的轨道方位角 A_p，以及箭下点经度 λ_p 和纬度 ϕ_p，地心惯性坐标系与入轨点轨道坐标系之间的转换矩阵为

$$\boldsymbol{E_p} = R_y[3\pi/2 - A_p]R_x[\phi_p]R_z[\lambda_p - \pi/2] = \begin{bmatrix} -\sin A_p\sin\lambda_p - \cos A_p\sin\varphi_p\cos\lambda_p & \sin A_p\cos\lambda_p - \cos A_p\sin\phi_p\sin\lambda_p & \cos A_p\cos\phi_p \\ \cos\phi_p\cos\lambda_p & \cos\phi_p\sin\lambda_p & \sin\phi_p \\ -\cos A_p\sin\lambda_p + \sin A_p\sin\phi_p\cos\lambda_p & \cos A_p\cos\lambda_p + \sin A_p\sin\phi_p\sin\lambda_p & -\sin A_p\cos\phi_p \end{bmatrix} \quad (3-6)$$

3.1.3 发射系内动力学方程

飞行器的动力学模型表征了飞行器的运动与其所受力及力矩之间的关系，通常可以划分为质心运动动力学模型和姿态运动动力学模型[2]。在对飞行器的制导方法进行研究时，着重关注质心运动轨迹的变化，故弱化了对飞行器姿态变化过程及其稳定性的研究。考虑到实际的火箭存在着可用过载和结构强度等诸多限制，应对姿态角速率加以限制。对于一个惯性坐标系及一个相对于该惯性坐标系以角速度 $\boldsymbol{\omega}$ 旋转的动坐标系，由矢量导数法得

$$m\frac{\mathrm{d}^2\boldsymbol{r}}{\mathrm{d}t^2}=m\frac{\delta^2\boldsymbol{r}}{\delta t^2}+2m\boldsymbol{\omega}_e\times\frac{\delta\boldsymbol{r}}{\delta t}+m\boldsymbol{\omega}_e\times(\boldsymbol{\omega}_e\times\boldsymbol{r}) \tag{3-7}$$

式中，$\mathrm{d}\boldsymbol{r}$ 为惯性坐标系内的绝对矢量；$\delta\boldsymbol{r}$ 为动坐标系内的相对矢量，则发射坐标系下质点动力学模型为

$$m\frac{\delta^2\boldsymbol{r}}{\delta t^2}=m\cdot\dot{\boldsymbol{W}}+m\boldsymbol{g}-2m\boldsymbol{\omega}_e\times\frac{\delta\boldsymbol{r}}{\delta t}-m\boldsymbol{\omega}_e\times(\boldsymbol{\omega}_e\times\boldsymbol{r}) \tag{3-8}$$

式中，$\dot{\boldsymbol{W}}$ 为视加速度，其物理意义为：飞行器除地球引力以外的由全部合外力引起的加速度。因此，发射坐标系内火箭质心动力学方程为

$$\begin{cases}\dot{x}=v_x\\ \dot{y}=v_y\\ \dot{z}=v_z\\ \dot{v}_x=\dot{W}_x+g_x+a_{ex}+a_{kx}\\ \dot{v}_y=\dot{W}_y+g_y+a_{ey}+a_{ky}\\ \dot{v}_z=\dot{W}_z+g_z+a_{ez}+a_{kz}\end{cases} \tag{3-9}$$

式(3-8)中，离心惯性力项 $m\boldsymbol{a}_e=-\boldsymbol{\omega}_e\times(\boldsymbol{\omega}_e\times\boldsymbol{r})$ 及哥氏惯性力项 $m\boldsymbol{a}_k=-2\,\boldsymbol{\omega}_e\times\delta\boldsymbol{r}/\delta t$ 使用发射系内的分量表示。考虑到固体运载火箭所受具体合外力主要是发动机推力及空气动力，故视加速度的表达式为

$$\boldsymbol{m}\cdot\dot{\boldsymbol{W}}=\boldsymbol{P}+\boldsymbol{R} \tag{3-10}$$

1）相对加速度项。

$$\frac{\delta^2\boldsymbol{r}}{\delta t^2}=\begin{bmatrix}\frac{\mathrm{d}v_x}{\mathrm{d}t} & \frac{\mathrm{d}v_y}{\mathrm{d}t} & \frac{\mathrm{d}v_z}{\mathrm{d}t}\end{bmatrix}^{\mathrm{T}} \tag{3-11}$$

2）推力 $\boldsymbol{P}$ 项。推力 $\boldsymbol{P}$ 在箭体坐标系内的分量形式为

$$\boldsymbol{P}=[P\quad 0\quad 0]^{\mathrm{T}}=\begin{bmatrix}-\dot{m}u_e+S_e(p_e-p_H) & 0 & 0\end{bmatrix}^{\mathrm{T}} \tag{3-12}$$

那么，可得推力 $\boldsymbol{P}$ 在发射坐标系内的分量为

$$[P_x \quad P_y \quad P_z]^{\mathrm{T}} = \boldsymbol{G}_B\,[P \quad 0 \quad 0]^{\mathrm{T}} \tag{3-13}$$

3)空气动力 $\boldsymbol{R}$ 项。已知空气动力在速度坐标系内的分量为

$$\boldsymbol{R} = [-X \quad Y \quad Z]^{\mathrm{T}} \tag{3-14}$$

式中，X、Y、Z 依次表示阻力、升力和侧力，那么气动力在发射坐标系内的分量为

$$\begin{bmatrix} R_x \\ R_y \\ R_z \end{bmatrix} = \boldsymbol{G}_V \begin{bmatrix} -X \\ Y \\ Z \end{bmatrix} = \boldsymbol{G}_V \begin{bmatrix} -C_x q S_M \\ C_y^{\alpha} q S_M \alpha \\ -C_y^{\beta} q S_M \beta \end{bmatrix} \tag{3-15}$$

若已知轴向力系数和法向力系数，可通过以下关系求得升力系数和阻力系数

$$\begin{cases} C_y = C_{yt}\cos\alpha - C_{xt}\sin\alpha \\ C_x = C_{yt}\sin\alpha + C_{xt}\cos\alpha \end{cases} \tag{3-16}$$

4)控制力 $\boldsymbol{F}_c$ 项。无论执行机构是燃气舵还是摇摆发动机，控制力均可在箭体坐标系内表示为

$$\boldsymbol{F}_c = [-X_{1c} \quad Y_{1c} \quad Z_{1c}]^{\mathrm{T}} \tag{3-17}$$

具体的计算公式则需要根据情况选取，控制力在发射坐标系内的分量为

$$[F_{cx} \quad F_{cy} \quad F_{cz}]^{\mathrm{T}} = \boldsymbol{G}_B\,[-X_{1c} \quad Y_{1c} \quad Z_{1c}]^{\mathrm{T}} \tag{3-18}$$

5)引力 $m\boldsymbol{g}$ 项。在标准椭球体假设下，引力的表达式为

$$m\boldsymbol{g} = mg_r' \frac{\boldsymbol{r}}{r} + mg_{\omega_e} \frac{\boldsymbol{\omega}_e}{\omega_e} \tag{3-19}$$

其中

$$g_r' = -\frac{fM}{r^2}\left[1 + J\left(\frac{a_e}{r}\right)^2 (1 - 5\sin^2\phi)\right]$$

$$g_{\omega_e} = -2\frac{fM}{r^2} J \left(\frac{a_e}{r}\right)^2 \sin\phi$$

式中，a_e 表示标准椭球体地球的赤道半径；ϕ 表示飞行器所处位置的地心纬度。式(3-19)中，$\boldsymbol{r}$ 表示飞行器的地心矢径，它在发射坐标系内的分量表达式为

$$\boldsymbol{r} = \begin{bmatrix} x + R_{0x} \\ y + R_{0y} \\ z + R_{0z} \end{bmatrix} = \begin{bmatrix} x - R_0 \sin\mu_0 \cos A_0 \\ y + R_0 \cos\mu_0 \\ z + R_0 \sin\mu_0 \sin A_0 \end{bmatrix} \tag{3-20}$$

式中，R_0 是发射点地心矢径的模；μ_0 是发射点地理纬度与地心纬度之差；$\boldsymbol{\omega}_e$ 是地球自转角速度矢量，它在发射坐标系中的分量表达式为

$$\begin{bmatrix} \omega_{ex} \\ \omega_{ey} \\ \omega_{ez} \end{bmatrix} = \omega_e \begin{bmatrix} \cos B_0 \cos A_0 \\ \sin B_0 \\ -\cos B_0 \sin A_0 \end{bmatrix} \tag{3-21}$$

于是，引力在发射坐标系内的分量为

$$m\begin{bmatrix} g_x \\ g_y \\ g_z \end{bmatrix} = m\frac{g_r'}{r}\begin{bmatrix} x+R_{0x} \\ y+R_{0y} \\ z+R_{0z} \end{bmatrix} + m\frac{g_{\omega_e}}{\omega_e}\begin{bmatrix} \omega_{ex} \\ \omega_{ey} \\ \omega_{ez} \end{bmatrix} \tag{3-22}$$

6) 附加哥氏力$\boldsymbol{F}_k'$项。附加哥氏力表达式为

$$\boldsymbol{F}_k' = -2\dot{m}\,\boldsymbol{\omega}_T \times \boldsymbol{\rho}_e \tag{3-23}$$

式中，$\boldsymbol{\omega}_T$ 为箭体相对于惯性坐标系的转动角速度，它在箭体坐标系内的分量可写为

$$\boldsymbol{\omega}_T = [\omega_{Tx1} \quad \omega_{Ty1} \quad \omega_{Tz1}]^{\mathrm{T}}$$

$\boldsymbol{\rho}_e$ 为质心到喷管出口中心点的距离，即

$$\boldsymbol{\rho}_e = -x_{1e}\,\boldsymbol{x}_1^0$$

从而可得附加哥氏力在箭体坐标系内的分量为

$$[F_{kx1}' \quad F_{ky1}' \quad F_{kz1}']^{\mathrm{T}} = 2\dot{m}x_{1e}\,[0 \quad \omega_{Tz1} \quad -\omega_{Ty1}]^{\mathrm{T}} \tag{3-24}$$

那么附加哥氏力在发射坐标系的分量为

$$[F_{kx}' \quad F_{ky}' \quad F_{kz}']^{\mathrm{T}} = \boldsymbol{G}_B\,[F_{kx1}' \quad F_{ky1}' \quad F_{kz1}']^{\mathrm{T}} \tag{3-25}$$

7) 离心惯性力$-m\,\boldsymbol{\omega}_e\times(\boldsymbol{\omega}_e\times\boldsymbol{r})$项。记

$$\boldsymbol{a}_e = \boldsymbol{\omega}_e \times (\boldsymbol{\omega}_e \times \boldsymbol{r}) \tag{3-26}$$

为牵连加速度。当将地球看作标准椭球体时，$\boldsymbol{\omega}_e$ 在发射坐标系内的分量表达式同式(3-21)，$\boldsymbol{r}$ 在发射坐标系内的分量表达式同式(3-20)；当将地球看作圆球体时，$\boldsymbol{\omega}_e$ 在发射坐标系内的分量表达式同式(3-21)，令式(3-20)中的 μ_0 为零，就可得到 $\boldsymbol{r}$ 在发射坐标系内的分量表达式。那么牵连加速度在发射坐标系内的分量形式为

$$\begin{bmatrix} a_{ex} \\ a_{ey} \\ a_{ez} \end{bmatrix} = \begin{bmatrix} a_{11} & a_{12} & a_{13} \\ a_{21} & a_{22} & a_{23} \\ a_{31} & a_{32} & a_{33} \end{bmatrix}\begin{bmatrix} x+R_{0x} \\ y+R_{0y} \\ z+R_{0z} \end{bmatrix} = \begin{bmatrix} \omega_{ex}^2-\omega_e^2 & \omega_{ex}\omega_{ey} & \omega_{ey}\omega_{ez} \\ \omega_{ex}\omega_{ey} & \omega_{ey}^2-\omega_e^2 & \omega_{ez}\omega_{ex} \\ \omega_{ey}\omega_{ez} & \omega_{ez}\omega_{ex} & \omega_{ez}^2-\omega_e^2 \end{bmatrix}\begin{bmatrix} x+R_{0x} \\ y+R_{0y} \\ z+R_{0z} \end{bmatrix} \tag{3-27}$$

则离心惯性力$\boldsymbol{F}_e$ 在发射坐标系内的分量为

$$[F_{ex} \quad F_{ey} \quad F_{ez}]^{\mathrm{T}} = -m\,[a_{ex} \quad a_{ey} \quad a_{ez}]^{\mathrm{T}} \tag{3-28}$$

8) 哥氏惯性力$-2m\,\boldsymbol{\omega}_e\times\delta\boldsymbol{r}/\delta t$ 项。记

$$\boldsymbol{a}_k = 2\,\boldsymbol{\omega}_e \times \frac{\delta\boldsymbol{r}}{\delta t} \tag{3-29}$$

其中，$\delta\boldsymbol{r}/\delta t$ 为火箭相对于发射坐标系的速度，即有

$$\frac{\delta\boldsymbol{r}}{\delta t} = [\dot{x} \quad \dot{y} \quad \dot{z}]^{\mathrm{T}} \tag{3-30}$$

考虑地球自转角速度在发射坐标系内的分量，式(3-29)可写为

$$\begin{bmatrix} a_{kx} \\ a_{ky} \\ a_{kz} \end{bmatrix} = \begin{bmatrix} b_{11} & b_{12} & b_{13} \\ b_{21} & b_{22} & b_{23} \\ b_{31} & b_{32} & b_{33} \end{bmatrix} \begin{bmatrix} \dot{x} \\ \dot{y} \\ \dot{z} \end{bmatrix} = \begin{bmatrix} 0 & -2\omega_{ex} & -2\omega_{ey} \\ -2\omega_{ex} & 0 & -2\omega_{ez} \\ -2\omega_{ey} & -2\omega_{ez} & 0 \end{bmatrix} \begin{bmatrix} \dot{x} \\ \dot{y} \\ \dot{z} \end{bmatrix} \tag{3-31}$$

那么哥氏惯性力$\boldsymbol{F}_k$在发射坐标系内的分量形式为

$$[F_{kx} \quad F_{ky} \quad F_{kz}]^{\mathrm{T}} = -m\,[a_{kx} \quad a_{ky} \quad a_{kz}]^{\mathrm{T}} \tag{3-32}$$

3.1.4　空间轨道根数的计算

固体运载火箭是在发射坐标系下建立动力学方程并进行飞行轨迹的制导控制，而火箭的飞行任务是将卫星或其他空间载荷送至目标轨道。为了实现火箭的终端约束，必须合理地使用轨道要素与发射坐标系下的状态参数 $\boldsymbol{r}$，$\boldsymbol{v}$ 之间的关系。根据矢量的相对导数与绝对导数之间的关系式(2-99)，在地心惯性坐标系内火箭的绝对速度矢量可用发射坐标系内的相对速度来表示

$$\boldsymbol{v}_a = \boldsymbol{v} + \boldsymbol{\omega}_e \times \boldsymbol{r}_a \tag{3-33}$$

式中，$\boldsymbol{r}_a$ 为火箭的地心距矢量，可由式(3-20)计算得到。轨道要素半长轴 a、椭圆偏心率 $\boldsymbol{e}$、轨道倾角 i、升交点赤经 Ω、近地点幅角 $\boldsymbol{\omega}$ 以及平近点角 $\boldsymbol{M}$，存在矢量和标量等多种表达方式[3]。为了直观地表述轨道根数与状态量之间的关系，首先得到轨道动量矩矢量(单位质量)、升交点矢量、偏心率矢量的表达式，分别为

$$\begin{cases} \boldsymbol{H} = \boldsymbol{r}_a \times \boldsymbol{v}_a \\ \boldsymbol{N} = [0 \quad 0 \quad 1]^{\mathrm{T}} \times \boldsymbol{H} = [-\boldsymbol{H}_Y \quad \boldsymbol{H}_X \quad 0]^{\mathrm{T}} \\ \boldsymbol{e} = [(v_a^2 - \mu/r_a)\boldsymbol{r}_a - (\boldsymbol{r}_a \cdot \boldsymbol{v}_a)\boldsymbol{v}_a]/\mu \end{cases} \tag{3-34}$$

轨道方程中通常采用轨道动量矩(单位质量)、轨道能量以及半通径作为计算轨道根数的辅助变量，其表达式分别为

$$H = \|\boldsymbol{H}\|_2, \quad E_n = \frac{v_a^2}{2} - \frac{\mu}{r_a}, \quad p = \frac{H^2}{\mu} \tag{3-35}$$

那么，在地心惯性坐标系下，以终端轨道要素为终端约束，可以转换为对状态参数的约束，轨道六要素与笛卡儿绝对状态参数 $\boldsymbol{r}_a$，$\boldsymbol{v}_a$ 之间的关系为

$$\begin{cases} a = -\mu/(2E_n) \\ e = \|\boldsymbol{e}\|_2 \\ i = \arctan(\boldsymbol{H}_Z/H) \\ \Omega = \arctan(-\boldsymbol{H}_X/\boldsymbol{H}_Y) \\ \omega = \arccos[(\boldsymbol{e} \cdot \boldsymbol{N})/(eN)] \\ M = \arccos[(a - r_a)/(ea)] \end{cases} \tag{3-36}$$

此外，由于火箭是从地球表面穿越大气层飞行至空间目标轨道，需要使用到发射坐标

系、发射惯性坐标系以及地心惯性坐标系等多个坐标系。在大气层内飞行需要用到相对于地球固连的状态参数，以计算与地球大气相关的飞行参数；在真空环境下，需要通过绝对参数来计算火箭的推力矢量方向等关键参数。因此，由发射惯性坐标系和发射坐标系的转换矩阵[式(3-2)]可得相对于发射坐标系的姿态角 φ、ψ、γ 与相对于发射惯性坐标系的姿态角 φ_T、ψ_T、γ_T 的联系方程为

$$\begin{cases}\varphi_T = \varphi + \omega_{ex}t \\ \psi_T = \psi + \omega_{ey}t\cos\varphi - \omega_{ex}t\sin\varphi \\ \gamma_T = \gamma + \omega_{ey}t\cos\varphi + \omega_{ex}t\cos\varphi\end{cases} \tag{3-37}$$

若不考虑箭体的滚转角，则单位箭体长度在发射坐标系内的分量为

$$\boldsymbol{l}_G = \boldsymbol{G}_B\begin{bmatrix}1\\0\\0\end{bmatrix}_B = \begin{bmatrix}\cos\varphi\cos\psi\\ \sin\varphi\cos\psi\\ -\sin\psi\end{bmatrix}_G$$

单位箭体长度在发射坐标系内的分量为

$$\boldsymbol{l}_T = \boldsymbol{T}_B\begin{bmatrix}1\\0\\0\end{bmatrix}_B = \begin{bmatrix}\cos\varphi_T\cos\psi_T\\ \sin\varphi_T\cos\psi_T\\ -\sin\psi_T\end{bmatrix}_T$$

又根据矢量关系$\boldsymbol{l}_G=\boldsymbol{G}_T\boldsymbol{l}_T$，可得 φ、ψ、γ 与 φ_T、ψ_T、γ_T 的联系方程为

$$\begin{cases}\varphi = \arctan(\boldsymbol{l}_{Gy}/\boldsymbol{l}_{Gx}) \\ \psi = \arcsin(-\boldsymbol{l}_{Gz})\end{cases} \tag{3-38}$$

3.2 典型飞行任务设计与分析

3.2.1 远程火箭的弹道设计

固体运载火箭的弹道设计主要解决以下问题[4]：研究各种发射条件对最大射程的影响，确定最大射程设计指标；研究导弹的飞行性能与总体设计参数(简称总体参数)、弹道设计参数的依从关系；根据给定的弹道设计参数，选择合理的飞行程序。

在自旋椭球体地球模型中，大地坐标(B, λ, h)与椭球相关。对位于空间的点 P 来说，大地纬度(地理纬度)B 是过点 P 的椭球面法线与赤道平面的夹角；大地经度(地理经度)λ 是过点 P 的子午面与起始子午面(格林尼治子午面)的夹角；大地高 h 是点 P 到椭球面的垂直距离。子午方向上的椭球曲率半径取决于大地纬度，其表达式为

$$M = \frac{a(1-e^2)}{(1-e^2\sin^2 B)^{3/2}} = a\left[1 - e^2\left(1 - \frac{3}{2}\sin^2 B\right) + \cdots\right] \tag{3-39}$$

而卯酉圈的曲率半径为

$$N = \frac{a}{(1 - e^2 \sin^2 B)^{1/2}} = a\left(1 + \frac{e^2}{2}\sin^2 B + \frac{3}{8}e^4 \sin^4 B + \cdots\right) \quad (3-40)$$

椭球的平均曲率半径等于

$$R_e = \sqrt{MN} = \frac{a\sqrt{1 - e^2}}{1 - e^2 \sin^2 B} \quad (3-41)$$

当已知大地纬度 B 和垂直于椭球面的高度 h 时，可直接求出地心纬度 ϕ 和地心距 r。当已知地心纬度 ϕ 和地心距 r，则可用迭代法求解。特别当 $h=0$ 时，有

$$\tan B = \frac{1}{1 - e^2}\tan\phi$$

火箭总体参数的选择是通过质量分析和弹道分析进行的，质量分析的任务是解决导弹总体参数之间的制约关系。弹道分析的任务是解决导弹总体参数与导弹性能之间的关系。影响导弹性能最主要的弹道参数是主动段终点的当地弹道倾角 ϑ_k。实际上，当导弹总体参数为已知时，导弹在主动段终点的速度 v_k、高度 h_k 和航程 l_k 基本上取决于 ϑ_k，所以弹道参数选择主要是主动段终点的当地弹道倾角 ϑ_k 的选择。与弹道有关的性能为：最大射程 L_M、弹头落地马赫数 M_l，再入飞行时间 t_E、落地弹道倾角 ϑ_l 和落点散布度 ΔL 等。

$$\begin{cases} L_M = f_1(\vartheta_k, m_0, \mu_{ki}, P_i, I_{spi}) \\ M_l = f_2(\vartheta_k, m_0, \mu_{ki}, P_i, I_{spi}) \\ t_E = f_3(\vartheta_k, m_0, \mu_{ki}, P_i, I_{spi}) \\ \vartheta_l = f_4(\vartheta_k, m_0, \mu_{ki}, P_i, I_{spi}) \\ \Delta L = f_5(\vartheta_k, m_0, \mu_{ki}, P_i, I_{spi}) \end{cases} \quad (3-42)$$

式中，m_0 为起飞质量；μ_{ki}为各级关机点质量比；P_i 为各级发动机推力；I_{spi}为各级发动机比冲。落点散布度的函数关系是指在制导方案和工具误差给定下的函数关系，其他函数关系也有类似的含义。

最大射程设计指标是指在标准推进剂温度下，不考虑地球旋转和地球扁率，从海平面发射时导弹所能达到的最大射程。最大射程设计指标是导弹主要的技术指标之一，最大射程设计指标与射击射程之间的关系为

$$L_{M0} = \sup_{D_F}[\sup_{D_M}(L_S - \Delta L_\omega - \Delta L_J)] - \max|\Delta L_T| \quad (3-43)$$

式中，L_{M0}为最大射程设计指标；L_S 为射击射程(发射点到目标连线之间的距离)；ΔL_ω 为地球旋转对射程的影响；ΔL_J 为地球扁率对射程的影响；ΔL_T 为推进剂温度对射程的影响；D_M 为给定的目标区域；D_F 为发射区域。

此外，落点射程和发射点到落点的方位角是度量发射点与落点相对位置的参数，通常将发射点到落点之间的大地线长度作为射程，将大地线方位角作为发射点到落点的方位角，并以发射点至落点在平均地球(地球半径为 6 371 000m)上的大圆弧长度和大圆弧方位角作为射程和方位角。由发射点地心纬度和经度 ϕ_0，λ_0，以及落点的地心纬度 ϕ_c 和经度

λ_c，得球心射程角为

$$\beta = \cos^{-1}(\sin\phi_0\sin\phi_c + \cos\phi_0\cos\phi_c\cos\Delta\lambda) \tag{3-44}$$

式中，经度差为 $\Delta\lambda=\lambda_c-\lambda_0$，则落点的射程 $L=R_0\cdot\beta$。落点的方位角可由下式获得

$$A = \sin^{-1}(\cos\phi_c\cdot\sin\Delta\lambda/\sin\beta) \tag{3-45}$$

而方位角的象限，需要结合等式 $\tan A=(\tan\phi_c\cos\phi_0-\sin\phi_0\cos\Delta\lambda)/\sin\Delta\lambda$ 来确定。

3.2.2 固体运载火箭的卫星轨道特点

运载火箭是航天运载器的简称，运载火箭轨道的设计方法基本等同导弹弹道设计方法，但它还有一些特殊要求[1]。卫星轨道的空间曲线通常用六个参数来描述，一般称这六个参数为卫星轨道要素，椭圆轨道往往选择下列六个参数：半长轴 a、椭圆偏心率 e、轨道倾角 i、升交点赤经 Ω、近地点幅角 ω、平近点角 M(或 t_p，过近地点时刻)。这组轨道要素称为“开普勒要素”，在卫星运动过程中，除 M 外，其他五个要素变化均很缓慢。

在二体问题中卫星轨道为椭圆，这时轨道参数都不随时间变化，考虑摄动后，卫星轨道不再为椭圆，但在很短的时间间隔内可以近似为椭圆。每一瞬时可用一组椭圆参数描述，而实际的卫星轨道是若干瞬时椭圆的包络线。称瞬时椭圆所对应的轨道参数为“瞬时要素”。上面计算的轨道参数是与瞬时要素相对应的，瞬时要素可用下式定性表示

$$\sigma(t) = \sigma(0) + \delta\sigma_t + \delta\sigma_l + \delta\sigma_s \tag{3-46}$$

式中，$\sigma(t)$ 为 t 时刻的瞬时要素；$\sigma(0)$ 为 t_0 时刻的瞬时要素；$\delta\sigma_t$ 为要素的长期变化项；$\delta\sigma_l$ 为要素的长周期变化项；$\delta\sigma_s$ 为要素的短周期变化项(与卫星轨道周期相近)。通常还引入“平要素”的概念，平要素 $\bar{\sigma}$ 为

$$\bar{\sigma} = \sigma(t) - \delta\sigma_s$$

平要素 $\bar{\sigma}$ 是一个虚拟的要素，它没有短周期变化，只有长期和长周期的缓慢变化。考虑到 J_2 项的 $\delta\sigma_s$ 的计算公式，半长轴的短周期项为

$$\delta a_s = \frac{3}{2}\frac{J_2}{a}\left\{\frac{2}{3}\left[\left(\frac{a}{r}\right)^3 - (1-e)^{-3/2}\right]\left(1-\frac{3}{2}\sin^2 i\right) + \left(\frac{a}{r}\right)^3\sin^2 i\cos2(f+\omega)\right\} \tag{3-47}$$

偏心率的短周期项为

$$\delta e_s = \frac{3J_2(1-e^2)}{2ae^2}\left\{\left(\frac{1}{3}-\frac{\sin^2 i}{2}\right)\left[\left(\frac{a}{r}\right)^3 - \sqrt{(1-e^2)^{-3}}\right] + \frac{1}{2}\left(\frac{a}{r}\right)^3\sin^2 i\cos2(f+\omega)\right\} - \frac{\sin^2 i}{4e}\frac{3J_2}{ap}\left[\cos2(f+\omega) + e\cos(f+2\omega) + \frac{e}{3}\cos(3f+2\omega)\right] \tag{3-48}$$

轨道倾角的短周期项为

$$\delta i_s = \frac{3}{8}\frac{J_2}{p^2}\sin2i\left[\cos2(f+\omega) + e\cos(f+2\omega) + \frac{e}{3}\cos(3f+2\omega)\right] \tag{3-49}$$

卫星轨道按轨道高度可分为低轨道(约在 500km 以下)、中轨道(1 000km 左右)、高轨道(数千千米到数万千米)。按轨道参考基准分类可分为地球同步轨道、太阳同步轨道和非同步轨道。地球同步轨道一般是指地球同步定点轨道，即轨道周期与地球自转周期相同、轨道平面与地球赤道平面重合的圆轨道。固体运载火箭携带的小卫星载荷通常以太阳同步轨道运行为主。太阳同步轨道是轨道平面绕地球自转轴的旋转方向与地球公转方向相同，旋转角速度等于地球公转的平均角速度的卫星轨道。太阳同步轨道平面的转动是由地球扁率摄动引起的，其轨道的半长轴、偏心率和轨道倾角须满足等式

$$-\frac{2\pi}{(1-e^2)^2}\left(\frac{a_e}{a}\right)^2 J\cos i = 2\pi\omega_s\sqrt{\frac{a^3}{GM}} \tag{3-50}$$

式中，ω_s 为地球公转的平均角速度，$\omega_s \approx 0.199\ 099\times10^{-6}(°)/\mathrm{s}$。式(3-50)左边为在一个轨道周期内由地球扁率项引起的轨道面转角，右边为在一个轨道周期内地球公转的转角。对圆轨道，轨道倾角为

$$\cos i = -4.773\ 5\times10^{-15}a^{7/2} \tag{3-51}$$

式中，半长轴 a 以千米为单位。小型固体运载火箭常用太阳同步轨道高度与轨道倾角的对应关系见表 3-1。

表 3-1　太阳同步轨道高度与轨道倾角的对应关系

轨道高度/km	200	400	600	800	1 000
轨道倾角/(°)	96.3	97.0	97.8	98.6	99.5

3.2.3　固体运载火箭典型任务剖面

日本艾普斯龙、美国米诺陶等固体火箭发动机性能远超国内现有水平，在同等推重比条件下，艾普斯龙和米诺陶第一子级燃烧时间为 140~170s，能够直接将运载火箭运送至大气层外，而国内的相关型号第一子级燃烧时间只有 60~70s，需要连续两级助推才能将运载火箭送至大气层外，后续真空飞行阶段一致采用助推—滑行—助推的飞行模式。此外，艾普斯龙增强型固体运载火箭，在固体火箭发动机耗尽关机结束后增加了推进剂稀少(与姿态控制共用推进剂)的液体末修级，使固体运载火箭的入轨精度超越了液体火箭[5]。我国国内以四子级耗尽关机的固体运载火箭为研究对象，配备推进剂稀少的液体末修级。四子级固体运载火箭结构总体布局如图 3-5 所示。

整个上升段飞行过程可分为一级助推段、二级助推段、三级滑行段、三级助推段、四级滑行段、四级助推段和末速修正段，运载火箭七个飞行段如图 3-6 所示。固体运载火箭在不同的飞行段，由于飞行目标及飞行特点不同，所采用的制导方法也有很大的差异。根据制导算法所需要满足的约束条件来划分，固体运载火箭的第一、二级飞行过程基本位于大气层内，主要考虑满足气动载荷及法向过载等过程约束的限制，制导算法应尽量减少速

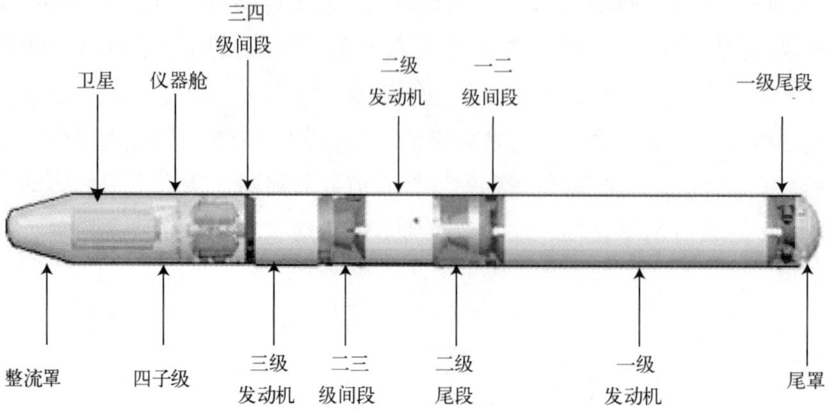

图 3-5　四子级固体运载火箭结构总体布局

度损失并使速度方向位于一定的区域之内；火箭的后五段处于真空飞行环境，飞行过程约束逐渐消失，主要满足终端约束条件保障入轨精度，制导算法要求具备高精度、强鲁棒性及适应性。因此，根据运载火箭的飞行特点，第一、二级由于发动机推力大，可快速进入真空环境，飞行过程基本位于大气层内，而大气层内飞行轨迹的偏差可以在大气层外进行制导修正，故主要针对后五段(真空飞行段)进行在线制导方法研究。

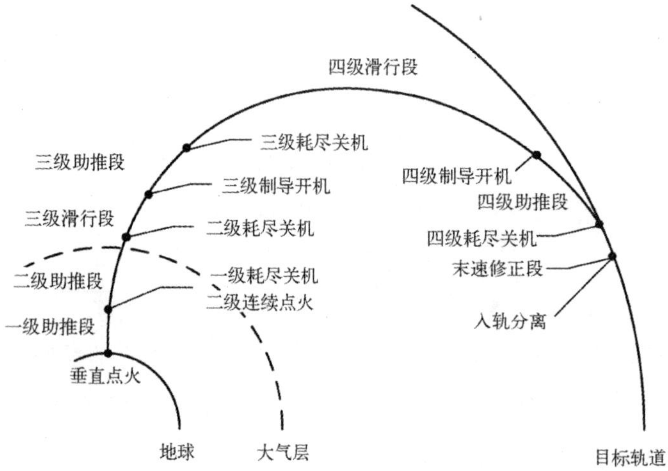

图 3-6　运载火箭七个飞行段

当运载火箭进入真空环境后，后五个飞行段属于典型的助推—滑行—助推的制导模式。固体运载火箭的三级助推段，决定了四级滑行段的轨道，从而基本决定了终端状态的大致范围、关机点能量等，需要通过轨道动势能分配策略，来保证火箭进入合适的四级滑行轨道；四级助推段的制导指令改变飞行状态，从滑行轨道进入目标轨道，目标轨道要素约束的满足将主要依赖于四级助推段的制导方法。末速修正段是通过修正四级发动机关机时火箭的终端状态来提高火箭入轨的终端精度，末修级采用主动关机的液体发动机，但是其推力小且燃料有限，所以其只能修正状态的微小偏差，而不能承担制导入轨的飞行任务。

我国 CZ-11 固体运载火箭和 SD-1 固体运载火箭均通过机动发射的模式并采用先进制导技术来缩短发射周期，重点突破适应助推—滑行—助推飞行模式的在线自主制导技术，来提高运载火箭的快速响应能力和可靠性。多级固体运载火箭采用助推—滑行—助推的飞行模式，滑行点火时间求解方法的设计将是固体运载火箭制导技术的显著特点。根据飞行任务的终端约束条件，制导方法的设计难度也存在较大的差异，弹道导弹需要进入具有射程约束的椭圆轨道，对进入轨道的位置、椭圆轨道的形状等并没有严格的限制，故在制导方法的设计上具有很大的空间。需要进入太阳同步圆轨道的卫星载荷任务，具有终端多轨道根数约束条件，助推段耗尽关机方式下的制导方法必须满足终端多约束要求才能将载荷送入目标轨道。

固体运载火箭携带的空间载荷通常需要进入较高的太阳同步轨道，约束轨道根数中的半长轴 a 、偏心率 e 及轨道倾角 i 、升交点赤经 Ω、近地点幅角 ω 以及入轨点真近点角 M 和发射时间、入轨时间以及载荷工作区间相关，通常不受约束，故终端多轨道根数约束的表达式分别为

$$a_f = -\mu r_f / (2\mu - r_f \cdot v_f^2) \tag{3-52}$$

$$\boldsymbol{e}_f = \frac{1}{\mu}\left[(v_f^2 - \mu/r_f)\boldsymbol{r}_f - (\boldsymbol{r}_f \cdot \boldsymbol{v}_f)\boldsymbol{v}_f\right] \tag{3-53}$$

$$i_f = \arccos(\boldsymbol{h}_z / \|\boldsymbol{h}\|) \tag{3-54}$$

具有射程约束的椭圆轨道，其终端约束表达式为

$$L = \beta_e(r_0,\ r_f,\ a_f,\ e_f) \cdot R_e \tag{3-55}$$

随着固体运载火箭逐渐进入真空环境，气动载荷及热流等过程约束已经消失，但固体运载火箭发动机燃烧时间短且推力大，在耗尽关机方式下为了实现不同任务需要较大的姿态机动，因而对姿态角速率进行限制以保证姿态控制系统的稳定跟踪，即

$$|\omega_g| \leqslant \omega_{\max} \tag{3-56}$$

式中，ω_g 为制导解算的姿态角速率；$\omega_{\max}$ 为控制系统允许的最大角速率。

3.3　固体运载火箭动力学特性

液体运载火箭发动机燃烧稳定、额定工作时间长，使其制导模型精确性高。而固体运载火箭只有采用助推—滑行—助推飞行模式才能将有效载荷送入轨道，其发动机性能偏差

受环境影响较大、推力曲线严重非线性并且以耗尽关机的方式进入目标轨道，其动力学特性明显增加了制导模型的设计难度。

3.3.1　助推—滑行—助推模式的制导特点

在地心惯性坐标系下，运载火箭质心运动方程表示为

$$\begin{cases}\dot{\boldsymbol{r}} = \boldsymbol{v} \\ \dot{\boldsymbol{v}} = \boldsymbol{g}(\boldsymbol{r}) + [(T - A)\cdot \boldsymbol{x}_b + N \cdot \boldsymbol{y}_b]/m(t)\end{cases} \tag{3-57}$$

$$T = I_{sp} g_0 \dot{m} + s_m[P_0 - P(h)],\quad A = qSC_A,\quad N = qSC_N$$

式中，T 为发动机推力；A 和 N 分别为轴向和法向气动力；$\boldsymbol{x}_b$ 和 $\boldsymbol{y}_b$ 分别表示箭体轴向单位矢量和法向单位矢量。特别地，当运载火箭进入真空环境后，大气压强及气动力可以忽略，因而运载火箭所受的气动载荷及气动角等过程约束也随之消失，这为自主制导算法的设计提供了更大的空间。此外，由于大气层内飞行轨迹的偏差可以通过大气层外自主制导算法进行修正，故在真空环境下质心运动方程可以简化为

$$\begin{cases}\dot{\boldsymbol{r}} = \boldsymbol{v} \\ \dot{\boldsymbol{v}} = \boldsymbol{g}(\boldsymbol{r}) + T \cdot \boldsymbol{x}_b/m(t)\end{cases} \tag{3-58}$$

对于大气层外的助推—滑行—助推飞行模式，运载火箭运动方程[式(3-58)]中的推力为

$$\begin{cases}T = 0 & 0 \leqslant t < t_{ig} \\ T = I_{sp} g_0 \dot{m} & t_{ig} \leqslant t < t_{ig} + T_s\end{cases} \tag{3-59}$$

式中，t_{ig} 为运载火箭发动机点火时刻。当运载火箭处于无动力的滑行轨道时，根据开普勒轨道性质，存在

$$\begin{cases}\boldsymbol{r}_0 \times \boldsymbol{v}_0 = \boldsymbol{r}_{ig} \times \boldsymbol{v}_{ig} \\ v_0^2/2 - \mu/r_0 = v_{ig}^2/2 - \mu/r_{ig}\end{cases} \tag{3-60}$$

当火箭发动机点火工作后，根据式(3-58)和式(3-60)可得运载火箭关机点的状态矢量表达式为

$$\begin{cases}\boldsymbol{v}_f = \boldsymbol{v}_{ig} + \displaystyle\int_0^{T_s} [\boldsymbol{g}(\boldsymbol{r}) + T \cdot \boldsymbol{x}_b/m(t)]\,\mathrm{d}t \\ \boldsymbol{r}_f = \boldsymbol{r}_{ig} + \boldsymbol{v}_{ig} T_s + \displaystyle\int_0^{T_s}\!\!\int [\boldsymbol{g}(\boldsymbol{r}) + T \cdot \boldsymbol{x}_b/m(t)]\,\mathrm{d}t^2\end{cases} \tag{3-61}$$

以上各式中，μ 为地球引力常数；$\boldsymbol{r}_0$，$\boldsymbol{v}_0$ 为火箭当前位置矢量和速度矢量；$\boldsymbol{r}_{ig}$，$\boldsymbol{v}_{ig}$ 为点火时刻的位置矢量和速度矢量；$\boldsymbol{r}_f$，$\boldsymbol{v}_f$ 为终端位置矢量和速度矢量。考虑耗尽关机制导方式性能指标一般取为携带载荷质量最大或者进入最高太阳同步轨道，即代价函数为

$$J_1 = -m_{zh},\quad J_2 = -a_f \tag{3-62}$$

随着运载火箭总体参数的定型，固体运载火箭各子级结构质量、发动机装药质量、载荷舱以及其他电器伺服等总体参数不再是优化变量，而且携带的载荷质量以及入轨任务要求均由具体卫星来确定。因此在制导设计阶段，固体运载火箭在助推段要求制导指令尽可能地平稳来适应发动机非线性大散布的特点，故性能指标函数通常取制导指令变化率最小，即

$$J_3 = \int_{t_0}^{t_f} \dot{u}(t)\,\mathrm{d}t \tag{3-63}$$

在大气层内飞行时受到气动载荷以及最大总攻角 A_α 的限制，即路径约束为

$$\begin{cases} A_\alpha \leqslant A_{\alpha.\max} \\ q \cdot A_\alpha \leqslant Q_{\alpha.\max} \end{cases} \tag{3-64}$$

进入真空环境后，主要考虑对姿态角速率进行限制来保证姿态控制系统的稳定跟踪，即路径约束为

$$|\omega_g| \leqslant \omega_{\max} \tag{3-65}$$

固体运载火箭终端轨道根数中半长轴 a、偏心率 e 及轨道倾角 i 受约束的表达式为式(3-52)～式(3-55)，对于射程约束的椭圆轨道，其相应的终端状态量约束为集合的形式

$$(\boldsymbol{v}_f,\ \boldsymbol{r}_f) \in \{\beta_e(\boldsymbol{r}_0,\ r_f,\ a_f,\ e_f) \cdot R_e \parallel G(a_f,\ e_f,\ i_f)\} \tag{3-66}$$

式中，函数 $G(\cdot)$ 根据入轨点选取的不同真近点角而产生相应的状态量约束。此外，由于圆轨道偏心率 e_f 为零，在轨道面内具有严格的入轨点状态量约束为

$$r_f = a_f,\quad v_f = \sqrt{u/a_f},\quad \vartheta_{lf} = 0 \tag{3-67}$$

综上所述，由于入轨点真近点角不受约束且滑行阶段轨道能量和动量矩保持不变，能够通过滑行点火时刻[式(3-59)]来调整助推段的初始状态，使终端状态[式(3-61)]最佳地达到圆轨道[式(3-67)]或椭圆轨道[式(3-66)]任务要求，如图 3-7 所示；此外，固体运载火箭发动机的推力大小与秒耗量不可调节，式(3-57)实际上需要确定控制箭体方向 $\boldsymbol{x}_b$ 的指令，使运载火箭以耗尽关机的方式满足入轨约束条件[6]。

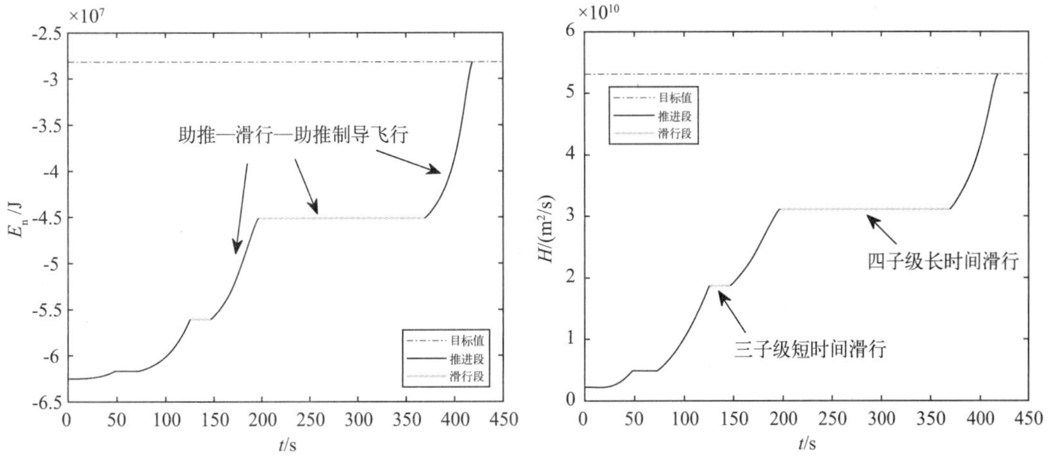

图 3-7　助推—滑行—助推制导过程轨道能量和动量矩变化曲线

3.3.2 发动机耗尽关机大散差特性

固体火箭发动机的推进剂由燃料和氧化剂组成，推进剂以一定的形状浇注在燃烧室内，在燃烧过程中产生大量高温、高压气体经由喷管喷射出去而产生向前的推力。固体火箭发动机额定工作时间短，推力大，而且推力性能受环境影响较大，关机时间呈较大散布，尤其是在高低温条件下发动机燃烧特性无法准确模拟，故在实际计算中使用推力随时间变化的非线性曲线，如图 3-8 所示。

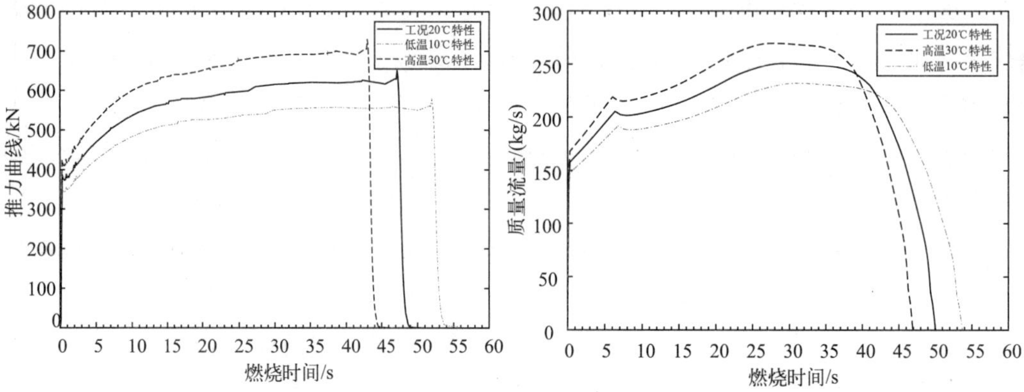

图 3-8　固体火箭发动机高低温燃烧曲线

推力随时间变化的非线性曲线通常由发动机地面试车得到，由于静压力的作用，所测得的推力数值比发动机的实际推力数值要低，具体补偿数值由地面大气压强乘以发动机喷管出口横截面面积得到，所以在导弹飞行中发动机的推力应按下式计算

$$T = P_S + [p_0 - p(h)] \cdot s_m \tag{3-68}$$

式中，P_S 是地面试车时所测到的发动机推力；s_m 是发动机喷管出口横截面积；$p(h)$ 为当前高度的大气压强，由大气环境模型计算得到。在制导算法设计和分析阶段，需要使用火箭发动机的平均参数对其性能进行描述，此时采用平均推力 T_P 和平均比冲 I_{sp} 后，推力公式为

$$T_P = I_{sp} g_0 \cdot \dot{m} + [p_0 - p(h)] \cdot s_m \tag{3-69}$$

火箭的推力矢量沿着箭体方向，在发射惯性坐标系内的分量为

$$\boldsymbol{P} = [P_x \quad P_y \quad P_z]^{\mathrm{T}} = \boldsymbol{G}_B \times [T \quad 0 \quad 0]^{\mathrm{T}} \tag{3-70}$$

对于耗尽关机的固体火箭发动机，初始质量 m_0、比冲 I_{sp}、秒耗量 $\dot{m}$ 和燃料质量 m_s 事先由发动机总体参数确定，能够提供总的视速度模量 W_M 和视位置模量 R_M 表达式为

$$\begin{cases} W_M = \int_0^{T_s} \dfrac{T}{m(t)} \mathrm{d}t = I_{sp} g_0 \ln[m_0/(m_0 - m_s)] \\ R_M = \int_0^{T_s} W_M(t) \mathrm{d}t = [I_{sp} g_0 m_s - W_M \cdot (m_0 - m_s)]/\dot{m} \end{cases} \tag{3-71}$$

显然，耗尽关机的固体运载火箭由于失去了制导关机的物理条件，导致对终端速度管控能力薄弱。为了满足飞行任务终端多轨道根数的约束[式(3-52)~式(3-55)]，进行速度管控是主要途径，即通过控制姿态角指令的变化使固定弧长约束下的矢量弦满足约束要求

$$\boldsymbol{v}_g = \int_0^{T_s} [\boldsymbol{x}_b(t) \cdot T/m(t)]\mathrm{d}t \quad \text{s.t.} \quad W_M = \int_0^{T_s} T/m(t)\mathrm{d}t \tag{3-72}$$

此外，固体火箭发动机秒耗量随时间变化曲线如图 3-9(a)所示，实线为标准条件下秒耗量变化曲线，虚线和点画线分别为秒耗量正偏差曲线和负偏差曲线。若推进剂装填量一定，式(3-71)曲线和横坐标轴包围的面积就是相同的。发动机在刚开始燃烧的阶段和燃烧结束前的阶段秒耗量变化比较大，而中间稳定燃烧阶段秒耗量比较稳定，因此在设计姿态角指令时需要尽可能地在中间段进行姿态机动，而在前后两端不稳定阶段需要保持姿态角稳定。由于相同质量的燃料将产生相同的视速度模量，但随着秒耗量的不同，燃烧时间会发生变化。将助推器的总助推时间分为三段，每段对应的推进剂质量预先确定(即对应的视速度模量也是定值)，将三段燃烧时间分别记为 T_1，T_2，T_3，而总燃烧时间记为 T 且 $T=T_1+T_2+T_3$，将 T_3 拟合成 T_2 的函数

$$T_3 = k_1 T_2^2 + k_2 T_2 + k_3 \tag{3-73}$$

在实际飞行过程中，根据加速度计测量得到的视速度模量，确定节点时间 T_1 和 T_2，以估算剩余燃烧时间 T_3。

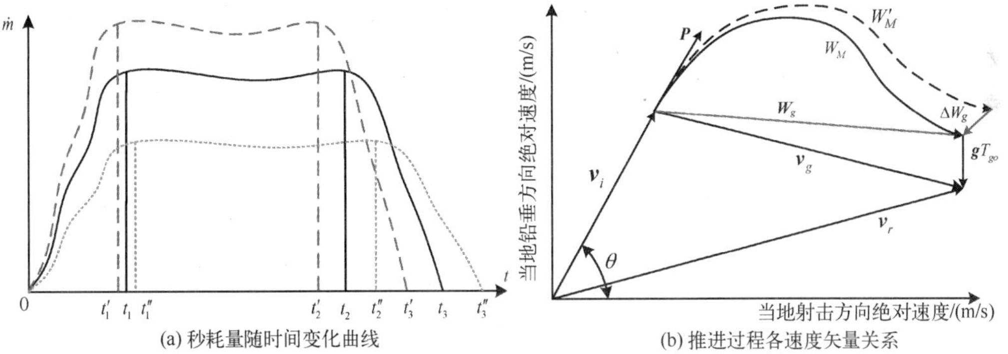

图 3-9　耗尽关机大散布特性下制导过程剖面

综上所述，固体火箭发动机额定工作时间随高低温燃烧环境的变化呈现大散布的特点，虽然视速度模量能够提高对剩余燃烧时间的计算精度，但是初始质量、燃烧比冲以及推力后效等的变化，将直接影响发动机产生的总视速度增量 $W_M \pm \Delta W_M$，如图 3-9(b)所示。这些散差特性既无法提前获知，又无额外传感器在线测量，在耗尽关机条件下实现速度大小的精确控制便异常困难。很多数值计算优化方法未考虑实际推力散布模型或者认为发动机的模型提前已知，导致难以直接应用于固体运载火箭，需要增装液体末修级精修速度偏

差来提高入轨精度。因此，具有液体末修级的固体运载火箭，终端入轨精度将达到甚至超越液体运载火箭，与此同时对末修级推进剂质量的消耗量直接反映了耗尽关机制导方法的优劣性。

3.3.3 自由飞行轨迹的解析方程

滑行轨道的解析法对固体运载火箭在线制导、弹道计算、射击诸元、轨道预测等问题具有非常重要的研究意义；助推过程中制导指令的求解和计算是保障终端精度的关键[7]。因此，梳理和分析自由滑行段的特性以及持续助推段制导方法的适用性，是研究助推—滑行—助推模式下制导技术的基础。

火箭空间轨道一般在地心惯性坐标系内描述，为不失一般性，假设：飞行器的质量为单位质量且沿着开普勒轨道运动，忽略地引力摄动、太阳光压等干扰影响。在极坐标系$(r,\ \theta_{ano})$下，速度和加速度的表达式为

$$\begin{cases} \dot{\boldsymbol{r}} = \dot{r} \cdot \boldsymbol{l}_r + r\dot{\theta}_{ano} \cdot \boldsymbol{l}_\theta \\ \ddot{\boldsymbol{r}} = [\ddot{r} - r(\dot{\theta}_{ano})^2] \cdot \boldsymbol{l}_r + (r\ddot{\theta}_{ano} + 2\dot{r}\dot{\theta}_{ano}) \cdot \boldsymbol{l}_\theta \end{cases} \tag{3-74}$$

式中，$\boldsymbol{l}_r$ 为火箭当前位置的单位矢量；$\boldsymbol{l}_\theta$ 为火箭飞行方向的单位矢量。由于火箭仅受引力$\ddot{\boldsymbol{r}}=-\frac{\mu}{r^3}\boldsymbol{r}$影响，存在等式关系

$$\begin{cases} \ddot{r} - r(\dot{\theta}_{ano})^2 + \dfrac{\mu}{r^2} = 0 \\ 2\dot{r}\dot{\theta}_{ano} + r\ddot{\theta}_{ano} = \dfrac{1}{r}\dfrac{\mathrm{d}(r^2\dot{\theta}_{ano})}{\mathrm{d}t} = 0 \end{cases} \tag{3-75}$$

开普勒轨道方程表示为

$$\begin{cases} r(\theta_{ano}) = \dfrac{p}{1 + e \cdot \cos\theta_{ano}} \\ h = r^2\dot{\theta}_{ano} = r_0 v_0 \cos\vartheta_l = \text{constant} \end{cases} \tag{3-76}$$

式(3-75)和式(3-76)给出了固体运载火箭在滑行段轨道能量和轨道动量矩守恒的等式方程，但是随着飞行时间的增加，其飞行高度、速度等状态量随之改变。固体运载火箭助推段与滑行段轨迹特点如图 3-10 所示。

因此，滑行轨道能量和动量矩解析方程是联系助推—滑行—助推不同助推段的关键，为计算滑行点火时间建立理论关系。此外，针对不同的飞行任务，自由飞行段存在以下解析等式关系。

1)命中方程解析函数，能够直接表述火箭在自由飞行段飞行状态与射程角之间的映射

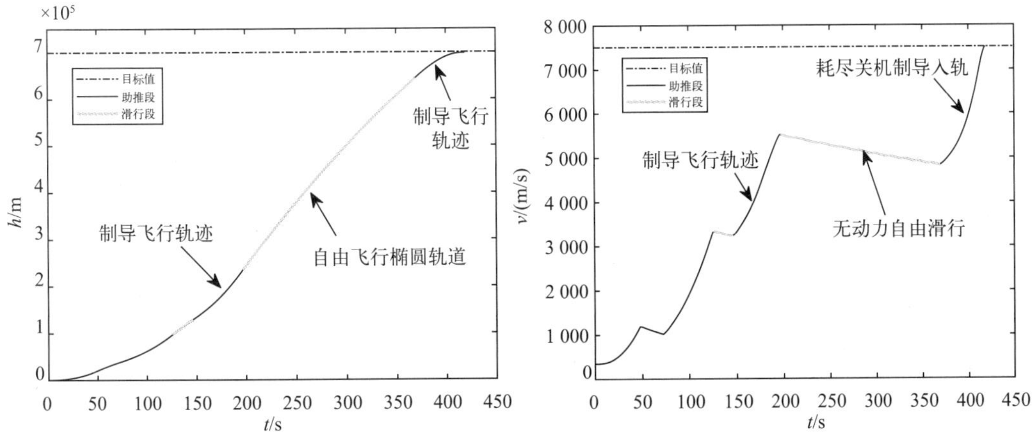

图 3-10　固体运载火箭助推段与滑行段轨迹特点

关系，是求解滑行轨道问题的关键，其数学描述为：已知位置矢量 $\boldsymbol{r}_0$ 和速度矢量 v_0，地心距 $\boldsymbol{r}$ 关于射程角 β 的函数关系为

$$r(\beta) = r_0 \Big/ \left[\frac{1 - \cos\beta}{\lambda \cos^2\vartheta_l} + \frac{\cos(\beta + \vartheta_l)}{\cos\vartheta_l}\right] \tag{3-77}$$

其中

$$\lambda = \frac{r_0 v_0^2}{\mu}, \qquad \vartheta_l = \arccos\frac{\boldsymbol{r}_0 \cdot \boldsymbol{v}_0}{r_0 v_0}$$

为了得到命中方程解析函数式(3-77)，推导过程见式(3-78)～式(3-80)。令 $T(\theta_{ano}) = 1/r(\theta_{ano})$，对式(3-75)进行变量替换后得到

$$\frac{\mathrm{d}^2 T(\theta_{ano})}{\mathrm{d}\theta_{ano}^2} + \mu = \frac{1}{\lambda \cdot r_0 \cdot \cos^2\vartheta_l} \tag{3-78}$$

对微分方程式(3-78)求解后得

$$T(\theta_{ano}) = \frac{1}{\lambda r_0 \cos^2\vartheta_l} - \frac{\tan\vartheta_l}{r_0}\sin\theta_{ano} + \frac{\cos\theta_{ano}}{r_0} \cdot \left(1 - \frac{1}{\lambda \cos^2\theta_{ano}}\right) \tag{3-79}$$

消去替换变量并对式(3-79)进行化简得

$$\frac{r_0}{r} = \frac{1 - \cos\theta_{ano}}{\lambda \cos^2\vartheta_l} + \frac{\cos(\theta_{ano} + \vartheta_l)}{\cos\vartheta_l} \tag{3-80}$$

2)落点剩余飞行时间解析函数，能够准确给出到达落点的剩余飞行时间，是计算惯性落点与相对落点的重要参数之一，其数学描述为：已知位置矢量 $\boldsymbol{r}_0$ 和速度矢量 $\boldsymbol{v}_0$，飞行时间 t 关于射程角 β 的函数关系为

$$t=\frac{r_0}{v_0\cos\vartheta_l}\cdot\left[\frac{\tan\vartheta_l\cdot(1-\cos\beta)+(1-\lambda)\sin\beta}{(2-\lambda)\cdot r_0/r}+\right.$$
$$\left.\frac{2\cos\vartheta_l}{\lambda\sqrt{-(1-2/\lambda)^3}}\cdot\arctan\frac{\sqrt{-(1-2/\lambda)}}{\cos\vartheta_l\cot(\beta/2)-\sin\vartheta_l}\right] \tag{3-81}$$

为了得到飞行时间的函数关系[式(3-81)]，推导过程见式(3-82)~式(3-84)。将式(3-80)代入式(3-76)中的第二项，得到包含时间的微分关系式

$$\frac{\mathrm{d}\theta_{\mathrm{ano}}}{\mathrm{d}t}\cdot\left[\frac{r_0}{(1-\cos\theta_{\mathrm{ano}})/(\lambda\cos^2\vartheta_l)+\cos(\theta_{\mathrm{ano}}+\vartheta_l)/\cos\vartheta_l}\right]^2=r_0v_0\cos\vartheta_l \tag{3-82}$$

对式(3-82)积分并化简得到飞行时间的表达式为

$$t=\frac{r_0}{v_0\cos\vartheta_l}\int_0^{\theta_{\mathrm{ano}}(t)}\frac{\lambda^2\cos^4\vartheta_l}{[1+(\lambda\cos^2\vartheta_l-1)\cdot\cos\theta_{\mathrm{ano}}-\lambda\cos\vartheta_l\sin\vartheta_l\sin\theta_{\mathrm{ano}}]^2}\mathrm{d}\theta_{\mathrm{ano}} \tag{3-83}$$

对于椭圆轨道及圆轨道 $0\leqslant e<1$，地心距 r 对应的圆轨道速度为 $v_c=\sqrt{\mu/r}$，因此当 $0\leqslant e<1$ 时有 $\lambda=(v_0/v_c)^2<2$，飞行时间函数的积分公式[式(3-83)]的原函数为

$$t=\frac{r_0}{v_0\cos\vartheta_l}\cdot\left[\frac{\tan\vartheta_l\cdot(1-\cos\theta_{\mathrm{ano}})+(1-\lambda)\sin\theta_{\mathrm{ano}}}{(2-\lambda)\cdot r_0/r}+\right.$$
$$\left.\frac{2\cos\vartheta_l}{\lambda\sqrt{-(1-2/\lambda)^3}}\cdot\arctan\frac{\sqrt{-(1-2/\lambda)}}{\cos\vartheta_l\cot(\theta_{\mathrm{ano}}/2)-\sin\vartheta_l}\right] \tag{3-84}$$

因此，命中方程和落点剩余飞行时间的解析表达式能够清楚地描述自由飞行段火箭地心距、飞行时间及射程角之间的理论关系，为后续制导方法的解析求解提供支撑。

3.4　引起运载火箭终端偏差的几个因素

3.4.1　制导方法及工具误差

火箭在制导期间产生的误差称为制导误差[8]，包括制导的方法误差、制导计算误差及工具误差。

(1)方法误差

方法误差是由制导方案的不完善而产生的。通常在制导系统以外的干扰作用下产生，如起飞质量偏差、发动机秒耗量偏差、随机风等，现将主要干扰列入表 3-2。通过算出的标准弹道，得到关机方程及导引方程所要求的系数；不加任何干扰求出在制导系统作用(关机与导引)下的零干扰弹道，并求出落点位置作为标准射程的落点；再分别加入以下 16 种干扰，求出干扰作用下的落点位置与标准落点之差，这就是该干扰引起的方法误差。

由于干扰的分布规律是符合正态分布的，而且各干扰是互相独立的，故总的方法误差可以按平方和开方求得。

表 3-2　参数偏差及不确定性的主要干扰项

序号	干扰名称	符号	单位
1	起飞质量偏差	Δm_0	kg
2	秒耗量偏差	$\delta \dot{m}$	%
3	比冲偏差	ΔP_b	m/s
4	高度特征系数偏差	$\delta(S_a P_0)$	%
5	阻力系数偏差	i	%
6	纵风	V_{W_x}	m/s
7	横风	V_{W_z}	m/s
8	发动机推力线偏斜(法向)	η_a	rad
9	发动机推力线偏斜(横向)	η_β	rad
10	发动机推力线横斜(法向)	$\varepsilon_{T,a}$	m
11	发动机推力线横斜(横向)	$\varepsilon_{T,\beta}$	m
12	重心横移(法向)	$\varepsilon_{z,a}$	m
13	重心横移(横向)	$\varepsilon_{z,\beta}$	m
14	虚假舵偏(俯仰)	$\delta_{\varphi 0}$	rad
15	虚假舵偏(偏航)	$\delta_{\psi 0}$	rad
16	虚假舵偏(滚转)	$\delta_{\gamma 0}$	rad

(2)计算误差

制导系统的计算误差，是在弹上计算机或计算装置进行计算时引起的误差。现分别以位置捷联隐式制导方案及平台显式制导方案为例，简要叙述如下。位置捷联隐式制导方案的计算误差，在全补偿方案的关机方程中引起的误差包括：变系数的简化误差、变系数分挡误差、关机方程的计算误差。平台显式制导方案的计算误差主要是由平台显示制导方案采用弹上计算机来进行计算时产生的误差，而弹上计算机的误差大致包括三部分：1）量化误差，数字机要求用数字量进行计算，但是加速度、姿态角等都是模拟信号，将模拟信号变成数字量，数字量是离散的(非连续的)，用离散数据来代替连续的模拟数据，就有一个量化误差；2）舍入误差，计算机的计算位数有一定限制。例如 16 位或 32 位，对大于 16 位或 32 位的数据均丢失或进位，这就是舍入误差；3)近似计算带来的误差，在计算中，有很多公式是近似的，例如部分公式需要开根号，这就必然带来误差，三角函数计算采用级数展开式，只能取一定的阶数，高次项的影响也会带来误差，等等。

(3)工具误差

制导系统的引入，虽然大大减小了外干扰引起的误差，但又不可避免地带来新的误差因素，即制导系统的仪器(如陀螺和加速度计等)及计算机(计算装置)的误差，这种误差称为工具误差。有关计算机的误差在“(2)计算误差”已经叙述，而惯性器件(惯性敏感)的误差影响最大。以平台方案进行分析，而捷联方案可以用同样的原理推导。稳定平台是建立惯性的基准，由于陀螺的误差及平台的误差造成平台在惯性空间的偏移，以及加速度计测量基准的变化，引起测量加速度的误差，计算公式为

$$\Delta\dot{\boldsymbol{W}} = \boldsymbol{a}\dot{\boldsymbol{W}} \tag{3-85}$$

式中，$\Delta\dot{\boldsymbol{W}}=[\Delta\dot{W}_x \quad \Delta\dot{W}_y \quad \Delta\dot{W}_z]^{\mathrm{T}}$；$\dot{\boldsymbol{W}}=[\dot{W}_x \quad \dot{W}_y \quad \dot{W}_z]^{\mathrm{T}}$；陀螺偏移误差矩阵 $\boldsymbol{a}$ 为

$$\boldsymbol{a} = \begin{bmatrix} 0 & a_{gz}+a_{pz} & -(a_{gy}+a_{py}) \\ -(a_{gz}+a_{pz}) & 0 & a_{gx}+a_{px} \\ a_{gy}+a_{py} & -(a_{gx}+a_{px}) & 0 \end{bmatrix} \tag{3-86}$$

式中，a_{gx}，a_{gy}，a_{gz}为由陀螺误差引起的平台绕 x，y，z 轴的偏移角，对陀螺误差模型积分后得

$$a_{gi} = \int_0^t \Delta\omega_{gi}\mathrm{d}t = k_{g0i}t + k_{g11i}W_H + k_{g12i}W_I + k_{g2i}\int_0^t \dot{W}_H\dot{W}_I\mathrm{d}t \tag{3-87}$$

式中，$i=x$，y，z；a_{px}，a_{py}，a_{pz}分别为由平台误差引起的平台绕 x，y，z 轴的偏移角，则总的惯性敏感引起的误差为

$$\begin{cases} \Delta\dot{\boldsymbol{W}} = \boldsymbol{a}\dot{\boldsymbol{W}} + \beta_f\dot{\boldsymbol{W}} + \Delta\dot{\boldsymbol{W}}_a \\ \Delta\boldsymbol{W} = \int_0^t \Delta\dot{\boldsymbol{W}}\mathrm{d}t \\ \Delta\boldsymbol{W}_s = \int_0^t \Delta\boldsymbol{W}\mathrm{d}t \end{cases} \tag{3-88}$$

式中，$\Delta\dot{\boldsymbol{W}}$、$\Delta\boldsymbol{W}$、$\Delta\boldsymbol{W}_s$ 均为 3×1 的矢量矩阵。忽略由惯性敏感引起的位置误差对引力加速度计算的影响，落点偏差可近似表达为

$$\begin{bmatrix} \Delta\boldsymbol{L} \\ \Delta\boldsymbol{H} \end{bmatrix} = \boldsymbol{P}\begin{bmatrix} \Delta\boldsymbol{W} \\ \Delta\boldsymbol{W} \end{bmatrix} \tag{3-89}$$

式中，$\boldsymbol{P}$ 是 2×6 的偏导数矩阵。

3.4.2 非制导误差项

发射时刻的初始条件误差及重力异常，制导系统是无法解决的，其也属于非制导误差部分。当然，对于不同的制导方案，非制导误差包含的内容是不同的，通常包括后效冲量误差、再入误差、初始对准误差、初始条件误差及由重力异常引起的误差等。

(1)后效冲量误差

发动机关机后，存在推力逐渐消失的过程，将对导弹或运载火箭附加一定的冲量，即增加了速度增量。当然后效冲量本身可以在弹道计算中予以修正，但其偏差(随机的)部分不能修正。在推力消失时，火箭的质量若有偏差也会增加落点的偏差

$$J = m_k \Delta v \tag{3-90}$$

式中，J 为后效冲量；m_k 为关机点的导弹质量；Δv 为附加速度。从式(3-90)可以看出：附加速度的偏差 $\delta(\Delta v)$ 不仅决定于后效冲量的偏差(ΔJ)，而且与关机时的质量 m_k 及标准值 $\overline{m}_k$ 之间的偏差 $\Delta m_k = m_k - \overline{m}_k$ 有关

$$\delta(\Delta v) = \frac{\Delta J}{\overline{m}_k} - \frac{\Delta J}{\overline{m}_k^2}\Delta m_k \tag{3-91}$$

对于液体发动机，切断推进剂节流阀后发动机的推力逐渐下降，关机后推力下降曲线如图 3-11 所示。后效冲量 $J = \int_0^t P\mathrm{d}t$，由于发动机及输送系统制造及推进剂质量的原因使推力下降导致曲线有偏差。典型的曲线也在图 3-11 中表示出来，产生 $+\Delta J$ 或 $-\Delta J$。这是无法在弹道计算中预先考虑的。对固体火箭发动机而言，有多种熄火方式，其中常用的是采用反喷管的关机方式，推力下降曲线如图 3-12 所示。由于反喷管的作用，负推力箭头与箭体之间在关机时已解锁。由于后效推力作用一直到 A 点，因此后效推力不再作用在箭头上。固体火箭发动机采用反喷管，其后效冲量比液体发动机要小很多。

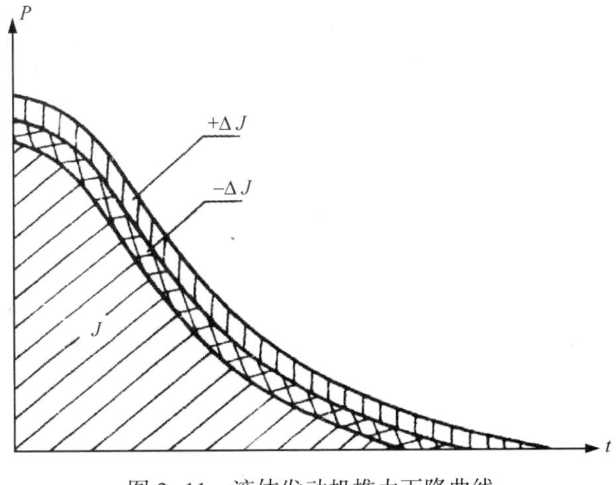

图 3-11　液体发动机推力下降曲线

主动段发动机的流量及比冲、起飞质量及阻力等偏差，会引起关机总质量产生偏差。可以根据设计时的控制指标计算出关机时的 Δm_k 值。发出关机信号并非真正关机，尚有一段时延。同样时延的系统部分可以在弹道计算中修正，随机部分会引起落点偏差。时延的产生分为两部分：一部分是关机信号发出后，经功率放大器或继电器，使发动机活门或电爆管接到工作信号；另一部分是发动机活门或电爆管接到信号后到真正动作的时延。前者

的偏差是属于控制系统元件造成的误差，应作为制导误差考虑；后者是属于发动机或火工品的误差，应作为非制导误差考虑。

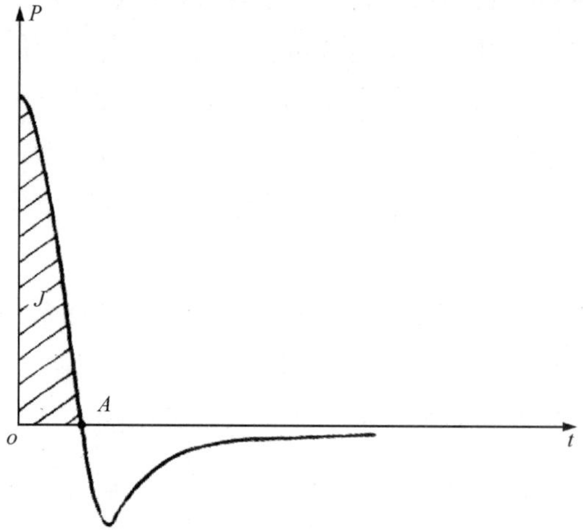

图 3-12　固体火箭发动机采用反喷管的推力下降曲线

(2)初始对准误差

初始对准是在发射前，用专门的方法将惯性坐标系各轴相对发射坐标系各轴进行定向的过程，它包括惯性坐标系轴与绕 z 轴的定向(称“调平”)和绕 y 轴的定向(称“瞄准”)，总称为初始对准。不论是调平还是瞄准，当有偏差存在时，都会引起落点的误差。调平与瞄准偏差对落点的影响为

$$\boldsymbol{L} = \boldsymbol{P} \cdot \boldsymbol{V} \cdot \Delta\boldsymbol{a} \tag{3-92}$$

式中，$\boldsymbol{L}=[\Delta L \quad \Delta H]^{\mathrm{T}}$，$\boldsymbol{P}$ 是 2×6 的偏导数矩阵，$\Delta\boldsymbol{a}=[\Delta a_x \quad \Delta a_y \quad \Delta A]^{\mathrm{T}}$ 为调平、瞄准误差矢量，坐标 v_x'，v_y'，v_z'，x'，y'，z'为发射坐标系关机点值，则关机点矩阵为

$$\boldsymbol{V} = \begin{bmatrix} -v_y' & 0 & v_x' \\ v_x' & -v_z' & 0 \\ 0 & v_y' & v_x' \\ -y' & 0 & z' \\ x' & -z' & 0 \\ 0 & y' & -x' \end{bmatrix}$$

对于瞄准偏差也可以用简化的方法来估计。将地球视为球体，根据球面三角形的余弦定理，得到

$$\cos\left(\frac{\Delta H}{R}\right) = \cos b\cos c + \sin b\sin \boldsymbol{c}\cos\Delta A \tag{3-93}$$

式中，b，c 为导弹的球面射程角；R 为地球半径；设 $b=c=L/R$，则得到

$$\cos\left(\frac{\Delta H}{R}\right) = \cos^2\left(\frac{L}{R}\right) + \sin^2\left(\frac{L}{R}\right)\cos\Delta A \tag{3-94}$$

从式(3-94)可以知道，瞄准引起的误差(ΔH)不仅与瞄准偏差(ΔA)有关，而且与射程(L)有关。当射程 $L=R\pi/2\approx 20\ 000$km 时，则不论瞄准偏差多大，均不产生落点偏差；当 $L=R\pi/2\approx 10\ 000$km 时，同样的瞄准偏差引起的落点偏差最大。但是由瞄准引起的落点误差与射程的关系不是线性关系。在 $L=10\ 000$km 时，每 1′瞄准偏差引起的落点误差为 1.85km；在 $L=5\ 000$km 时，则每 1′瞄准偏差引起的落点误差为 1.31km。

(3)初始条件误差

惯性制导系统的坐标是建立在以发射瞬间的初始发射坐标系基础上的。对惯性空间的速度(v_x，v_y，v_z)及位置(x，y，z)、发射时间(t)这七个参数就是惯性制导系统导航计算的初始条件，其中 t 是从发射瞬间为零开始计算。若给出的七个数据不准就会造成导航计算误差，故列入非制导误差中。对于在运动体(如舰船、飞机等)上或陆上机动发射的火箭上，上述影响将更大，要考虑发射时的速度与位置的变化。对陆基固定阵地发射的火箭，只要大地测量的发射点位置(经、纬度)是准确的，就不会有太大的影响。对机动发射的火箭，在机动过程中应不断测量并计算出当地的经、纬度。

关于发射瞬间 $t=0$，通常理解为导弹离开发射台的瞬间。但是，这种测量往往会产生问题，故通常在导弹的尾部安装有起飞触点。当触点接通表示导弹起飞，从这时刻起，制导系统开始进行导航计算。可是，起飞触点有较大的时延，通常在 100~200ms(这与火箭的加速性有关)，起飞触点及起飞继电器时延的这一影响，对远程弹道式导弹将会造成不可忽略的落点误差。采用显式制导方案可以将开始导航计算的时间放在接近起飞前某一时间，这不影响导航计算的结果，而且避免了起飞时间不准带来的误差。

(4)重力异常引起的误差

在考虑地球模型时，通常采用参考椭球体，而实际上地球表面有山、有水、有陆地。在地球表面上一点 P 投射到椭球面上的 Q 点，则 PQ 为高程异常，记为 N；$\boldsymbol{g}_P$ 是 P 点的引力，$\boldsymbol{g}_Q^*$ 是 Q 点的正常引力。$\Delta\boldsymbol{g}=\boldsymbol{g}_P-\boldsymbol{g}_Q^*$ 为两个引力矢量之差，称为引力异常。同时，P 点的垂线为 n，与椭球面法线 n'有一偏差，称为垂线偏差。$\boldsymbol{\eta}$、$\boldsymbol{\varepsilon}$ 分别为南北分量与东西分量的垂线偏差。这三个偏差统称为引力异常资料。这些偏差在惯性制导时通常予以忽略，势必引起导航计算的误差及计算导弹落点的误差。

根据高程异常、引力异常可以推算出空间的引力异常 $\Delta\boldsymbol{g}$，将 $\Delta\boldsymbol{g}$ 分解为北向分量 Δg_N、东向分量 Δg_E 和垂直分量 Δg_R 得

$$\Delta\boldsymbol{g} = \begin{bmatrix} \Delta g_N \\ \Delta g_R \\ \Delta g_E \end{bmatrix} \tag{3-95}$$

引力异常 $\Delta\boldsymbol{g}$ 的各分量为几十毫伽(1 毫伽$=10^{-5}\mathrm{m/s^2}$)。引力异常对主动段及被动段都会造

成射程偏差。远程弹道导弹主动段因忽略引力异常往往会造成 1~2km 的射程偏差，而被动段上也会引起数百米的偏差。由于引力异常数据资料本身有一精度偏差，在计算时也有误差，因此经引力异常修正后还会引起落点的偏差，这就是引力异常所引起的误差。垂线偏差也会引起落点的误差，主要是由在发射台上火箭的惯性器件对准时的铅垂线与标准弹道所选的铅垂线不一致引起的。通常垂线偏差是一个小干扰量，一般为 2″~5″，最大为 50″左右。通过垂线偏差的南北与东西分量，可以修正落点的偏差。

3.5 本章小结

本章在发射坐标系内建立了运载火箭质心动力学方程，给出了相关坐标系的定义及其转换关系。介绍了固体运载火箭常用的弹道式、入轨式飞行任务，阐述了远程固体火箭和固体运载火箭轨迹设计的一般要求。固体运载火箭的动力学特性显著，必须采用助推—滑行—助推飞行模式将有效载荷送入轨道，其发动机性能偏差受环境影响较大、推力曲线非线性突出并且以耗尽关机的方式进入目标轨道，增加了制导方法的设计难度。自由飞行轨迹的解析方程将多个助推过程联系起来，助推过程中制导指令的求解和计算是保障终端精度的关键，结合了滑行段的解析函数特性以及持续助推段的制导特点。最后，说明了引起火箭终端精度偏差的制导误差及非制导误差的主要因素。

参考文献

[1] 龙乐豪，方心虎，刘淑贞，等. 总体设计：上册[M]. 北京：宇航出版社，1989.
[2] 陈克俊，刘鲁华，孟云鹤. 远程火箭飞行动力学与制导[M]. 北京：国防工业出版社，2013.
[3] HOWAR D CURTIS. 轨道力学[M]. 周建华，徐波，冯全胜，译. 北京：科学出版社，2009.
[4] 陈世年，李连仲，王京武. 控制系统设计[M]. 北京：宇航出版社，1996.
[5] T OKUDOME S，HABU H，UI K，et al. Solid propulsion systems for epsilon launch vehicle[C]. Atlanta，GA，United States：American Institure of Aeronautics and Astronautics，2012：1-7.
[6] 张迁，许志，李新国. 一种多级全固体运载火箭上升段自主制导方法[J]. 宇航学报，2019，40(1)：19-28.
[7] 李连仲. 弹道飞行器自由飞行轨道的解析解法[J]. 宇航学报，1982(1)：1-17.
[8] 龙乐豪，方心虎，刘淑贞，等. 总体设计：中册[M]. 北京：宇航出版社，1989.

第 4 章　摄动制导方法及其改进

固体运载火箭一、二级助推段处于大气层内，综合考虑气动载荷、结构强度、分离条件以及残骸落区等复杂约束条件，通常须预先离线设计满足飞行条件的飞行程序角。在实际飞行过程中，箭体受到许多干扰因素，会使运载火箭偏离预先设计的轨迹，如发动机的秒耗量偏差、比推力、起飞质量偏差、推力偏移和横移、阵风等参数偏差及其他不确定性影响，需要实时根据飞行轨迹的偏差量来修正火箭的程序角指令。

4.1　摄动制导的基本原理

用于分析弹道摄动的方法主要有两种：线性摄动法以及弹道求差法。

线性摄动法是比较经典的方法，它是在标准弹道附近将参数展开，建立线性摄动方程，根据摄动方程求得的摄动解来研究偏差摄动的特性，同时线性摄动法能够比较清晰地显示干扰和弹道摄动之间的关系及摄动传递特性。但线性摄动法对摄动范围有一定的要求，同时在建立摄动方程时要进行一定的近似假设。

弹道求差法是建立两组运动方程，一组是在实际飞行条件下考虑干扰后建立的，另一组则是在标准条件下建立的，分别对这两组运动方程求解[1]，获取并分析它们的差值。

4.1.1　线性摄动理论

火箭运动方程是非线性微分方程组，其一般表达式为

$$\begin{cases}\dfrac{\mathrm{d}x_1}{\mathrm{d}t}=f_1(x_1,\ x_2,\ \cdots,\ x_u,\ u_1,\ \cdots,\ u_m)\\ \dfrac{\mathrm{d}x_2}{\mathrm{d}t}=f_2(x_1,\ x_2,\ \cdots,\ x_u,\ u_1,\ \cdots,\ u_m)\\ \vdots\\ \dfrac{\mathrm{d}x_u}{\mathrm{d}t}=f_u(x_1,\ x_2,\ \cdots,\ x_u,\ u_1,\ \cdots,\ u_m)\end{cases} \tag{4-1}$$

式中，x_1，x_2，…，x_u 为弹道参数；u_1，…，u_m 为影响弹道的各种参数（如发动机推力、比冲、起飞质量、随机风等）。当 u_1，…，u_m 或起始条件产生偏差时，对式（4-1）进行线性展开，得

$$
\begin{cases}
\dfrac{\mathrm{d}\Delta x_1}{\mathrm{d}t} = \dfrac{\partial f_1}{\partial x_1}\Delta x_1 + \dfrac{\partial f_1}{\partial x_2}\Delta x_2 + \cdots + \dfrac{\partial f_1}{\partial x_n}\Delta x_n + \dfrac{\partial f_1}{\partial u_1}\Delta u_1 + \cdots + \dfrac{\partial f_1}{\partial u_m}\Delta u_m \\
\dfrac{\mathrm{d}\Delta x_2}{\mathrm{d}t} = \dfrac{\partial f_2}{\partial x_1}\Delta x_1 + \dfrac{\partial f_2}{\partial x_2}\Delta x_2 + \cdots + \dfrac{\partial f_2}{\partial x_n}\Delta x_n + \dfrac{\partial f_2}{\partial u_1}\Delta u_1 + \cdots + \dfrac{\partial f_2}{\partial u_m}\Delta u_m \\
\vdots \\
\dfrac{\mathrm{d}\Delta x_n}{\mathrm{d}t} = \dfrac{\partial f_n}{\partial x_1}\Delta x_1 + \dfrac{\partial f_n}{\partial x_2}\Delta x_2 + \cdots + \dfrac{\partial f_n}{\partial x_n}\Delta x_n + \dfrac{\partial f_n}{\partial u_1}\Delta u_1 + \cdots + \dfrac{\partial f_n}{\partial u_m}\Delta u_m
\end{cases}
\tag{4-2}
$$

在 $t=t_0$ 时

$$\delta x_1 = \Delta x_1(t_0),\quad \delta x_2 = \Delta x_2(t_0),\quad \cdots,\quad \delta x_n = \Delta x_n(t_0)$$

用矢量表示，则有

$$\frac{\mathrm{d}(\delta \boldsymbol{x})}{\mathrm{d}t} = \boldsymbol{A}(t)\cdot \delta x + \boldsymbol{B}(t)\cdot \delta \boldsymbol{u} \tag{4-3}$$

其中

$$\boldsymbol{A}(t) = \begin{bmatrix} \dfrac{\partial f_1}{\partial x_1} & \cdots & \dfrac{\partial f_1}{\partial x_n} \\ & \vdots & \\ \dfrac{\partial f_n}{\partial x_1} & \cdots & \dfrac{\partial f_n}{\partial x_n} \end{bmatrix},\quad \boldsymbol{B}(t) = \begin{bmatrix} \dfrac{\partial f_1}{\partial u_1} & \cdots & \dfrac{\partial f_1}{\partial u_m} \\ & \vdots & \\ \dfrac{\partial f_n}{\partial u_1} & \cdots & \dfrac{\partial f_n}{\partial u_m} \end{bmatrix}$$

非齐次方程组(4-3)的解，可由状态转移矩阵来表示

$$\delta \boldsymbol{x}(t) = \boldsymbol{\Phi}(t,\ t_0)\delta \boldsymbol{x}_0 + \int_{t_0}^{t} \boldsymbol{\Phi}(t,\ \tau)\boldsymbol{B}(\tau)\delta \boldsymbol{u}(\tau)\mathrm{d}\tau \tag{4-4}$$

式中，$\boldsymbol{\Phi}(t,\ t_0)$为 $n\times n$ 的状态转移矩阵，且具有以下性质：转移性，齐次方程组的解可表示为 $\boldsymbol{x}(t)=\boldsymbol{\Phi}(t,\ t_0)\boldsymbol{x}_0$；传递性，$\boldsymbol{\Phi}(t_2,\ t_0)=\boldsymbol{\Phi}(t_2,\ t_1)\cdot\boldsymbol{\Phi}(t_1,\ t_0)$；可逆性，$\boldsymbol{\Phi}^{-1}(t_1,\ t_2)=\boldsymbol{\Phi}(t_2,\ t_1)$。此外，非齐次方程组(4-3)的共轭方程组为

$$\frac{\mathrm{d}\lambda}{\mathrm{d}t} = -\boldsymbol{A}^{\mathrm{T}}(t)\lambda \tag{4-5}$$

则存在等式关系

$$\lambda^{\mathrm{T}}\frac{\mathrm{d}(\delta x)}{\mathrm{d}t} + (\delta x)^{\mathrm{T}}\frac{\mathrm{d}\lambda}{\mathrm{d}t} = \lambda^{\mathrm{T}}\boldsymbol{A}\delta\boldsymbol{x} - (\delta\boldsymbol{x})^{\mathrm{T}}\boldsymbol{A}^{\mathrm{T}}\lambda + \lambda^{\mathrm{T}}\boldsymbol{B}\delta\boldsymbol{u} \tag{4-6}$$

由于等式 $\lambda^{\mathrm{T}}\boldsymbol{A}x-x^{\mathrm{T}}\boldsymbol{A}^{\mathrm{T}}\lambda=\boldsymbol{0}$，并对式(4-6)积分得

$$\lambda^{\mathrm{T}}\delta\boldsymbol{x}\,|_{t_0}^{t} = \int_{t_0}^{t}\lambda^{\mathrm{T}}\boldsymbol{B}\delta\boldsymbol{u}d\tau \tag{4-7}$$

共轭方程组(4-7)的基本解矩阵为

$$\boldsymbol{\Lambda}(t) = [\lambda^{(1)}(t)\quad \cdots\quad \lambda^{(n)}(t)]_{n\times n}$$

当基本矩阵在 t 时刻为单位矩阵时，即 $\boldsymbol{\Lambda}(t)=\boldsymbol{I}_{n\times n}$，则共轭方程的基本矩阵为

$$\delta \boldsymbol{x}(t)=\boldsymbol{\Lambda}^{\mathrm{T}}(t_0)\delta \boldsymbol{x}_0+\int_{t_0}^{t}\boldsymbol{\Lambda}^{\mathrm{T}}(\tau)\boldsymbol{B}(\tau)\delta \boldsymbol{u}(\tau)\mathrm{d}\tau \tag{4-8}$$

式中，第一项称为系统的零输入响应(即 $\delta \boldsymbol{u}=0$)，第二项称为系统的零状态响应(即 $\delta \boldsymbol{x}_0=0$)，且 $\boldsymbol{\Lambda}^{\mathrm{T}}(\tau)\boldsymbol{B}(\tau)$ 称为脉冲过渡函数。显然，用共轭方程来求解固定终点的状态转移矩阵是比较便捷的，则用共轭方程表示的状态转移矩阵为

$$\boldsymbol{\Phi}(t,\ \tau)=\boldsymbol{\Lambda}^{\mathrm{T}}(\tau)$$

4.1.2 关机控制函数的推导

运载火箭的标准弹道是不考虑干扰的弹道。在干扰作用下，火箭将偏离标准弹道。在干扰不太大时，可以看作在标准弹道附近的摄动。因此，可以应用摄动理论来解决问题。以运载火箭被动段为例，被动段射程(L)是关机点弹道参数 x_i(代表速度、位置、时间等 7 个弹道参数)的函数，按照摄动理论，在标准弹道处展开成泰勒级数

$$L=f(\bar{x}_i)+\left[\sum_{i=1}^{7}\Delta x_i\frac{\partial}{\partial x_i}\right]f(\bar{x}_i)+\frac{1}{2!}\left[\sum_{i=1}^{7}\Delta x_i\frac{\partial}{\partial x_i}\right]^2 f(\bar{x}_i)+\cdots+\frac{1}{n!}\left[\sum_{i=1}^{7}\Delta x_i\frac{\partial}{\partial x_i}\right]^n f(\bar{x}_i) \tag{4-9}$$

式中，$\bar{x}_i$ 为 x_i 的标准量，$\Delta x_i=x_i-\bar{x}_i$。由于 Δx_i 比 x_i 要小很多，且级数是收敛的，通常可以不考虑高阶项。在偏差较小的时候，只需一阶摄动制导，共 7 个偏导数；若采用二阶摄动制导，则还要增加 28 个偏导数，共 35 个偏导数；若再要考虑三阶项，一共要有 119 个偏导数。显然摄动制导的精度与偏差量的大小有关。在摄动假设下通常取至一阶项，其表达式为

$$\Delta L^{(1)}=\frac{\partial L}{\partial v_x}(\delta v_x)+\frac{\partial L}{\partial v_y}(\delta v_y)+\frac{\partial L}{\partial v_z}(\delta v_z)+\frac{\partial L}{\partial x}(\delta x)+\frac{\partial L}{\partial y}(\delta y)+\frac{\partial L}{\partial z}(\delta z)+\frac{\partial L}{\partial t}(\delta t) \tag{4-10}$$

式中，$\partial L/\partial v_x$，$\partial L/\partial v_y$，$\partial L/\partial v_z$，$\partial L/\partial x$，$\partial L/\partial y$，$\partial L/\partial z$，$\partial L/\partial t$ 等偏导数是由标准关机点参数计算出来的常数，其精确程度直接影响关机点实际运动参数与标准值的偏差，故主要考虑以下两种方案，即单补偿方案和全补偿方案。

(1)单补偿方案

将沿弹体纵轴安装的加速度计输出的非重力(比力、视)加速度进行积分，得到视速度。假如只采用视速度来关机，其落点的射程与预期位置的偏差是比较大的，这主要是由发动机及质量等参数的偏差和气象条件的不同等因素引起的。为了解决这些影响，不按照视速度(W_{x1})来控制关闭发动机，而是按照 $W=W_{x1}-Kg_0t$ 到达预期值的时刻来关闭发动机。其中，K 为补偿系数，g_0 为地面重力加速度。若气象条件不同，则采用气象修正的办法解决。在弹道的纵向平面内，射程偏差为

$$\Delta L=\frac{\partial L}{\partial v_x}\delta v_x+\frac{\partial L}{\partial v_y}\delta v_y+\frac{\partial L}{\partial x}\delta x+\frac{\partial L}{\partial y}\delta y-\frac{\partial L}{\partial W}\delta W \tag{4-11}$$

式中，δv_x，δv_y，δx，δy 为弹道参数的等时偏差；δW 为制导系统测量的等时的视速度偏差；$\partial L/\partial v_x$，$\partial L/\partial v_y$，$\partial L/\partial x$，$\partial L/\partial y$ 为射程对理论关机点弹道参数的偏导数；制导系统测量值的射程偏差为 $\partial L/\partial W=\dot{L}/(\dot{W}_{x1}-Kg_0)$。根据弹道情况以及干扰量的分布规律，通过式(4-11)可以找到满足落点偏差最小的 K 值。由于只有一个 K 系数对偏差进行补偿，因此称这种方法为单补偿方案。显然，这种方案的缺点是精度较低，主要原因是它只能对引起导弹质心运动的加速度偏差得到部分补偿，而对引起弹体绕质心转动而产生的干扰，一部分靠气象修正解决，另一部分无法补偿。而采用气象修正要测量气象条件，使用很不方便，总的来说补偿效果较差。

(2)全补偿方案

在射程控制方面比单补偿更完善，增加了一些测量信息，同时增加相应的补偿系数，使外界干扰得到完全的补偿。火箭在射面(地面发射坐标系 X_gOY_g 平面)内的运动方程为

$$\begin{cases}\dot{v}_x = g_x + \dot{W}_{x1}\cos\varphi - \dot{W}_{y1}\sin\varphi \\ \dot{v}_y = g_y + \dot{W}_{x1}\sin\varphi - \dot{W}_{y1}\cos\varphi \\ \dot{x} = v_x \\ \dot{y} = v_y \\ \dot{W} = K_1\dot{W}_{x1} + K_2\dot{W}_{y1} + K_3\Delta\varphi\end{cases} \tag{4-12}$$

将式(4-12)的摄动方程转化为矢量形式

$$\delta\dot{\boldsymbol{X}} = \boldsymbol{A}\cdot\delta\boldsymbol{X} + \boldsymbol{\beta} \tag{4-13}$$

其中 $\delta\dot{\boldsymbol{X}}=(\delta\dot{v}_x \quad \delta\dot{v}_y \quad \delta\dot{x} \quad \delta\dot{y} \quad \delta\dot{W})^{\mathrm{T}}$，$\delta\boldsymbol{X}=(\delta v_x \quad \delta v_y \quad \delta x \quad \delta y \quad \delta W)^{\mathrm{T}}$

$$\boldsymbol{A} = \begin{bmatrix} 0 & 0 & \dfrac{\partial g_x}{\partial x} & \dfrac{\partial g_x}{\partial y} & 0 \\ 0 & 0 & \dfrac{\partial g_y}{\partial x} & \dfrac{\partial g_y}{\partial y} & 0 \\ 1 & 0 & 0 & 0 & 0 \\ 0 & 1 & 0 & 0 & 0 \\ 0 & 0 & 0 & 0 & 0 \end{bmatrix},\quad \boldsymbol{\beta} = (\beta_1 \quad \beta_2 \quad 0 \quad 0 \quad \beta_5)^{\mathrm{T}}$$

线性方程组(4-13)存在一组与 $\delta\boldsymbol{X}$ 相伴随的伴随函数 λ[3]，伴随函数由下式决定

$$\dot{\lambda} = -\boldsymbol{A}^{\mathrm{T}}\cdot\lambda \tag{4-14}$$

其中 $\dot{\boldsymbol{\lambda}}=(\dot{\lambda}_1 \quad \dot{\lambda}_2 \quad \dot{\lambda}_3 \quad \dot{\lambda}_4 \quad \dot{\lambda}_5)^{\mathrm{T}}$，$\boldsymbol{\lambda}=(\lambda_1 \quad \lambda_2 \quad \lambda_3 \quad \lambda_4 \quad \lambda_5)^{\mathrm{T}}$。将伴随函数分别与原方程(4-13)相乘，再用原方程的变量 $\delta\boldsymbol{X}$ 与式(4-14)相乘，再相加，得到

$$\frac{\mathrm{d}}{\mathrm{d}t}(\lambda\delta\boldsymbol{X})=\lambda\cdot\boldsymbol{\beta} \tag{4-15}$$

对式(4-15)从起飞到关机的时间进行积分，由于起飞时各等时偏差均为零，将其写成分量形式

$$[\lambda_1\delta v_x \quad \lambda_2\delta v_y \quad \lambda_3\delta_z \quad \lambda_4\delta_y \quad \lambda_5\delta_w]_{t=t_k}=\int_0^{t_k}(\lambda_1\beta_1+\lambda_2\beta_2+\lambda_5\beta_5)\mathrm{d}t \tag{4-16}$$

积分式(4-14)求解伴随矩阵时，若取其终端条件 $t=t_k$ 时，分别得

$$[\lambda_1(t_k) \quad \lambda_2(t_k) \quad \cdots \quad \lambda_5(t_k)]=\begin{bmatrix}\dfrac{\partial L}{\partial v_x} & \dfrac{\partial L}{\partial v_y} & \dfrac{\partial L}{\partial x} & \dfrac{\partial L}{\partial y} & \dfrac{\partial \dot{L}}{\partial \dot{W}}\end{bmatrix}$$

显然，式(4-16)等号左边与式(4-11)类似，均是射程偏差 ΔL。使 $\Delta L=0$，就可以得到完全的补偿。要满足射程偏差为零，就必须使得式(4-16)右端为零，即

$$\lambda_1\beta_1+\lambda_2\beta_2+\lambda_5\beta_5=0 \tag{4-17}$$

满足式(4-17)的关机方程为

$$W=W_{x_1}+\int_0^t K_1\delta W_{x_1}\mathrm{d}\tau+\int_0^t K_2\delta\dot{W}_{y_1}\mathrm{d}\tau+\int_0^t K_3\Delta\varphi\mathrm{d}\tau \tag{4-18}$$

其中，$K_1=-(-\lambda_1\cos\overline{\varphi}+\lambda_2\sin\overline{\varphi})/\lambda_5$，$K_2=-(-\lambda_1\sin\overline{\varphi}+\lambda_2\cos\overline{\varphi})\lambda_5$，$K_3=-[-\lambda_1(\overline{\dot{v}_y}-\overline{g}_y)+\lambda_2(\overline{\dot{v}_x}-\overline{g}_y)]/\lambda_5\triangleq K_2\overline{\dot{W}_{x_1}}$。当 $W=\overline{W}$ 时，即发出关闭发动机指令。全补偿方案的计算逻辑如图 4-1 所示。

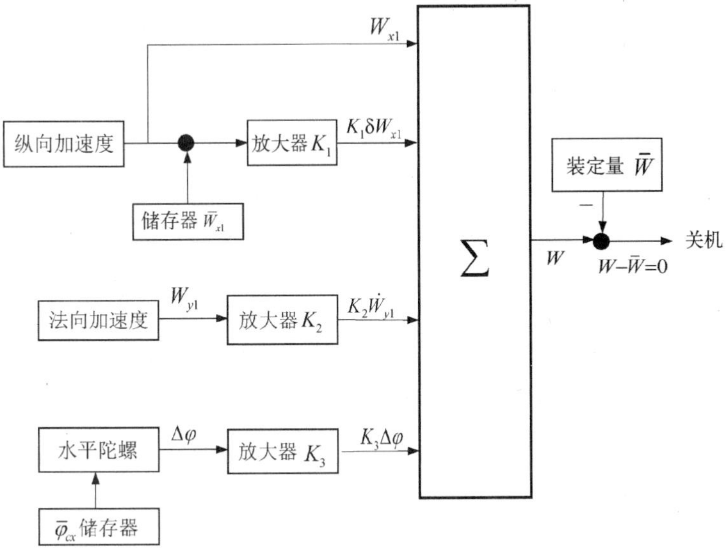

图 4-1　全补偿方案的计算逻辑

4.1.3　法向导引和横向导引

导引就是根据制导计算的结果得到的修正量周期向姿态控制系统发送姿态控制指令：$\Delta\varphi_c=\varphi-\varphi_c$，$\Delta\psi_c=\psi-\psi_c$，$\Delta\gamma_c=\gamma-\gamma_c$。其中 φ_c，ψ_c，γ_c 为导引的指令姿态角，即姿态控制所要达到的姿态角；φ，ψ，γ 为运载火箭的瞬时姿态角。目前，固体运载火箭的制导设计时只考虑横向和法向的导引，即 φ，ψ 角的控制。在应用摄动制导方法前需要预先装定一条标称弹道，标称弹道即在没有干扰的情况下，运载火箭按照固定程序角指令飞行得到的理想弹道。其中俯仰程序角随飞行时间变化曲线如图 4-2 所示。

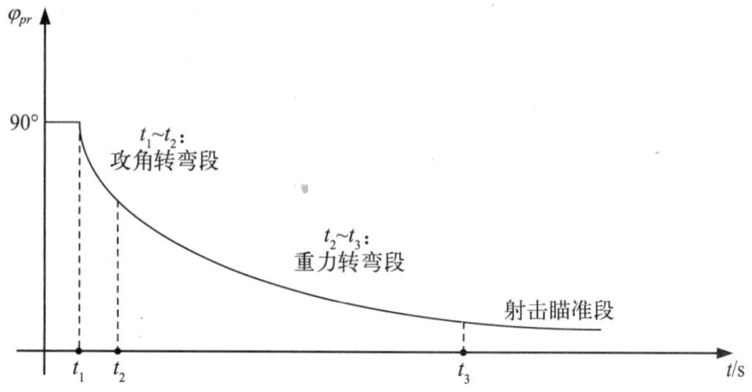

图 4-2　俯仰程序角随飞行时间变化曲线

由于程序角指令飞行属于开环控制，所以，运载火箭在实际飞行中受各种干扰作用后，实际飞行弹道将偏离标准弹道而造成入轨偏差。因此为了减少入轨偏差，提高入轨精度，且为了简化执行机构的控制方式，将运载火箭导引分为法向导引和横向导引。在式(4-10)中，由于射程控制中忽略了高次项 ΔL^R 时造成了落点纵向偏差，而该高次项对速度倾角的变化很敏感，应该对其进行控制，故法向导引的方程式为

$$\Delta\varphi_c = K_\varphi[\arctan(v_{yg}/v_{xg}) - \bar{\theta}_k] \tag{4-19}$$

式中，$\bar{\theta}_k$ 为标准弹道在关机点处的速度倾角；K_φ 为法向导引系数。法向导引系数通常在箭体飞出大气层后加入。最初的横向导引目的是将运载火箭控制在射面内，在 $\gamma_c=0$ 的前提下，控制偏航角实现横向导引的导引指令为

$$\Delta\psi_c = \psi - a_1^\psi z_g - a_2^\psi v_{zg} \tag{4-20}$$

当火箭被控制沿着射面飞行时，由于牵连加速度、哥氏加速度的作用，使 $\dot{w}_z \neq 0$，于是当火箭起飞后，横向视速度也不为零，即 $w_z \neq 0$。设射面为标准弹道对应的 w_z，$\dot{w}_z$ 的标准值 $\bar{w}_z$，$\overline{\dot{w}_z}$，则可将导引指令改写为

$$\Delta\psi_c = \psi - a_1^{\psi}(\dot{w}_z - \dot{\bar{w}}_z) - a_2^{\psi}(w_z - \bar{w}_z) \tag{4-21}$$

式中，$\dot{\bar{w}}_z$，$\bar{w}_z$ 分别为 $\dot{w}_z$，w_z 的标准弹道值。此外，对于一些固体运载火箭，在试验飞行平台设计时对横向运动约束并不严格，仅要求运载火箭横向飞行尽可能保持稳定。另一种行之有效的简化横向导引的方法是，当主动段制导计算在绝对坐标系进行时，若导弹不受横向力作用，则导弹的侧向速度始终保持为 v_{Z0}，即导弹在 Z 轴方向的分运动为匀速直线运动。此时，标准弹道的 $\dot{\bar{w}}_z$，$\bar{w}_z$ 均为零。故导引指令为

$$\Delta\psi_c = \psi - a_1^{\psi}\dot{w}_z - a_2^{\psi}w_z \tag{4-22}$$

在上述两种导引方法对中近程导弹的横向导引效果较好。对于远程弹道导弹，被动段弹道偏离射面较大，关机点参数偏差对落点偏差纵横向的交连影响较大，当发动机推力偏差较大时，即使按式(4-21)或式(4-22)进行了很好的导引，也将存在落点横向偏差，因此，提出下述横向偏差预测导引方案。

横向偏差预测导引的基本思想是，根据实际飞行弹道与标准弹道的等时偏差取 $\delta v(t)$，$\delta \boldsymbol{P}(t)$，预测其造成的落点偏差，并根据此偏差进行横向导引，以消除其偏差。关机点参数偏差造成的落点横向偏差可用下式描述

$$\Delta H = \frac{\partial H}{\partial \boldsymbol{v}^{\mathrm{T}}}\delta \boldsymbol{v}(t_k) + \frac{\partial H}{\partial \boldsymbol{P}^{\mathrm{T}}}\delta \boldsymbol{P}(t_k) + \dot{H}\Delta t_k \tag{4-23}$$

当已知 t 时刻的等时偏差 $\delta \boldsymbol{v}(t)$，$\delta \boldsymbol{P}(t)$，并假定在(t, t_k)内没有干扰作用时，近似认为 $\delta \boldsymbol{v}(t)$，$\delta \boldsymbol{P}(t)$以常值传播到关机点，故可分别以 $\delta \boldsymbol{v}(t)$，$\delta \boldsymbol{P}(t)$代替方程式(4-23)中的 $\delta \boldsymbol{v}_k(t)$，$\delta \boldsymbol{P}_k(t)$，另外，$\Delta t_k$ 也可根据 $\delta \boldsymbol{v}(t)$，$\delta \boldsymbol{P}(t)$进行预测，因此关机条件为

$$\frac{\partial L}{\partial \boldsymbol{v}^{\mathrm{T}}}\delta \boldsymbol{v}(t_k) + \frac{\partial L}{\partial \boldsymbol{P}^{\mathrm{T}}}\delta \boldsymbol{P}(t_k) + \dot{L}\Delta t_k = 0 \tag{4-24}$$

由 t 时刻的 $\delta \boldsymbol{v}(t)$，$\delta \boldsymbol{P}(t)$预测的关机时间偏差为

$$\Delta t_k = -\frac{1}{\dot{L}}\left[\frac{\partial L}{\partial \boldsymbol{v}^{\mathrm{T}}}\delta \boldsymbol{v}(t_k) + \frac{\partial L}{\partial \boldsymbol{P}^{\mathrm{T}}}\delta \boldsymbol{P}(t)\right] \tag{4-25}$$

则由 $\delta \boldsymbol{v}(t)$，$\delta \boldsymbol{P}(t)$预测的落点横向偏差为

$$\Delta H = \left[\frac{\partial H}{\partial \boldsymbol{v}^{\mathrm{T}}} - \frac{\dot{H}}{\dot{L}}\frac{\partial L}{\partial \boldsymbol{v}^{\mathrm{T}}}\right]\delta \boldsymbol{v}(t_k) + \left[\frac{\partial H}{\partial \boldsymbol{P}^{\mathrm{T}}} - \frac{\dot{H}}{\dot{L}}\frac{\partial L}{\partial \boldsymbol{v}^{\mathrm{T}}}\right]\delta \boldsymbol{P}(t) \tag{4-26}$$

当忽略 $\delta v(0)$，$\delta \boldsymbol{P}(0)$及 G_m 的高次项时，式(4-26)改写成

$$\Delta H(t) = K_H(t) - \bar{K}_H(t) \tag{4-27}$$

式中，$K_H(t)$以及 $\bar{K}_H(t)$的表达式分别为

$$\begin{cases} K_H(t)=\left[\dfrac{\partial H}{\partial \boldsymbol{v}^{\mathrm{T}}}-\dfrac{\dot{H}}{\dot{L}}\dfrac{\partial L}{\partial \boldsymbol{v}^{\mathrm{T}}}\right]\sum\limits_{n=0}^{1}\boldsymbol{G}_m^n\underset{(2n)}{w}(t)+\left[\dfrac{\partial H}{\partial \boldsymbol{P}^{\mathrm{T}}}-\dfrac{\dot{H}}{\dot{L}}\dfrac{\partial L}{\partial \boldsymbol{v}^{\mathrm{T}}}\right]\sum\limits_{n=0}^{1}\boldsymbol{G}_{m}^{n}\underset{(2n+1)}{w}(t) \\ \overline{K}_H(t)=\left[\dfrac{\partial H}{\partial \boldsymbol{v}^{\mathrm{T}}}-\dfrac{\dot{H}}{\dot{L}}\dfrac{\partial L}{\partial \boldsymbol{v}^{\mathrm{T}}}\right]\sum\limits_{n=0}^{1}\boldsymbol{G}_m^n\underset{(2n)}{\overline{w}}(t)+\left[\dfrac{\partial H}{\partial \boldsymbol{P}^{\mathrm{T}}}-\dfrac{\dot{H}}{\dot{L}}\dfrac{\partial L}{\partial \boldsymbol{v}^{\mathrm{T}}}\right]\sum\limits_{n=0}^{1}\boldsymbol{G}_m^n\underset{(2n+1)}{\overline{w}}(t) \end{cases}$$

则横向导引指令为

$$\Delta\psi_c=\psi-a^{\psi}\left[K_H(t)-\overline{K}_H(t)\right] \tag{4-28}$$

式中，$\overline{K}_H(t)$可以根据标准弹道参数预先算出并存入弹上计算机；$K_H(t)$则根据加速度计输出实时计算。通常，在 φ_{pr} = 常数段采用式(4-27)进行横向导引，在此之前采用式(4-21)、式(4-22)进行横向导引。

4.1.4　理论舵偏角的计算

为简化分析，同时考虑刚体运动是整个箭体运动的基础，因此本小节只考虑刚体运动中的舵偏角计算。在忽略弹性、晃动项的情况下，俯仰刚体运动方程为

$$\begin{cases} \Delta\dot{\theta}=c_1\Delta a+c_2\Delta\theta+c_3\Delta\delta+c_3''\Delta\ddot{\delta}+c_1'a_w+\overline{F}_f \\ \Delta\ddot{\varphi}+b_1\Delta\dot{\varphi}+b_2\Delta a+b_3\Delta\delta+b''\Delta\ddot{\delta}_3=-b_2a_w+\overline{M}_f \end{cases} \tag{4-29}$$

式中，$\Delta a=\Delta\varphi-\Delta\theta$，$c_1'=57.3c_y^a qS_M/(mV)$。鉴于系数变化比较缓慢，采用冻结系数法分析此变系数方程。应用拉普拉斯变换，以 s 为拉普拉斯变量，得方程组(4-29)的特征多项式为

$$D(s)=s^3+(b_1+c_1-c_2)s^2+\left[b_2+b_1(c_1-c_2)\right]s-b_2c_2 \tag{4-30}$$

当 $b_2<0$ 时，$|b_2|$最大的时刻箭体运动的固有稳定性最差，所以我们以时刻为特征点来讨论刚体运动的稳定条件。由于 $\Delta\theta$ 变化缓慢，首先略去 $\Delta\theta$ 的变化，即仅考虑力矩方程，由式(4-29)并考虑到 $\Delta\varphi\approx\Delta\alpha$，得

$$\Delta\ddot{\varphi}+b_1\Delta\dot{\varphi}+b_2\Delta\varphi+b_3\Delta\delta+b_3''\Delta\ddot{\delta}=-b_2a_w+\overline{M}_f \tag{4-31}$$

式中，$b_3\Delta\delta$ 为摆动发动机(或控制舵)产生的控制力矩项；$b''_3\Delta\ddot{\delta}$ 为附加惯性力矩项(并非所要求的)。假设控制方程为 $\Delta\delta=a_0\Delta\varphi$，代入到式(4-31)，得

$$(1+a_0b''_3)\Delta\ddot{\varphi}+b_1\Delta\dot{\varphi}+(b_2+a_0b_3)\Delta\varphi=-b_2a_w+\overline{M}_f \tag{4-32}$$

由于 b_3'' 很小，当 a_0 值不是取得过大时，$a_0b_3''\ll 1$，因此可以忽略 b_3'' 项。此时得到式(4-32)的特征式为

$$D(s)=s^2+b_1s+b_2+a_0b_3 \tag{4-33}$$

由此得到，$D(s)=0$ 没有正根的充要条件是：$b_2+a_0b_3>0$。这个条件表示，姿态偏差 $\Delta\varphi$ 所产生的控制力矩必须大于同一偏差所产生的静不稳定力矩。只有这样，才可能把箭

体从任意初始偏差 $\Delta\varphi_0$ 控制回来。但从式(4-33)可看到，由于 b_1 很小，即使 $D(s)=0$ 之根在左半平面，这对根也很接近虚轴，因此箭体角运动仍呈现衰减极慢的振荡特征。而衰减很慢的原因是存在 $\Delta\dot{\varphi}$ 项，即需要实现超前控制，由此，控制方程必须为

$$\Delta\delta = a_0\Delta\varphi + a_1\Delta\dot{\varphi} \tag{4-34}$$

式中，$a_0=a_{0d}/(1-\Delta\bar{a}_0)$，为姿态稳定装置的静态放大系数，其中 $a_{0d}=2.5|b_{2d}|/b_{3d}$($b_{2d}$，$b_{3d}$为箭体参数 b_2，b_3 的下偏差值)，$\Delta\bar{a}_0$ 为 a_0 的相对偏差；$a_1=a_0/(1.58\sqrt{|b_{2d}|})$为动态放大系数。然而最终放大系数的确定，还是要取决于稳定裕度的大小。

对于摆动发动机(或控制舵)舵偏角的计算，发动机偏转角具有一定的范围，其标志着系统所能提供的控制力矩大小(在控制力矩梯度已选定的条件下)。当容许的发动机偏角小于最大干扰作用的要求时，控制力矩将不能平衡干扰力矩，并因此使姿态角急剧增大；此外，当滚转通道也由俯仰、偏航通道的发动机控制时，滚转通道会由于俯仰与偏航通道的发动机摆角达到极限而失去控制。鉴于上述情况，设计时必须保证发动机偏转角小于容许值。为此，需要预先估算在最大可能干扰作用下所需提供的最大发动机偏角，以便在结构设计中提供必要的发动机摆动空间。在初步设计时没有条件做变系数模拟试验，所以只能根据个别特征点的箭体参数及几种主要干扰进行估算。切变风情况，根据式(4-29)和式(4-34)略去动态项和 $\Delta\theta$ 得到准稳态方程，如

$$\Delta\delta = -\frac{a_0b_2}{a_0b_3+b_2}a_{w1} \tag{4-35}$$

考虑10%的超调，则有：$\Delta\delta_{w1}=-1.1a_{w1}a_0b_2/(a_0b_3+b_2)$，其中 a_{w1} 为切变风所产生的附加迎角。平稳风情况，因作用过程很长，故用稳态误差方程计算，且需考虑力的平衡

$$\Delta\delta_{w2} = -\frac{a_0b_2(c_1-c_2-c_1')}{a_0b_3(c_1-c_2)-b_2(a_0c_3+c_2)}a_{w2} \tag{4-36}$$

式中，$c_1-c_2-c_1'>0$，a_{w2} 为平稳风所产生的附加迎角。最后，其他结构干扰力 $\bar{F}_f$ 与干扰力矩 $\bar{M}_f$ 的作用为

$$\Delta\delta_f = \frac{a_0b_2\bar{F}_f + a_0(c_1-c_2)\bar{M}_f}{a_0b_3(c_1-c_2)-b_2(a_0c_3+c_2)} \tag{4-37}$$

因此发动机所需最大偏角为：$\Delta\delta_{\max}=\Delta\delta_{w1}+\Delta\delta_{w2}+\Delta\delta_f$。

4.2 摄动制导方法的验证和分析

4.2.1 主动段弹道摄动方程

根据火箭的动力学基础知识，经简化后的主动段纵向运动方程[2]为

$$
\begin{cases}
\dfrac{\mathrm{d}v}{\mathrm{d}t} = \dfrac{1}{m}(P\cos a - c_D q s_M - R'\delta_\varphi \sin a) - \dfrac{x}{r} g\cos\vartheta - \dfrac{R+y}{r} g\sin\vartheta \\
\dfrac{\mathrm{d}\vartheta}{\mathrm{d}t} = \dfrac{1}{v}\left[\dfrac{1}{m}(P\sin a + aC_{La} q s_M + R'\delta_\varphi \cos a) + \dfrac{x}{r} g\sin\vartheta - \dfrac{R+y}{r} g\cos\vartheta\right] \\
\dfrac{\mathrm{d}x}{\mathrm{d}t} = v\cos\vartheta \\
\dfrac{\mathrm{d}y}{\mathrm{d}t} = v\sin\vartheta
\end{cases}
\tag{4-38}
$$

式中，$\delta_\varphi = a_0^\varphi[\varphi-(\varphi_{cx}-\omega_z t)]$；$a=A_\varphi[(\varphi_{cx}-\omega_z t)-\vartheta]$；$\varphi=\vartheta+a$。设干扰因素为 $u_j(j=1, \cdots, 6)$分别为：起飞质量偏差 $u_1=\Delta m_0$、推进剂流量偏差 $u_2=\Delta m$、比冲偏差 $u_3=\Delta I_{sp}$、气动阻力和升力系数偏差 $u_4=\Delta(\rho_0 S_M/2)$、发动机高度特征系数偏差 $u_5=\Delta(S_a p_0)$、俯仰程序角偏差 $u_6=\Delta\varphi_{cx}$。在干扰作用下，主动段的弹道摄动方程可表示为

$$
\begin{cases}
\dfrac{\mathrm{d}\Delta v}{\mathrm{d}t} = a_{11}\Delta v + a_{12}\Delta\vartheta + a_{13}\Delta x + a_{14}\Delta y + \sum\limits_{j=1}^{6}\beta_{1j}u_j \\
\dfrac{\mathrm{d}\Delta\vartheta}{\mathrm{d}t} = a_{21}\Delta v + a_{22}\Delta\vartheta + a_{23}\Delta x + a_{24}\Delta y + \sum\limits_{j=1}^{6}\beta_{2j}u_j \\
\dfrac{\mathrm{d}\Delta x}{\mathrm{d}t} = a_{31}\Delta v + a_{32}\Delta\vartheta \\
\dfrac{\mathrm{d}\Delta y}{\mathrm{d}t} = a_{41}\Delta v + a_{42}\Delta\vartheta
\end{cases}
\tag{4-39}
$$

式中，a_{11}，$a_{12}\sim a_{41}$，a_{42}，β_{1j}，β_{2j}为式(4-38)中相应的摄动偏导数。在求得式(4-39)的状态转移矩阵后，则可利用式(4-4)求出在干扰作用下任意时刻的弹道参数偏差。对于补偿式制导方案，其关机特征量 ω'的摄动方程为

$$
\frac{\mathrm{d}\Delta\omega}{\mathrm{d}t} = a_{51}\Delta v + a_{52}\Delta\vartheta + a_{53}\Delta x + a_{54}\Delta y + \sum_{j=1}^{6}\beta_{5j}u_j \tag{4-40}
$$

式中，a_{51}，a_{52}，a_{53}，a_{54}和 β_{5j}为相应的摄动偏导数。根据关机特征量 $\delta t_{(k)} = -\Delta\omega(\tilde{t}_k)/\dot{\omega}(\tilde{t}_k)$(其中 $\tilde{t}_k$ 为标准关机时间)，则关机点的弹道参数偏差为

$$
\begin{cases}
\delta v_k = \dot{v}(\tilde{t}_k)\delta t_k + \Delta v(\tilde{t}_k) \\
\delta\vartheta_k = \dot{\vartheta}(\tilde{t}_k)\delta t_k + \Delta\vartheta(\tilde{t}_k) \\
\delta x_k = \dot{x}(\tilde{t}_k)\delta t_k + \Delta x(\tilde{t}_k) \\
\delta y_k = \dot{y}(\tilde{t}_k)\delta t_k + \Delta y(\tilde{t}_k)
\end{cases}
\tag{4-41}
$$

其中

$$\begin{Bmatrix} \Delta v(\tilde{t}_k) \\ \Delta \vartheta(\tilde{t}_k) \\ \Delta x(\tilde{t}_k) \\ \Delta y(\tilde{t}_k) \end{Bmatrix} = \boldsymbol{\Phi}(\tilde{t}_k,\ t_0) \begin{bmatrix} \Delta v(t_0) \\ \Delta \vartheta(t_0) \\ \Delta x(t_0) \\ \Delta y(t_0) \end{bmatrix} + \boldsymbol{M}_{4\times 6} \begin{bmatrix} u_1 \\ u_2 \\ \vdots \\ u_6 \end{bmatrix} \tag{4-42}$$

矩阵 $\boldsymbol{M} = \int_{t_0}^{\tilde{t}_k} \boldsymbol{\Phi}(\tilde{t}_k,\ \tau)\boldsymbol{B}(\tau)\mathrm{d}\tau$，其中 $\boldsymbol{B}(\tau) = \begin{bmatrix} \beta_{11} & \beta_{12} & \beta_{13} & \beta_{14} & \beta_{15} & \beta_{16} \\ \beta_{21} & \beta_{22} & \beta_{23} & \beta_{24} & \beta_{25} & \beta_{26} \\ 0 & 0 & 0 & 0 & 0 & 0 \\ 0 & 0 & 0 & 0 & 0 & 0 \end{bmatrix}$。

4.2.2　关机方程的影响与分析

根据关机控制函数[式(4-10)]，定义标准弹道相关的诸项[$J^*(t_k^*)$]以及实际弹道相关的诸项[$J(t)$]。那么，在关机点为了使射程与标准值相等，7 个状态参数需要满足函数

$$J(t) = J^*(t_k^*) \tag{4-43}$$

$J(t)$是实际弹道参数且是单调递增的，如图 4-3 所示。射程控制通过等式(4-43)转换为关机时间 t_k 的计算与控制问题，根据测得的运动状态参数 $V_x(t)$，$V_y(t)$，$V_z(t)$，…，$z(t)$，t 以及相应的摄动偏导数，可实时计算并判断关机控制函数 $J(t)$是否达到 $J^*(t_k^*)$。

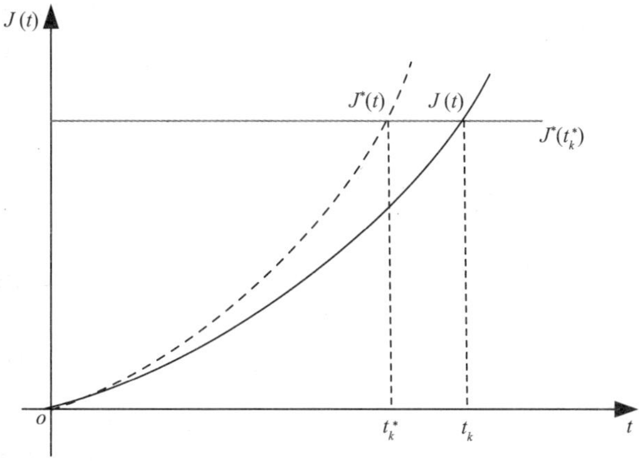

图 4-3　关机控制函数对射程控制的原理

除 4.1.2 节推导的解析关机方程外，计算弹道偏导数还可以使用弹道求差法。ΔL 是待求射程偏差导数的线性组合，各偏导数的系数是主动段关机点参数的差分。选定主动段关机点$[V_x\quad V_y\quad V_z\quad x\quad y\quad z\quad t_k]_j$，$j=1,\ 2,\ \cdots,\ n$，由此得到矩阵代数方程

$$\begin{bmatrix}\Delta L_1\\ \Delta L_2\\ \vdots\\ \Delta L_n\end{bmatrix}=\boldsymbol{H}\begin{bmatrix}\partial L/\partial V_x\\ \partial L/\partial V_y\\ \vdots\\ \partial L/\partial t_k\end{bmatrix},\ \boldsymbol{H}=\begin{bmatrix}\Delta V_x^{(1)} & \Delta V_y^{(1)} & \cdots & \Delta t_k^{(1)}\\ \Delta V_x^{(2)} & \Delta V_y^{(2)} & \cdots & \Delta t_k^{(2)}\\ & & \vdots & \\ \Delta V_x^{(n)} & \Delta V_y^{(n)} & \cdots & \Delta t_k^{(n)}\end{bmatrix} \tag{4-44}$$

式中，H 中的每一行是给定的一组参数偏差。当 $n \geqslant 7$ 时，利用最小二乘公式求得在给定标准关机点参数下射程偏导数的值

$$\begin{bmatrix}\partial L/\partial V_x\\ \partial L/\partial V_y\\ \vdots\\ \partial L/\partial t_k\end{bmatrix}=(\boldsymbol{H}^{\mathrm{T}}\boldsymbol{H})^{-1}\boldsymbol{H}^{\mathrm{T}}\begin{bmatrix}\Delta L_1\\ \Delta L_2\\ \vdots\\ \Delta L_n\end{bmatrix} \tag{4-45}$$

以火箭一子级关机点的标称状态为特征点，对比解析法和差分法利用关机控制函数对射程控制的仿真，解析法计算得到的关机控制函数的偏导数为

$$\frac{\partial L}{\partial x_i}=[308.971\quad 276.452\quad -80.431\quad 0.969\,073\quad 0.997\,911\quad -0.266\,681\quad -34.988\,5]$$

差分法以 10 组偏导数进行最小二乘计算，得到的偏导数为

$$\frac{\partial L}{\partial x_i}=[13.985\,9\quad 126.588\quad -0.135\,9\quad 275.16\quad 507.2\quad -54.652\,9\quad -15.321\,6]$$

两种方法计算的偏导数所对应的射程偏差量散布分别如图 4-4 和图 4-5 所示。图 4-4 中显示，差分法对射程控制效果较解析法更好，主要原因为：一方面，解析法在计算射程函数时，采用非常复杂的链式递推偏导数，既存在量级相差很大的导数项，又容易产生“项数爆炸”；另一方面，随着弹道计算技术的不断进步，偏差弹道的准确计算不再是一件困难的事情，并且能够将非线性射程函数通过数值法进行计算，而解析法通常需要用修正参数进行校正。

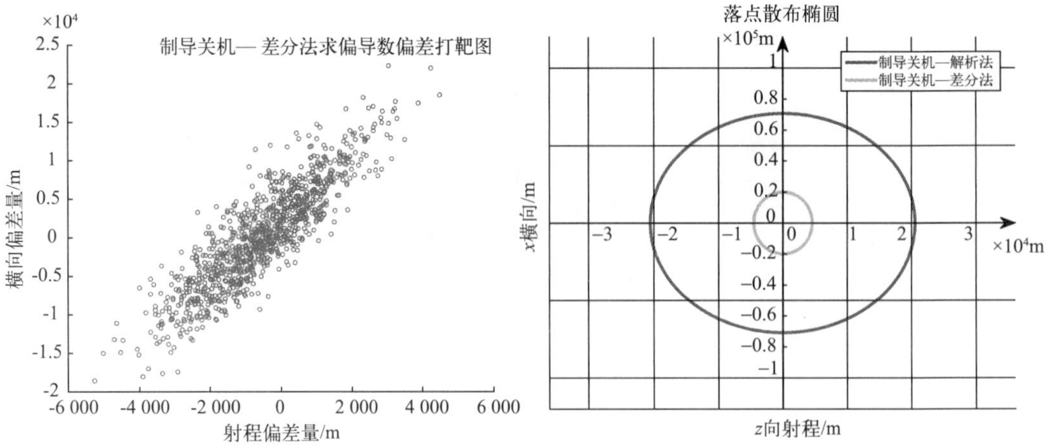

图 4-4　解析法与差分法对射程控制的仿真对比

图 4-5 中按照射程关机控制函数进行制导时，虽然能够有效地控制落点射程的偏差，但是也导致了横程偏差的扩大。因此，为了提高落点射程的控制精度，不仅需要采用关机控制函数，还需要根据具体的飞行任务采用横、法向导引进行弹道修正。

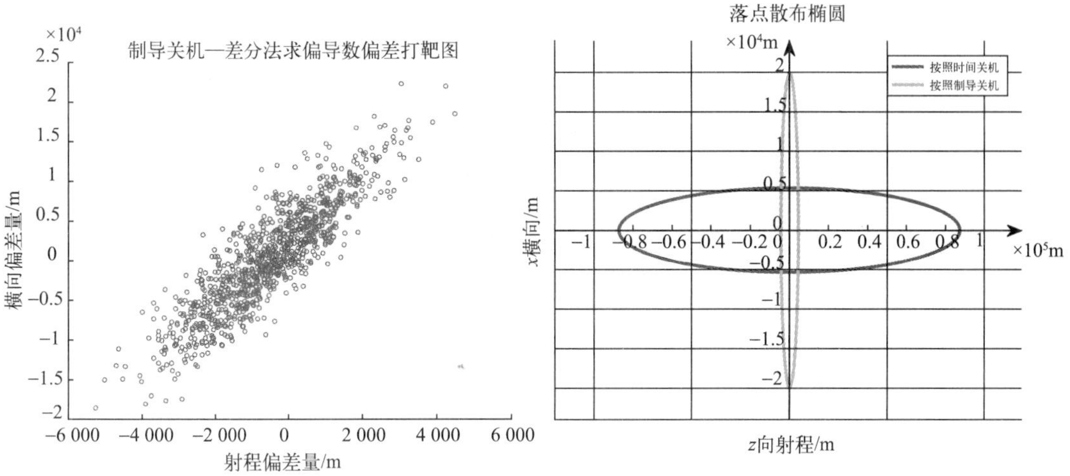

图 4-5　关机控制函数对射程控制的影响对比

4.2.3　导引修正的影响与分析

摄动制导在横向导引和法向导引过程中，状态偏差量主要存在两种方式，即等时偏差量和偏差沿弹道的传播。等时偏差量是使任一时刻状态的偏差量与关机点的偏差量一致，不随着弹道的变化而变化。以运载火箭进入卫星轨道为例，对比等时偏差与偏差沿弹道的传递，在马赫数到达 $Ma=1.5$ 时位置状态分量加 1 000m 的阶跃干扰量，速度状态分量加 10m/s 的阶跃干扰量，仿真如图 4-6 所示。

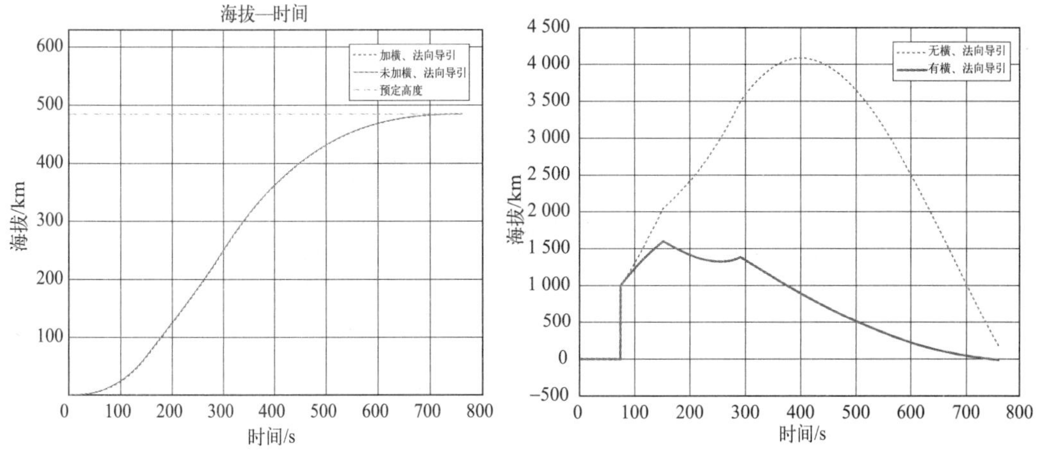

图 4-6　高度的等时偏差与沿弹道传播的仿真对比

在未加横向导引及法向导引时，1km 的高度偏差随飞行弹道的累计呈现出先增大后减小的趋势。在偏差量较大时，偏差量甚至沿着弹道呈现发散的趋势。加入横向导引及法向导引后，按照等时偏差进行程序角指令修正，能够有效地将偏差量逐渐消除。

此外，对于落点射程约束的对地飞行任务，考虑高低温推力及秒耗量、初始质量、大气环境以及风等偏差及干扰项，进行 1 000 次蒙特卡罗仿真。摄动制导方法在主动段关机点处采用射程关机控制函数，并在大动压区之后施加横向导引及法向导引。考虑摄动修正角 $|\Delta\varphi_{\max}| = |\Delta\psi_{\max}| = 2°$ 进行限幅，并在关机区间之前将导引量逐渐收缩至零，为稳定分离做准备。惯性落点射程的偏差散布如图 4-7 所示。

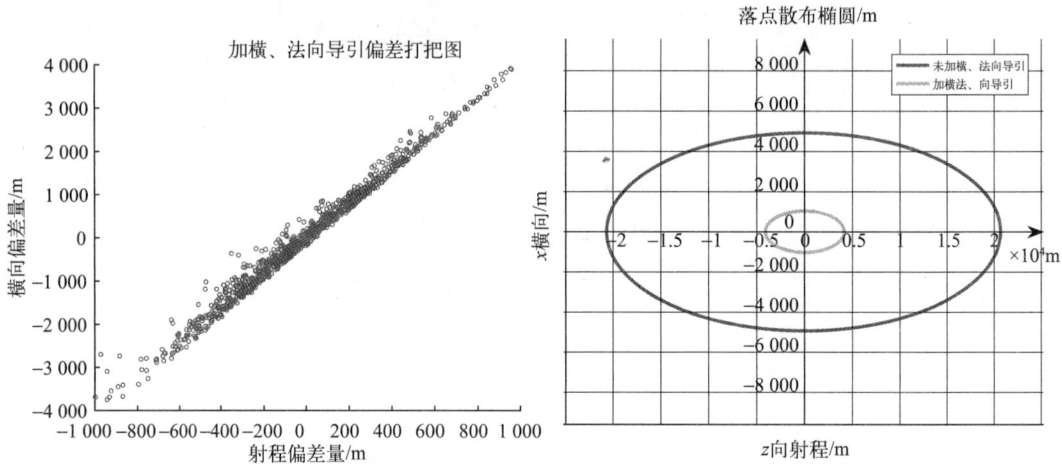

图 4-7　惯性落点射程的偏差散布

与图 4-5 相比，同时采用射程关机函数和横向导引及法向导引的摄动制导方法，不仅在射程上具有更好的精度，还对横向偏差具有很强的修正能力，其被动段飞行包络三维曲线如图 4-8 所示。

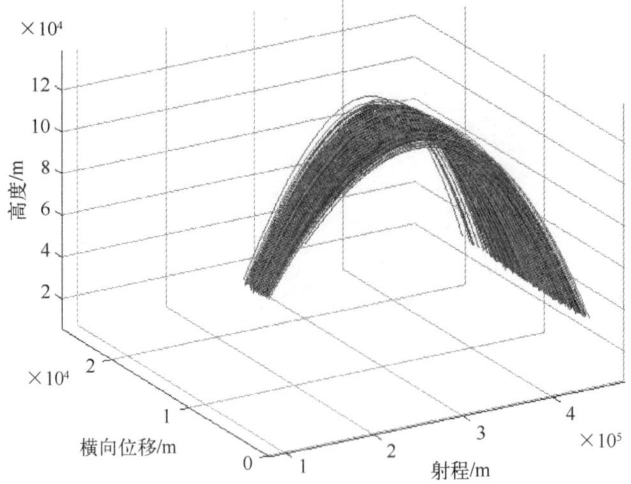

图 4-8　被动段飞行包络三维曲线

4.2.4　摄动制导的三自由度验证

固体运载火箭飞行试验平台通常在稠密大气层和临近空间内飞行，在助推级依靠燃气舵实现姿态控制；在被动段自由飞行时，依靠水平舵和尾舵实现姿态控制。在弹道制导分析与设计时，根据“瞬时平衡假设”计算出平衡时刻的舵偏角，并由此分析研究相应的弹道性能。考虑初始质量偏差、发动机高低温、大气密度偏差、风干扰和气动系数偏差等偏差干扰项。由于制导过程只能改变发动机的推力方向而不能控制推力大小，故无法完全满足所有状态下的 $\delta X_f \to 0$，只能对对飞行任务影响大的参数进行控制。以飞行高度和速度倾角为修正量，仿真结果如图 4-9~图 4-11 所示。

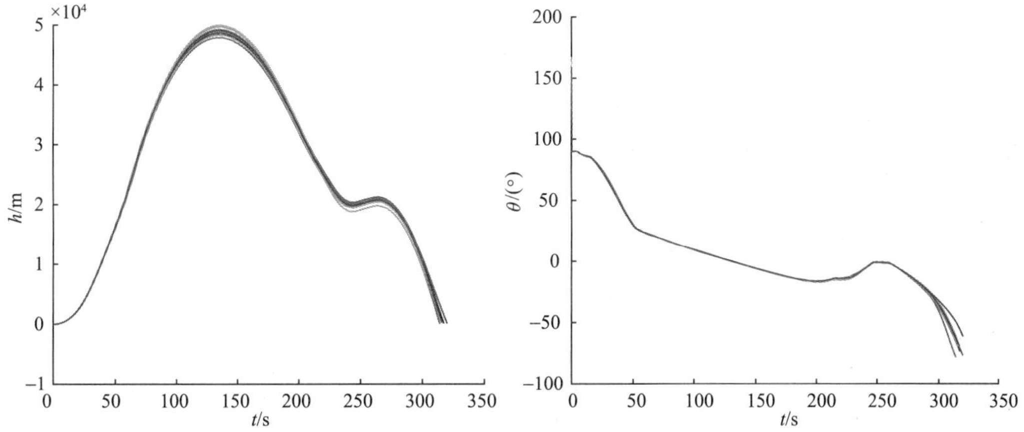

图 4-9　摄动制导作用下高度及速度倾角的飞行包络

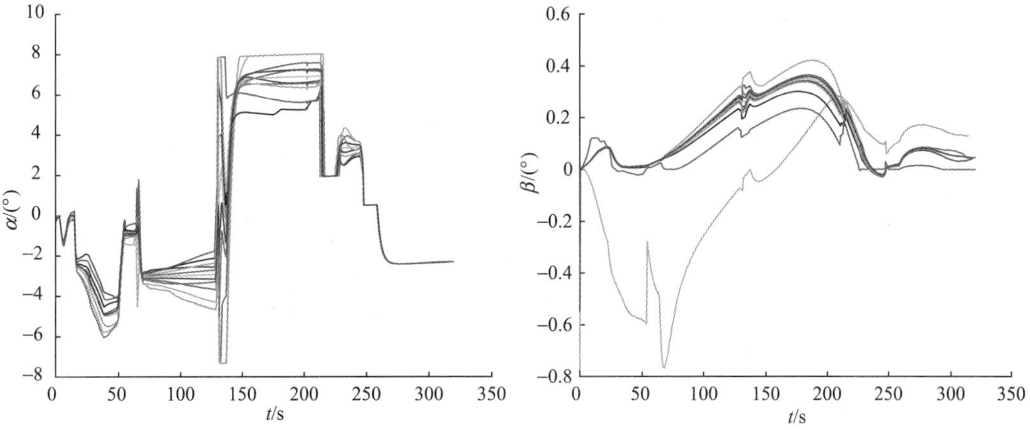

图 4-10　飞行攻角及侧滑角抗干扰曲线簇

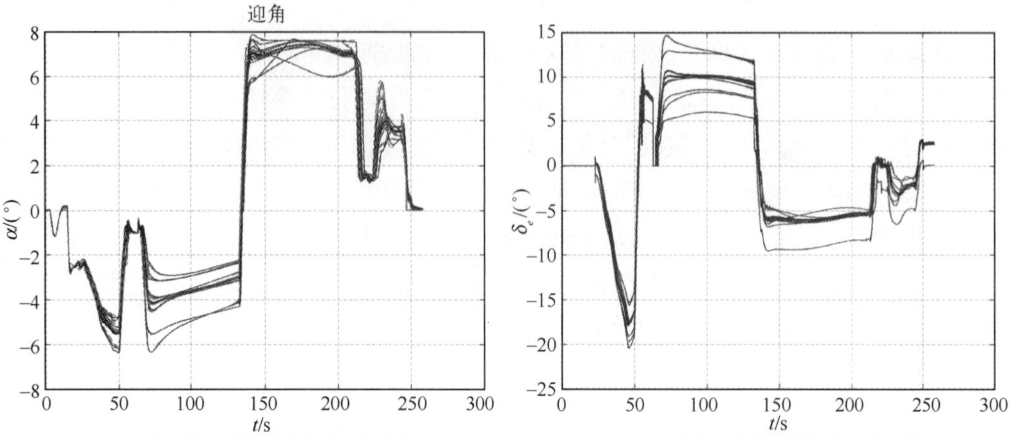

(a) 考虑控制延迟的飞行攻角曲线簇　　(b) 摄动修正过程等效舵偏角曲线簇

图 4-11　考虑等效配平舵偏角以及控制延迟的指令角曲线簇

4.2.5　摄动制导的六自由度评估

为了验证所设计的摄动制导方法对质心运动以及绕质心转动的影响，需要在 4.2.4 节的基础上，对在各种极限组合偏差条件下进行六自由度仿真。六自由度中，俯仰通道的控制框图如图 4-12 所示，其控制器增益和幅频特性见表 4-1。通过理论分析各种拉偏条件对飞行器特性的影响并对其进行组合，尽量保持飞行包络的宽度，是在飞行器制导方法性能评估阶段的一种简单有效的方法。对质心弹道影响的主要偏差量有：发动机高低温、大气密度、气动力系数以及初始起飞质量；对刚体控制产生影响的主要依据是 $b_3/|b_2|$，主要偏差量还应包括：助推段质心位置移动、无动力段质心位置移动、转动惯量以及力矩系数；其他的拉偏项还有 C_y，C_z，C_{mx}，C_{my} 等，其中 C_{mx}，C_{my} 取上下限独立拉偏，由于 C_y，C_z 过质心，对控制的影响不大。为了减少拉偏组合，将 C_y 与俯仰干扰力矩同向拉偏，将 C_z 与偏航干扰力矩同向拉偏，另外还有 8 种风向，故所有拉偏弹道数量为 1 024 条。制导指令与控制指令仿真曲线簇分别如图 4-13 和图 4-14 所示。

表 4-1　俯仰控制器增益和幅频特性

$a_{p\varphi}$	$a_{d\varphi}$	$a_{i\varphi}$	相位裕度/(°)	低频幅值/dB	高频幅值/dB	截止频率/Hz	阻尼比
2. 5	1. 2	0. 5	69. 92	6. 9	17. 65	1. 64	0. 741
3. 0	1. 1	0. 6	72	5. 3	26. 64	0. 58	0. 775
3. 5	0. 6	0. 7	68. 6	7	33. 15	0. 29	0. 662

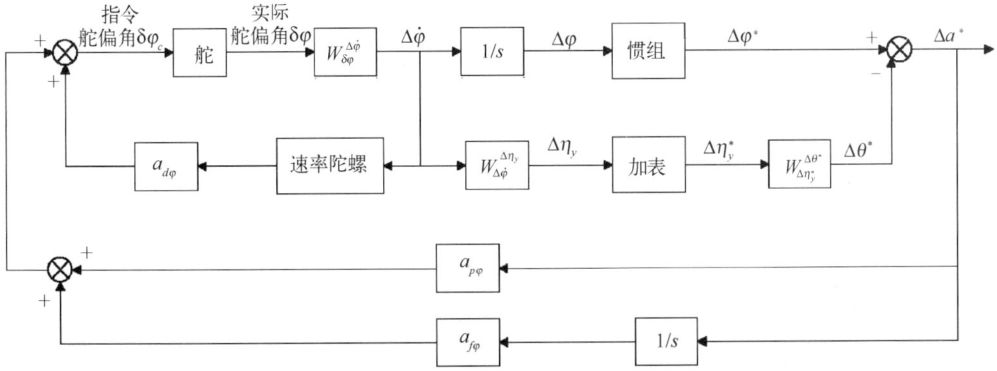

图 4-12　固体运载火箭试验平台俯仰通道的控制框图

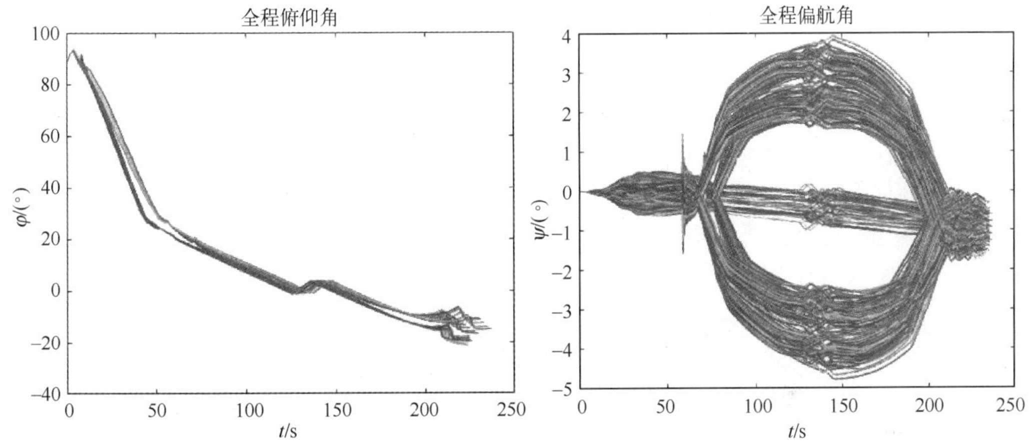

图 4-13　摄动制导作用下俯仰角指令和偏航角指令曲线簇

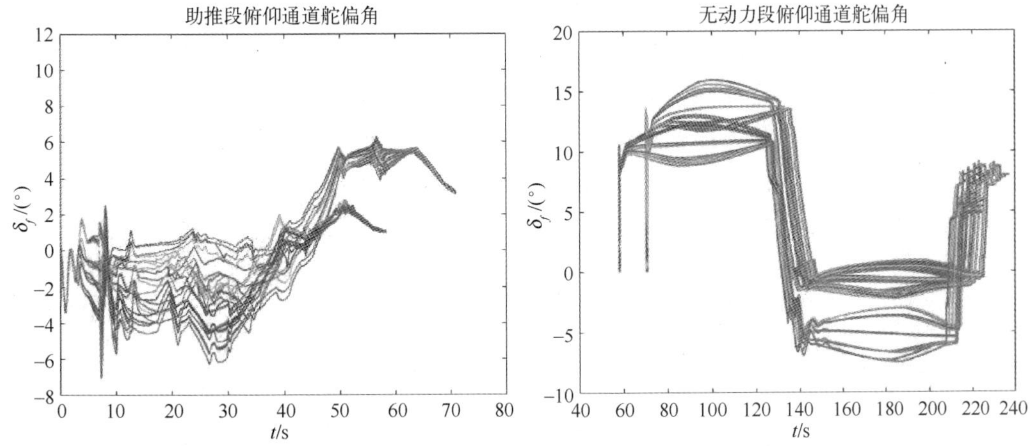

图 4-14　燃气舵和空气舵控制产生的舵偏角变化曲线簇

4.3 广义摄动制导原理

4.3.1 模型预测静态规划的基本理论

运载火箭动力学模型属于非线性时变微分方程组，建立一般的非线性离散系统，其状态方程和输出方程[3]分别为

$$\boldsymbol{X}_{n+1}=\boldsymbol{F}_n(\boldsymbol{X}_n,\ \boldsymbol{U}_n) \tag{4-46}$$

$$\boldsymbol{Y}_n=\boldsymbol{H}_n(\boldsymbol{X}_n) \tag{4-47}$$

其中离散系统的状态向量、控制向量和输出向量分别是 $\boldsymbol{X}\in\mathbb{R}^p$，$\boldsymbol{U}\in\mathbb{R}^q$ 和 $\boldsymbol{Y}\in\mathbb{R}^s$，时域离散节点 $n=1,\ 2,\ 3,\ \cdots,\ N-1,\ N$，其中，$N$ 为系统终端时刻对应的节点。模型预测静态规划(MPSP)算法的目的是求解合适的离散控制量序列 $\boldsymbol{U}_n$，使得终端状态向量 $\boldsymbol{X}_N$ 满足期望的输出方程约束，即 $\boldsymbol{Y}_N=\boldsymbol{H}_N(\boldsymbol{X}_N)\to\boldsymbol{Y}_N^*$。因此，为了达到终端输出方程约束条件，定义终端时刻的输出向量与理想输出向量之差：$\Delta\boldsymbol{Y}_N\triangleq\boldsymbol{Y}_N-\boldsymbol{Y}_N^*$。

假设：在动态迭代过程中由控制量序列更新的相邻两条轨迹，在同一离散节点处的偏差量始终为小量，满足小偏差线性化条件(泰勒展开表达式只保留至一阶项并忽略余项)。那么，终端时刻的输出向量与理想输出向量之差近似表示为

$$\Delta\boldsymbol{Y}_N\approx\mathrm{d}\boldsymbol{Y}_N=\left[\frac{\partial\boldsymbol{Y}_N}{\partial\boldsymbol{X}_N}\right]_{\boldsymbol{X}_N}\times\mathrm{d}\boldsymbol{X}_N \tag{4-48}$$

同样地，根据等式(4-46)可得离散节点上状态向量误差的表达式

$$\mathrm{d}\boldsymbol{X}_{n+1}=\left[\frac{\partial\boldsymbol{F}_n}{\partial\boldsymbol{X}_n}\right]_{\boldsymbol{X}_n}\times\mathrm{d}\boldsymbol{X}_n+\left[\frac{\partial\boldsymbol{F}_n}{\partial\boldsymbol{U}_n}\right]_{\boldsymbol{X}_n}\times\mathrm{d}\boldsymbol{U}_n \tag{4-49}$$

式中，$\mathrm{d}\boldsymbol{X}_n$ 和 $\mathrm{d}\boldsymbol{U}_n$ 分别为第 n 个离散节点的状态向量误差和控制向量误差。将式(4-49)代入式(4-48)中展开得

$$\mathrm{d}\boldsymbol{Y}_N=\left[\frac{\partial\boldsymbol{Y}_N}{\partial\boldsymbol{X}_N}\right]_{\boldsymbol{X}_N}\times\left(\left[\frac{\partial\boldsymbol{F}_{N-1}}{\partial\boldsymbol{X}_{N-1}}\right]_{\boldsymbol{X}_{N-1}}\times\mathrm{d}\boldsymbol{X}_{N-1}+\left[\frac{\partial\boldsymbol{F}_{N-1}}{\partial\boldsymbol{U}_{N-1}}\right]_{\boldsymbol{X}_{N-1}}\times\mathrm{d}\boldsymbol{U}_{N-1}\right) \tag{4-50}$$

根据等式(4-50)的展开原理，持续地展开第 n 个离散节点的状态向量误差和控制向量误差，直至 $n=1$ 时停止，得到近似的输出误差向量表达式为

$$\mathrm{d}\boldsymbol{Y}_N=\boldsymbol{A}\mathrm{d}\boldsymbol{X}_1+\boldsymbol{B}_1\mathrm{d}\boldsymbol{U}_1+\boldsymbol{B}_2\mathrm{d}\boldsymbol{U}_2+\cdots+\boldsymbol{B}_{N-2}\mathrm{d}\boldsymbol{U}_{N-2}+\boldsymbol{B}_{N-1}\mathrm{d}\boldsymbol{U}_{N-1} \tag{4-51}$$

式中，误差传播矩阵 $\boldsymbol{A}$ 和敏感度系数矩阵 $\boldsymbol{B}$ 分别为

$$\boldsymbol{A}\triangleq\left[\frac{\partial\boldsymbol{Y}_N}{\partial\boldsymbol{X}_N}\right]_{\boldsymbol{X}_N}\times\left[\frac{\partial\boldsymbol{Y}_{N-1}}{\partial\boldsymbol{X}_{N-1}}\right]_{\boldsymbol{X}_{N-1}}\cdots\times\left[\frac{\partial\boldsymbol{Y}_2}{\partial\boldsymbol{X}_2}\right]_{\boldsymbol{X}_2}\times\left[\frac{\partial\boldsymbol{Y}_1}{\partial\boldsymbol{X}_1}\right]_{\boldsymbol{X}_1} \tag{4-52}$$

$$\begin{cases}\boldsymbol{B}_n\triangleq\left[\dfrac{\partial\boldsymbol{Y}_N}{\partial\boldsymbol{X}_N}\right]_{\boldsymbol{X}_N}\left[\dfrac{\partial\boldsymbol{F}_{N-1}}{\partial\boldsymbol{X}_{N-1}}\right]_{\boldsymbol{X}_{N-1}}\cdots\times\left[\dfrac{\partial\boldsymbol{F}_{n+1}}{\partial\boldsymbol{X}_{n+1}}\right]_{\boldsymbol{X}_{n+1}}\left[\dfrac{\partial\boldsymbol{F}_n}{\partial\boldsymbol{U}_n}\right]_{\boldsymbol{X}_n},\ n=1,\ 2,\ \cdots,\ N-2\\ \boldsymbol{B}_{N-1}\triangleq\left[\dfrac{\partial\boldsymbol{Y}_N}{\partial\boldsymbol{X}_N}\right]_{\boldsymbol{X}_N}\left[\dfrac{\partial\boldsymbol{F}_{N-1}}{\partial\boldsymbol{U}_{N-1}}\right]_{\boldsymbol{X}_{N-1}},\ n=N-1\end{cases} \tag{4-53}$$

实际上，误差传播项 $\boldsymbol{A}\mathrm{d}\boldsymbol{X}_1$ 的物理意义为：初始状态矢量偏差沿着飞行轨迹传播至终端时刻的状态矢量误差。这与传统的摄动制导方法中的等时偏差沿飞行弹道传播的机理是一致的，但值得注意的是：摄动制导方法依赖于预先装定的参考轨迹，状态矢量的等时偏差始终存在，而 MPSP 算法初始状态矢量由飞行器导航器件直接提供，每个制导周期的初始状态向量不存在偏差，即 $\mathrm{d}\boldsymbol{X}_1=0$。那么，等式(4-51)可以表示为仅含有敏感度系数矩阵的统一形式

$$\mathrm{d}\boldsymbol{Y}_N=\boldsymbol{B}_1\mathrm{d}U_1+\boldsymbol{B}_2\mathrm{d}\boldsymbol{U}_2+\cdots+\boldsymbol{B}_{N-2}\mathrm{d}\boldsymbol{U}_{N-2}+\boldsymbol{B}_{N-1}\mathrm{d}\boldsymbol{U}_{N-1}=\sum_{n=1}^{N-1}\boldsymbol{B}_n\times\mathrm{d}\boldsymbol{U}_n \tag{4-54}$$

为了确保等式(4-54)尽可能逼近原动力学模型，离散节点的总数 N 通常远大于方程组的维度，使每个节点之间的残差尽可能小，这也导致了敏感度系数矩阵 $\boldsymbol{B}_n$ 的计算量急剧增加。因此，为了优化敏感度系数矩阵的计算效率，根据敏感度系数矩阵的表达式[式(4-53)]归纳出逆序递归计算格式。首先，定义敏感度递归矩阵

$$\boldsymbol{B}_{N-1}^{\delta}=\left[\frac{\partial\boldsymbol{Y}_N}{\partial\boldsymbol{X}_N}\right]_{\boldsymbol{X}_N} \tag{4-55}$$

当 $n=N-2,\ N-3,\ \cdots,\ 1$ 时，存在以下关系

$$\boldsymbol{B}_n^{\delta}=\boldsymbol{B}_{n+1}^{\delta}\times\left[\frac{\partial\boldsymbol{F}_{n+1}}{\partial\boldsymbol{X}_{n+1}}\right]_{\boldsymbol{X}_{n+1}} \tag{4-56}$$

对比式(4-53)和式(4-56)，敏感度系数矩阵的递归表达式为

$$\boldsymbol{B}_n=\boldsymbol{B}_n^{\delta}\times\left[\frac{\partial\boldsymbol{F}_n}{\partial\boldsymbol{U}_n}\right]_{\boldsymbol{X}_n},\quad n=1,\ 2,\ \cdots,\ N-1 \tag{4-57}$$

4.3.2 非线性离散模型最优控制方程

非线性离散系统[式(4-46)和式(4-47)]包含 s 个输出方程和 $q(N-1)$ 个待求控制参数，由于 $q(N-1)\gg s$，导致方程式(4-54)是欠约束的，故离散系统在可行解集合里存在一定的空间，可实现额外的性能指标函数。考虑假设为小偏差线性化条件，建立最小化控制修正量的二次型目标函数[4-5]

$$J=\frac{1}{2}\sum_{n=1}^{N-1}(\boldsymbol{U}_n^{\varepsilon})^{\mathrm{T}}\times\boldsymbol{R}_n\times(\boldsymbol{U}_n^{\varepsilon}) \tag{4-58}$$

离散线性化过程需要对基准参考轨迹进行展开，若参考轨迹无实际物理意义，最优控制量不依赖于参考轨迹模型，则最优控制问题 $\mathrm{P_{MPSP}}\,1$：$\boldsymbol{U}_n^{\varepsilon}=\boldsymbol{U}_n^{C}-\mathrm{d}\boldsymbol{U}_n$；反之，参考轨迹是实际条件下的设计模型，最优控制量是在参考设计模型的基础上进行迭代修正，则最优控制问题 $\mathrm{P_{MPSP}}\,2$：$\boldsymbol{U}_n^{\varepsilon}=\mathrm{d}\boldsymbol{U}_n$。$\boldsymbol{R}_n>\mathbf{0}$ 为第 n 个节点上的正定权值矩阵，$\boldsymbol{U}_n^{C}$ 为初始猜想的控制序列。由性能指标函数[式(4-58)]和等式约束[式(4-54)]，构成了一类标准的静态优化问题。根据最优化理论中的拉格朗日乘子法，代价函数的表达式为

$$\bar{J}=\frac{1}{2}\sum_{n=1}^{N-1}(\boldsymbol{U}_n^{\varepsilon})^{\mathrm{T}}\times\boldsymbol{R}_n\times(\boldsymbol{U}_n^{\varepsilon})+\boldsymbol{\lambda}^{\mathrm{T}}\left(\mathrm{d}\boldsymbol{Y}_N-\sum_{n=1}^{N-1}\boldsymbol{B}_n\times\mathrm{d}\boldsymbol{U}_n\right) \tag{4-59}$$

式中，$\boldsymbol{\lambda} \in \mathbb{R}^s$，是拉格朗日乘子，由最优化的必要条件得

$$\begin{cases} \dfrac{\partial \bar{J}}{\partial \lambda} = \mathrm{d}\boldsymbol{Y}_N - \sum\limits_{n=1}^{N-1} \boldsymbol{B}_n \times \mathrm{d}\boldsymbol{U}_n = 0 \\ \dfrac{\partial \bar{J}}{\partial \mathrm{d}\boldsymbol{U}_1} = -\boldsymbol{R}_1 \boldsymbol{U}_1^{\varepsilon} - \boldsymbol{B}_1^{\mathrm{T}} \lambda = 0 \\ \quad\vdots \\ \dfrac{\partial \bar{J}}{\partial \mathrm{d}\boldsymbol{U}_n} = -\boldsymbol{R}_n \boldsymbol{U}_n^{\varepsilon} - \boldsymbol{B}_n^{\mathrm{T}} \lambda = 0 \\ \quad\vdots \\ \dfrac{\partial \bar{J}}{\partial \mathrm{d}\boldsymbol{U}_{N-1}} = -\boldsymbol{R}_{N-1} \boldsymbol{U}_{N-1}^{\varepsilon} - \boldsymbol{B}_{N-1}^{\mathrm{T}} \lambda = 0 \end{cases} \tag{4-60}$$

由式(4-60)中的 N 个矢量方程，联立求解出 $N-1$ 个控制矢量以及一个拉格朗日乘子矢量，得到控制量的表达式

$$\begin{cases} \mathrm{P}_{\mathrm{MPSP}}1: \quad \mathrm{d}\boldsymbol{U}_n = \boldsymbol{R}_n^{-1} (\boldsymbol{B}_n)^{\mathrm{T}} \boldsymbol{Q}_\lambda^{-1} (\mathrm{d}\boldsymbol{Y}_N - \boldsymbol{M}_\lambda) - \boldsymbol{U}_n^{G} \\ \mathrm{P}_{\mathrm{MPSP}}2: \quad \mathrm{d}\boldsymbol{U}_n = \boldsymbol{R}_n^{-1} (\boldsymbol{B}_n)^{\mathrm{T}} \boldsymbol{Q}_\lambda^{-1} \mathrm{d}\boldsymbol{Y}_N \end{cases} \tag{4-61}$$

式中，$\boldsymbol{Q}_\lambda$ 属于非奇异矩阵，且 $\boldsymbol{Q}_\lambda$ 和 $\boldsymbol{M}_\lambda$ 的表达式分别为

$$\boldsymbol{Q}_\lambda \triangleq \sum_{n=1}^{N-1} \boldsymbol{B}_n \boldsymbol{R}_n^{-1} (\boldsymbol{B}_n)^{\mathrm{T}}, \quad \boldsymbol{M}_\lambda \triangleq \sum_{n=1}^{N-1} \boldsymbol{B}_n \times \boldsymbol{U}_n^{G}$$

从等式(4-61)能够得出：各离散节点上的控制量由控制方程快速计算得到，而控制方程中的敏感度系数矩阵在每个迭代周期内是常系数矩阵，具有高维矩阵方程求解的可靠性以及一定的迭代收敛性；另一方面，权值矩阵直接影响控制量的计算，通过设计恰当的权值矩阵更新条件，能够使该算法具备处理飞行过程中约束的能力。

4.3.3　非线性动力学模型的近似处理

精确的大气模型与高度、地理位置、季节、时间、天气及太阳活动等参数有关，模型极其复杂。目前普遍以 USSA76 大气模型作为基准大气模型进行仿真验证，一方面由于精确大气模型在大多数制导方法的设计初期并没有太迫切的需要，另一方面精确的大气数学模型也难以获得。但是，为了进行轨迹设计和弹道优化，通过查表分段插值得到的数据并不够光滑，且不利于对相关量的求导。因此以 USSA76 大气模型为基础，对大气密度和声速进行拟合

$$\rho = \rho_0 \exp(i_0 + i_1 h + i_2 h^2 + i_3 h^3 + i_4 h^4 + i_5 h^5 + i_6 h^6 + i_7 h^7) \tag{4-62}$$

$$V_s = \frac{j_0 + j_1 h^{0.5} + j_2 h + j_3 h^{1.5} + j_4 h^2 + j_5 h^{2.5}}{1.0 + k_1 h^{0.5} + k_2 h + k_3 h^{1.5} + k_4 h^2 + k_5 h^{2.5}} \tag{4-63}$$

式(4-62)和式(4-63)中，h 为高度，以 km 为单位，拟合系数见表 4-2。

表 4-2 大气密度与声速拟合系数

大气密度 $\rho_0 = 1.225\text{kg/m}^3$		声速	
		$j_0 = 340.291\ 12$	$j_1 = -0.872\ 454\ 62$
$i_0 = -0.009\ 334\ 5$	$i_1 = -0.077\ 134\ 8$	$j_2 = -300.102\ 55$	$j_3 = 0.307\ 768\ 8$
$i_2 = -0.003\ 829\ 49$	$i_3 = 5.242\ 803\times10^{-5}$	$j_4 = 106.655\ 18$	$j_5 = -0.052\ 091\ 146$
$i_4 = 6.454\ 863\times10^{-7}$	$i_5 = -2.031\ 134\times10^{-8}$	$k_1 = -18.273\ 173$	$k_2 = 0.004\ 143\ 208$
$i_6 = 1.568\ 379\times10^{-10}$	$i_7 = -3.928\ 351\times10^{-13}$	$k_3 = 1.485\ 658$	$k_4 = -0.000\ 121\ 248\ 48$
		$k_5 = -0.045\ 201\ 417$	

定义拟合的相对误差为

$$r = (\hat{Y} - Y)/Y \times 100\% \tag{4-64}$$

式中，$\hat{Y}$ 为拟合值；Y 为 USSA76 标准值。图 4-15 给出了 0~85km 高度的拟合大气密度和拟合声速与 USSA76 标准值的对比曲线。由图 4-15 可以看到，大气密度的拟合相对误差在[-5%，5%]，而声速的拟合相对误差的绝对值小于 1%。由此可见对大气密度与声速拟合具有很高的精度，能够满足制导方法研究的需要，并且拟合曲线比较光滑，有利于对相关变量求导。

对于大气扰动，最理想的模型是美国国家航空航天局的全球参考大气模型（Global Reference Atmospheric Model，GRAM），但是 GRAM 难以获取。部分文献采用了所谓的大气扰动解析模型，但是该模型过于粗糙，而且不能反映大气密度扰动随高度增加而增大的特点。

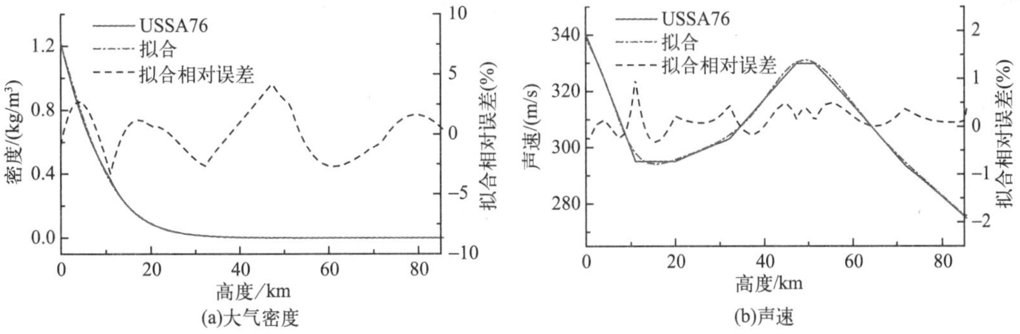

图 4-15 拟合大气与 USSA76 标准大气对比

GRAM 数据表明，当高度从 0km 增长到 101.498 4km 时，大气密度扰动的 1-σ 误差值近似从 0.351 7%呈指数增长到 15.365 9%，大气密度扰动可以近似拟合为

$$\sigma_\rho(h) = 0.003\ 517\exp\left(\frac{h}{26.629\ 766\ 4}\right) \tag{4-65}$$

式中，h 为高度，以 km 为单位。为了模拟大气密度误差扰动随高度变化的不确定性，结

合 GRAM 拟合数据的扰动模型，大气密度扰动近似模型为

$$\rho_{\text{true}} = \rho_{\text{nom}}\{1 + \{B_{\text{atm}} + [M_1 + M_2\sin(h\omega_2)] \times \sin(h\omega_1 + \lambda)\} \times \sigma_\rho(h)\} \tag{4-66}$$

式中，ρ_{true}为实际大气密度；ρ_{nom}为由 USSA76 大气模型计算得到的大气密度；B_{atm}为常值偏差项，服从均匀分布，分布区间为[−1，+1]；M_1为低频扰动，服从均匀分布，分布区间为[−0.50，−0.25]∪[0.25，0.50]；M_2为高频扰动，取值为M_1的0~0.1倍。

类似地，为了统一描述气动力系数的数据拟合，采用以下升力系数和阻力系数的拟合式

$$\begin{aligned} C_L &= c_1 + x\{c_2 + x[c_3 + xc_4 + x(c_5 + xc_6)]\} + yd \\ C_D &= e_1 + x\{e_2 + x[e_3 + xe_4 + x(e_5 + xe_6)]\} + y(f_1 + yf_2) \end{aligned} \tag{4-67}$$

在飞行过程中最大攻角不超过10°，且气动载荷不大于8×10^5Pa·(°)。实际上，由于固体运载火箭的气动外形为单一的轴对称布局，故采取二元一次项的拟合函数模型

$$\begin{cases} C(x, y) = c_0 + c_1 \cdot x + c_2 \cdot y + c_3 \cdot x \cdot y \\ x, y \in \{h, Ma, \alpha, \beta\} \end{cases} \tag{4-68}$$

例如由式(4-68)得，阻力系数的拟合函数模型为

$$\begin{cases} C_D = C_{D0} + C_{D\alpha} \\ C_{D0}(h, Ma) = c_0 + c_1 \cdot h + c_2 \cdot Ma + c_3 \cdot h \cdot Ma \\ C_{D\alpha}(Ma, \alpha) = c_0' + c_1' \cdot Ma + c_2' \cdot \alpha + c_3' \cdot Ma \cdot \alpha \end{cases} \tag{4-69}$$

一方面气动力的影响随着飞行动压的下降而越来越小，另一方面固体运载火箭主动段的推力作用远大于气动力的影响，故采用近似拟合的处理方法更有利于轨迹的优化和设计。当某固体运载火箭在大气层内上升段飞行时，采用同样的程序角指令后，气动力对飞行弹道的高度影响曲线、当地速度倾角影响曲线如图4-16所示。

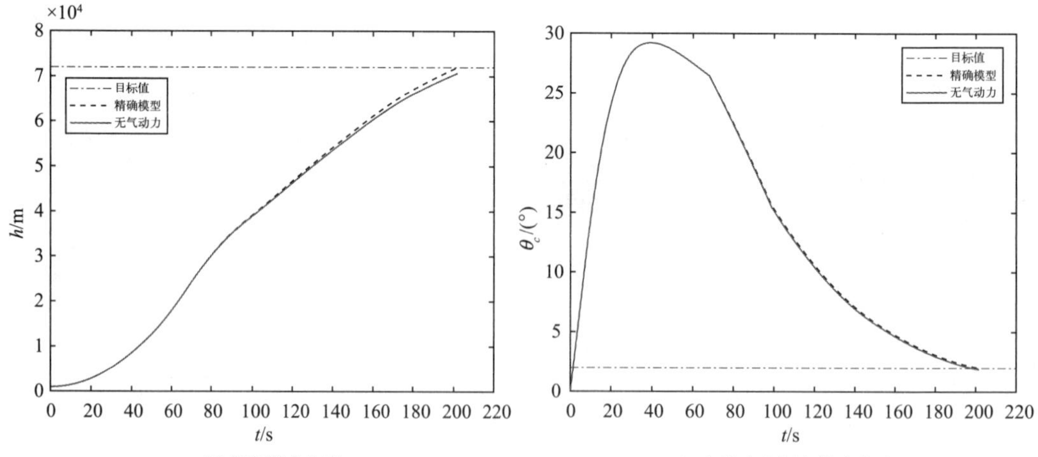

(a)高度影响曲线　　(b)当地速度倾角影响曲线

图4-16　固体运载火箭主动段气动力对弹道的影响对比

4.4　基于 MPSP 的广义摄动制导方法

固体运载火箭的动力学方程一般采用自旋椭球体模型，为了便于进行运载火箭飞行轨迹数值预测，需对动力学方程进行分析及简化。在主动段飞行过程中，运载火箭不仅受到推力、气动力、控制力等惯性力的影响，地球的自旋、扁率以及离心惯性力、哥氏惯性力等也会影响运载火箭的质心运动。由于各个量之间的量级相差较大，推力远远大于气动力和控制力，因此，在进行制导方法的设计时主要考虑推力和重力的影响，并将其他量认为是干扰量。

4.4.1　主动段动力学方程的离散

为了应用 MPSP 算法并实现对推力矢量方向 $\boldsymbol{x}_b$ 的求解，固体运载火箭的动力学方程、控制量 $\boldsymbol{U}$ 以及状态量 $\boldsymbol{X}$[6-7] 分别为

$$\begin{cases} \dot{v}_x = \dfrac{P}{m}\cos\varphi\cos\psi - g_x \\ \dot{v}_y = \dfrac{P}{m}\sin\varphi\cos\psi - g_y \\ \dot{v}_z = \dfrac{P}{m}\sin\psi - g_z \\ \dot{x} = v_x \\ \dot{y} = v_y \\ \dot{z} = v_z \end{cases}, \quad \boldsymbol{U} = \begin{bmatrix} \varphi \\ \psi \end{bmatrix}, \quad \boldsymbol{X} = \begin{bmatrix} v_x \\ v_y \\ v_z \\ x \\ y \\ z \end{bmatrix} \tag{4-70}$$

由于 MPSP 算法建立在离散系统的基础上，需要对式(4-70)进行离散化，采用递推公式得到的离散化模型为

$$\begin{bmatrix} x \\ y \\ z \end{bmatrix}_{k+1} = \begin{bmatrix} x \\ y \\ z \end{bmatrix}_k + \Delta t\left(\begin{bmatrix} v_x \\ v_y \\ v_z \end{bmatrix}_k + \frac{1}{2}\begin{bmatrix} \Delta v_x \\ \Delta v_y \\ \Delta v_z \end{bmatrix}_{k+1}\right), \quad \begin{bmatrix} v_x \\ v_y \\ v_z \end{bmatrix}_{k+1} = \begin{bmatrix} v_x \\ v_y \\ v_z \end{bmatrix}_k + \begin{bmatrix} \Delta v_x \\ \Delta v_y \\ \Delta v_z \end{bmatrix}_{k+1} \tag{4-71}$$

式中，递推中间变量为

$$\begin{bmatrix} x \\ y \\ z \end{bmatrix}_k = \begin{bmatrix} x \\ y \\ z \end{bmatrix}_k + \frac{\Delta t}{2}\begin{bmatrix} v_x \\ v_y \\ v_z \end{bmatrix}_k, \quad \begin{bmatrix} \Delta v_x \\ \Delta v_y \\ \Delta v_z \end{bmatrix}_{k+1} = \begin{bmatrix} \Delta\overline{W}_x \\ \Delta\overline{W}_y \\ \Delta\overline{W}_z \end{bmatrix}_{k+1} + \Delta t\begin{bmatrix} g_x \\ g_y \\ g_z \end{bmatrix}_k$$

在轨迹数值预测过程中，由于 $W(t_{i+1})$ 是未知的，故采用标称参数进行代替

$$\begin{bmatrix} \Delta\overline{W}_x \\ \Delta\overline{W}_y \\ \Delta\overline{W}_z \end{bmatrix}_{k+1} = \Delta t \begin{bmatrix} \dfrac{P}{m}\cos\varphi\cos\psi \\ \dfrac{P}{m}\sin\varphi\cos\psi \\ \dfrac{P}{m}\sin\psi \end{bmatrix} \tag{4-72}$$

此外，采用线性化的重力加速度方程为

$$\begin{cases} g_x = g_{11}x + \left[g_{14}y + g_{15}\left(2y^2 - \dfrac{x^2+z^2}{2}\right)\right]x \\ g_y = g_{20} + g_{22}y - g_{14}\left(y^2 - \dfrac{x^2+z^2}{2}\right) + g_{15}\left[2(x^2+z^2) - \dfrac{4y^2}{3}\right]y \\ g_z = g_{33}z + \left[g_{14}y + g_{15}\left(2y^2 - \dfrac{x^2+z^2}{2}\right)\right]z \end{cases} \tag{4-73}$$

其中，$g_{20}=-9.798\ 2$，$g_{11}=-1.538\times10^{-6}$，$g_{14}=7.225\times10^{-13}$，$g_{15}=-1.132\ 9\times10^{-19}$并且$g_{22}=-g_{11}-g_{33}$，$g_{33}=g_{11}$。

4.4.2　输出方程及敏感度矩阵的推导

固体运载火箭大气层内的终端状态约束通常为箭下点高度、当地弹道倾角以及弹道偏角等变量，受地球形状、自旋线速度等非线性变量的影响，必须进行线性化近似才能有效迭代

$$\begin{cases} h = h\boldsymbol{x}^{(k)} + \left.\dfrac{\partial h}{\partial \boldsymbol{x}}\right|_{\boldsymbol{x}=\boldsymbol{x}^{(k)}}(\boldsymbol{x}-\boldsymbol{x}^{(k)}) \\ \boldsymbol{\vartheta}_l = \boldsymbol{\vartheta}_l\boldsymbol{x}^{(k)} + \left.\dfrac{\partial \boldsymbol{\vartheta}_l}{\partial \boldsymbol{x}}\right|_{\boldsymbol{x}=\boldsymbol{x}^{(k)}}(\boldsymbol{x}-\boldsymbol{x}^{(k)}) \end{cases} \tag{4-74}$$

通过对终端状态点处的非线性方程组进行处理，使得在实际设计过程中避免了非常复杂的链式递推偏导数(即“项数爆炸”)。此时，一阶偏导数的计算可通过“弹道差分法”和“解析微分法”求得，其原理与摄动制导偏导数的计算方法一致。而对于进入真空环境的入轨任务，终端约束通常为轨道根数或者状态分量的形式。状态分量的输出方程为

$$\boldsymbol{Y} = [v_x \quad v_y \quad v_z \quad x \quad y \quad z]^{\mathrm{T}} \tag{4-75}$$

则相应的输出方程对状态量的偏导数为

$$\begin{bmatrix} \partial v_x/\partial \boldsymbol{X} \\ \partial v_y/\partial \boldsymbol{X} \\ \partial v_z/\partial \boldsymbol{X} \\ \partial x/\partial \boldsymbol{X} \\ \partial y/\partial \boldsymbol{X} \\ \partial z/\partial \boldsymbol{X} \end{bmatrix}_N = \begin{bmatrix} 1 & 0 & 0 & 0 & 0 & 0 \\ 0 & 1 & 0 & 0 & 0 & 0 \\ 0 & 0 & 1 & 0 & 0 & 0 \\ 0 & 0 & 0 & 1 & 0 & 0 \\ 0 & 0 & 0 & 0 & 1 & 0 \\ 0 & 0 & 0 & 0 & 0 & 1 \end{bmatrix}_N$$

轨道根数的输出方程为

$$\boldsymbol{Y} = [a \quad e \quad i \quad \Omega]^{\mathrm{T}} \tag{4-76}$$

则相应的输出方程对状态量的偏导数为

$$\begin{cases}
\dfrac{\partial a_N}{\partial X_N} = \dfrac{\mu}{2E^2}\left[v_x \quad v_y \quad v_z \quad \dfrac{\mu r_x}{r^3} \quad \dfrac{\mu r_y}{r^3} \quad \dfrac{\mu r_z}{r^3}\right] \\
\dfrac{\partial e_N}{\partial X_N} = \dfrac{1}{\mu\sqrt{\mu^2 + 2Eh^2}}\left[2E(r_z h_y - r_y h_z) + v_x h^2 \quad 2E(r_x h_z - r_z h_x) + v_y h^2 \quad 2E(r_y h_x - r_x h_y) + v_z h^2\right. \\
\qquad \left. 2E(v_y h_z - v_z h_y) + \dfrac{\mu r_x h^2}{r^3} \quad 2E(v_z h_x - v_x h_z) + \dfrac{\mu r_y h^2}{r^3} \quad 2E(v_x h_y - v_y h_x) + \dfrac{\mu r_z h^2}{r^3}\right] \\
\dfrac{\partial i_N}{\partial X_N} = \dfrac{1}{h^2\sqrt{h^2 - h_z^2}}[-h_x(r_x h_y - r_x h_y) \quad h_y(r_x h_y - r_x h_y) \quad -h_z(r_x h_y - r_x h_y) - \\
\qquad h_x(v_x h_y - v_y h_x) \quad h_y(v_x h_y - v_y h_x) \quad -h_z(v_x h_y - v_y h_x)] \\
\dfrac{\partial \Omega_N}{\partial X_N} = \dfrac{1}{h_x^2 + h_y^2}[r_z h_x \quad r_z h_y \quad -r_y h_y - r_x h_x \quad v_z h_x \quad v_z h_y \quad v_y h_y + v_x h_x]
\end{cases}$$

此外，为了得到状态转移矩阵 $\boldsymbol{A}$ 及灵敏度矩阵 $\boldsymbol{B}$，对式(4-70)及其离散后的形式(4-71)求偏导数，灵敏度矩阵 $\boldsymbol{B}$ 中对控制量偏导数 $\partial \boldsymbol{F}_k/\partial \boldsymbol{U}_k$ 的符号表达式为

$$\frac{\partial \boldsymbol{F}_k}{\partial \boldsymbol{U}_k} = \Delta t \frac{P}{m}\begin{bmatrix}
-\sin\varphi\cos\psi & -\cos\varphi\sin\psi \\
\cos\varphi\cos\psi & -\sin\varphi\sin\psi \\
0 & -\cos\psi \\
-\dfrac{\Delta t}{2}\sin\varphi\cos\psi & -\dfrac{\Delta t}{2}\cos\varphi\sin\psi \\
\dfrac{\Delta t}{2}\cos\varphi\cos\psi & -\dfrac{\Delta t}{2}\sin\varphi\sin\psi \\
0 & -\dfrac{\Delta t}{2}\cos\psi
\end{bmatrix}_k \tag{4-77}$$

灵敏度矩阵 $\boldsymbol{B}$ 中，对状态量偏导数 $\partial \boldsymbol{F}_k/\partial \boldsymbol{X}_k$ 的符号表达式为

$$\frac{\partial \boldsymbol{F}_{\mathrm{k}}}{\partial \boldsymbol{X}_k} = \begin{bmatrix}
1 + a_{14}\dfrac{\Delta t}{2} & a_{15}\dfrac{\Delta t}{2} & a_{16}\dfrac{\Delta t}{2} & a_{14} & a_{15} & a_{16} \\
a_{15}\dfrac{\Delta t}{2} & 1 + a_{25}\dfrac{\Delta t}{2} & a_{26}\dfrac{\Delta t}{2} & a_{15} & a_{25} & a_{26} \\
a_{16}\dfrac{\Delta t}{2} & a_{26}\dfrac{\Delta t}{2} & 1 + a_{36}\dfrac{\Delta t}{2} & a_{16} & a_{26} & a_{36} \\
\Delta t + a_{14}\dfrac{\Delta t^2}{4} & a_{15}\dfrac{\Delta t^2}{4} & a_{16}\dfrac{\Delta t^2}{4} & 1 + a_{14}\dfrac{\Delta t}{2} & a_{15}\dfrac{\Delta t}{2} & a_{16}\dfrac{\Delta t}{2} \\
a_{15}\dfrac{\Delta t^2}{4} & \Delta t + a_{25}\dfrac{\Delta t^2}{4} & a_{26}\dfrac{\Delta t^2}{4} & a_{15}\dfrac{\Delta t}{2} & 1 + a_{25}\dfrac{\Delta t}{2} & a_{26}\dfrac{\Delta t}{2} \\
a_{16}\dfrac{\Delta t^2}{4} & a_{26}\dfrac{\Delta t^2}{4} & \Delta t + a_{36}\dfrac{\Delta t^2}{4} & a_{16}\dfrac{\Delta t}{2} & a_{26}\dfrac{\Delta t}{2} & 1 + a_{36}\dfrac{\Delta t}{2}
\end{bmatrix}_k \tag{4-78}$$

其中各系数为

$$
\begin{cases}
a_{14}=\left[\dfrac{\partial v_x}{\partial x}\right]_k=\mu\Delta t\left\{\dfrac{2\,(x+v_x\Delta t/2)^2-(y+v_y\Delta t/2)^2-(z+v_z\Delta t/2)^2}{[(x+v_x\Delta t/2)^2+(y+v_y\Delta t/2)^2+(z+v_z\Delta t/2)^2]^{5/2}}\right\} \\
a_{15}=\left[\dfrac{\partial v_x}{\partial y}\right]_k=\dfrac{3\mu\Delta t(x+v_x\Delta t/2)(y+v_y\Delta t/2)}{[(x+v_x\Delta t/2)^2+(y+v_y\Delta t/2)^2+(z+v_z\Delta t/2)^2]^{5/2}} \\
a_{16}=\left[\dfrac{\partial v_x}{\partial z}\right]_k=\dfrac{3\mu\Delta t(x+v_x\Delta t/2)(z+v_z\Delta t/2)}{[(x+v_x\Delta t/2)^2+(y+v_y\Delta t/2)^2+(z+v_z\Delta t/2)^2]^{5/2}} \\
a_{25}=\left[\dfrac{\partial v_y}{\partial y}\right]_k=\mu\Delta t\left\{\dfrac{2\,(y+v_y\Delta t/2)^2-(x+v_x\Delta t/2)^2-(z+v_z\Delta t/2)^2}{[(x+v_x\Delta t/2)^2+(y+v_y\Delta t/2)^2+(z+v_z\Delta t/2)^2]^{5/2}}\right\} \\
a_{26}=\left[\dfrac{\partial v_y}{\partial z}\right]_k=\dfrac{3\mu\Delta t(y+v_y\Delta t/2)(z+v_z\Delta t/2)}{[(x+v_x\Delta t/2)^2+(y+v_y\Delta t/2)^2+(z+v_z\Delta t/2)^2]^{5/2}} \\
a_{36}=\left[\dfrac{\partial v_z}{\partial z}\right]_k=\mu\Delta t\left\{\dfrac{2\,(z+v_z\Delta t/2)^2-(x+v_x\Delta t/2)^2-(y+v_y\Delta t/2)^2}{[(x+v_x\Delta t/2)^2+(y+v_y\Delta t/2)^2+(z+v_z\Delta t/2)^2]^{5/2}}\right\}
\end{cases}
$$

4.4.3 计算流程及仿真验证

固体运载火箭发动机的实际燃烧过程呈现强非线性。虽然平均线性模型能够表征发动机的指标特点，但是在非线性燃烧过程中对速度控制精度的影响不可忽略，甚至需要针对非线性部分采取特殊的设计手段。发动机平均推力、平均秒耗量的平均线性模型以及非线性曲线如图 4-17 所示。

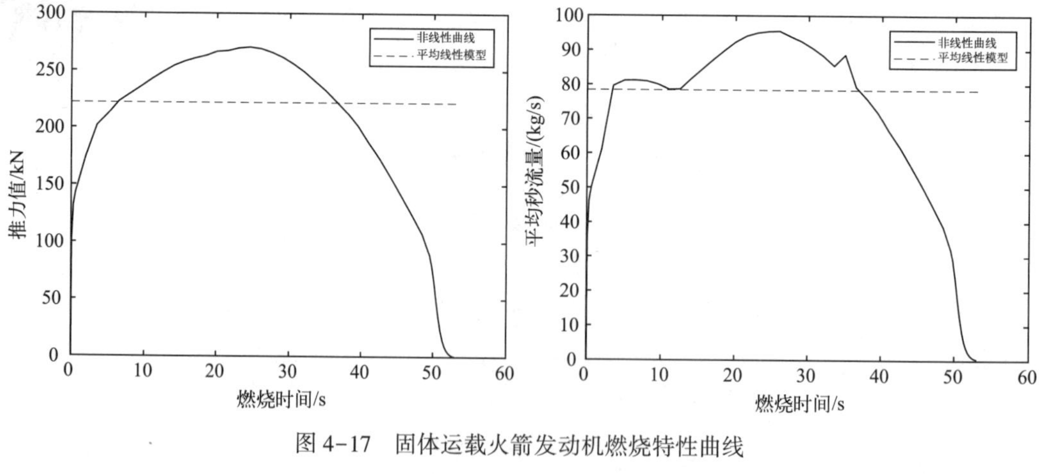

图 4-17　固体运载火箭发动机燃烧特性曲线

应用广义摄动制导方法时，采用递推积分法离散化动力学微分方程。在离散过程中，若离散步长取得很小，必然会导致敏感度矩阵的计算量大大增加；而离散步长较大时，离散模型与原模型将存在较大的精度误差。但在离散节点上得到的线性化的状态向量和控制向量是满足假设条件的，并且积分的累计误差量可以采用高精度的 Runge-Kutta 方法等其他数值积分方法来替代飞行轨迹的数值计算。此外，在求解敏感度矩阵时，需要输入初始参考轨迹序列，使符号变量转化为数值矩阵后再进行递归迭代运算。基于 MPSP 的广义摄动制导方法计算流程如图 4-18 所示。

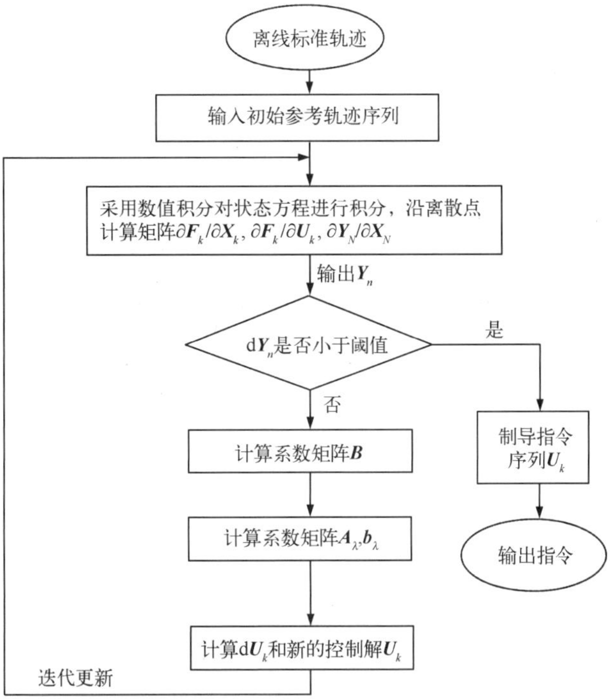

图 4-18　基于 MPSP 的广义摄动制导方法计算流程

与摄动制导方法类似，采用离线设计的标准飞行弹道为初始参考轨迹，考虑平均推力模型、非线性推力模型以及制导修正角度约束等条件，应用广义摄动制导方法进行仿真验证，飞行高度变化如图 4-19 所示，高度偏差修正迭代过程如图 4-20 所示，数值方法输出误差随迭代次数变化如图 4-21 所示。

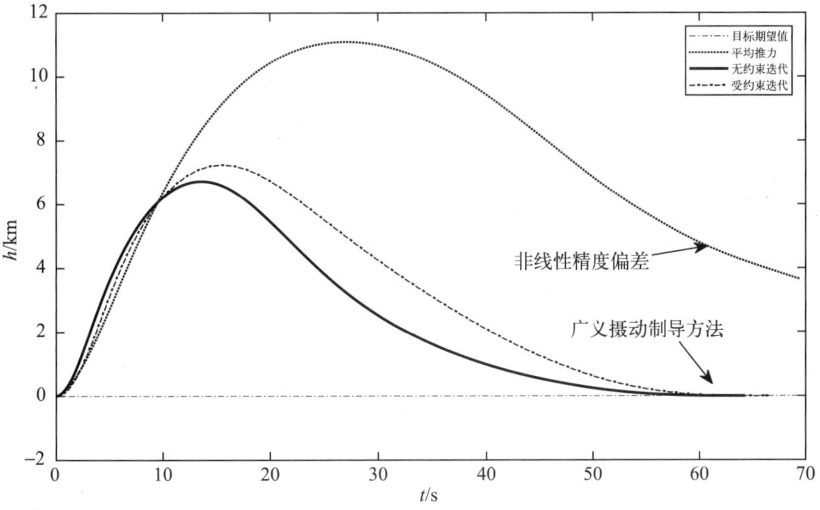

图 4-19　不同条件下飞行高度变化曲线

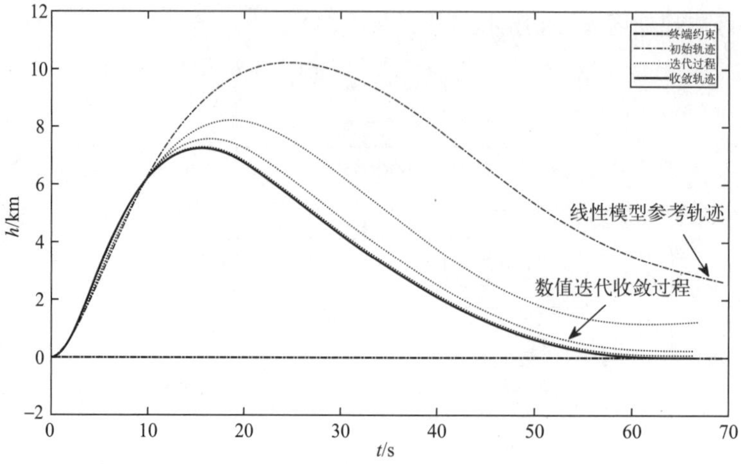

图 4-20　高度偏差修正迭代过程

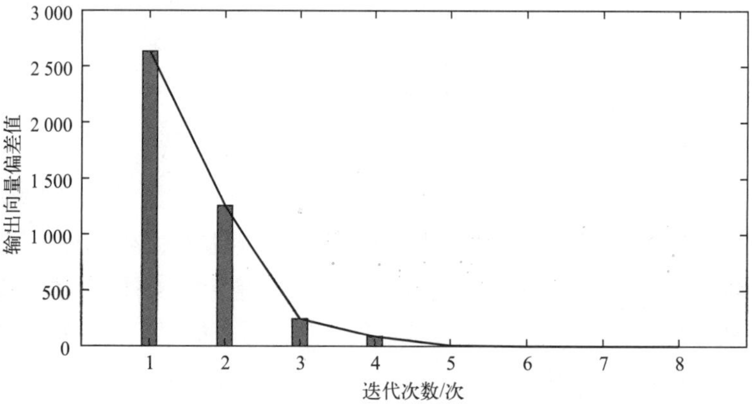

图 4-21　数值方法输出误差随迭代次数变化

4.5　本章小结

摄动制导方法在现有运载火箭型号上得到了广泛应用。本章首先介绍了摄动制导的基本原理，包括线性摄动理论、关机控制函数、法向导引和横向导引等，并通过一系列仿真验证来分析摄动制导方法的制导精度和修正能力。由于摄动制导方法是在特征点处进行一阶泰勒展开，导致了该方法适用的弹道偏差范围受限。针对该问题，提出了广义摄动制导原理，沿飞行弹道离散化并在各离散节点进行展开，同时保留了多样化的输出方程。因此，广义摄动制导原理能够适用更多的终端约束条件以及飞行过程约束条件。

参考文献

[1] 龙乐豪, 方心虎, 刘淑贞, 等. 总体设计: 中册[M]. 北京: 宇航出版社, 1989.

[2] 陈世年, 李连仲, 王京武. 控制系统设计[M]. 北京: 宇航出版社, 1996.

[3] PADHI R, KOTHARI M. Model predictive static programming: a computationally efficient technique for suboptimal control design[J]. International Journal of Innovative Computing Information and Control, 2009, 5(2): 399-411.

[4] BROWN K, JOHNSON G. Rapid computation of optimal trajectories[J]. IBM Journal of Research and Development, 1967(11): 373-382.

[5] BRYSON A. Applied optimal control: optimization, estimation, and control[M]. New York: IEEE, 1975.

[6] OZA H B, PADHI R. Impact-angle-constrained suboptimal model predictive static programming guidance of air-to-ground missiles[J]. Journal of Guidance Control and Dynamics, 2012, 35(1): 153-164.

[7] MAITY A, PADHI R, MALLARAM S, et al. Mpsp guidance of a solid motor propelled launch vehicle for a hypersonic mission[C]. Minneapolis, MN, United states: American Institute of Aeronautics and Astronautics Inc., 2012.

第 5 章　远程火箭闭路制导及其改进

远程固体运载火箭为了提高对目标点的制导精度，通常在大气层外的助推段采用自适应制导方法来导引火箭进入最佳的自由飞行弹道。闭路制导方法是远程固体运载火箭应用较多的自适应制导方法，从运动学的角度建立了需要速度矢量、待增速度矢量等速度矢量关系并导引火箭制导飞行。此外，由于满足落点射程约束的椭圆轨道簇具有无数条，因此既存在与运载火箭剩余飞行能量相匹配的椭圆轨道，又包含落点零射程变化的制导弹道。

5.1　射程约束椭圆轨道问题的描述

根据火箭飞行动力学原理，在地心惯性坐标系下质心动力学方程式为

$$\begin{cases}\dot{\boldsymbol{r}} = \boldsymbol{v} \\ \dot{\boldsymbol{v}} = \boldsymbol{g}(\boldsymbol{r}) + T \cdot \boldsymbol{x}_b / m(t)\end{cases} \tag{5-1}$$

由运载火箭当前速度矢量 $\boldsymbol{v}_0$ 和位置矢量 $\boldsymbol{r}_0$，在初始位置矢量 $\boldsymbol{r}_0$ 的端点处定义单位矢量

$$\mathbf{1}_y = \frac{\boldsymbol{r}_0}{\|\boldsymbol{r}_0\|_2},\quad \mathbf{1}_z = \frac{\boldsymbol{r}_0 \times \boldsymbol{r}_p}{\|\boldsymbol{r}_0 \times \boldsymbol{r}_p\|_2},\quad \mathbf{1}_x = \mathbf{1}_z \times \mathbf{1}_y \tag{5-2}$$

显然，由初始位置矢量 $\boldsymbol{r}_0$ 和目标点位置矢量 $\boldsymbol{r}_p$ 确定了目标轨道平面。用单位矢量表示的推力加速度为

$$\boldsymbol{a} = T \cdot \boldsymbol{x}_b / \boldsymbol{m}(t) = a_x \mathbf{1}_x + a_y \mathbf{1}_y + a_z \mathbf{1}_z \tag{5-3}$$

一般而言，射程约束通常有目标点在地理坐标系下的经度 $\widetilde{\lambda}_f$ 和纬度 $\widetilde{B}_f$，但受到引力摄动以及再入大气阻力的影响，在实际飞行中需要对目标点进行修正。为了满足箭上实时在线计算的需求，引入“虚拟目标点”的概念[1]，其基本思想和假设原理为：在加入引力 J_2 项和大气密度的影响下，输入实际目标点的经、纬度；然后在不考虑引力 J_2 项和大气密度的情况下，将产生较大的射程偏差，加以迭代修正后的目标点即为虚拟目标点[2]。通过“虚拟目标点”将地理坐标系下的经度 $\widetilde{\lambda}_f$ 和纬度 $\widetilde{B}_f$ 计算为固体运载火箭在地心惯性坐标系内的目标点经度 λ_f 和纬度 ϕ_f，此时目标点位置矢量 $\boldsymbol{r}_p$ 的表达式为

$$\boldsymbol{r}_p = R_e \cdot G_E \times \begin{bmatrix}\cos\lambda_f \cos\phi_f \\ \sin\lambda_f \cos\phi_f \\ \sin\phi_f\end{bmatrix} \tag{5-4}$$

此外，根据兰伯特问题的描述，经过初始位置矢量 $\boldsymbol{r}_0$ 和目标点位置矢量 $\boldsymbol{r}_p$ 的椭圆轨

道有无穷多个，导致满足射程约束的飞行轨道的解不唯一，需要根据附加条件来得到所需要的飞行轨道，射程控制原理剖面如图 5-1 所示。

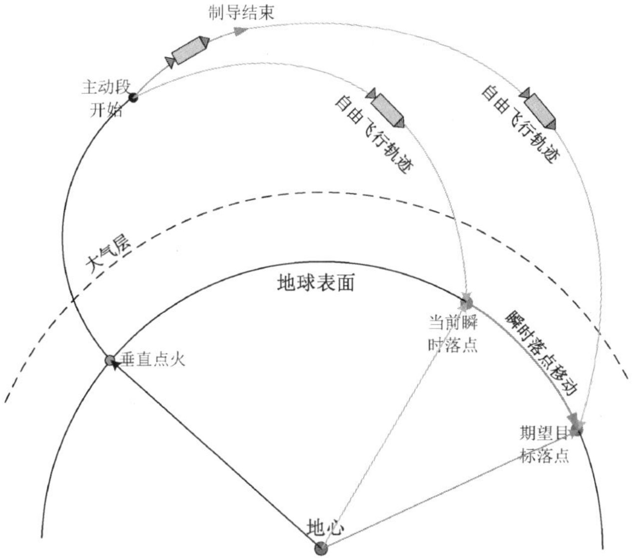

图 5-1　固体运载火箭射程控制原理剖面

对于固体运载火箭通常的限制条件为：目标点剩余飞行时间 T_{go}、最佳速度倾角 ϑ_l^* 以及飞行轨道远地点高度 r_{ap}，故兰伯特问题的速度矢量满足函数关系

$$\boldsymbol{v}_{\mathrm{Lambert}} = \begin{cases} f_T(T_{go},\ \boldsymbol{r}_0,\ \boldsymbol{r}_p) \\ f_\vartheta(\vartheta_l^*,\ \boldsymbol{r}_0,\ \boldsymbol{r}_p) \\ f_r(r_{ap},\ \boldsymbol{r}_0,\ \boldsymbol{r}_p) \end{cases} \tag{5-5}$$

因此，通过闭路制导方法的基本原理，固体运载火箭根据一定的限制条件或者耗尽关机约束，计算出需要速度矢量 $\boldsymbol{v}_{orb.\,imp} = \boldsymbol{v}_{\mathrm{Lambert}}$，并由待增速度矢量 $\boldsymbol{v}_g$ 来确定运载火箭的姿态角指令，导引火箭进入满足射程约束的飞行轨道。

5.2　适用落点约束的闭路制导方法

将导弹主动段的导引和控制分为两段。在导弹飞出大气层之前，采用固定俯仰程序的导引方式。在设计俯仰飞行程序时，力求使导弹的攻角保持最小，特别是气动载荷较大的跨声速段应使攻角尽量小，使导弹的法向过载小，以满足结构设计和姿态稳定的要求。有的文献介绍了速度程序控制方法，可以较好地控制速度矢量方向，从而减少落点的散布。导弹飞出大气层后采用闭路导引，此时，导弹的机动不再受气动载荷的限制，可以控制导弹进行较大的机动。本节主要介绍闭路导引的有关问题[3-4]。

5.2.1　椭圆轨道的几何关系

已知地心 O_E 是椭圆轨道的一个焦点，需要确定过当前点 $\boldsymbol{r}_0$、目标点 $\boldsymbol{r}_p$ 这两点的椭圆轨道的另一个焦点，以求解火箭的需要速度。假定经过初始位置矢量 $\boldsymbol{r}_0$ 和目标点位置矢量 $\boldsymbol{r}_p$ 的一个椭圆轨道长半轴为 a_1，并根据椭圆的基本性质：椭圆上任一点到两个焦点的距离之和等于常数(为长半轴的 2 倍)，那么，为求椭圆的另一个焦点，根据几何关系应是以 $\boldsymbol{r}_p$ 点为圆心，以$(2a_1-r_p)$为半径之圆，与以 $\boldsymbol{r}_0$ 点为圆心、以$(2a_1-r_0)$为半径之圆的交点，并将两圆的交点记为 F_1，$\widetilde{F}_1$。这说明，与给定的长半轴 a_1 相对应的椭圆有两个。根据长半轴取不同值：a_2，a_3，a_4，…，其焦点 F_i，$\widetilde{F}_i$ 的轨迹为双曲线，如图 5-2 (a) 所示。此双曲线与$\overline{r_0r_p}$的交点 F^* 是最小能量轨道的另一个焦点，以 F_1，$\widetilde{F}_1$ 为焦点的两个椭圆轨道如图 5-2(b)所示。

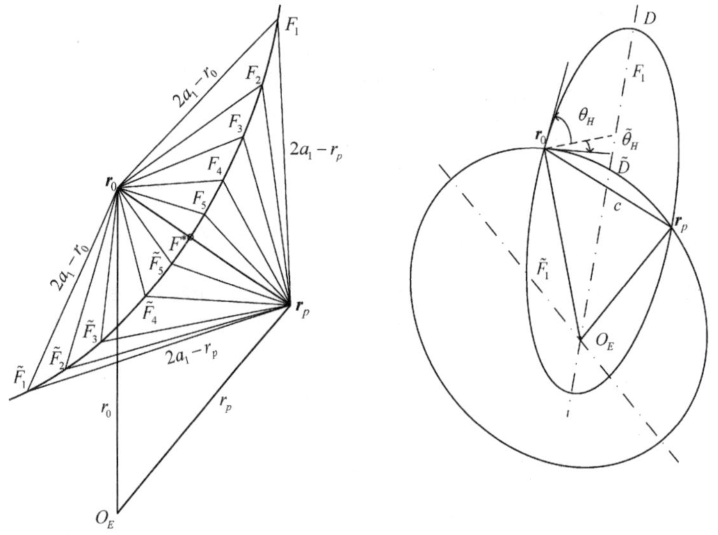

(a) 椭圆焦点的集合　　(b) 最小能量椭圆轨道

图 5-2　椭圆轨道几何形状的参数表示

根据动量矩守恒原理，在椭圆轨道上矢量 $\boldsymbol{r}$ 在单位时间内扫过的面积相等。图 5-2 (b)中不同焦点下的动量矩分别为

$$h = r_0V_0\cos\theta_H,\quad \widetilde{h} = r_0V_0\cos\widetilde{\theta}_H$$

因为$|\widetilde{\theta}_H|<|\theta_H|$，所以 $h<\widetilde{h}$。对于以$(O_E,\ F_1)$为焦点的椭圆，由 $\boldsymbol{r}_p$ 点到 $\boldsymbol{r}_0$ 点扫过的面积为扇形 $O_Er_0Dr_p$。以$(O_E,\ \widetilde{F}_1)$为焦点的椭圆，由 $\boldsymbol{r}_p$ 点到 $\boldsymbol{r}_0$ 点扫过的面积为扇形 $O_Er_0\widetilde{D}r_p$。因此，对应的飞行时间分别为

$$t_f = \frac{S(O_E r_0 D r_p)}{h}, \quad \tilde{t}_f = \frac{S(O_E r_0 \widetilde{D} r_p)}{\widetilde{h}} \tag{5-6}$$

因为 $h<\widetilde{h}$，扇形 $O_E r_0 D r_p$ 的面积>扇形 $O_E r_0 \widetilde{D} r_p$ 的面积，所以 $t_f>\tilde{t}_f$。故可得结论：由 $\boldsymbol{r}_p$ 点到 $\boldsymbol{r}_0$ 点的两个椭圆轨道，焦点为 F_1 的椭圆的飞行时间比焦点为 $\widetilde{F}_1$ 的椭圆的飞行时间长。

5.2.2　需要速度矢量的常用计算方法

固体运载火箭针对射程约束的椭圆轨道，不仅需要制导方法满足目标点经度和纬度的要求，更希望对速度倾角、弹道最高点等条件具有一定的约束能力。根据兰伯特问题的描述，已知当前位置矢量 $\boldsymbol{r}_0$、目标点位置矢量 $\boldsymbol{r}_p$ 以及期望的目标点速度倾角 ϑ_l^p，求需要速度大小 v_R^0 和倾角 ϑ_l^0。

如图 5-3 所示，建立空间轨道极坐标方程，并以远地点为基准点表示射程角，则轨道地心距的表达式为

$$r_0 = p/(1 - e\cos\beta_0) \tag{5-7}$$

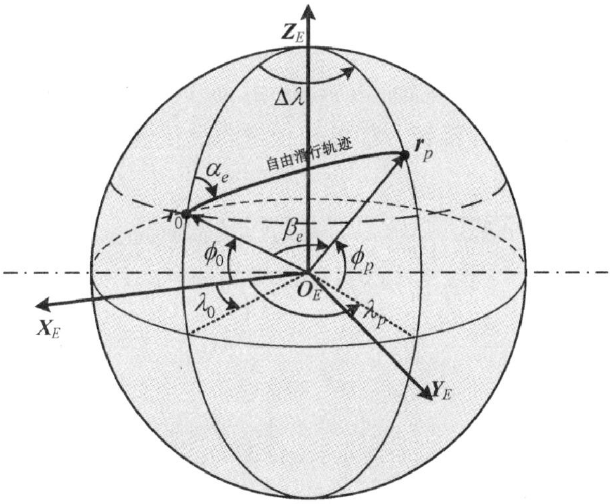

图 5-3　当前点和目标点在球面上的方位关系

由开普勒轨道性质及其相关等式关系 $p=h^2/\mu$ 和 $h=rv\cos\vartheta_l$，得到当前点和目标点分别与远地点之间的射程角为

$$\beta_0 = \arctan\left[\frac{pv_0\sin\vartheta_l^0}{(p/r_0 - 1)h}\right], \quad \beta_p = \arctan\left(\frac{\tan\vartheta_l^p}{1 - r_p/p}\right) \tag{5-8}$$

根据当前点和目标点之间的射程角 β_e 的等式关系

$$\beta_e = \beta_0 + \beta_p = \arcsin \frac{\boldsymbol{r}_0 \times \boldsymbol{r}_p}{r_0 r_p} \tag{5-9}$$

将式(5-8)代入式(5-9)，得到

$$r_0 = \frac{p}{1 - e\cos(\beta_e - \beta_p)} = \frac{p}{1 - \cos\beta_e + p/r_p \cdot (\cos\beta_e + \tan\vartheta_l^p \sin\beta_e)} \tag{5-10}$$

整理后，得到用射程角 β_e 和目标点速度倾角 ϑ_l^p 表示的半通径表达式

$$p = \frac{r_0(1 - \cos\beta_e)}{1 - (r_0/r_p) \cdot (\cos\beta_e + \tan\vartheta_l^p \sin\beta_e)} \tag{5-11}$$

当给定弹道最高点 r_{ap} 而不是速度倾角 ϑ_l^p 时，由远地点地心距 $r_{ap} = p/(1-e)$ 和轨道地心距关系式(5-7)，分别计算当前点和目标点与远地点之间的射程角为

$$\beta_0 = \arccos\left(\frac{1 - p/r_0}{1 - p/r_{ap}}\right),\quad \beta_p = \arccos\left(\frac{1 - p/r_p}{1 - p/r_{ap}}\right) \tag{5-12}$$

因此，根据当前点位置矢量 $\boldsymbol{r}_0$ 和目标点位置矢量 $\boldsymbol{r}_p$，以及由速度倾角 ϑ_l^p 或者弹道最高点 r_{ap} 求得的半通径 p 表达式，即可计算得到当前点的需要速度大小以及速度倾角的表达式

$$\begin{cases} \vartheta_l^0 = \arctan[(1 - r_0/p)\tan(\beta_p - \beta_e)] \\ v_R^0 = \sqrt{\mu p}/(r_0 \cos\vartheta_l^0) \end{cases} \tag{5-13}$$

此外，由圆锥曲线的基础知识可知，通过椭圆的半长轴、周长等几何条件能够解算椭圆轨道；根据飞行力学基础及航天器轨道力学，由飞行状态及轨道根数解算椭圆轨道参数更具有飞行器的物理意义。由开普勒方程可知，过当前位置 $\boldsymbol{r}_0$、目标位置 $\boldsymbol{r}_p$ 的剩余飞行时间表达式为

$$T_{go} = \sqrt{a^3/\mu} \cdot [(E_p - E_0) - e(\sin E_p - \sin E_0)] \tag{5-14}$$

引入替换变量 $Z = (E_p - E_0)/2$，式(5-14)经整理得到

$$T_{go} = A(B - \cos Z)^{\frac{1}{2}}[1 + (2Z - \sin 2Z)(B - \cos Z)/(2\sin^3 Z)] \tag{5-15}$$

其中

$$\begin{cases} A = 2(r_0 r_p)^{\frac{3}{4}} \cos^{\frac{3}{2}} \Delta f / \mu^{\frac{1}{2}} \\ B = (r_0 + r_p)/(2 r_0 r_p \cos\Delta f) \\ \Delta f = L/(2 \cdot R_e) \end{cases}$$

对给定的射程 L，该方程为关于变量 Z 的非线性方程，通过牛顿迭代方法能够计算得到满足时间约束的 Z 值。由于 Z 的物理意义为两偏近点角之差的一半，则 Z 的初值可选为 $Z(0) = \Delta f$，迭代格式为

$$\begin{cases} Z_n = \Delta f & n = 1 \\ Z_{n+1} = Z_n - \left.\dfrac{T_{go} - T_{per}}{\partial T_{go}/\partial Z}\right|_{Z_n} & n = 2, 3, \cdots \end{cases} \tag{5-16}$$

式中，T_{per} 为设定的飞行时间，其偏导数的解析表达式为

$$\frac{\partial T_{go}}{\partial Z}=\frac{T_{go}\cdot(1+5\cos^2 Z-6B\cos Z)}{2B\sin Z-\sin 2Z}+A\ (B-\cos Z)^{\frac{1}{2}}[\ (Z+2B\sin Z)/\sin^2 Z]\tag{5-17}$$

迭代计算至 $|T_{go}(Z_n)-T_{per}|<\varepsilon$ 时，得到满足时间约束的 Z 值，并计算得到需要速度及当地弹道倾角

$$\begin{cases}v_R^0=\sqrt{\mu(2/r_0-1/a)}\\ \vartheta_l^0=\arccos(\sqrt{\mu p}/r_0/v_R)\end{cases}\tag{5-18}$$

式中，a，p 为轨道长半轴和半通径，并由系数 A 和 B 以及 Z 计算得到，表达式为

$$\begin{cases}a=(\sqrt{\mu}A/2)^{2/3}(B-\cos Z)/\sin^2 Z\\ p=\sqrt{r_0 r_p}\sin(2\Delta f)/(B-\cos Z)/\cos\Delta f\end{cases}\tag{5-19}$$

最后，在确定了需要速度的大小以及当地速度倾角后，为了表示需要速度矢量，还要确定需要速度的方位角 α_e。在弹道计算中，描述参考椭球体表面上两点间的位置关系，可以用两点间的地心角 β_e 和球面方位角 α_e 来表示，如图 5-3 所示。用给定的当前点、目标点两点的地心球坐标(λ_o，ϕ_o，r_o)，(λ_p，ϕ_p，r_p)表示的球面上 $\boldsymbol{r}_0$，$\boldsymbol{r}_p$ 两点的位置，来计算需要速度的方位角 α_e。根据球面三角余弦定理，球面上 $\boldsymbol{r}_0$，$\boldsymbol{r}_p$ 两点之间的地心角为

$$\begin{aligned}\cos\beta_e&=\cos(\pi/2-\phi_0)\cos(\pi/2-\phi_p)+\sin(\pi/2-\phi_0)\cos(\pi/2-\phi_p)\cos\lambda_p\\&=\sin\phi_0\sin\phi_p+\cos\phi_0\cos\phi_p\cos\lambda_p\end{aligned}\tag{5-20}$$

为了计算 $\boldsymbol{r}_0$，$\boldsymbol{r}_p$ 两点之间的方位角，由球面三角正余弦法则得

$$\begin{cases}\sin\alpha_e=\sin\lambda_p\cos\phi_p/\sin\beta_e\\ \cos\alpha_e=(\sin\phi_p-\cos\beta_e\sin\phi_0)/(\cos\phi_0\sin\beta_e)\end{cases}\tag{5-21}$$

当 $|\sin\alpha_e|\leqslant|\cos\alpha_e|$ 时

$$\alpha_e=\begin{cases}\arcsin(\sin\alpha_e) & (\cos\alpha_e\geqslant 0)\\ \pi\cdot\operatorname{sgn}(\sin\alpha_e)-\arcsin(\sin\alpha_e) & (\cos\alpha_e<0)\end{cases}\tag{5-22}$$

当 $|\sin\alpha_e|>|\cos\alpha_e|$ 时

$$\alpha_e=\operatorname{sgn}(\sin\alpha_e)\arccos(\cos\alpha_e)\tag{5-23}$$

5.2.3 待增速度及其所满足的微分方程

定义需要速度 $\boldsymbol{v}_R$ 与导弹实际速度 $\boldsymbol{v}$ 之差为待增速度(图 5-4)，即

$$\boldsymbol{v}_{ga}=\boldsymbol{v}_R-\boldsymbol{v}\tag{5-24}$$

待增速度的物理含义是，在导弹的当前状态($\boldsymbol{r}$，$\boldsymbol{v}$)给其瞬时增加速度增量 $\boldsymbol{v}_{ga}$，而后导弹依惯性飞行便可命中目标，因此将 $\boldsymbol{v}_{ga}$ 称为待增速度。

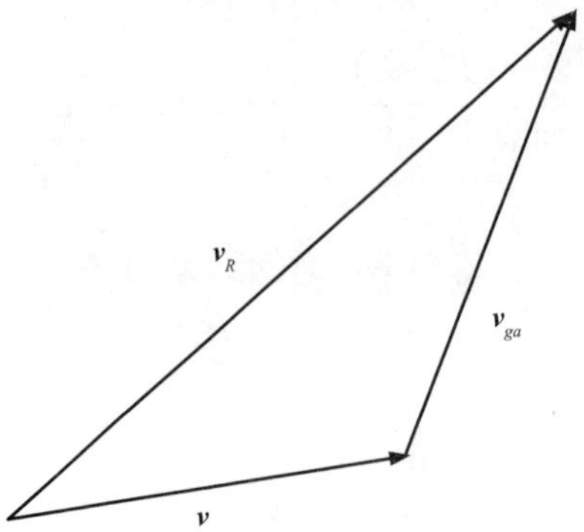

图 5-4　待增速度的定义

显然，关机条件应为

$$\boldsymbol{v}_{ga} = 0 \tag{5-25}$$

实际上，待增速度不可能瞬时增加，而是通过推力矢量控制实现的，因而导引的任务是如何使导弹尽快满足关机条件，使推进剂消耗为最少。为此，必须考虑导引过程中 $\boldsymbol{v}_{ga}$ 所满足的微分方程。首先，将式(5-24)对时间 t 求导

$$\frac{\mathrm{d}\boldsymbol{v}_{ga}}{\mathrm{d}t} = \frac{\mathrm{d}\boldsymbol{v}_R}{\mathrm{d}t} - \frac{\mathrm{d}\boldsymbol{v}}{\mathrm{d}t} \tag{5-26}$$

因为 $\boldsymbol{v}_R$ 是 $\boldsymbol{r}$ 和 t 的函数，所以

$$\frac{\mathrm{d}\boldsymbol{v}_R}{\mathrm{d}t} = \frac{\partial \boldsymbol{v}_R}{\partial \boldsymbol{r}^{\mathrm{T}}}\frac{\mathrm{d}\boldsymbol{r}}{\mathrm{d}t} + \frac{\partial \boldsymbol{v}_R}{\partial t} = \frac{\partial \boldsymbol{v}_R}{\partial \boldsymbol{r}^{\mathrm{T}}}\boldsymbol{v} + \frac{\partial \boldsymbol{v}_R}{\partial t} \tag{5-27}$$

及

$$\frac{\mathrm{d}\boldsymbol{v}}{\mathrm{d}t} = \dot{\boldsymbol{w}} + \boldsymbol{g} \tag{5-28}$$

于是，将式(5-27)、式(5-28)代入式(5-26)，得

$$\frac{\mathrm{d}\boldsymbol{v}_{ga}}{\mathrm{d}t} = \frac{\partial \boldsymbol{v}_R}{\partial \boldsymbol{r}^{\mathrm{T}}}\boldsymbol{v} + \frac{\partial \boldsymbol{v}_R}{\partial t} - \dot{\boldsymbol{w}} - \boldsymbol{g} \tag{5-29}$$

导弹在 t 点的速度为 $\boldsymbol{v}_{\mathrm{R}}$，而后按惯性飞行。当沿惯性飞行轨道飞行时，导弹只受地球引力作用，即有

$$\frac{\mathrm{d}\boldsymbol{v}_R}{\mathrm{d}t} = \boldsymbol{g} = \frac{\partial \boldsymbol{v}_R}{\partial \boldsymbol{r}^{\mathrm{T}}}\boldsymbol{v}_R + \frac{\partial \boldsymbol{v}_R}{\partial t} \tag{5-30}$$

再将式(5-30)代入式(5-29)，整理得

$$\frac{\mathrm{d}\boldsymbol{v}_{ga}}{\mathrm{d}t} = -\frac{\partial \boldsymbol{v}_R}{\partial \boldsymbol{r}^{\mathrm{T}}}\boldsymbol{v}_{ga} - \dot{\boldsymbol{w}} \tag{5-31}$$

记

$$
\boldsymbol{Q}=\begin{bmatrix}
\dfrac{\partial v_{Rx}}{\partial x} & \dfrac{\partial v_{Rx}}{\partial y} & \dfrac{\partial v_{Rx}}{\partial z}\\
\dfrac{\partial v_{Ry}}{\partial x} & \dfrac{\partial v_{Ry}}{\partial y} & \dfrac{\partial v_{Ry}}{\partial z}\\
\dfrac{\partial v_{Rz}}{\partial x} & \dfrac{\partial v_{Rz}}{\partial y} & \dfrac{\partial v_{Rz}}{\partial z}
\end{bmatrix} \tag{5-32}
$$

于是，方程(5-31)可写成如下矩阵形式

$$
\frac{\mathrm{d}\boldsymbol{v}_{ga}}{\mathrm{d}t}=-\boldsymbol{Q}\boldsymbol{v}_{ga}-\dot{\boldsymbol{w}} \tag{5-33}
$$

方程(5-31)中消去了 $\boldsymbol{v}$，$\boldsymbol{r}$，$\boldsymbol{v}_{ga}$的变化，仅与 $\dot{\boldsymbol{w}}$ 、$\partial\boldsymbol{v}_R/\partial\boldsymbol{r}^{\mathrm{T}}$ 有关；而 $\partial\boldsymbol{v}_R/\partial\boldsymbol{r}^{\mathrm{T}}$ 的元素变化缓慢，可以预先求出每个元素随时间变化的曲线并装定到弹上计算机中，弹上无须导航计算，只解方程(5-33)便可。当 v_{gax}，v_{gay}，v_{gaz}中的大者小于允许值时关机。对于中近程导弹 $\boldsymbol{Q}$ 的元素可取为常值，上述制导方法称为 $\boldsymbol{Q}$-制导法。

5.2.4　不同加速度条件下制导指令的求解

对于具有推力终止功能的固体导弹，关机前推力产生的加速度均大于一个 $\boldsymbol{g}$，甚至是 $\boldsymbol{g}$ 的许多倍，即所谓高加速度推力。若已经知道任一时刻的 $\boldsymbol{v}_{ga}$，为尽快使 $\boldsymbol{v}_{ga}\to 0$，应该通过改变推力方向使 $\mathrm{d}\boldsymbol{v}_{ga}/\mathrm{d}t$ 与 $\boldsymbol{v}_{ga}$的作用线一致。因此导弹的姿态控制指令角速度为

$$
\boldsymbol{\omega}_c=k\frac{\dot{\boldsymbol{v}}_{ga}\times\boldsymbol{v}_{ga}}{\|\dot{\boldsymbol{v}}_{ga}\boldsymbol{v}_{ga}\|} \tag{5-34}
$$

式中，k 为常数。在高加速度推力条件下，$|\dot{\boldsymbol{w}}|\gg|\boldsymbol{v}_{ga}\cdot(\partial\boldsymbol{v}_R/\partial\boldsymbol{r}^{\mathrm{T}})|$，故可取 $\dot{\boldsymbol{w}}$ 与 $\boldsymbol{v}_{ga}$方向一致作为导引的准则。那么，使 $\dot{\boldsymbol{w}}$ 与 $\boldsymbol{v}_{ga}$一致的俯仰、偏航导引信号分别为

$$
\Delta\varphi_c=\frac{v_{gay}\Delta w_x-v_{gax}\Delta w_y}{v_{gax}\Delta w_x+v_{gay}\Delta w_y} \tag{5-35}
$$

$$
\Delta\psi_c=\frac{v_{gax}\Delta w_z-v_{gaz}\Delta w_x}{v_{gax}\Delta w_x+v_{gaz}\Delta w_z} \tag{5-36}
$$

值得注意的是，在临近关机时 $\boldsymbol{v}_{ga}$接近于零。$\boldsymbol{v}_R$ 的微小变化就会使 $\boldsymbol{v}_{ga}$的方向变化很大，使导弹产生很大的转动角速度。为避免此现象发生，在临近关机的一小段时间区间内取姿态为常值，即 $\Delta\varphi_c=\Delta\psi_c=0$。

此外，可以采用对关机点的 $\boldsymbol{v}_R(t_k)$进行预测的导引方法。若 $\boldsymbol{v}_R$ 不随 $\boldsymbol{r}$，t 的变化而变化，为使 $\boldsymbol{v}_{ga}$尽快达到零，则应该取“使导弹的加速度 $\dot{\boldsymbol{v}}$ 与 $\boldsymbol{v}_{ga}$一致”的准则，这将是“推进剂消耗为最少”意义下的最优导引。实际上，在导引过程中，由于火箭的位置和时间的变化，其对应的 $\boldsymbol{v}_R$ 也在不断地变化，故按照“使 $\dot{\boldsymbol{v}}$ 与 $\boldsymbol{v}_{ga}$一致”的准则进行导引便不是最优的方式。但由于 $\boldsymbol{v}_R$ 的变化比较缓慢，可以对关机点的 $\boldsymbol{v}_R$ 进行预测。记关机点处 $\boldsymbol{v}_R$ 为

$\boldsymbol{v}_{R,k}$，并将 $\boldsymbol{v}_R$ 在点 t_i 展开为泰勒级数，近似取

$$\boldsymbol{v}_{R,k} = \boldsymbol{v}_R(t_i) + \dot{\boldsymbol{v}}_R(t_i)(t_k - t_i) \tag{5-37}$$

其中

$$\dot{\boldsymbol{v}}_R(t_i) \approx \frac{\boldsymbol{v}_R(t_i) - \boldsymbol{v}_R(t_{i-1})}{t_i - t_{i-1}} \tag{5-38}$$

另外，根据 $\boldsymbol{v}_{ga}(t_k)=0$ 确定由 t_i 至关机 t_k 的时间为 (t_k-t_i)，并定义

$$\boldsymbol{v}_{ga} = \boldsymbol{v}_{R,k} - \boldsymbol{v} \tag{5-39}$$

假定 $\boldsymbol{v}_{gac}$ 是 $\boldsymbol{v}_{ga}$ 的较大分量，则由 $v_{gac}(t_k)=v_{gac}(t_i)+\dot{v}_{gac}(t_k-t_i)=0$，得到

$$t_k - t_i = -v_{gac}(t_i)/\dot{v}_{gac}(t_i) \tag{5-40}$$

因为 $\dot{v}_c \gg \dot{v}_{Rc,k}$，所以存在

$$\dot{v}_{gac}(t_i) = \dot{v}_{Rc,k} - \dot{v}_c(t_i) \approx -\dot{v}_c(t_i) \approx -\frac{v_c(t_i) - v_c(t_{i-1})}{t_i - t_{i-1}} \tag{5-41}$$

将式(5-41)代入式(5-40)，得

$$t_k - t_i = \frac{v_{gac}(t_i)}{v_c(t_i) - v_c(t_{i-1})}(t_i - t_{i-1}) \tag{5-42}$$

再分别将式(5-42)、式(5-38)代入式(5-37)，整理可得

$$\boldsymbol{v}_{R,k} = \boldsymbol{v}_{R,i} + \frac{\boldsymbol{v}_{R,i} - \boldsymbol{v}_{R,i-1}}{\nabla \boldsymbol{v}_{c,i}} \boldsymbol{v}_{gac,i} \tag{5-43}$$

其中

$$\boldsymbol{v}_{gac,i} = v_{Rc,k,i-1} - v_{c,i} \tag{5-44}$$

由式(5-39)确定 $\boldsymbol{v}_{ga}$，再按照“使 $\dot{\boldsymbol{v}}$ 与 $\boldsymbol{v}_{ga}$ 一致”的准则进行导引，可以达到推进剂消耗的准最优，而且保证关机点附近导弹姿态变化平稳。因此，为了 $\dot{\boldsymbol{v}}$ 与 $\boldsymbol{v}_{ga}$ 一致并采用“使 $\dot{\boldsymbol{v}}$ 与 $\boldsymbol{v}_{ga}$ 一致”准则，必须确定这两个矢量间的夹角，即俯仰角 φ 和偏航角 ψ。若 $\boldsymbol{v}_{ga}$ 对应的欧拉角为 φ_g，ψ_g，$\dot{\boldsymbol{v}}$ 对应的欧拉角为 φ_a，ψ_a，则有

$$\begin{cases} \tan\varphi_g = \dfrac{v_{gay}}{v_{gax}} \\ \tan\psi_g = -\dfrac{v_{gaz}}{v_{gx}'} \end{cases}, \quad \begin{cases} \tan\varphi_a = \dfrac{\dot{v}_y}{\dot{v}_x} \approx \dfrac{\Delta v_y}{\Delta v_x} \\ \tan\psi_a = -\dfrac{\dot{v}_z}{\dot{v}_x'} \approx -\dfrac{\Delta v_z}{\Delta v_x'} \end{cases} \tag{5-45}$$

其中，$v_{gx}'=\sqrt{v_{gax}^2+v_{gay}^2}$，$\Delta v_x'=\sqrt{\Delta v_x^2+\Delta v_y^2}$，根据三角公式

$$\begin{cases} \tan(\varphi_g - \varphi_a) = \dfrac{\tan\varphi_g - \tan\varphi_a}{1 + \tan\varphi_g \tan\varphi_a} \\ \tan(\psi_g - \psi_a) = \dfrac{\tan\psi_g - \tan\psi_a}{1 + \tan\psi_g \tan\psi_a} \end{cases}$$

并考虑到($\varphi_g-\varphi_a$)和($\psi_g-\psi_a$)都比较小，近似可得

$$\varphi_g-\varphi_a=\frac{v_{gay}\Delta v_x-v_{gax}\Delta v_y}{v_{gax}\Delta v_x+v_{gay}\Delta v_y} \tag{5-46}$$

$$\psi_g-\psi_a=\frac{v_{gx}{'}\Delta v_z-v_{gaz}\Delta v_x'}{v_{gx}{'}\Delta v_x'+v_{gaz}\Delta v_z} \tag{5-47}$$

故，俯仰、偏航的导引指令可以分别取

$$\begin{cases}\Delta\varphi_c=\varphi_g-\varphi_a\\ \Delta\psi_c=\psi_g-\psi_a\end{cases} \tag{5-48}$$

当导弹采用末速修正系统时，其末修发动机的推力很小，往往只能产生不到 0.1$\boldsymbol{g}$ 的推力加速度。若仍然采用最小能量轨道的 θ_H 或给定的固定 θ_H 确定 $\boldsymbol{v}_R$，则会出现 $|\dot{\boldsymbol{w}}|<|\boldsymbol{v}_{ga}\cdot(\partial\boldsymbol{v}_R/\partial\boldsymbol{r})|$的情况，此时改变 $\dot{\boldsymbol{w}}$ 的方向不能有效地改变 $\dot{\boldsymbol{v}}_{ga}$ 的方向，因而不能使 $\boldsymbol{v}_{ga}\to0$。在此情况下，可根据速度矢量 $\boldsymbol{v}$ 的倾角 θ_H 作为需要速度的倾角来确定需要速度 $\boldsymbol{v}_R$，然后采取使 $\dot{\boldsymbol{w}}$ 与 $\boldsymbol{v}_{ga}$一致的导引方法，实现低加速度推力的末速修正导引。

5.2.5　仿真验证和分析

本节以两级固体运载火箭针对大小射程椭圆轨道任务为例，在参数偏差及不确定性条件下，验证闭路制导方法的制导精度及鲁棒性，仿真配置见表 5-1。固体火箭发动机的性能特性受环境温度影响变化显著，在高低温条件下额定工作时间偏差达到 10%的程度，为制导方法的适应性及鲁棒性带来了一定的困难与挑战。

表 5-1　在参数偏差及不确定性条件下的仿真配置

序号	参数名称	单位	第一子级数值	第二子级数值
1	起飞质量	kg	+120/-120	+15/-15
2	发动机工作时间	s	+6/-6	+2.0/-2.0
3	发动机平均推力(相对偏差)	%	+10/-10	+5/-5
4	气动力系数	%	±15	—
5	大气密度(相对偏差)	%	±15	—
6	风速	m/s	随高度变化的数据表	—

固体运载火箭的起飞质量为 15t、额定最大射程为 4 600km，在第二子级采用闭路制导方法在大小射程范围内分别进行 1 500km、2 500km、3 500km 和 4 500km 四种任务条件下落点射程的仿真。由于在上升段和下降段存在对称的需要速度矢量，为实现最大射程约束，闭路制导方法针对大射程范围时取椭圆轨道上升段的解，而对于小射程范围时取椭圆

轨道下降段的解，仿真结果如图 5-5 所示。

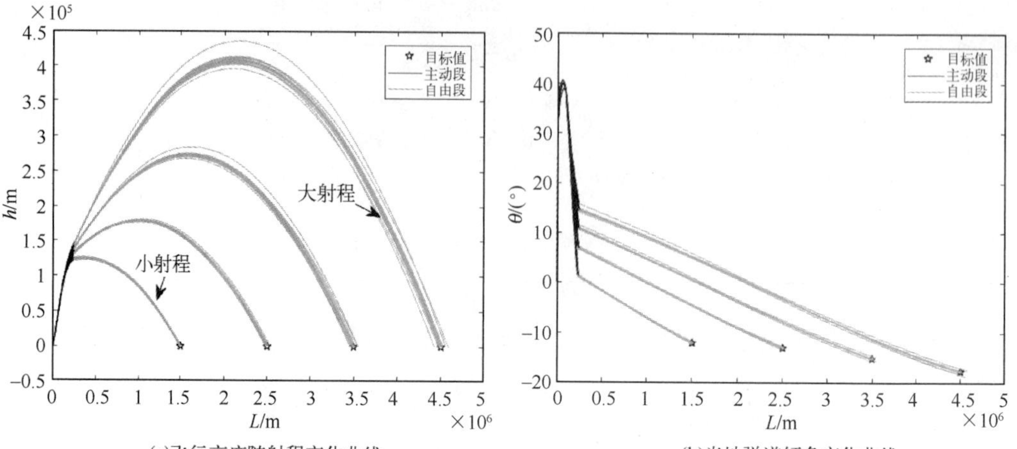

(a)飞行高度随射程变化曲线　(b)当地弹道倾角变化曲线

图 5-5　大小射程任务条件下仿真弹道曲线簇

闭路制导方法根据不同的射程约束解算出相应的俯仰角指令(火箭在射击平面内飞行偏航角保持在零附近)并导引火箭完成不同的惯性落点任务，对所设定的落点任务具有一定适应性。为实现小射程约束，闭路制导方法将约束点设计在椭圆轨道的下降段，一方面减少火箭跨越远地点带来的射程，另一方面下降段需要发动机提供的待增速度更大，并以此来抵消火箭富余的弹道能量。终端约束参数变化曲线簇及落点偏差散布如图 5-6 所示。

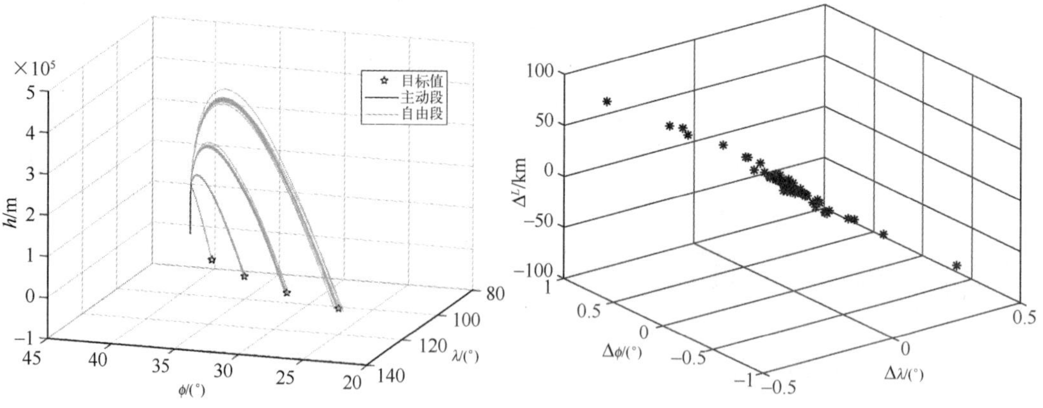

(a) 经纬高三维弹道曲线　(b) 落点偏差散布

图 5-6　终端约束参数变化曲线簇及落点偏差散布

各射程任务要求下打靶仿真统计结果见表 5-2，在闭路制导方法的导引下，固体运载火箭针对给定的射程约束、射程偏差的期望值均小于 5km，但标准差随着目标射程的增大而增加，从 5.702km 直到 29.334km，而且在 4 500km 射程任务条件下偏差最大值达到 85.829km。存在较大偏差散布的主要原因是：固体火箭发动机在高低温燃烧环境下，推力变化及工作时间变化显著，特别是在采用耗尽关机的方式下，发动机产生的总速度增量的变动无法得到限制，导致闭路制导方法无法精确计算待增速度矢量，从而产生关机点状态偏差。随着落点射程的增加，火箭自由飞行时间逐渐加长，关机点状态的偏差将沿着自由飞行段传播并呈现放大的趋势，导致落点射程偏差随目标射程约束的增大而增加。

表 5-2　各射程任务要求下打靶仿真统计结果

类别	落点射程偏差/km			
	任务一	任务二	任务三	任务四
目标值	1 500	2 500	3 500	4 500
期望值	-1.552	1.487	3.592	4.324
标准差	5.702	11.103	20.268	29.334
最大值	13.198	35.991	53.961	85.829

5.3　瞬时轨道落点及其导数的解析形式

固体运载火箭在没有推力或气动力等合外作用力的影响下，开普勒轨道的瞬时轨道落点（定义为：当前时刻的飞行状态沿开普勒轨道映射至地面落点的经纬度）应保持不变。然而，一旦火箭受到外力的作用，瞬时轨道落点将会在地球表面移动，移动的方式将根据瞬时轨道落点纬度和经度的导数来确定[5]。

5.3.1　瞬时轨道落点的解析函数

在落地之前的自由飞行阶段，根据当前速度矢量 $\boldsymbol{v}_0$ 和位置矢量 $\boldsymbol{r}_0$，火箭的角动量 h 保持不变

$$h = r^2\dot{\theta}_{\text{ano}} = r_0 v_0 \cos\vartheta_l = \text{constant} \tag{5-49}$$

此外，根据自由飞行阶段的特性及解析公式(3-77)，射程角 β_e 满足如下关系

$$\frac{r(\beta_e)}{r_0} = \frac{\lambda\cos^2\vartheta_l}{1-\cos\beta_e} + \frac{\cos\vartheta_l}{\cos(\beta_e+\vartheta_l)} \tag{5-50}$$

由于瞬时轨道落点在地球表面，则 $r(\beta_e)\equiv R_e$，当忽略地球表面的高度随经纬度的变化以及局部隆起时，射程角 β_e 的等式(5-50)表示为待定系数的形式

$$A_1\sin\beta_e + A_2\cos\beta_e = A_3 \tag{5-51}$$

对比式(5-50)和式(5-51)，并根据动量矩关系式(5-49)得到待定系数的表达式为

$$\begin{cases} A_1 = -\dfrac{r_0 v_0^2}{\mu}\sin\vartheta_l\cos\vartheta_l = -\dfrac{h}{\mu r_0}(\boldsymbol{r}_0 \cdot \boldsymbol{v}_0) \\ A_2 = \dfrac{h}{\mu r_0} - 1,\quad A_3 = \dfrac{h}{\mu r} - 1 \end{cases} \tag{5-52}$$

通过求解式(5-51)，得到射程角 β_e 的表达式为

$$\sin\beta_e = \frac{A_1 A_3 + \sqrt{A_1^2 A_3^2 - (A_1^2 + A_2^2)(A_3^2 - A_2^2)}}{A_1^2 + A_2^2} \tag{5-53}$$

瞬时轨道落点 $\boldsymbol{r}_p$ 根据当前速度矢量 $\boldsymbol{v}_0$ 和位置矢量 $\boldsymbol{r}_0$ 得到非正交坐标表达式

$$\mathbf{1}_{r_p} = \frac{\cos(\beta_e + \vartheta_l)}{\cos\vartheta_l}\mathbf{1}_{r_0} + \frac{\sin\beta_e}{\cos\vartheta_l}\mathbf{1}_{v_0} \tag{5-54}$$

式中，各矢量由单位矢量表述为

$$\boldsymbol{r}_p = r_p \cdot \mathbf{1}_{r_p},\qquad \boldsymbol{r}_0 = r_0 \cdot \mathbf{1}_{r_0},\qquad \boldsymbol{v}_0 = v_0 \cdot \mathbf{1}_{v_0}$$

瞬时轨道落点的经度和纬度通过式(5-54)计算得到。为了便于理论推导，这里给出了地心惯性坐标系下瞬时轨道落点 $\boldsymbol{r}_p$ 的经度 λ_p 和纬度 ϕ_p，由单位矢量的分量得到

$$\begin{cases} \phi_p = \arcsin(\mathbf{1}_{pz}) \\ \lambda_p^I = \arctan(\mathbf{1}_{py}/\mathbf{1}_{px}) \end{cases} \tag{5-55}$$

加上地球的旋转补偿，与地球固连的相对经度为

$$\lambda_p = \lambda_p^I - \omega_e(t - t_{ref} + t_F) \tag{5-56}$$

式中，t 是当前时间；t_{ref}是惯性坐标系与地球固连的坐标系对齐的时间；t_F 是火箭撞击前的飞行时间。由自由飞行段特性解析公式得

$$t_F = \frac{r_0}{v_0\cos\vartheta_l}\left\{\frac{\tan\vartheta_l(1-\cos\beta_e) + (1-\lambda)\sin\beta_e}{(2-\lambda)\left[\dfrac{1-\cos\beta_e}{\lambda\cos^2\vartheta_l} + \dfrac{\cos(\vartheta_l + \beta_e)}{\cos\vartheta_l}\right]} + \frac{2\cos\vartheta_l}{\lambda(2/\lambda - 1)^{1.5}}\arctan\left[\frac{\sqrt{2/\lambda} - 1}{\cos\vartheta_l\cot(\beta_e/2) - \sin\vartheta_l}\right]\right\} \tag{5-57}$$

至此，固体运载火箭由当前速度矢量 $\boldsymbol{v}_0$ 和位置矢量 $\boldsymbol{r}_0$ 解析推导得到瞬时轨道落点表达式，其中射程角、落点经度和落点纬度分别为式(5-53)、式(5-55)和式(5-56)。为了获得瞬时轨道落点关于合外力作用的理论关系，需要对其解析表达式的时间导数进一步推导(图 5-7)。

5.3.2　落点时间及射程角的解析导数

在推导瞬时轨道落点的解析导数关系时，落点时间及射程角是两个重要的参数，是求解瞬时轨道落点经度和纬度对时间导数的关键。

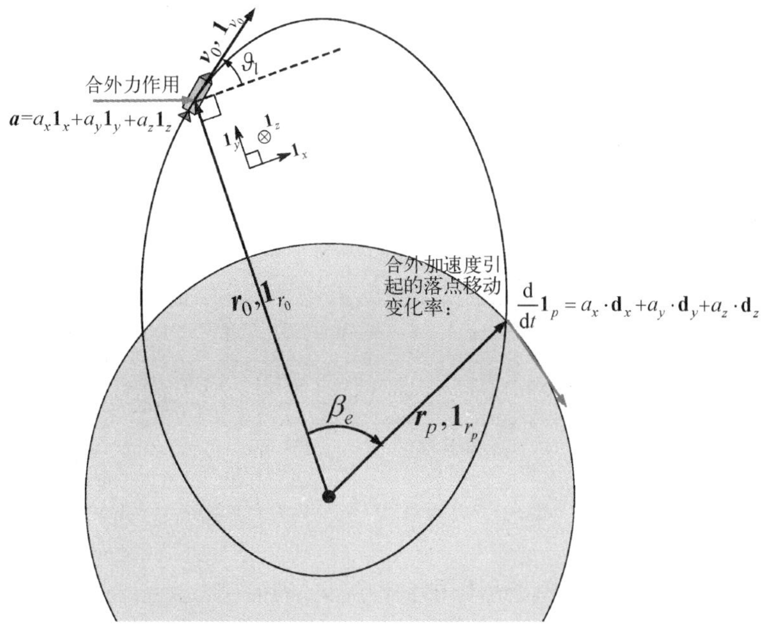

图 5-7　瞬时轨道落点及其导数原理示意图

(1)瞬时轨道落点射程角解析导数的理论推导

为了获得飞行射程角的时间导数的表达式，对等式(5-51)两边求导得

$$\dot{A}_1\sin\beta_e+\dot{\beta}_eA_1\cos\beta_e+\dot{A}_2\cos\beta_e-\dot{\beta}_eA_2\sin\beta_e=\dot{A}_3 \tag{5-58}$$

根据待定系数的表达式，得到导数 $\dot{A}_1$ 的表达式为

$$\dot{A}_1=\frac{\dot{r}_0h}{\mu r_0^2}(\boldsymbol{r}_0\cdot\boldsymbol{v}_0)-\frac{\dot{h}}{\mu r_0}(\boldsymbol{r}_0\cdot\boldsymbol{v}_0)-\frac{h}{\mu r_0}\left[\frac{\mathrm{d}}{\mathrm{d}t}(\boldsymbol{r}_0\cdot\boldsymbol{v}_0)\right] \tag{5-59}$$

为了推导导数关系式(5-58)的解析关系，由轨道根数及飞行状态关于时间的导数关系，得到角动量大小的时间导数为

$$\dot{h}=\frac{1}{h}\left[r_0^2(\boldsymbol{v}_0\cdot\boldsymbol{a})-(\boldsymbol{r}_0\cdot\boldsymbol{v}_0)(\boldsymbol{r}_0\cdot\boldsymbol{a})\right]=r_0\cdot a_y \tag{5-60}$$

位置和速度矢量点积的时间导数为

$$\begin{aligned}\frac{\mathrm{d}}{\mathrm{d}t}(\boldsymbol{r}_0\cdot\boldsymbol{v}_0)&=(\boldsymbol{v}_0\cdot\boldsymbol{v}_0)+[\boldsymbol{r}_0\cdot(\boldsymbol{g}+\boldsymbol{a})]\\&=v_0^2-\mu/r_0+r_0\cdot a_x\end{aligned} \tag{5-61}$$

并且位置矢量大小的时间导数 $\dot{r}_0=\mathbf{1}_{r_0}\cdot\boldsymbol{v}_0=v_0\sin\vartheta_l$，根据火箭当前状态及加速度，将 $\dot{A}_1$ 整理为

$$\dot{A}_1 = \left[\frac{v_0\cos\vartheta_l}{r_0}\left(1 - \frac{h^2}{\mu r_0}\right)\right] + \left(-\frac{h}{\mu}\right)a_x + \left(-\frac{\boldsymbol{r}_0 \cdot \boldsymbol{v}_0}{\mu}\right)a_y \tag{5-62}$$

类似地，$\dot{A}_2$ 和 $\dot{A}_3$ 进一步整理为

$$\begin{cases} \dot{A}_2 = -\dfrac{\dot{r}_0 h^2}{\mu r_0^2} + \dfrac{2h\dot{h}}{\mu r_0} = \left(-\dfrac{v_0^3\sin\vartheta_l\cos^2\vartheta_l}{\mu}\right) + \left(\dfrac{2h}{\mu}\right)a_y \\ \dot{A}_3 = \dfrac{2h\dot{h}}{\mu r_p} = \left(\dfrac{2r_0 h}{\mu r_p}\right)a_y \end{cases} \tag{5-63}$$

根据待定系数及其导数的解析关系，式(5-58)是关于射程角 β_e 及其导数 $\dot{\beta}_e$ 的函数，故其导数的表达式为

$$\dot{\beta}_e = \frac{\dot{A}_3 - \dot{A}_1\sin\beta_e - \dot{A}_2\cos\beta_e}{-A_2\sin\beta_e + A_1\cos\beta_e} \tag{5-64}$$

将式(5-62)和式(5-63)代入式(5-64)中，得到火箭当前状态及加速度分量的函数关系，其导数 $\dot{\beta}_e$ 简化并整理为

$$\dot{\beta}_e = -\frac{h}{r_0^2} + D_x^{\beta_e}a_x^{\beta_e} + D_y^{\beta_e}a_y^{\beta_e} \tag{5-65}$$

其中

$$\begin{cases} D_x^{\beta_e} = \dfrac{\partial\dot{\beta}_e}{\partial a_x} = \dfrac{h\sin\beta_e}{\mu(-A_2\sin\beta_e + A_1\cos\beta_e)} \\ D_y^{\beta_e} = \dfrac{\partial\dot{\beta}_e}{\partial a_y} = \dfrac{2h(r_0/r_p - \cos\beta_e) + (\boldsymbol{r}_0 \cdot \boldsymbol{v}_0)\sin\beta_e}{\mu(-A_2\sin\beta_e + A_1\cos\beta_e)} \end{cases}$$

(2)瞬时轨道落点飞行时间解析导数的理论推导

由于落点飞行时间[式(5-57)]的表达式非常复杂，而且通过微分方程来求解飞行时间的时间导数 $\dot{t}_F$ 的表达式极其困难，故采用轨道根数计算飞行时间的替代公式来计算其时间导数，飞行时间、平均运动、当前和撞击时刻的平近点角 M_0、M_p 以及当前和落点时刻的偏近点角 E_0、E_p 之间的关系表示为

$$nt_F = M_p - M_0 = (E_p - e\sin E_p) - (E_0 - e\sin E_0) \tag{5-66}$$

式中，偏近点角 E_0 由等式 $r_0 = a(1-e\cos E_0)$ 计算，E_p 由等式 $r_p = a(1-e\cos E_p)$ 计算。对式(5-66)两边求导，落点飞行时间的导数满足等式关系

$$\dot{t}_F = \frac{1}{n}[\dot{E}_p(1 - e\cos E_p) - \dot{E}_0(1 - e\cos E_0) - \dot{e}(\sin E_p - \sin E_0) - \dot{n}t_F] \tag{5-67}$$

偏近点角的导数及位置大小的导数关系为

$$\begin{cases}\dot{r}_0 = v_0\sin\vartheta_l = \dot{a}(1 - e\cos E_0) + a(-\dot{e}\cos E_0 + e\dot{E}_0\sin E_0)\\ \dot{r}_p = 0 = \dot{a}(1 - e\cos E_p) + a(-\dot{e}\cos E_p + e\dot{E}_p\sin E_p)\\ \dot{E}_0 = \dfrac{v_0\sin\vartheta_l - \dot{a}(1 - e\cos E_0) + a\dot{e}\cos E_0}{ae\sin E_0}\\ \dot{E}_p = \dfrac{-\dot{a}(1 - e\cos E_p) + a\dot{e}\cos E_p}{ae\sin E_p}\end{cases} \tag{5-68}$$

此外，平均运动的时间导数 $\dot{n} = -1.5(n/a)\cdot\dot{a}$，半长轴的时间导数为

$$\dot{a} = \frac{2a^2}{\mu}(\boldsymbol{v}_0\cdot\boldsymbol{a}) = \left(\frac{2a^2v_0\sin\vartheta_l}{\mu}\right)\cdot a_x + \left(\frac{2a^2v_0\cos\vartheta_l}{\mu}\right)\cdot a_y = D_x^a a_x + D_y^a a_y \tag{5-69}$$

以及偏心率的时间导数为

$$\begin{aligned}\dot{e} &= \frac{1}{\mu ae}[(\boldsymbol{r}_0\cdot\boldsymbol{v}_0)(\boldsymbol{r}_0\cdot\boldsymbol{a}) + (pa - r_0^2)(\boldsymbol{v}_0\cdot\boldsymbol{a})]\\ &= \left(\frac{pv_0\sin\vartheta_l}{\mu e}\right)\cdot a_x + \left[\frac{(pa - r_0^2)v_0\cos\vartheta_l}{\mu ae}\right]\cdot a_y\\ &= D_x^e a_x + D_y^e a_y\end{aligned} \tag{5-70}$$

将导数关系式(5-68)、式(5-69)及式(5-70)代入式(5-67)后，得到落点飞行时间导数的表达式为

$$\dot{t}_F = -1 + D_a^t\dot{a} + D_e^t\dot{e} \tag{5-71}$$

其中

$$D_a^t = \frac{\partial\dot{t}_F}{\partial\dot{a}} = \frac{3t_F}{2a} - \frac{1}{a^2en}\left[\frac{r_p(1 - e\cos E_p)}{\sin E_p} - \frac{r_0(1 - e\cos E_0)}{\sin E_0}\right] \tag{5-72}$$

$$D_e^t = \frac{\partial\dot{t}_F}{\partial\dot{e}} = \frac{1}{n}\left\{\left[\frac{\cos E_p(1 - e\cos E_p)}{e\sin E_p} - \frac{\cos E_0(1 - e\cos E_0)}{e\sin E_0}\right] - (\sin E_p - \sin E_0)\right\} \tag{5-73}$$

为了得到统一的导数关系，将式(5-71)展开表示为加速度分量的形式

$$\begin{aligned}\dot{t}_F &= -1 + D_a^t(D_x^a a_x + D_y^a a_y) + D_e^t(D_x^e a_x + D_y^e a_y)\\ &= -1 + (D_a^tD_x^a + D_e^tD_x^e)a_x + (D_a^tD_y^a + D_e^tD_y^e)a_y\end{aligned} \tag{5-74}$$

其中

$$D_x^t = \frac{\partial\dot{t}_F}{\partial a_x} = D_a^tD_x^a + D_e^tD_x^e \tag{5-75}$$

$$D_y^t = \frac{\partial \dot{t}_F}{\partial a_y} = D_a^t D_y^a + D_e^t D_y^e \tag{5-76}$$

因此，由导数关系式(5-72)、式(5-73)、式(5-75)和式(5-76)，得到由当前状态及加速度分量表示的落点飞行时间导数的表达式为

$$\dot{t}_F = -1 + D_x^t a_x + D_y^t a_y \tag{5-77}$$

5.3.3　瞬时轨道落点经纬度的时间导数

瞬时轨道落点单位矢量在非正交矢量中的表达式[式(5-54)]，是关于纬度和经度的函数。为求解其导数的函数关系，等式的两边乘以角动量 h 的大小，其表达式为

$$\begin{aligned} h \cdot \mathbf{1}_p &= r_0 v_0 \cos(\vartheta_l + \beta_e) \cdot \mathbf{1}_{r_0} + r_0 v_0 \sin\beta_e \cdot \mathbf{1}_{v_0} \\ &= r_0 v_0 (\cos\vartheta_l \cos\beta_e - \sin\vartheta_l \sin\beta_e) \cdot \mathbf{1}_{r_0} + r_0 \sin\beta_e \cdot \boldsymbol{v}_0 \\ &= h\cos\beta_e \cdot \mathbf{1}_{r_0} - (\boldsymbol{r}_0 \cdot \boldsymbol{v}_0)\sin\beta_e \cdot \mathbf{1}_{r_0} + r_0 \sin\beta_e \cdot \boldsymbol{v}_0 \end{aligned} \tag{5-78}$$

同时对等式(5-78)两边求导得

$$\begin{aligned} \dot{h} \cdot \mathbf{1}_p + h\frac{\mathrm{d}\mathbf{1}_p}{\mathrm{d}t} = {} & \dot{h}\cos\beta_e \cdot \mathbf{1}_{r_0} - (\dot{\beta}_e h \sin\beta_e) \cdot \mathbf{1}_{r_0} - \frac{\mathrm{d}(\boldsymbol{r}_0 \cdot \boldsymbol{v}_0)}{\mathrm{d}t} \cdot \sin\beta_e \cdot \mathbf{1}_{r_0} + (\dot{r}\sin\beta_e) \cdot \boldsymbol{v}_0 - \\ & (\boldsymbol{r}_0 \cdot \boldsymbol{v}_0) \cdot \dot{\beta}_e \cdot \cos\beta_e \cdot \mathbf{1}_{r_0} + [h\cos\beta_e - (\boldsymbol{r}_0 \cdot \boldsymbol{v}_0)\sin\beta_e] \cdot \frac{\mathrm{d}\mathbf{1}_{r_0}}{\mathrm{d}t} + \\ & (\dot{\beta}_e r \cos\beta_e) \cdot \boldsymbol{v}_0 + r\sin\beta_e \left(-\frac{\mu}{r^2}\mathbf{1}_{r_0} + a_x \mathbf{1}_{r_0} + a_y \mathbf{1}_y + a_z \mathbf{1}_z \right) \end{aligned} \tag{5-79}$$

其中速度矢量大小的时间导数为

$$\dot{v}_0 = \mathbf{1}_{v_0} \cdot [\boldsymbol{g}(\boldsymbol{r}_0) + \boldsymbol{a}] = \left(\frac{-\mu\sin\vartheta_l}{r_0^2} \right) + \sin\vartheta_l \cdot a_x + \cos\vartheta_l \cdot a_y \tag{5-80}$$

单位位置矢量的时间导数为

$$\frac{\mathrm{d}}{\mathrm{d}t}\mathbf{1}_{r_0} = \frac{\mathrm{d}}{\mathrm{d}t}\left(\frac{\mathbf{1}}{r_0}\boldsymbol{r}_0 \right) = \left(\frac{-v_0\sin\vartheta_l}{r_0} \right) \cdot \mathbf{1}_{r_0} + \left(\frac{v_0}{r_0} \right) \cdot \mathbf{1}_{v_0} \tag{5-81}$$

将瞬时轨道落点射程角[式(5-65)]代入导数关系[式(5-79)]，整理得到瞬时轨道落点单位矢量的表达式为

$$\frac{\mathrm{d}}{\mathrm{d}t}\mathbf{1}_p = \begin{pmatrix} \dfrac{\mathrm{d}\mathbf{1}_{px}}{\mathrm{d}t} \\ \dfrac{\mathrm{d}\mathbf{1}_{py}}{\mathrm{d}t} \\ \dfrac{\mathrm{d}\mathbf{1}_{pz}}{\mathrm{d}t} \end{pmatrix} = a_x \cdot \mathbf{d}_x + a_y \cdot \mathbf{d}_y + a_z \cdot \mathbf{d}_z \tag{5-82}$$

式中，矢量导数为

$$\begin{cases}\mathbf{d}_x = \dfrac{\partial(\mathrm{d}\mathbf{1}_p/\mathrm{d}t)}{\partial a_x} = \dfrac{1}{h}\{-[h\sin\beta_e + (\boldsymbol{r}_0 \cdot \boldsymbol{v}_0)\cos\beta_e] D_x^{\beta_e}\mathbf{1}_{r_0} + (r_0 v_0 \cos\beta_e) D_x^{\beta_e}\mathbf{1}_{v_0}\} \\ \mathbf{d}_y = \dfrac{\partial(\mathrm{d}\mathbf{1}_p/\mathrm{d}t)}{\partial a_y} = \dfrac{1}{h}\{[r_0\cos\beta_e - (h\sin\beta_e + \boldsymbol{r}_0 \cdot \boldsymbol{v}_0 \cdot \cos\beta_e) D_y^{\beta_e}] \cdot \mathbf{1}_{r_0} + \\ \qquad r_0 v_0 \cos\beta_e \cdot D_y^{\beta_e} \cdot \mathbf{1}_{v_0} + r_0 \sin\beta_e \cdot \mathbf{1}_y - r_0 \cdot \mathbf{1}_p\} \\ \mathbf{d}_z = \dfrac{\partial(\mathrm{d}\mathbf{1}_p/\mathrm{d}t)}{\partial a_z} = \dfrac{1}{h}(r_0\sin\beta_e) \cdot \mathbf{1}_z \end{cases} \tag{5-83}$$

式(5-82)中的下标 x、y 和 z 分别是地心惯性坐标系中的分量。那么，瞬时轨道落点纬度的导数通过对式(5-55)微分后得到

$$\frac{\mathrm{d}(\phi_p)}{\mathrm{d}t} = \left[\frac{1}{\cos(\phi_p)}\right]\frac{\mathrm{d}\mathbf{1}_{pz}}{\mathrm{d}t} \tag{5-84}$$

惯性坐标系中瞬时轨道落点经度的导数可以通过对等式(5-55)微分后计算得

$$\frac{\mathrm{d}(\lambda_p^I)}{\mathrm{d}t} = \frac{[\cos(\lambda_p^I)]\dfrac{\mathrm{d}\mathbf{1}_{py}}{\mathrm{d}t} - [\sin(\lambda_p^I)]\dfrac{\mathrm{d}\mathbf{1}_{px}}{\mathrm{d}t}}{\cos(\lambda_p^I)\mathbf{1}_{px} + \sin(\lambda_p^I)\mathbf{1}_{py}} \tag{5-85}$$

最后，通过对式(5-56)微分后得到地球固连坐标系中瞬时轨道落点经度的导数为

$$\frac{\mathrm{d}(\lambda_p)}{\mathrm{d}t} = \frac{\mathrm{d}(\lambda_p^I)}{\mathrm{d}t} - \omega_e(1 + \dot{t}_F) \tag{5-86}$$

5.3.4 数值解与解析解的仿真校验

本节将对所推导出来的瞬时轨道落点的相关导数进行仿真校验，以验证所提出的解析方法的正确性和有效性。当合外力为零(即 $\boldsymbol{a}=\mathbf{0}$)时，瞬时轨道落点保持不变，落点开普勒轨道上的真近点角和落点时间是恒定的，即存在等式关系

$$\begin{cases} f_p = f_0 + \beta_e = \text{constant} \\ t_p = t_0 + t_F = \text{constant} \end{cases} \tag{5-87}$$

对式(5-87)两边微分求得 $\dot{\beta}_e$，并根据轨道动量矩守恒得到

$$\dot{\beta}_e = -\dot{f}_0 = -h/r_0^2 \tag{5-88}$$

类似地，得到落点时间的导数为

$$\dot{t}_F = -1 \tag{5-89}$$

根据射程角导数的解析式[式(5-65)]和落点时间导数的解析式[式(5-77)]，当 $\boldsymbol{a}=\boldsymbol{0}$ 时，$a_x^{\beta_e}$，$a_y^{\beta_e}$ 以及 a_x，a_y 均为零，故与式(5-88)和式(5-89)的结果是一致的，表明解析解包含了特殊情况下火箭瞬时轨道落点的导数。

当固体运载火箭在推进过程中受到外力作用时，通过数值积分和解析解的对比，验证瞬时轨道落点解析公式的正确性。火箭的初始质量为 2 100 kg，时间比冲为 210s，秒耗量为 19. 572 5kg/s，额定工作时间为 32s，初始飞行状态(发射惯性系)为

$$\begin{cases}\boldsymbol{r}_0 = [70953.5 \quad 78658.4 \quad 316.1]^{\mathrm{T}} & (\text{单位 km})\\ \boldsymbol{v}_0 = [2620.7 \quad 2200.6 \quad 15.5]^{\mathrm{T}} & (\text{单位 m/s})\end{cases} \tag{5-90}$$

在给定初始点 $\boldsymbol{r}_0$、$\boldsymbol{v}_0$，固体运载火箭箭体方向以俯仰角 10°和偏航角-5°，以及俯仰角-10°和偏航角 5°两种条件，采用数值方法的计算结果和解析解法的计算结果对比见表 5-3，可以看出这两种方法获得的导数值匹配良好，验证了针对给定点处的解析导数。

表 5-3　瞬时轨道落点偏导数计算结果的验证

参数类别	单位	俯仰角 10°和偏航角-5°		俯仰角-10°和偏航角 5°	
		解析导数	数值导数	解析导数	数值导数
射程角导数 $\dot{\beta}_e$	(°)/s	0. 108 983	0. 108 984	0. 062 425	0. 062 425
落点时间导数 $\dot{t}_F$	s/s	3. 640 05	3. 640 06	3. 195 22	3. 195 23
落点纬度导数 $\dot{\phi}_p$	(°)/s	-0. 031 027 4	-0. 031 027 6	-0. 006 732 24	-0. 006 732 25
落点经度导数 $\dot{\lambda}_p$	(°)/s	0. 150 245	0. 150 245	0. 097 794 6	0. 097 794 5

在持续推进过程中，火箭以常值姿态角(俯仰角 10°和偏航角-5°)推进飞行，瞬时轨道落点的导数 $\dot{\beta}_e$、$\dot{t}_F$、$\dot{\phi}_p$ 和 $\dot{\lambda}_p$ 的变化曲线如图 5-8 所示，两种状态下解析法计算结果与数值法计算结果变化趋势一致，计算精度吻合度高，验证了瞬时轨道落点导数计算的正确性。

根据瞬时轨道落点导数的灵敏度 $\dot{\beta}_e$ 和 $\dot{t}_F$ 随着发动机剩余燃烧时间的减少，瞬时轨道落点经度导数和纬度导数的变化在飞行后期比初始阶段更快。解析法和数值法所得瞬时轨道落点的相关导数偏差变化曲线如图 5-9 所示，解析导数成功地解释了开普勒瞬时轨道落点的运动及其趋势。因此，根据灵敏度信息及其变化趋势可以确定应该施加到火箭上的力的大小和方向，并以期望的方式改变其瞬时轨道落点。

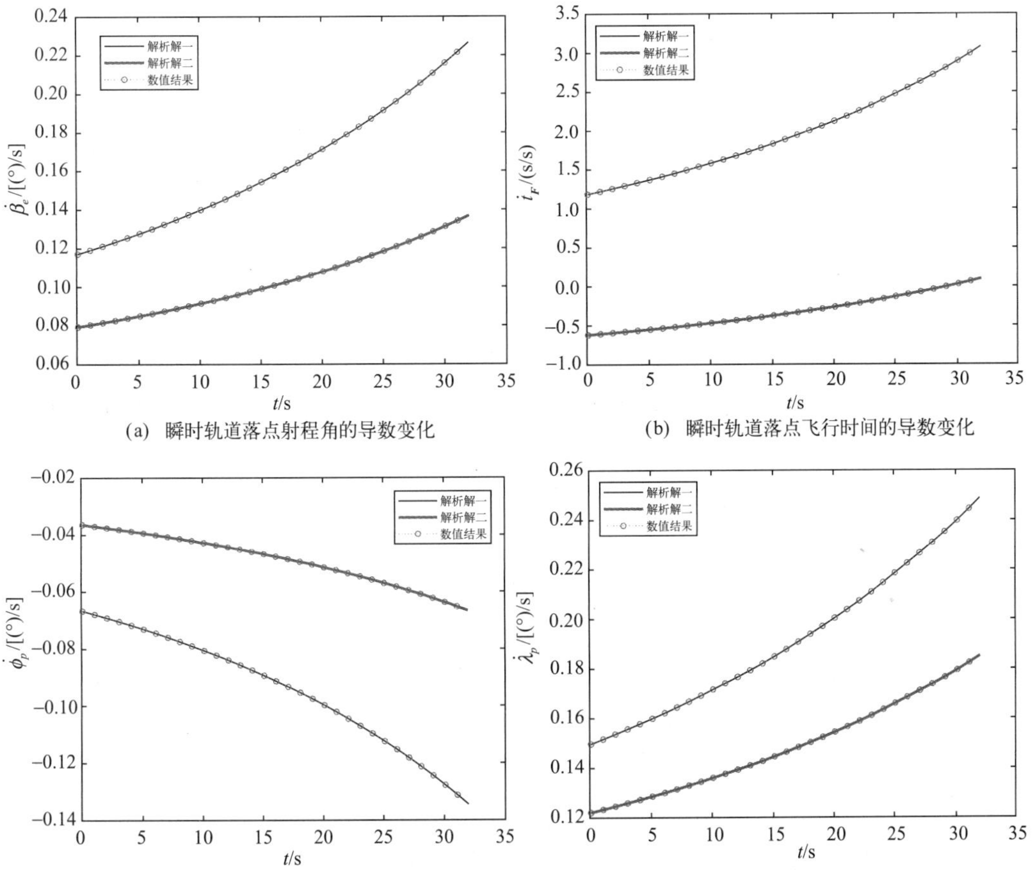

(a) 瞬时轨道落点射程角的导数变化　　(b) 瞬时轨道落点飞行时间的导数变化

(c) 瞬时轨道落点纬度的导数变化　　(d) 瞬时轨道落点经度的导数变化

图 5-8　瞬时轨道落点的相关导数变化曲线

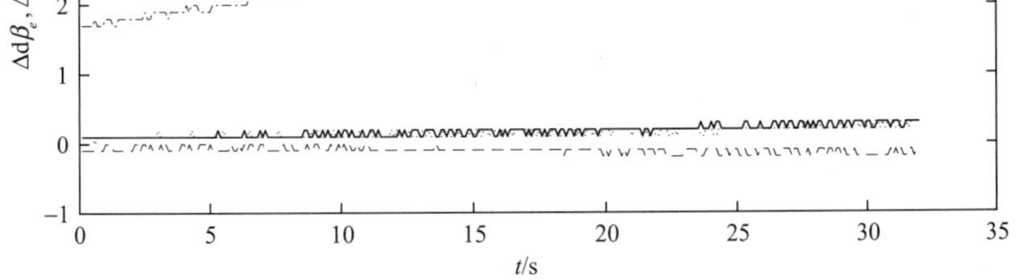

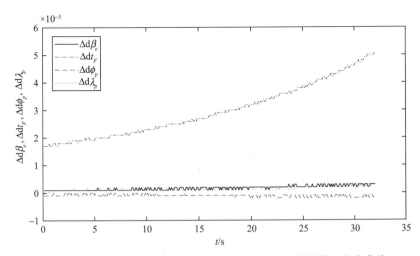

图 5-9　解析法和数值法所得瞬时轨道落点的相关导数偏差变化曲线

5.4 瞬时轨道落点的闭环制导方法

第 5.3 节引入了瞬时轨道落点的概念，并推导出了瞬时轨道落点经纬度及其导数由合外加速度表示的解析形式，建立了瞬时轨道落点经纬度及其运动趋势的函数关系。因此，本节由瞬时轨道落点纬度和经度及其导数的函数关系，通过瞬时轨道落点到达期望落点的矢量移动，来构成加速度矢量反馈的闭环制导方法[6]。

5.4.1 瞬时轨道落点控制的问题描述

为了将当前瞬时轨道落点移动到目标位置，在由这两点以及地心构成的平面内，通过控制瞬时落点的移动矢量来确定运载火箭当前所需要的加速度矢量，各单位矢量的定义如图 5-10 所示。显然，该制导方法可以使瞬时轨道落点速度向量与连接当前瞬时碰撞点和目标位置的圆弧方向保持一致并且使落点速度最大。

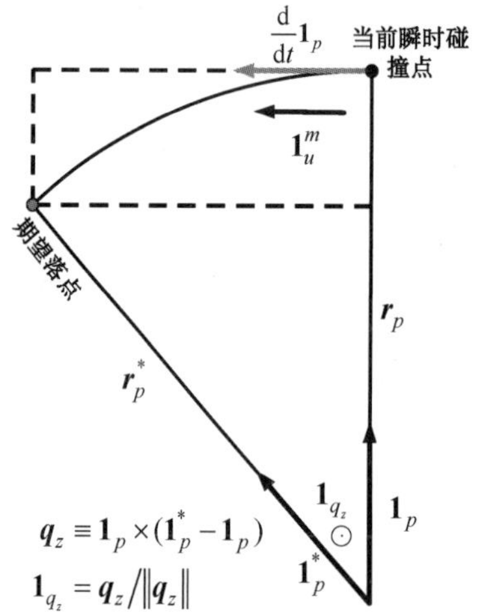

图 5-10 瞬时轨道落点制导过程各单位矢量的定义

从当前瞬时碰撞点到目标瞬时碰撞点沿地球表面的最短路径为连接两点的圆弧。$\mathbf{1}_p^*$ 表示地心地固坐标系中的目标瞬时碰撞点矢量，$\boldsymbol{q}_z$ 定义为 $\mathbf{1}_p^*$ 和$(\mathbf{1}_p^* - \mathbf{1}_p)$所决定平面的法向量，$\mathbf{1}_{q_z}$为其单位向量，表示为

$$\boldsymbol{q}_z \equiv \mathbf{1}_p \times (\mathbf{1}_p^* - \mathbf{1}_p), \quad \mathbf{1}_{q_z} = \boldsymbol{q}_z / \| \boldsymbol{q}_z \| \tag{5-91}$$

连接当前和目标瞬时落点的球面在最短路径方向上的单位向量 $\mathbf{1}_u^m$ 表示为

$$\mathbf{1}_u^m = \mathbf{1}_{q_z} \times \mathbf{1}_p \tag{5-92}$$

而保持瞬时落点在球面上不动的单位向量 $\mathbf{1}_u^0$ 表示为

$$\mathbf{1}_u^0 \times \mathbf{1}_p^* = \mathbf{0} \tag{5-93}$$

耗尽关机的固体运载火箭在推进过程中需要在最短路径方向上控制落点移动，还需要在能

量过剩的条件下保持落点在球面上不动(零射程线)，故控制落点移动的单位矢量 $\mathbf{1}_g$ 定义为

$$\mathbf{1}_g = f(\mathbf{1}_u^m,\ \mathbf{1}_u^0) \tag{5-94}$$

根据瞬时轨道落点关于加速度的单位矢量关系式[式(5-82)]，在合外力产生的加速度 $\boldsymbol{a}$ 作用下的瞬时碰撞点的导数应沿着落点移动控制矢量 $\mathbf{1}_g$。由最优化理论，为了使落点移动过程最大化，$(\mathrm{d}\mathbf{1}_p/\mathrm{d}t)\cdot\mathbf{1}_g$ 需要满足的必要条件为

$$\boldsymbol{a}\cdot\boldsymbol{a} - a_m^2 = 0,\quad (\mathrm{d}\mathbf{1}_p/\mathrm{d}t)\cdot\mathbf{1}_{q_z} = 0 \tag{5-95}$$

因此，式(5-94)和式(5-95)构成了带约束的最优化问题，则瞬时落点制导加速度指令的最优化问题描述形式为

$$\max_x J(\boldsymbol{x}) = (\boldsymbol{c}^{\mathrm{T}}\boldsymbol{x}) = c_1x_1 + c_2x_2 + c_3x_3 \tag{5-96}$$

式中的等式约束方程为

$$\boldsymbol{x}^{\mathrm{T}}\boldsymbol{x} - a_m^2 = x_1^2 + x_2^2 + x_3^2 - a_m^2 = 0 \tag{5-97}$$

$$\boldsymbol{f}^{\mathrm{T}}\boldsymbol{x} = f_1x_1 + f_2x_2 + f_3x_3 = 0 \tag{5-98}$$

式中，$\boldsymbol{x}$ 为落点移动路径的控制向量；$\boldsymbol{c}^{\mathrm{T}}$ 和 $\boldsymbol{f}^{\mathrm{T}}$ 分别为定义目标函数和约束的参数，其表达式为

$$\boldsymbol{x} = [a_x \quad a_y \quad a_z]^{\mathrm{T}} \tag{5-99}$$

$$\boldsymbol{c}^{\mathrm{T}} = [\mathbf{1}_g\cdot\mathbf{1}_x \quad \mathbf{1}_g\cdot\mathbf{1}_y \quad \mathbf{1}_g\cdot\mathbf{1}_z] = [c_1 \quad c_2 \quad c_3] \tag{5-100}$$

$$\boldsymbol{f}^{\mathrm{T}} = [\mathbf{1}_{q_z}\cdot\mathbf{1}_x \quad \mathbf{1}_{q_z}\cdot\mathbf{1}_y \quad \mathbf{1}_{q_z}\cdot\mathbf{1}_z] = [f_1 \quad f_2 \quad f_3] \tag{5-101}$$

综上所述，固体运载火箭由于推力大小不可控制，根据式(5-97)约束了落点移动过程中加速度矢量的大小；为了使实际的瞬时落点单位矢量与期望的瞬时落点单位矢量(沿着连接当前和目标瞬时碰撞点的最佳路径)方向一致，式(5-98)通过约束瞬时落点单位矢量位于当前和目标落点单位矢量所决定的平面内，并根据控制落点移动的单位矢量[式(5-94)]来决定最优的加速度分量，最优化指标式[式(5-96)]使得瞬时落点能够尽快移动到目标位置。因此，根据最优化理论的问题描述，将固体运载火箭落点的最优控制问题转化为控制落点移动的单位矢量[式(5-94)]问题，并以此来解决耗尽关机方式下轨道落点的控制问题。

5.4.2　落点控制最优反馈制导方法

由式(5-96)、式(5-97)和式(5-98)构成的等式约束优化问题可通过引入与式(5-97)和式(5-98)相关的拉格朗日乘子 $\boldsymbol{\lambda}(\equiv[\lambda_1 \quad \lambda_2]^{\mathrm{T}})$ 来求解。性能指标函数的增广形式 $J_a(\boldsymbol{x},\ \lambda)$ 可定义为

$$\begin{aligned} J_a(\boldsymbol{x},\ \lambda) &= \boldsymbol{c}^{\mathrm{T}}\boldsymbol{x} + \lambda_1(\boldsymbol{x}^{\mathrm{T}}\boldsymbol{x} - a_m^2) + \lambda_2(\boldsymbol{f}^{\mathrm{T}}\boldsymbol{x}) \\ &= (c_1x_1 + c_2x_2 + c_3x_3) + \lambda_1(x_1^2 + x_2^2 + x_3^2 - a_m^2) + \\ &\quad \lambda_2(f_1x_1 + f_2x_2 + f_3x_3) \end{aligned} \tag{5-102}$$

根据最优化的必要条件，代入 $\partial J_a/\partial x_i=0(i = 1, 2, 3)$，得到等式方程为

$$\frac{\partial J_a}{\partial x_1}=c_1+2x_1\lambda_1+f_1\lambda_2=0,\quad x_1=\frac{-f_1\lambda_2-c_1}{2\lambda_1} \tag{5-103}$$

$$\frac{\partial J_a}{\partial x_2}=c_2+2x_2\lambda_1+f_2\lambda_2=0,\quad x_2=\frac{-f_2\lambda_2-c_2}{2\lambda_1} \tag{5-104}$$

$$\frac{\partial J_a}{\partial x_3}=c_3+2x_3\lambda_1+f_3\lambda_2=0,\quad x_3=\frac{-f_3\lambda_2-c_3}{2\lambda_1} \tag{5-105}$$

将式(5-103)、式(5-104)以及式(5-105)代入式(5-98)，求解得到拉格朗日乘子 λ_2 的表达式为

$$\lambda_2=\frac{-\boldsymbol{c}^{\mathrm{T}}\boldsymbol{f}}{\boldsymbol{f}^{\mathrm{T}}\boldsymbol{f}}=\frac{-(c_1f_1+c_2f_2+c_3f_3)}{f_1^2+f_2^2+f_3^2} \tag{5-106}$$

再将式(5-103)、式(5-104)以及式(5-105)代入式(5-97)，求解得到拉格朗日乘子 λ_1 的表达式为

$$\lambda_1=\begin{cases}\dfrac{\sqrt{(-f_1\lambda_2-c_1)^2+(-f_2\lambda_2-c_2)^2+(-f_3\lambda_2-c_3)^2}}{2a_m}, & -\boldsymbol{c}^{\mathrm{T}}(\lambda_2\boldsymbol{f}+\boldsymbol{c})>0\\ \dfrac{-\sqrt{(-f_1\lambda_2-c_1)^2+(-f_2\lambda_2-c_2)^2+(-f_3\lambda_2-c_3)^2}}{2a_m}, & -\boldsymbol{c}^{\mathrm{T}}(\lambda_2\boldsymbol{f}+\boldsymbol{c})\leqslant 0\end{cases} \tag{5-107}$$

因此，计算得到加速度各分量的表达式为

$$a_x=x_1=\frac{-f_1\lambda_2-c_1}{2\lambda_1},\quad a_y=x_2=\frac{-f_2\lambda_2-c_2}{2\lambda_1},\quad a_z=x_3=\frac{-f_3\lambda_2-c_3}{2\lambda_1} \tag{5-108}$$

此外，固体运载火箭由发动机产生的总视速度模量为 W_M，在耗尽关机方式下，多余的速度增量需要通过控制单位矢量 $\mathbf{1}_g$ 来消除对瞬时轨道落点的影响。显然，为了实现耗尽关机落点控制，控制落点移动单位矢量 $\mathbf{1}_g$ 需要在最短路径方向 $\mathbf{1}_u^m$ 和零射程线[7]方向 $\mathbf{1}_u^0$ 相互转换，其表达式为

$$\mathbf{1}_g=k(W)\cdot\mathbf{1}_u^m+[\mathbf{1}-k(W)]\cdot\mathbf{1}_u^0 \tag{5-109}$$

式中，W 为火箭当前的视速度模量；$k(W)$ 为矢量切换函数，根据指令连续性和平滑性要求并考虑实际发动机特性，设计函数的表达式为

$$k(W)=\begin{cases}1 & W\leqslant 85\%\cdot W_M\\ \mathrm{e}^{-a_s\cdot Z} & W>85\%\cdot W_M\end{cases} \tag{5-110}$$

式中，a_s 为放大调节系数；变量 $Z=(W-85\%\cdot W_M)/(15\%\cdot W_M)$。由于固体运载火箭的动力学方程中加速度大小为 $a_m=T/m$ 以及箭体矢量方向为 $\boldsymbol{x}_b'=\boldsymbol{a}/a_m$，因此在发射惯性坐标系内火箭的姿态角指令为

$$\varphi_c=\arctan\frac{a_y}{a_x},\quad \psi_c=-\arcsin\frac{a_z}{a_m} \tag{5-111}$$

瞬时轨道落点控制方法的实际输入条件有惯性导航提供的当前位置矢量 $\boldsymbol{r}_0$、速度矢量 $\boldsymbol{v}_0$ 以及当前加速度模量 a_m，用于计算当前瞬时碰撞点和瞬时碰撞点导数的方向 $\mathrm{d}(\mathbf{1}_p)/\mathrm{d}t$，并根据最优化理论由落点移动的单位矢量[式(5-94)]，输出满足落点约束的制导加速度矢量的分量(以此计算姿态角指令)。根据解析函数及其导数关系进行解析计算并不涉及迭代循环运算，同时由期望落点解算姿态角指令构成闭环格式，具有实际飞行过程中可靠性、可实现性的重要特性。

5.4.3　瞬时轨道落点的闭环制导实施逻辑

瞬时轨道落点闭环制导理论中根据当前位置矢量 $\boldsymbol{r}_0$、速度矢量 $\boldsymbol{v}_0$ 以及当前加速度模量 a_m，便可实时计算火箭的姿态角指令。在制导过程中根据期望落点与当前瞬时落点构成的闭环格式，在解算过程中不涉及迭代运算。瞬时轨道落点闭环最优反馈制导实施逻辑如图 5-11 所示，详细计算过程如下：

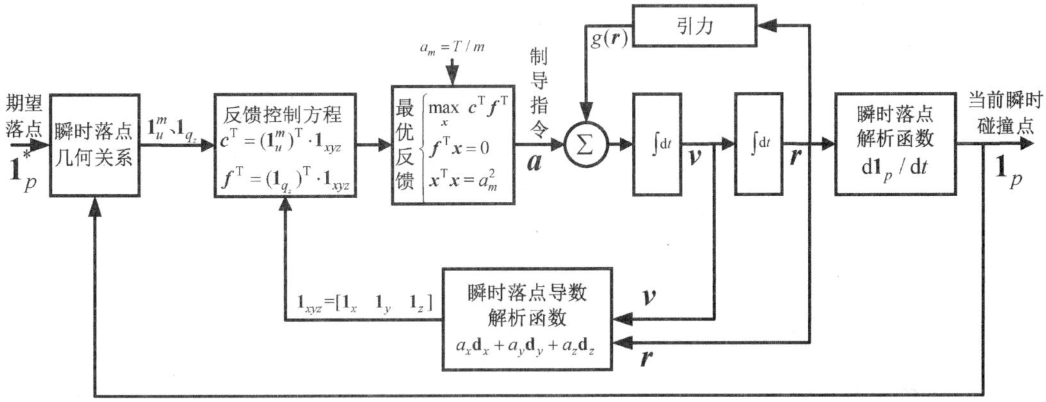

图 5-11　瞬时轨道落点闭环最优反馈制导实施逻辑

1) 确定落点移动的单位矢量 $\mathbf{1}_g$：根据当前位置矢量 $\boldsymbol{r}_0$、速度矢量 $\boldsymbol{v}_0$，通过式(5-54)得到当前瞬时轨道落点的矢量 $\mathbf{1}_{r_p}$，并根据式(5-94)得到落点移动的单位矢量 $\mathbf{1}_g$。

2) 确定瞬时碰撞点导数的方向 $\mathbf{d}_x$、$\mathbf{d}_y$ 和 $\mathbf{d}_z$：计算得到落点射程角 β_e 后，根据式(5-83)计算地心惯性坐标系下瞬时轨道落点导数的方向。

3) 计算目标函数及约束的参数 $\boldsymbol{c}^{\mathrm{T}}$ 和 $\boldsymbol{f}^{\mathrm{T}}$：通过计算得到落点移动的单位矢量 $\mathbf{1}_g$、当前瞬时轨道落点的矢量 $\mathbf{1}_{q_z}$ 及瞬时轨道落点导数的方向 $\mathrm{d}\mathbf{1}_p/\mathrm{d}t$，根据式(5-100)、式(5-104)计算得到相应参数。

4) 确定制导加速度矢量的分量 a_x、a_y 和 a_z：引入拉格朗日乘子求解等式约束最优化问题，通过式(5-107)计算得到拉格朗日乘子 λ_1、λ_2，同时根据当前加速度模量 a_m，得到加速度矢量的分量。

5) 计算发射惯性坐标系火箭的姿态角指令并确定箭体方向 $\boldsymbol{x}_b'$：计算得到加速度矢量

的分量后，根据式(5-111)即可得到火箭的俯仰角指令和偏航角指令。

综上所述，固体运载火箭在实际飞行过程中针对目标射程约束，由瞬时轨道落点闭环制导方法实时计算制导指令，以提高终端落点的精度及鲁棒性。在制导过程中，若火箭为制导关机方式，由最短射程移动矢量 $\mathbf{1}_u^m$ 确定的制导指令对推进剂消耗具有一定的最优性；若火箭为耗尽关机方式，落点射程移动需要结合零射程线矢量 $\mathbf{1}_u^0$ 来控制落点经纬度的改变。因此，由瞬时轨道落点偏导数构成的闭环制导方法，在设计制导方案时需要结合具体飞行器的特点来选择落点移动矢量 $\mathbf{1}_g$ 的变化函数。

5.4.4 仿真验证和分析

瞬时轨道落点闭环制导方法根据落点移动单位矢量方向，反馈不同条件下的制导指令：对于制导关机方式，由最短路径方向确定快速达到目标落点的制导指令；对于耗尽关机方式，由零射程线方向确定发动机多余能量耗散的制导指令。

(1)制导关机方式下大小射程任务适应性仿真和分析

采用5.3.4节仿真实验条件及初始状态[式(5-90)]，按照给定的初始速度矢量、位置矢量以及火箭的总体参数，并配置不同的期望目标落点进行仿真实验，目标落点任务分别为：沿射向将射程缩短150km/300km；沿射向将射程增加150km/300km以及沿横向将横程增加200km。根据当前瞬时轨道落点及目标期望落点，采用瞬时轨道落点闭环制导方法沿着最短落点移动路径，火箭的落点经纬度变化仿真结果如图5-12所示。

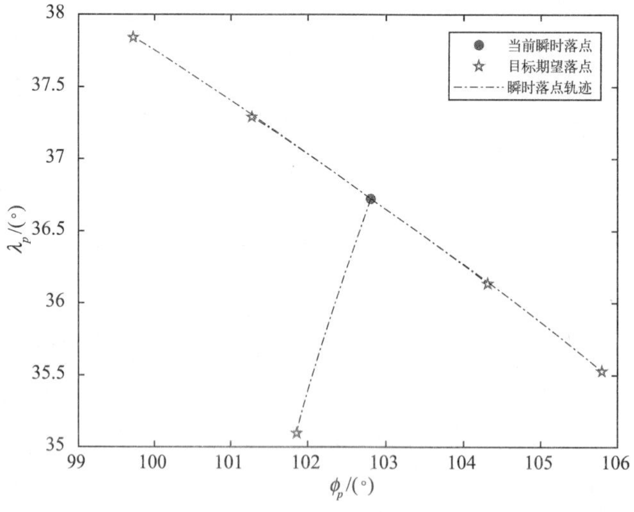

图5-12 大小射程任务瞬时轨道落点制导过程经纬度变化曲线

闭环最优反馈制导方法通过瞬时轨道落点及其时间导数的解析表达式，对制导关机模式求解约束优化问题，产生使其瞬时碰撞点导数矢量与期望方向一致并且数值最大的加速度指令，将火箭的瞬时轨道落点移动到目标期望位置上。火箭瞬时轨道落点的解析时间导数，描述了合外加速度对落点在地球表面上运动的影响，在大小射程任务中经纬度的解析时间导数以及俯仰角指令、偏航角指令变化如图 5-13 所示。

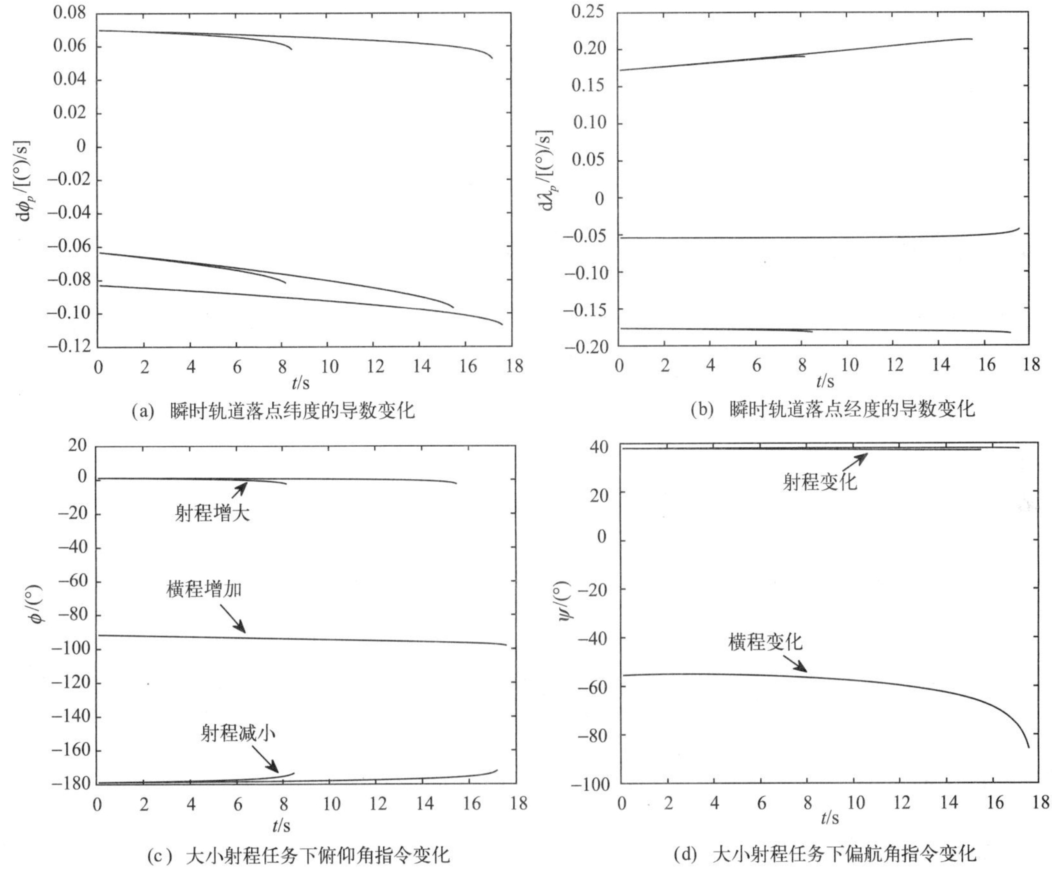

(a) 瞬时轨道落点纬度的导数变化　(b) 瞬时轨道落点经度的导数变化

(c) 大小射程任务下俯仰角指令变化　(d) 大小射程任务下偏航角指令变化

图 5-13　经纬度的解析时间导数以及俯仰角指令、偏航角指令变化

根据任务配置的射面内的大小射程以及射面外的横程，瞬时轨道落点闭环制导方法实时解算出瞬时轨道落点经纬度的解析时间导数。在计算过程中，由于火箭质量不断减小，末端加速度逐渐增大，使得相应的解析时间导数也发生明显的变化。在射面内的射程增大或者减小过程中，经度和纬度的导数在同一个射向上的变化接近，因此相应的制导指令也相互重叠；在射面外的横程移动过程中，由解析时间导数矢量计算得到的俯仰角指令和偏航角指令产生了很大的改变，以实现三维空间中的变射向制导，并通过关机方程将火箭落点控制在期望目标点处。

(2) 耗尽关机方式下制导精度及鲁棒性仿真和分析

第 7.2 节介绍了闭路制导方法，从速度矢量变化的角度进行制导方法的设计。本节采用瞬时轨道落点闭环制导方法，从加速度矢量变化的角度设计耗尽关机方式下的最优反馈制导模式，根据惯导器件输出的火箭三轴加速度信息来实时闭环计算制导指令。以第

7.3.2 节的固体运载火箭为研究对象，以 4 500km 射程任务为例，在参数偏差及不确定性条件下，验证瞬时轨道落点闭环制导方法的制导精度及鲁棒性。

瞬时轨道落点闭环制导与闭路制导过程状态量变化曲线如图 5-14 所示，固体运载火箭在耗尽关机方式下，分别通过这两种制导方法导引，将轨道惯性落点控制在目标射程附近。虽然这两种制导方法导引进入的自由飞行轨迹不同，但是均对目标落点的射程控制具有约束能力，其中经典闭路制导方法射程偏差的最大值达到 85.829 km，而闭环制导方法的最大值缩小至 43.156 km，详细打靶仿真结果统计见表 5-4。

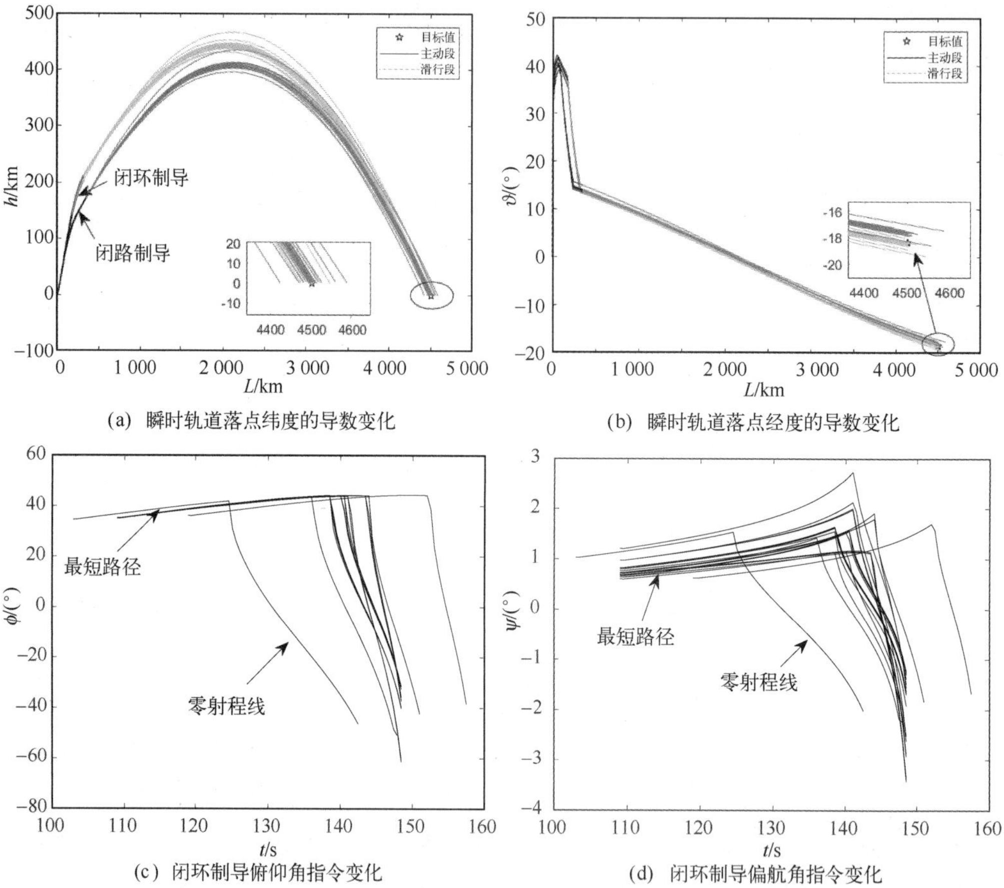

(a) 瞬时轨道落点纬度的导数变化　　(b) 瞬时轨道落点经度的导数变化

(c) 闭环制导俯仰角指令变化　　(d) 闭环制导偏航角指令变化

图 5-14　瞬时轨道落点闭环制导与闭路制导过程状态量变化曲线

表 5-4　闭路制导与闭环制导方法打靶仿真结果统计

类别	落点射程偏差/km			
	目标值	期望值	标准差	最大值
经典闭路制导	4 500	4.324	29.334	85.829
落点闭环制导	4 500	1.573	12.762	43.156

综上所述，瞬时轨道落点闭环制导方法描述了合外加速度对落点在地球表面上运动的影响，根据火箭所受的合外加速度建立了瞬时轨道落点及其时间导数的解析关系式，针对不同的关机方式，由落点移动单位矢量方向计算闭环反馈指令：对于制导关机方式，由最短路径方向确定快速达到目标落点的制导指令；对于耗尽关机方式，由零射程线方向确定发动机多余能量耗散的制导指令。虽然瞬时轨道落点闭环制导方法在 4 500km 射程约束下，仿真的制导精度和鲁棒性相较于闭路制导方法更高，但是由于最短路径方向与零射程线方向之间存在较大的角度变化，导致在耗尽关机方式下由式(5-109)进行矢量切换后，末端姿态角变化剧烈。因此，在耗尽关机方式下，经典的闭路制导或者瞬时轨道落点闭环制导，仍需要进一步研究主动段发动机多余能量的耗散问题。

5.5　本章小结

固体运载火箭在对地载荷的制导过程中自由飞行段超过全程的 90%，导致主动段关机点的飞行状态需要达到一定的速度、位置并具有较高的精度要求。本章针对固体运载火箭惯性落点的控制问题，分别开展了闭路制导和闭环制导方法的研究，提出了瞬时轨道落点移动矢量导数的理论方法，并通过数值仿真验证了算法的有效性及适用性，主要工作和总结如下：

1) 解释了闭路制导的基础理论，给出了闭路制导方法需要速度矢量的计算过程，并针对高低温环境下发射大小射程任务，对闭路制导方法的适应性和鲁棒性进行了仿真验证和分析。

2) 根据瞬时轨道落点的微分导数关系来描述合外加速度对落点在地球表面上运动的影响，推导出自由飞行过程瞬时轨道落点相关导数的解析解，建立了瞬时轨道落点经纬度及其运动趋势的函数关系，并通过数值积分和解析解的对比来验证瞬时轨道落点解析公式的正确性。

3) 考虑固体运载火箭的特点，结合瞬时轨道落点的微分导数关系，通过最优反馈原理设计出瞬时轨道落点闭环制导方法，针对不同的关机方式由落点移动单位矢量方向计算闭环反馈指令，通过打靶仿真对比和分析了闭环制导方法的制导精度和鲁棒性，并分析了在耗尽关机方式下该方法存在的工程应用问题。

参考文献

[1] 李连仲．远程弹道导弹闭路制导方法研究[J]．系统工程与电子技术，1980(4)：1-17.

[2] 王宗强，吴燕生，张兵，等．被动段扰动引力对闭路制导的影响及补偿方法研究[J]．导弹与航天运载技术，2017(5)：49-53.

[3] 陈世年，李连仲，王京武. 控制系统设计[M]. 北京：宇航出版社，1996.

[4] 陈克俊. 耗尽关机制导方法研究[J]. 国防科技大学学报，1996(3)：35-39.

[5] AHN J, ROH W R. Analytic time derivatives of instantaneous impact point[J]. Journal of Guidance Control and Dynamics, 2014, 37(2): 383-390.

[6] JO B U, AHN J. Near time-optimal feedback instantaneous impact point (IIP) guidance law for rocket[J]. Aerospace Science and Technology, 2018(76): 523-529.

[7] 马瑞萍，肖凡，许化龙. 一种基于零射程线的闭路制导方法[J]. 弹箭与制导学报，2010，30(5)：43-46.

第 6 章　运载火箭的迭代制导方法研究

轨迹设计与优化可简单表述为：在满足一定初始条件、过程和终端约束的基础上，寻求一条或一簇火箭飞行轨迹曲线，使得给出的性能指标达到极值。轨道优化理论在其几十年的发展期间，主体仍是变分原理、庞特里亚金极大极小值原理、贝尔曼原理等。古典变分法是以寻求满足必要的最优特征解（即满足欧拉-拉格朗日方程）为基础的，古典变分法应用于弹道优化有一定局限性。20 世纪 60 年代初，极大值原理的建立为解决最优化问题提供了一种新的数学工具，用它解决弹道优化问题比古典变分法更为有效[1-4]。

6.1　最优控制的变分法

6.1.1　变分法的基本原理

变分法是寻求函数 $\boldsymbol{x}(t)$ 使某个目标泛函取得极值的一种数学方法。所谓泛函是一个依赖于函数整体的变量，这里考虑的目标泛函是

$$J(\boldsymbol{x}) = \int_{t_0}^{t_f} L(\boldsymbol{x},\ \dot{\boldsymbol{x}},\ t)\,\mathrm{d}t \tag{6-1}$$

则极值的必要条件是：最优解满足欧拉-拉格朗日方程

$$\frac{\partial L}{\partial \boldsymbol{x}} - \frac{\mathrm{d}}{\mathrm{d}t}\left(\frac{\partial L}{\partial \dot{\boldsymbol{x}}}\right) = \boldsymbol{0} \tag{6-2}$$

且满足边界条件

$$\boldsymbol{x}(t_0) = \boldsymbol{x}_0,\quad \boldsymbol{x}(t_f) = \boldsymbol{x}_f$$

对于 t_f 给定，而 $\boldsymbol{x}(t_f)$ 没有限定的情况，相应的变分问题称为自由端点问题。自由端点问题的极值必要条件为

$$\begin{cases} \dfrac{\partial L}{\partial \boldsymbol{x}} - \dfrac{\mathrm{d}}{\mathrm{d}t}\left(\dfrac{\partial L}{\partial \dot{\boldsymbol{x}}}\right) = \boldsymbol{0} \\ \boldsymbol{x}(t_0) = \boldsymbol{x}_0 \\ \left.\dfrac{\partial L}{\partial \dot{\boldsymbol{x}}}\right|_{t_f} = \boldsymbol{0} \end{cases} \tag{6-3}$$

对于 t_f 和 $\boldsymbol{x}(t_f)$ 均为自由的情况称为可动边界问题，则可动边界问题的极值必要条件为

$$\begin{cases}\dfrac{\partial L}{\partial \boldsymbol{x}}-\dfrac{\mathrm{d}}{\mathrm{d}t}\left(\dfrac{\partial L}{\partial \dot{\boldsymbol{x}}}\right)=\boldsymbol{0}\\ \boldsymbol{x}(t_0)=\boldsymbol{x}_0\\ \left.\dfrac{\partial L}{\partial \dot{\boldsymbol{x}}}\right|_{t_f}=\boldsymbol{0}\\ L(\boldsymbol{x},\ \dot{\boldsymbol{x}},\ t)\mid_{t_f}=0\end{cases}\tag{6-4}$$

若 $\delta \boldsymbol{x}_f$ 与 $\delta \boldsymbol{t}_f$ 不互相独立，则它们要满足 $\boldsymbol{x}_f=\boldsymbol{\varphi}(t_f)$，这时边界条件为

$$\left[L(x,\ \dot{x},\ t)+(\dot{\boldsymbol{\varphi}}-\dot{\boldsymbol{x}})\frac{\partial L}{\partial \dot{\boldsymbol{x}}}\right]_{t_f}=0$$

对于更一般的泛函

$$J(\boldsymbol{x})=\Theta[\boldsymbol{x}(t_f),\ t_f]+\int_{t_0}^{t_f}L(\boldsymbol{x},\ \dot{\boldsymbol{x}},\ t)\mathrm{d}t\tag{6-5}$$

t_f 给定，$x(t_f)$ 自由。此时，极值的必要条件为

$$\begin{cases}\dfrac{\partial L}{\partial \boldsymbol{x}}-\dfrac{\mathrm{d}}{\mathrm{d}t}\left(\dfrac{\partial L}{\partial \dot{\boldsymbol{x}}}\right)=\boldsymbol{0}\\ \left.\dfrac{\partial L}{\partial \dot{\boldsymbol{x}}}\right|_{t_f}=-\dfrac{\partial \Theta}{\partial \boldsymbol{x}_f}\\ \boldsymbol{x}(t_0)=\boldsymbol{x}_0\end{cases}\tag{6-6}$$

当 t_f 自由时，增加条件

$$L(\boldsymbol{x},\ \dot{\boldsymbol{x}},\ t)\mid_{t_f}+\frac{\partial \Theta}{\partial t_f}=0\tag{6-7}$$

6.1.2　自由端点的最优化问题

状态方程

$$\begin{cases}\dfrac{\mathrm{d}\boldsymbol{x}}{\mathrm{d}t}=\boldsymbol{f}(\boldsymbol{x},\ \boldsymbol{u},\ t)\\ \boldsymbol{x}(t_0)=\boldsymbol{x}_0\end{cases}\tag{6-8}$$

目标函数

$$J(\boldsymbol{u})=\int_{t_0}^{t_f}L(\boldsymbol{x},\ \boldsymbol{u},\ t)\mathrm{d}t\tag{6-9}$$

无约束的最优控制问题是要寻求控制变量 $\boldsymbol{u}$ 使 $J(\boldsymbol{u})$ 取极值。构造新的泛函

$$\bar{J}(\boldsymbol{u})=\int_{t_0}^{t_f}\{L(\boldsymbol{x},\ \boldsymbol{u},\ t)+\boldsymbol{\lambda}^{\mathrm{T}}[\boldsymbol{f}(\boldsymbol{x},\ \boldsymbol{u},\ t)-\dot{\boldsymbol{x}}]\}\mathrm{d}t$$

记

$$H=L(\boldsymbol{x},\ \boldsymbol{u},\ t)+\boldsymbol{\lambda}^{\mathrm{T}}[\boldsymbol{f}(\boldsymbol{x},\ \boldsymbol{u},\ t)-\dot{\boldsymbol{x}}]\tag{6-10}$$

H 称为哈密顿函数；$\boldsymbol{\lambda}$ 为共轭变量。这时欧拉-拉格朗日方程为

$$\begin{cases} \dfrac{\partial H}{\partial \boldsymbol{x}} - \dfrac{\mathrm{d}}{\mathrm{d}t}\left(\dfrac{\partial H}{\partial \dot{\boldsymbol{x}}}\right) = \boldsymbol{0} \\ \dfrac{\partial H}{\partial \boldsymbol{\lambda}} - \dfrac{\mathrm{d}}{\mathrm{d}t}\left(\dfrac{\partial H}{\partial \dot{\boldsymbol{\lambda}}}\right) = \boldsymbol{0} \\ \dfrac{\partial H}{\partial \boldsymbol{u}} - \dfrac{\mathrm{d}}{\mathrm{d}t}\left(\dfrac{\partial H}{\partial \dot{\boldsymbol{u}}}\right) = \boldsymbol{0} \end{cases}$$

即

$$\begin{cases} \dfrac{\mathrm{d}\boldsymbol{\lambda}}{\mathrm{d}t} = -\dfrac{\partial H}{\partial \boldsymbol{x}} \\ \dfrac{\mathrm{d}\boldsymbol{x}}{\mathrm{d}t} = \boldsymbol{f}(\boldsymbol{x},\ \boldsymbol{u},\ t) \\ \dfrac{\partial H}{\partial \boldsymbol{u}} = \boldsymbol{0} \end{cases} \tag{6-11}$$

边界条件

$$\boldsymbol{x}(t_0) = \boldsymbol{x}_0,\quad \boldsymbol{\lambda}(t_f) = \boldsymbol{0}$$

这样，$\boldsymbol{u}$ 是最优控制变量的必要条件为：存在 $\boldsymbol{\lambda}(t)$ 和 $\boldsymbol{x}(t)$ 满足共轭方程

$$\begin{cases} \dfrac{\mathrm{d}\boldsymbol{\lambda}}{\mathrm{d}t} = -\dfrac{\partial H}{\partial \boldsymbol{x}} \\ \dfrac{\mathrm{d}\boldsymbol{x}}{\mathrm{d}t} = \boldsymbol{f}(\boldsymbol{x},\ \boldsymbol{u},\ t) \end{cases} \tag{6-12}$$

则控制变量 $\boldsymbol{u}$ 满足

$$\frac{\partial H}{\partial \boldsymbol{u}} = \boldsymbol{0} \tag{6-13}$$

综上，求解最优控制 $\boldsymbol{u}^*$ 的计算步骤如下：

1) 由 $\partial H/\partial \boldsymbol{u} = \boldsymbol{0}$ 导出 $\boldsymbol{u}^* = \boldsymbol{u}(\boldsymbol{x},\ \boldsymbol{\lambda})$；

2) 将 $\boldsymbol{u}^* = \boldsymbol{u}(\boldsymbol{x},\ \boldsymbol{\lambda})$ 代入共轭方程，求解两点边值问题，得到 $\boldsymbol{x}^*(t)$，$\boldsymbol{\lambda}^*(t)$；

3) 将 $\boldsymbol{x}^*(t)$，$\boldsymbol{\lambda}^*(t)$ 代入最优控制方程，得到最优控制。

6.1.3　端点约束的最优化问题

当泛函 $J(\boldsymbol{u}) = \Theta[\boldsymbol{x}(t_f),\ t_f] + \int_{t_0}^{t_f} L(\boldsymbol{x},\ \boldsymbol{u},\ t)\,\mathrm{d}t$，则边界条件为

$$\begin{cases} \boldsymbol{x}(t_0) = \boldsymbol{x}_0 \\ \boldsymbol{\lambda}(t_f) = \dfrac{\partial \Theta[\boldsymbol{x}(t_f),\ t_f]}{\partial \boldsymbol{x}(t_f)} \end{cases} \tag{6-14}$$

当 $\boldsymbol{x}(t_f)=\boldsymbol{x}_f$ 给定时，边界条件为

$$\boldsymbol{x}(t_0)=\boldsymbol{x}_0,\quad \boldsymbol{x}(t_f)=\boldsymbol{x}_f \tag{6-15}$$

当 $\boldsymbol{x}(t_f)$ 满足

$$\begin{cases} N_1[\boldsymbol{x}(t_f),\ t_f]=0 \\ N_2[\boldsymbol{x}(t_f),\ t_f]=0 \\ \qquad\vdots \\ N_r[\boldsymbol{x}(t_f),\ t_f]=0 \end{cases} \tag{6-16}$$

当 t_f 固定时

$$\begin{cases} \boldsymbol{x}(t_0)=\boldsymbol{x}_0 \\ \boldsymbol{\lambda}(t_f)=\dfrac{\partial\boldsymbol{\Theta}[\boldsymbol{x}(t_f),\ t_f]}{\partial\boldsymbol{x}(t_f)}+\dfrac{\partial N^T[\boldsymbol{x}(t_f),\ t_f]}{\partial\boldsymbol{x}(t_f)}\boldsymbol{\nu} \\ \boldsymbol{N}[\boldsymbol{x}(t_f),\ t_f]=\boldsymbol{0} \end{cases} \tag{6-17}$$

矢量 $\boldsymbol{N}$ 的 $\dfrac{\partial\boldsymbol{N}(\boldsymbol{x},\ t)}{\partial\boldsymbol{x}}$ 为矩阵

$$\begin{pmatrix} \dfrac{\partial N_1}{\partial x_1} & \dfrac{\partial N_1}{\partial x_2} & \cdots & \dfrac{\partial N_1}{\partial x_n} \\ \dfrac{\partial N_2}{\partial x_1} & \dfrac{\partial N_2}{\partial x_2} & \cdots & \dfrac{\partial N_2}{\partial x_n} \\ \vdots & \vdots & \vdots & \vdots \\ \dfrac{\partial N_r}{\partial x_1} & \dfrac{\partial N_r}{\partial x_2} & \cdots & \dfrac{\partial N_r}{\partial x_n} \end{pmatrix}_{r\times n} \tag{6-18}$$

$\boldsymbol{\nu}=[\nu_1\quad \nu_2\quad \cdots\quad \nu_r]^{\mathrm{T}}$ 为待定因子，由 $\boldsymbol{r}$ 个方程 $N_j=0$，$j=1,\ 2,\ \cdots,\ r$ 决定。当 t_f 自由时，增加条件

$$H[\boldsymbol{x}(t_f),\ \boldsymbol{\lambda}(t_f),\ \boldsymbol{u}(t_f),\ t_f]+\frac{\partial\boldsymbol{N}^{\mathrm{T}}[\boldsymbol{x}(t_f),\ t_f]}{\partial t_f}\boldsymbol{\nu}+\frac{\partial\boldsymbol{\Theta}[\boldsymbol{x}(t_f),\ t_f]}{\partial t_f}=0 \tag{6-19}$$

6.1.4　哈密顿函数的特征

$H(x,\ \lambda,\ u,\ t)$ 沿最优轨线满足等式关系：$\partial H/\partial\boldsymbol{u}=\boldsymbol{0}$；$\boldsymbol{\lambda}=-\partial H/\partial\boldsymbol{x}$；$\dot{\boldsymbol{x}}=\partial H/\partial\boldsymbol{\lambda}$，并将其代入方程

$$\frac{\mathrm{d}H}{\mathrm{d}t}=\left(\frac{\partial H}{\partial\boldsymbol{x}}\right)^{\mathrm{T}}\dot{\boldsymbol{x}}+\left(\frac{\partial H}{\partial\boldsymbol{\lambda}}\right)^{\mathrm{T}}\dot{\boldsymbol{\lambda}}+\left(\frac{\partial H}{\partial\boldsymbol{u}}\right)^{\mathrm{T}}\dot{\boldsymbol{u}}$$

中得

$$\frac{\mathrm{d}H}{\mathrm{d}t}=0$$

则

$$H(\boldsymbol{x}, \boldsymbol{\lambda}, \boldsymbol{u}) = \text{常数} \tag{6-20}$$

若 t_f 自由，且 $\boldsymbol{\Theta}$、$\boldsymbol{N}$ 不依赖于 t 时，则

$$H(\boldsymbol{x}, \boldsymbol{\lambda}, \boldsymbol{u}) = 0 \tag{6-21}$$

6.2　极大值原理的一般形式

前面用变分法讨论了控制变量 $\boldsymbol{u}$ 无约束时的最优控制问题。对控制变量有约束的情况，将采用极大值原理来处理，最后得到与前面变分法类似的结果。考虑系统的状态方程为

$$\frac{\mathrm{d}\boldsymbol{x}}{\mathrm{d}t} = \boldsymbol{f}(\boldsymbol{x}, \boldsymbol{u}, t) \qquad \boldsymbol{u} \in U$$

U 是允许控制变量的集合，例如它可以是满足不等式约束 $\alpha_i \leqslant u_i \leqslant \beta_i$ 的 $\boldsymbol{u}$ 的全体。目标函数为

$$J(\boldsymbol{u}) = \int_{t_0}^{t_f} L[\boldsymbol{x}(t), \boldsymbol{u}, t]\mathrm{d}t$$

问题是在允许控制变量的集合 U 中寻求一个控制 $\boldsymbol{u}$，使 $J(\boldsymbol{u})$ 取极值。共轭矢量和哈密顿函数的定义同前。假设

$$\boldsymbol{f}(\boldsymbol{x}, \boldsymbol{u}, t) = [f_1(\boldsymbol{x}, \boldsymbol{u}, t) \quad \cdots \quad f_n(\boldsymbol{x}, \boldsymbol{u}, t)]^{\mathrm{T}}$$

且 $f_i(\boldsymbol{x}, \boldsymbol{u}, t)$，$\dfrac{\partial f_i(\boldsymbol{x}, \boldsymbol{u}, t)}{\partial t}$，$\dfrac{\partial f_i(\boldsymbol{x}, \boldsymbol{u}, t)}{\partial x_j}$，$L(\boldsymbol{x}, \boldsymbol{u}, t)$，$\dfrac{\partial L(\boldsymbol{x}, \boldsymbol{u}, t)}{\partial t}$，$\dfrac{\partial L(\boldsymbol{x}, \boldsymbol{u}, t)}{\partial x_j}$ 是关于其自变量的连续函数，$\boldsymbol{u}=\boldsymbol{u}(t)$ 是逐段连续函数。极大值原理：$\boldsymbol{u}^*(t)$ 为最优控制的必要条件是存在共轭向量 $\boldsymbol{\lambda}^*(t)$，它和 $\boldsymbol{x}^*(t)$ 满足下列共轭方程

$$\begin{cases} \dfrac{\mathrm{d}\boldsymbol{\lambda}}{\mathrm{d}t} = -\dfrac{\partial H}{\partial \boldsymbol{x}} \\ \dfrac{\mathrm{d}\boldsymbol{x}}{\mathrm{d}t} = \boldsymbol{f}(\boldsymbol{x}, \boldsymbol{u}, t) \end{cases} \tag{6-22}$$

哈密顿函数

$$H(\boldsymbol{x}^*, \boldsymbol{\lambda}^*, \boldsymbol{u}, t) = L(\boldsymbol{x}^*, \boldsymbol{u}, t) + \boldsymbol{\lambda}^{*\mathrm{T}}\boldsymbol{f}(\boldsymbol{x}^*, \boldsymbol{u}, t)$$

作为 $\boldsymbol{u}$ 的函数，在 $\boldsymbol{u}=\boldsymbol{u}^*(t)$ 时达到极值，即

$$H(\boldsymbol{x}^*, \boldsymbol{\lambda}^*, \boldsymbol{u}^*, t) = \min_{\boldsymbol{u}\in U} H(\boldsymbol{x}^*, \boldsymbol{\lambda}^*, \boldsymbol{u}, t) \tag{6-23}$$

边界条件：若已知 $\boldsymbol{x}(t_0)=\boldsymbol{x}_0$，$\boldsymbol{x}(t_f)=\boldsymbol{x}_f$，求火箭的最优轨迹，即为固定端点的最优控制问题，这时共轭方程[式(6-22)]的边界条件为

$$\boldsymbol{x}(t_0) = \boldsymbol{x}_0, \quad \boldsymbol{x}(t_f) = \boldsymbol{x}_f \tag{6-24}$$

若已知 $\boldsymbol{x}(t_0)=\boldsymbol{x}_0$，而 $\boldsymbol{x}(t_f)$ 是自由的，求火箭的最优轨迹，即为自由端点的最优控制问

题，这时共轭方程[式(6–22)]的边界条件为

$$\boldsymbol{x}(t_0)=\boldsymbol{x}_0,\quad \boldsymbol{\lambda}(t_f)=0$$

如果在自由端点最优控制问题中，t_f 也是自由的，则在边界条件上还需附加等式约束

$$H[\boldsymbol{x}(t_f),\ \boldsymbol{\lambda}(t_f),\ \boldsymbol{u}(t_f),\ t_f]=0 \tag{6-25}$$

以确定 t_f。值得注意的是：上述边界条件与 $\boldsymbol{u}$ 无约束情况导出的结果完全相同。在自由端点问题中，如果对端点的要求也反映在目标函数中，即

$$J(\boldsymbol{u})=\Theta[\boldsymbol{x}(t_f),\ t_f]+\int_{t_0}^{t_f}L(\boldsymbol{x},\ \boldsymbol{u},\ t)\mathrm{d}t$$

与前面的结果相同，边界条件应相应改为

$$\boldsymbol{x}(t_0)=\boldsymbol{x}_0,\quad \boldsymbol{\lambda}(t_f)=\frac{\partial\Theta[\boldsymbol{x}(t_f),\ t_f]}{\partial\boldsymbol{x}(t_f)} \tag{6-26}$$

当 t_f 自由时，再增加条件

$$H[\boldsymbol{x}(t_f),\ \boldsymbol{\lambda}(t_f),\ \boldsymbol{u}(t_f),\ t_f]+\frac{\partial\Theta[\boldsymbol{x}(t_f),\ t_f]}{\partial t_f}=0$$

假设初始状态已给定，终止时刻的状态 $\boldsymbol{x}(t_f)$ 要求落在 m 维曲面上

$$\begin{cases}N_1[\boldsymbol{x}(t_f),\ t_f]=0\\ N_2[\boldsymbol{x}(t_f),\ t_f]=0\\ \qquad\vdots\\ N_r[\boldsymbol{x}(t_f),\ t_f]=0\end{cases}$$

则边界条件与前面变分法的结果相同，即

$$\begin{cases}\boldsymbol{x}(t_0)=\boldsymbol{x}_0\\ \boldsymbol{\lambda}(t_f)=\dfrac{\partial\Theta[\boldsymbol{x}(t_f),\ t_f]}{\partial\boldsymbol{x}_f}+\dfrac{\partial N^{\mathrm{T}}[\boldsymbol{x}(t_f),\ t_f]}{\partial\boldsymbol{x}(t_f)}\boldsymbol{\nu}\\ \boldsymbol{N}[\boldsymbol{x}(t_f),\ t_f]=\boldsymbol{0}\end{cases} \tag{6-27}$$

如果 t_f 是自由的，则再增加条件

$$H[\boldsymbol{x}(t_f),\ \boldsymbol{\lambda}(t_f),\ \boldsymbol{u}(t_f),\ t_f]+\frac{\partial\boldsymbol{N}^{\mathrm{T}}[\boldsymbol{x}(t_f),\ t_f]}{\partial t_f}\boldsymbol{\nu}+\frac{\partial\Theta[\boldsymbol{x}(t_f),\ t_f]}{\partial t_f}=0 \tag{6-28}$$

当 $\boldsymbol{f}$，L，Θ 都不显含 t 和 t_f 时，H 不显含 t，与上面变分法的结果相同。当 t_f 固定时，有

$$H[\boldsymbol{x}^*(t),\ \boldsymbol{\lambda}^*(t),\ \boldsymbol{u}^*(t)]=H[\boldsymbol{x}^*(t_f),\ \boldsymbol{\lambda}^*(t_f),\ \boldsymbol{u}^*(t_f)]\equiv\text{constant} \tag{6-29}$$

当 t_f 自由时，存在

$$H[\boldsymbol{x}^*(t),\ \boldsymbol{\lambda}^*(t),\ \boldsymbol{u}^*(t)]=H[\boldsymbol{x}^*(t_f),\ \boldsymbol{\lambda}^*(t_f),\ \boldsymbol{u}^*(t_f)]\equiv 0 \tag{6-30}$$

6.3 火箭入轨的最优控制问题

迭代制导方法是通过把火箭的质心运动方程引进状态矢量转换成状态方程来描述火箭的运动，并以火箭的瞬时状态为初值，目标点状态为终端约束，火箭的一组姿态角为控制矢量，火箭由瞬时点至目标点的最短飞行时间为性能指标，提出一个非线性时变系统的最优控制问题[5-6]。

6.3.1 火箭最优控制问题的描述

制导指令的输入输出通常是在发射惯性坐标系，而最优控制问题在入轨点坐标系进行求解将更为简易，故需要建立发射惯性坐标系与入轨点坐标系之间的转换关系。如图 6-1 所示，建立入轨点坐标系：坐标原点取地球质心 O，OY 轴指向目标入轨点，OX 轴在轨道平面内，垂直于 OY 轴，指向卫星运行方向，OZ 轴与 OX 轴和 OY 轴组成右手坐标系。

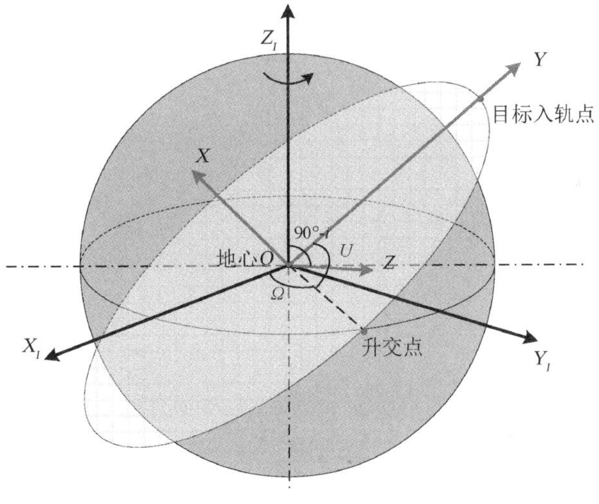

图 6-1　入轨点坐标系

首先将发射惯性坐标系转换到地心惯性坐标系，其转换矩阵为 $\boldsymbol{E}_G$。然后将地心惯性坐标系绕其 Z 轴旋转 $\Omega-\pi/2$，再将得到的新坐标系绕其 Y 轴旋转 $i-\pi$，最后将新得到的坐标系绕其 Z 轴旋转 $-U$ 即可得到入轨点坐标系，其中 U 是入轨点纬度幅角。于是，由发射惯性坐标系到入轨点坐标系的坐标转换矩阵为

$$\boldsymbol{O}_G = \boldsymbol{TZ}_2 \cdot \boldsymbol{TY} \cdot \boldsymbol{TZ}_1 \cdot \boldsymbol{E}_G \tag{6-31}$$

其中

$$\boldsymbol{TZ}_1 = \begin{bmatrix} \cos(\Omega - \pi/2) & \sin(\Omega - \pi/2) & 0 \\ -\sin(\Omega - \pi/2) & \cos(\Omega - \pi/2) & 0 \\ 0 & 0 & 1 \end{bmatrix} \tag{6-32}$$

$$\boldsymbol{TY} = \begin{bmatrix} \cos(i - \pi) & 0 & -\sin(i - \pi) \\ 0 & 1 & 0 \\ \sin(i - \pi) & 0 & \cos(i - \pi) \end{bmatrix} \tag{6-33}$$

$$\boldsymbol{TZ}_2 = \begin{bmatrix} \cos(-U) & \sin(-U) & 0 \\ -\sin(-U) & \cos(-U) & 0 \\ 0 & 0 & 1 \end{bmatrix} \tag{6-34}$$

令发射惯性坐标系下的地心到发射点的矢径为 $\boldsymbol{R}_G$，火箭在发射惯性坐标系下的位置矢量为 $\boldsymbol{r}_G$，速度矢量为 $\boldsymbol{v}_G$，火箭在入轨点坐标系下的位置矢量为 $\boldsymbol{r}$，速度矢量为 $\boldsymbol{v}$，则

$$\begin{cases} \boldsymbol{r} = \boldsymbol{O}_G \cdot (\boldsymbol{r}_G + \boldsymbol{R}_0) \\ \boldsymbol{v} = \boldsymbol{O}_G \cdot \boldsymbol{v}_G \end{cases} \tag{6-35}$$

式中，$\boldsymbol{R}_0$ 是地心到发射点矢径在发射惯性坐标系下的投影。以入轨点坐标系为参考坐标系，火箭在大气层外的飞行动力学方程为

$$\begin{cases} \dot{\boldsymbol{r}} = \boldsymbol{v} \\ \dot{\boldsymbol{v}} = \boldsymbol{g} + \dfrac{T}{m}\boldsymbol{u} \end{cases} \tag{6-36}$$

式中，$\boldsymbol{u}$ 代表单位推力矢量；T 代表推力大小；$\boldsymbol{g}$ 表示引力加速度并采用平均引力场假设，即认为在一个制导周期内引力加速度是一常值矢量

$$\boldsymbol{g} = \boldsymbol{g}_0 \tag{6-37}$$

6.3.2　两点边值问题的最优解

火箭入轨最优控制问题描述为：寻找 $\boldsymbol{u}(t)$，使火箭沿着该推力方向可以在满足一定约束条件下以最小推进剂消耗量进入指定的轨道。由于推力大小一定，性能指标最小推进剂消耗可以等效为最短入轨时间。于是选定控制量为 $\boldsymbol{u}(t)$，火箭入轨最优控制问题的标准数学模型如下：

(1)状态变量微分方程

$$\begin{cases} \dot{\boldsymbol{r}} = \boldsymbol{v} \\ \dot{\boldsymbol{v}} = \boldsymbol{g}_0 + \dfrac{T}{m} \cdot \boldsymbol{u} \end{cases} \tag{6-38}$$

(2)性能指标

$$J = \int_0^{t_{go}} -1\mathrm{d}t \tag{6-39}$$

式中，t_{go}是剩余飞行时间。

(3)终端约束

$$N_i(\boldsymbol{v}_f,\ \boldsymbol{r}_f)=0,\ i=1,\ 2,\ \cdots,\ n(n<6) \tag{6-40}$$

式中，下标 f 均表示终端值。

(4)控制约束

$$\boldsymbol{u}^{\mathrm{T}}\boldsymbol{u}=1 \tag{6-41}$$

对于该最优控制问题，可以利用变分法相关理论，将其转化为终端时间自由的两点边值问题。选择哈密顿函数为

$$H=-1+\boldsymbol{\lambda}_r^{\mathrm{T}}\boldsymbol{v}+\boldsymbol{\lambda}_v^{\mathrm{T}}\left(\boldsymbol{g}_0+\frac{T}{m}\cdot\boldsymbol{u}\right) \tag{6-42}$$

式中，$\boldsymbol{\lambda}_r^{\mathrm{T}}$，$\boldsymbol{\lambda}_v^{\mathrm{T}}$ 是共轭变量。根据极大值原理，最优控制量应在满足式(6-41)的情况下使 $\boldsymbol{H}$ 取极大值，于是得到

$$\boldsymbol{u}=\frac{\boldsymbol{\lambda}_v}{|\boldsymbol{\lambda}_v|} \tag{6-43}$$

共轭变量微分方程组为

$$\dot{\boldsymbol{\lambda}}_v=-\frac{\partial H}{\partial \boldsymbol{v}},\quad \dot{\boldsymbol{\lambda}}_r=-\frac{\partial H}{\partial \boldsymbol{r}} \tag{6-44}$$

把式(6-42)代入到式(6-44)得

$$\dot{\boldsymbol{\lambda}}_v=-\boldsymbol{\lambda}_r,\quad \dot{\boldsymbol{\lambda}}_r=0 \tag{6-45}$$

协态变量微分方程的解为

$$\boldsymbol{\lambda}_v=\boldsymbol{\lambda}_{v0}-\boldsymbol{\lambda}_r t \tag{6-46}$$

式中，$\boldsymbol{\lambda}_r$ 为一常值矢量。此外，为了表示火箭的剩余时间，引入时间参数 K 并令 $\boldsymbol{\lambda}_K$ 表示 $\boldsymbol{\lambda}$ 在 K 时刻的值，将式(6-46)转化为

$$\boldsymbol{\lambda}=\boldsymbol{\lambda}_K+\dot{\boldsymbol{\lambda}}(t-K) \tag{6-47}$$

定义 $\boldsymbol{\lambda}=\boldsymbol{\lambda}_v$；$\dot{\boldsymbol{\lambda}}=-\boldsymbol{\lambda}_r$，则最优控制方程[式(6-43)]的表达式为

$$\boldsymbol{u}=\boldsymbol{\lambda}/\|\boldsymbol{\lambda}\| \tag{6-48}$$

因此，根据式(6-38)~式(6-48)可知，迭代制导需要求解的控制变量和相关参数为 $\boldsymbol{\lambda}_K$，$\dot{\boldsymbol{\lambda}}$，$K$。由于火箭最优入轨问题是终端时间自由的两点边值问题，未知量包含 6 个状态变量、6 个共轭变量和一个终端时间 t_f，所以总共需要 13 个约束条件才能求唯一解，于是除 6 个状态变量初值约束外，还需要增加 7 个约束。火箭入轨一般需要满足 5 个轨道根数形式(即半长轴 a，偏心率 e，轨道倾角 i，升交点赤经 Ω 以及近地点幅角 ω)的终端约束[式(6-40)]。剩余的两个约束为横截条件。由式(6-27)中第二个方程组得到

$$\begin{cases}\boldsymbol{\lambda}_f = -\sum_{i=1}^{5} \nu_i \dfrac{\partial N_i}{\partial \boldsymbol{v}_f} \\ \dot{\boldsymbol{\lambda}} = \sum_{i=1}^{5} \nu_i \dfrac{\partial N_i}{\partial \boldsymbol{r}_f}\end{cases} \tag{6-49}$$

由式(6-30)得到

$$H_f = 0 \tag{6-50}$$

对于约束(6-49)，迭代制导通常采用近似假设进行简化。由于入轨点坐标系的 OX 轴指向卫星运行方向，所以可以把入轨点真近点角自由的终端约束近似等效为入轨点位置的 X 坐标自由，而其他 5 个状态变量终端值给定，即

$$\begin{cases}N_1 = v_X - v_X^* \\ N_2 = v_Y - v_Y^* \\ N_3 = v_Z - v_Z^* \\ N_4 = r_Y - r_Y^* \\ N_5 = r_Z - r_Z^*\end{cases} \tag{6-51}$$

将式(6-51)代入式(6-49)得到

$$\dot{\boldsymbol{\lambda}}_X = 0 \tag{6-52}$$

下标 X、Y、Z 分别表示矢量沿入轨点坐标系 OX、OY、OZ 轴的分量。对于约束[式(6-50)]，可以进行以下分析。假设 $\lambda=\widetilde{\lambda}$ 是该最优控制问题的解析解(此时 $\dot{\boldsymbol{\lambda}}=\widetilde{\dot{\boldsymbol{\lambda}}}$)，由于控制量 $\boldsymbol{u}$ 与 $\widetilde{\boldsymbol{\lambda}}$ 大小无关，且共轭变量微分方程组[式(6-44)]是齐次线性的，所以对于任意 $\alpha>0$，$\boldsymbol{\lambda}=\alpha\widetilde{\boldsymbol{\lambda}}$ 和 $\dot{\boldsymbol{\lambda}}=\alpha\widetilde{\dot{\boldsymbol{\lambda}}}$ 也可以同时满足控制方程、共轭变量微分方程组与横截条件[式(6-52)]，因此 $\alpha\widetilde{\boldsymbol{\lambda}}$ 也可以作为该最优控制问题的解。于是在不违背所有上述约束的前提下增加一个约束

$$\|\boldsymbol{\lambda}_K\| = 1 \tag{6-53}$$

以此来约束 $\boldsymbol{\lambda}$ 的模值，由于边界条件只需要 13 个，所以消除了约束[式(6-50)]。

6.4 迭代制导方法的计算流程

迭代制导方法的输入参数主要有：惯性导航提供的加速度测量值、速度和位置状态参数；火箭总体参数，包括比冲 V_{ex} 及时间常数 τ；发射点参数，包括地理纬度、经度、射向等。迭代制导方法一般选取的迭代变量为入轨点纬度幅角 U，输出是当前时刻发射惯性坐标系下的程序角指令，迭代计算流程如图 6-2 所示。入轨点坐标系和计算入轨点坐标系下当前状态的方法在 6.3 节中已经给出，下面对其计算步骤进行推导和展开[7-9]。

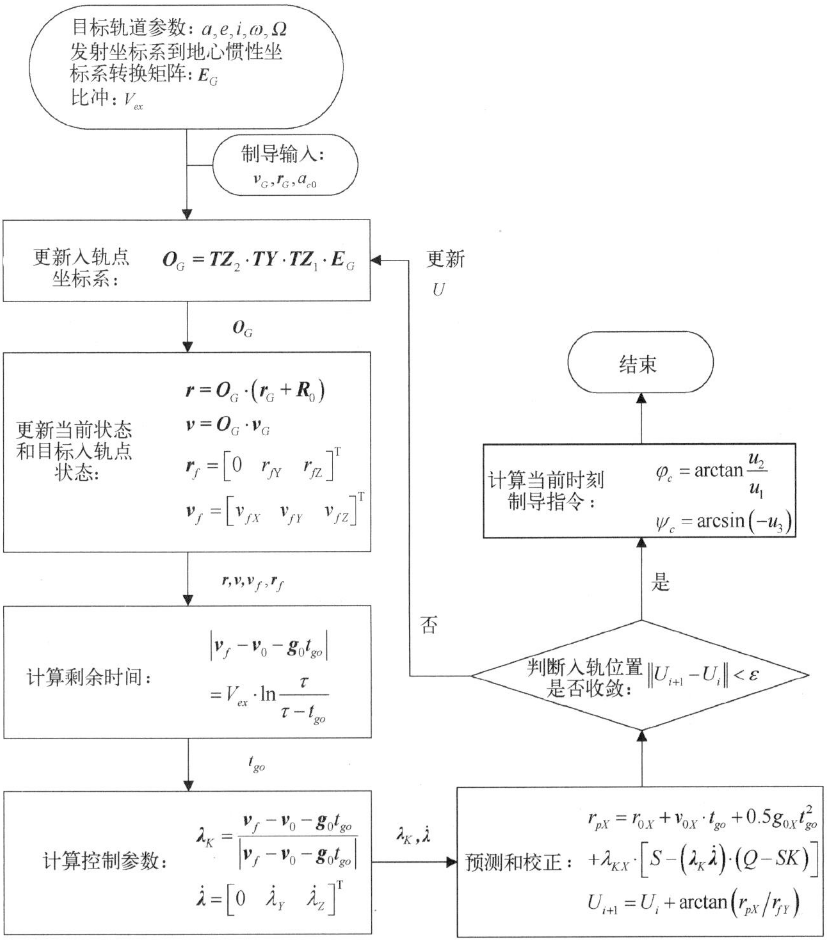

图 6-2　迭代计算流程

6.4.1　入轨点状态量的求解

制导任务的终端约束一般以轨道根数的形式给出，而迭代制导需要的是目标入轨点的状态，所以需要把轨道根数约束转化为状态量约束。由于迭代制导采用了入轨点坐标系，所以可以很容易地将轨道平面约束（即轨道倾角和升交点赤经）转化为 Z 向速度和位置约束，令

$$v_{fZ} = 0, \quad r_{fZ} = 0 \tag{6-54}$$

即可使入轨点满足轨道倾角和升交点赤经约束。轨道半通径 $\boldsymbol{P}$ 的表达式为

$$P = a \cdot (1 - e^2) \tag{6-55}$$

由此可计算入轨点地心距 r_f 以及垂直速度 v_v 和水平速度 v_h。而根据入轨点坐标系的定义，这里入轨点地心距即为 Y 向坐标约束 r_{fY}，垂直速度即为 Y 向速度约束 v_{fY}，水平速度即为 X 向速度约束 v_{fX}，所以

$$r_{fY} = P/(1 + e \cdot \cos f) \tag{6-56}$$

$$v_{fX} = \sqrt{\mu P}/r_{fY} \tag{6-57}$$

$$v_{fY} = e \cdot \sin f \cdot \sqrt{\mu/P} \tag{6-58}$$

式中，入轨点真近点角 f 用目标入轨点纬度幅角 U 减去近地点幅角 ω 即可得到。那么，得到目标入轨点位置矢量和速度矢量分别为

$$\boldsymbol{r}_f = [0 \quad r_{fY} \quad r_{fZ}]^{\mathrm{T}},\quad \boldsymbol{v}_f = [v_{fX} \quad v_{fY} \quad v_{fZ}]^{\mathrm{T}} \tag{6-59}$$

6.4.2 剩余飞行时间的计算

首先对式(6-38)中的第二式在$[0,\ t_{go}]$区间内进行一次积分，可以得到

$$\boldsymbol{v}_f - \boldsymbol{v}_0 = \boldsymbol{g}_0 t_{go} + \int_0^{t_{go}} \frac{T}{m} \cdot \boldsymbol{u}\mathrm{d}t \tag{6-60}$$

定义推力积分

$$\boldsymbol{v}_{\mathrm{thrust}} = \int_0^{t_{go}} \frac{T}{m} \cdot \boldsymbol{u}\mathrm{d}t \tag{6-61}$$

根据式(6-60)和式(6-61)，存在

$$\boldsymbol{v}_{\mathrm{thrust}} = \boldsymbol{v}_f - \boldsymbol{v}_0 - \boldsymbol{g}_0 t_{go} \tag{6-62}$$

视加速度可以表示为

$$a_c = \frac{T}{m} = \frac{V_{ex} \cdot \dot{m}}{m} = \frac{V_{ex}}{m_0/\dot{m} - t} \tag{6-63}$$

式中，m_0 是火箭初始质量，定义燃尽时间常数

$$\tau = m_0/\dot{m} = V_{ex}/a_{c0} \tag{6-64}$$

式中，a_{c0}是当前时刻视加速度，于是得到

$$\frac{T}{m} = \frac{V_{ex}}{\tau - t} \tag{6-65}$$

由式(6-47)和式(6-48)可得

$$\boldsymbol{u} = \frac{\boldsymbol{\lambda}_K + \dot{\boldsymbol{\lambda}}(t-K)}{\|\boldsymbol{\lambda}_K + \dot{\boldsymbol{\lambda}}(t-K)\|} \tag{6-66}$$

在迭代制导推导过程中，认为 $\dot{\boldsymbol{\lambda}}(t-K)$ 是小量。对式(6-66)的分母进行泰勒级数展开，忽略二阶以上小量，并考虑约束[式(6-53)]，得到

$$\frac{1}{\|\boldsymbol{\lambda}_K + \dot{\boldsymbol{\lambda}}(t-K)\|} \approx \frac{1}{\sqrt{1 + 2\boldsymbol{\lambda}_K\dot{\boldsymbol{\lambda}}(t-K)}} \approx 1 - \boldsymbol{\lambda}_K\dot{\boldsymbol{\lambda}}(t-K) \tag{6-67}$$

将式(6-67)代入式(6-66)中，依然忽略二阶以上小量，得到

$$\boldsymbol{u} \approx \boldsymbol{\lambda}_K - (\boldsymbol{\lambda}_K \dot{\boldsymbol{\lambda}})(t - K)\boldsymbol{\lambda}_K + \dot{\boldsymbol{\lambda}}(t - K) \tag{6-68}$$

把式(6-65)和式(6-68)代入式(6-61)中得到

$$\boldsymbol{v}_{\text{thrust}} = \boldsymbol{\lambda}_K L - (\boldsymbol{\lambda}_K \dot{\boldsymbol{\lambda}})(J - KL)\boldsymbol{\lambda}_K + (J - KL)\dot{\boldsymbol{\lambda}} \tag{6-69}$$

其中

$$L = \int_0^{t_{go}} \frac{V_{ex}}{\tau - t}\mathrm{d}t = V_{ex} \cdot \ln\frac{\tau}{\tau - t_{go}} \tag{6-70}$$

$$J = \int_0^{t_{go}} \frac{V_{ex}t}{\tau - t}\mathrm{d}t = \tau L - V_{ex}t_{go} \tag{6-71}$$

从式(6-69)可以看出，当 $K=J/L$ 时，推力产生的速度矢量为

$$\boldsymbol{v}_{\text{thrust}} = \boldsymbol{\lambda}_K L \tag{6-72}$$

显然，$\boldsymbol{v}_{\text{thrust}}$与 $\dot{\boldsymbol{\lambda}}$ 无关。由于$|\boldsymbol{\lambda}_K|=1$，所以由式(6-62)和式(6-72)可以得到

$$\| \boldsymbol{v}_f - \boldsymbol{v}_0 - \boldsymbol{g}_0 t_{go} \| = V_{ex} \cdot \ln\frac{\tau}{\tau - t_{go}} \tag{6-73}$$

由式(6-73)可以解得剩余时间 t_{go}的值。

6.4.3　协态变量的降维求解

由式(6-62)和式(6-72)可以得到

$$\boldsymbol{\lambda}_K = \frac{\boldsymbol{v}_f - \boldsymbol{v}_0 - \boldsymbol{g}_0 t_{go}}{\| \boldsymbol{v}_f - \boldsymbol{v}_0 - \boldsymbol{g}_0 t_{go} \|} \tag{6-74}$$

为了求解 $\dot{\boldsymbol{\lambda}}$，需要对式(6-38)中的第二式在$[0, t_{go}]$区间内进行两次积分

$$\boldsymbol{r}_f - \boldsymbol{r}_0 - \boldsymbol{v}_0 t_{go} = 0.5\boldsymbol{g}_0 t_{go}^2 + \int_s^{t_{go}}\int_0^s \frac{T}{m} \cdot \boldsymbol{u}\mathrm{d}s\mathrm{d}t \tag{6-75}$$

定义推力积分

$$\boldsymbol{r}_{\text{thrust}} = \int_s^{t_{go}}\int_0^s \frac{T}{m} \cdot \boldsymbol{u}\mathrm{d}s\mathrm{d}t \tag{6-76}$$

有

$$\boldsymbol{r}_{\text{thrust}} = \boldsymbol{r}_f - \boldsymbol{r}_0 - \boldsymbol{v}_0 t_{go} - 0.5\boldsymbol{g}_0 t_{go}^2 \tag{6-77}$$

把式(6-65)和式(6-68)代入式(6-76)得

$$\boldsymbol{r}_{\text{thrust}} = \boldsymbol{\lambda}_K S - \boldsymbol{\lambda}_K \dot{\boldsymbol{\lambda}}(Q - KS)\boldsymbol{\lambda}_K + \dot{\boldsymbol{\lambda}}(Q - KS) \tag{6-78}$$

由式(6-77)和式(6-78)得

$$\boldsymbol{\lambda}_K S - \boldsymbol{\lambda}_K \dot{\boldsymbol{\lambda}}(Q - KS)\boldsymbol{\lambda}_K + \dot{\boldsymbol{\lambda}}(Q - KS) = \boldsymbol{r}_f - \boldsymbol{r}_0 - \boldsymbol{v}_0 t_{go} - 0.5\boldsymbol{g}_0 t_{go}^2 \tag{6-79}$$

整理后得到

$$-(\boldsymbol{\lambda}_K \cdot \dot{\boldsymbol{\lambda}})\boldsymbol{\lambda}_K + \dot{\boldsymbol{\lambda}} = \frac{\boldsymbol{r}_f - \boldsymbol{r}_0 - \boldsymbol{v}_0 t_{go} - 0.5\boldsymbol{g}_0 t_{go}^2 - \boldsymbol{\lambda}_K S}{Q - KS} \equiv \boldsymbol{D} \tag{6-80}$$

由于式(6-52)已经约束了 $\dot{\lambda}_X=0$，三维方程[式(6-80)]中只有两个未知数，所以求解 $\dot{\boldsymbol{\lambda}}$ 的其他两个方向分量时只需要用到方程[式(6-80)]中的后两个标量等式，展开之后得到

$$\begin{bmatrix} 1-\lambda_{KY}\cdot\lambda_{KY} & -\lambda_{KY}\cdot\lambda_{KZ} \\ -\lambda_{KY}\cdot\lambda_{KZ} & 1-\lambda_{KZ}\cdot\lambda_{KZ} \end{bmatrix} \cdot \begin{bmatrix} \dot{\lambda}_Y \\ \dot{\lambda}_Z \end{bmatrix} = \begin{bmatrix} D_Y \\ D_Z \end{bmatrix} \tag{6-81}$$

解得

$$\begin{bmatrix} \dot{\lambda}_Y \\ \dot{\lambda}_Z \end{bmatrix} = \begin{bmatrix} 1-\lambda_{KY}\cdot\lambda_{KY} & -\lambda_{KY}\cdot\lambda_{KZ} \\ -\lambda_{KY}\cdot\lambda_{KZ} & 1-\lambda_{KZ}\cdot\lambda_{KZ} \end{bmatrix}^{-1} \begin{bmatrix} D_Y \\ D_Z \end{bmatrix} \tag{6-82}$$

最终得到

$$\dot{\boldsymbol{\lambda}} = \begin{bmatrix} 0 & \dot{\lambda}_Y & \dot{\lambda}_Z \end{bmatrix}^{\mathrm{T}} \tag{6-83}$$

6.4.4　最优制导指令的迭代求解

对式(6-38)积分可以得到终端速度和位置的预测值，其表达式分别为

$$\begin{cases} \boldsymbol{v}_p = \boldsymbol{v}_0 + \boldsymbol{g}_0 t_{go} + \boldsymbol{v}_{\mathrm{thrust}} \\ \boldsymbol{r}_p = \boldsymbol{r}_0 + \boldsymbol{v}_0 t_{go} + 0.5\boldsymbol{g}_0 t_{go}^2 + \boldsymbol{r}_{\mathrm{thrust}} \end{cases} \tag{6-84}$$

实际上，在求解控制变量 $\boldsymbol{\lambda}_K$ 和 $\dot{\boldsymbol{\lambda}}$ 的过程中，已经对速度矢量和位置矢量的 Y 和 Z 方向分量进行了约束，即使把求出的控制变量 $\boldsymbol{\lambda}_K$ 和 $\dot{\boldsymbol{\lambda}}$ 代入式(6-84)中，也只会得到与上一步迭代相同的预测值。唯一改变的预测值是位置矢量的 X 方向分量，所以我们也只需要计算出它的预测值 $\boldsymbol{r}_{pX}$

$$\boldsymbol{r}_{pX} = \boldsymbol{r}_{0X} + v_{0X}\cdot t_{go} + 0.5 g_{0X} t_{go}^2 + \lambda_{KX}\cdot[S - (\boldsymbol{\lambda}_K\dot{\boldsymbol{\lambda}})\cdot(Q - SK)] \tag{6-85}$$

接下来需要对入轨点位置进行校正，即计算出下一步迭代的入轨点纬度幅角的更新值

$$U_{i+1} = U_i + \arctan(r_{pX}/r_{fY}) \tag{6-86}$$

当 $|r_{pX}|$ 或 $|U_{i+1}-U_i|$ 的值小于指定精度时，说明本制导周期迭代收敛，否则进行下一轮迭代。当判断迭代制导收敛之后，即可计算当前制导周期的制导指令。在式(6-66)中令 $t=0$，即可得到当前时刻在入轨点坐标系下的单位推力矢量

$$\boldsymbol{u}_0 = \frac{\boldsymbol{\lambda}_K - \dot{\boldsymbol{\lambda}}K}{|\boldsymbol{\lambda}_K - \dot{\boldsymbol{\lambda}}K|} \tag{6-87}$$

转换到发射惯性坐标系下为

$$\boldsymbol{u}_{0G} = \boldsymbol{O}_G^{\mathrm{T}}\boldsymbol{u}_0 \tag{6-88}$$

令 $\boldsymbol{u}_{0G}$ 的三个分量为 u_1，u_2，u_3，由于火箭推力是沿箭体轴向，所以有

$$\begin{cases} u_1 = \cos\varphi_c \cdot \cos\psi_c \\ u_2 = \sin\varphi_c \cdot \cos\psi_c \\ u_3 = -\sin\psi_c \end{cases} \tag{6-89}$$

从式(6-89)可以解出火箭相对于发射惯性坐标系的俯仰角 φ_c 和偏航角 ψ_c，其表达式为

$$\varphi_c = \arctan(u_2/u_1), \quad \psi_c = \arcsin(-u_3) \tag{6-90}$$

6.4.5　多级飞行迭代制导问题

目前现有的运载火箭无法单级入轨，第一子级飞行结束后火箭在大气层外飞行，剩余飞行阶段包括多级多阶段过程。一般而言，在第二子级飞行阶段由主芯级推进加速，在第三子级由游机小推力发动机进行长时间推进。火箭的飞行轨迹分为两段或者多段，并且各段的发动机参数也不相同，因而还涉及多级的问题，即当飞行轨迹分为两段或多段时，迭代制导也需要分成两段或多段进行。

在多段迭代制导中，主要采用两种技术途径：一种是与前面介绍的迭代制导方法相同，但是需要确定每段的交班参数$[v_x^*, v_y^*, v_z^*, x^*, y^*, z^*]_{\text{n. stage}}$；另一种是将每段的推力积分、剩余时间等变量进行等效全段求解，入轨参数仍与原条件 v_x^*，v_y^*，v_z^*，x^*，y^*，z^*一致。原则上本段及本段之前的火箭运动参数的误差，应由本段的迭代制导加以消除，因此本段终点火箭运动参数约束 v_x^*，v_y^*，v_z^*，x^*，y^*，z^*，应由本段终点火箭发射惯性坐标系中的理论运动参数转换而得，不过由于火箭推力无法在飞行中调整，无法满足 $\boldsymbol{X}$ 向坐标约束，因而火箭飞行时间和航程与工况入轨点存在一定的偏差。

6.5　迭代制导的仿真验证和分析

仿真模型为考虑至 J_2 项的自旋椭球模型，并采用“瞬时平衡”假设，仅考虑运载火箭质心运动过程。在蒙特卡罗仿真中，各项偏差概率区间取 97.3 %（δ）或是 99.7 %（3δ），见表 6-1，随机取值并随机组合进行 1 000 次仿真试验，并以仿真结果的数学期望及标准差衡量制导算法的制导精度及鲁棒性。在制导方法精度评估中，考虑火箭质量、发动机以及飞行环境等参数的散布及不确定性的影响，偏差散布及不确定性对飞行轨迹的影响以导航输入的方式提供给制导算法，且制导周期取 100ms。

表 6-1　3δ 参数偏差及不确定性干扰

参数类型	单位	一级	二级	游机
起飞质量相对偏差	‰	±5.5	±5.5	—
加注质量相对偏差	‰	±5	±5	—

续表

参数类型	单位	一级	二级	游机
平均流量相对偏差	%	±3	±3	±3
比冲相对偏差	‰	±5	±5	±5
推力线偏斜	(′)	25	23	26
气动系数偏差	%	±10	±10	—
大气密度	参考国内大气密度数据			
风场	平稳风、切变风及风向			

与前面介绍的摄动制导方法相比，从多约束制导的角度考虑，迭代制导能够同时满足速度、位置等 5 个状态量，而摄动制导主要以“倾角”进行反馈修正，无法兼顾位置量，如图 6-3 所示。

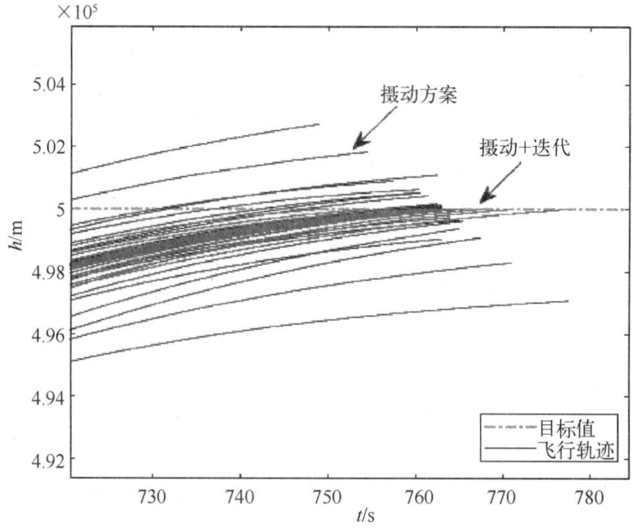

图 6-3　迭代制导与摄动制导方法的对比

6.5.1　迭代制导方法在液体上面级的仿真

以主芯级配备小推力游机的液体运载火箭为例，主芯级阶段采用摄动制导方法，第一子级关机条件为按射程关机方程制导关机，并采用小过载关机的备保方案；横法向导引修正，施加在大动压区之后(参考动压小于 10kPa)，并对修正角以及修正角速率进行限幅。迭代制导方法实施在小推力游机推进阶段，轨道根数的仿真曲线如图 6-4 所示，详细统计结果见表 6-2。

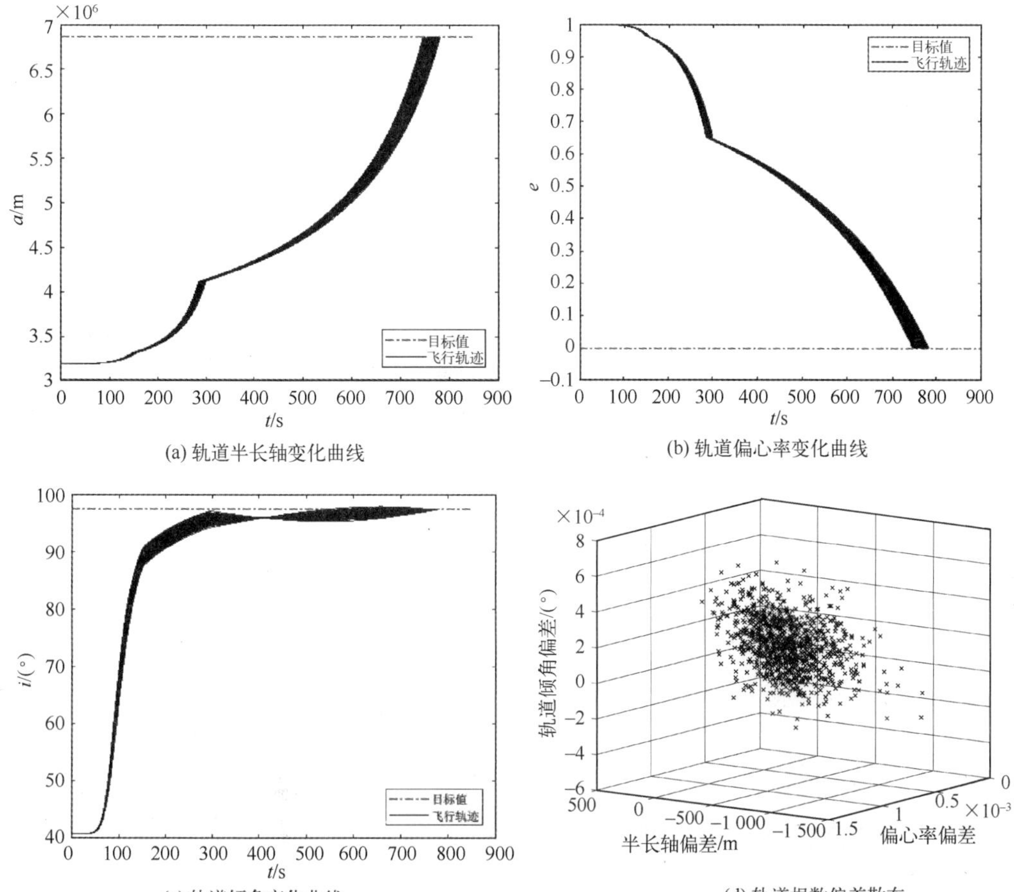

(a) 轨道半长轴变化曲线　(b) 轨道偏心率变化曲线

(c) 轨道倾角变化曲线　(d) 轨道根数偏差散布

图 6-4　轨道根数的仿真曲线

表 6-2　蒙特卡罗仿真统计结果

项目类别	单位	期望值	标准差	最大值 I	最大值 II
半长轴偏差	m	-134. 1	207. 7	1 118. 2	1 046. 5
偏心率偏差	10^{-4}	4. 25	1. 97	10. 57	10. 37
轨道倾角偏差	10^{-3}(°)	5. 78	9. 53	34. 6	33. 1
剩余推进剂	kg	951. 1	126. 1	517. 4	534. 5

6. 5. 2　助推—滑行—助推飞行模式上的验证

以三级固体携带液体上面级的火箭发射到 700km 的太阳同步轨道为例，液体上面级推力 5kN、比冲 3 000m/s，为了进入较高的太阳同步轨道，液体上面级采用助推—滑行—助推的飞行模式，并且迭代制导方法应用于该飞行阶段。在多阶段飞行过程中，按照预先装定的飞行任务诸元进行制导飞行，并分别进入预定的滑行过渡轨道以及目标太阳同步轨道，仿真结果如图 6-5 所示。

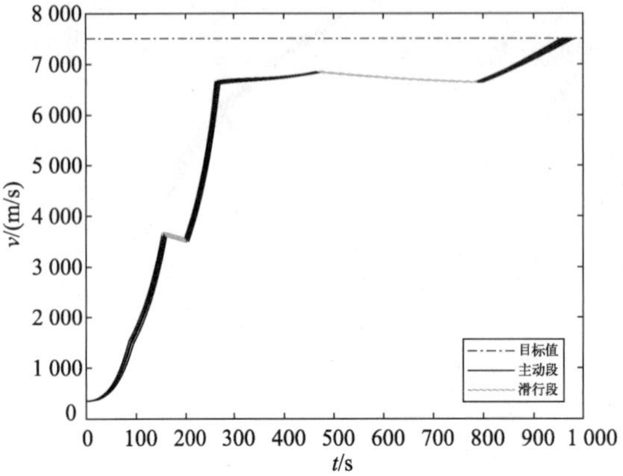

(a) 绝对速度变化曲线

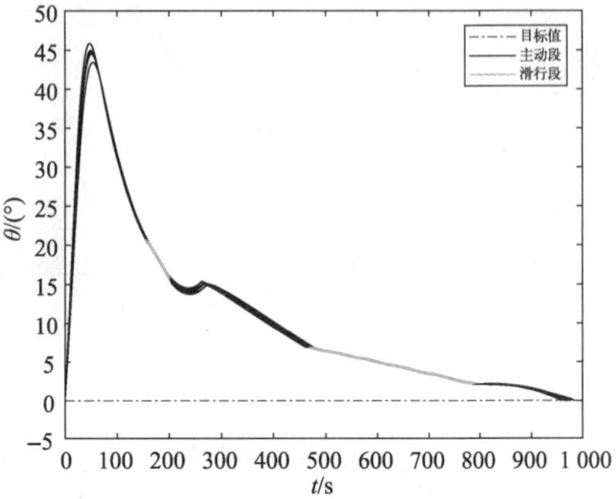

(b) 当地弹道倾角变化曲线

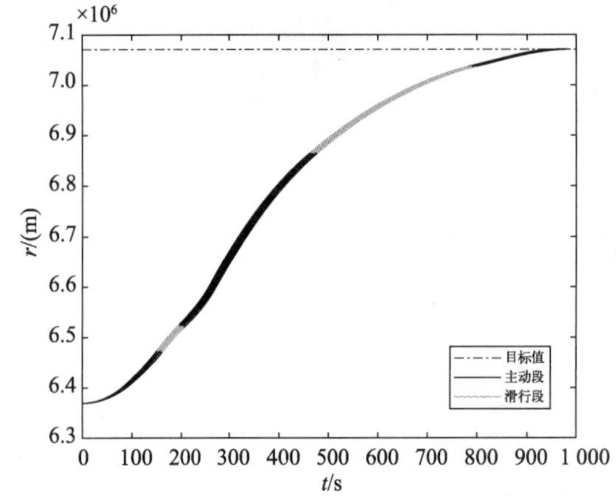

(c) 地心距变化曲线

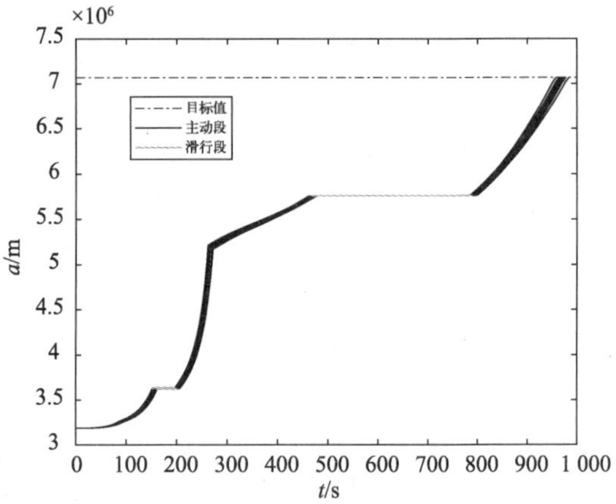

(d) 半长轴变化曲线

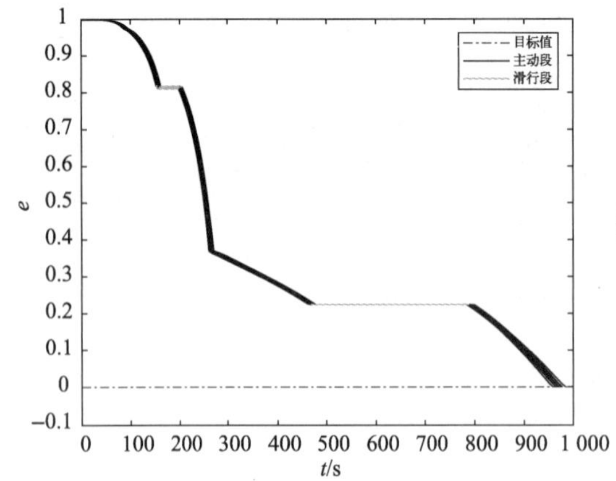

(e) 偏心率变化曲线

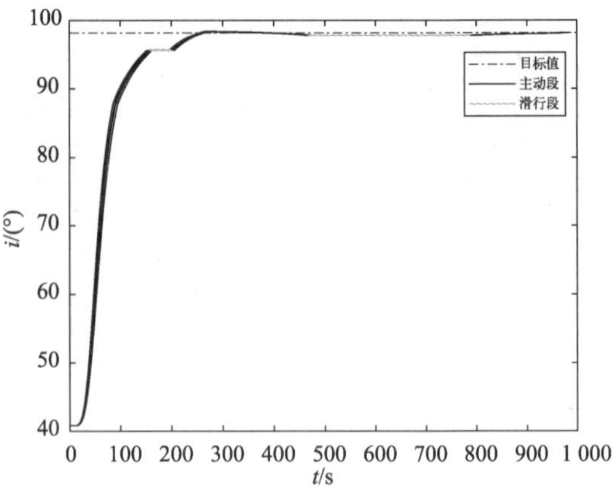

(f) 轨道倾角变化曲线

图 6-5　迭代制导打靶仿真状态参数曲线簇

6.6　本章小结

迭代制导方法实施在大气层外且具有长时间推进过程的飞行器上，本章梳理了最优化原理以及火箭入轨的最优控制问题，阐述了迭代制导方法的计算原理及其求解流程。以“三级固体+液体上面级”运载火箭为研究对象进行蒙特卡罗仿真验证，表明了迭代制导方法不仅具有高精度的终端约束能力，对配置的偏差干扰具有强鲁棒性，而且迭代过程以最短飞行时间(即推进剂最省)为指标来控制推力方向，提高了火箭的运载能力。但是，迭代制导的计算量比摄动制导要大，初始迭代次数约为5~10次，后续闭环迭代过程一般在2次左右，计算速度可以满足工程要求。

参考文献

[1] BRYSON A. Applied optimal control: optimization, estimation, and control[M]. New York: IEEE, 1975.

[2] LU P, PAN B F. Highly constrained optimal launch ascent guidance[J]. Journal of Guidance Control and Dynamics, 2010, 33(2): 404-414.

[3] CALISE A J, MELAMED N, LEE S J. Design and evaluation of a three-dimensional optimal ascent guidance algorithm[J]. Journal of Guidance Control and Dynamics, 1998, 21(6): 867-875.

[4] DUKEMAN G A, CALISE A J. Enhancements to an atmospheric ascent guidance algorithm[C]. Austin, TX, United states: American Institute of Aeronautics and Astranautics Inc, 2003: 1-11.

[5] 陈新民, 余梦伦. 迭代制导在运载火箭上的应用研究[J]. 宇航学报, 2003(5): 484-489.

[6] 茹家欣. 液体运载火箭的一种迭代制导方法[J]. 中国科学(E辑: 技术科学), 2009, 39(4): 696-706.

[7] 吕新广, 宋征宇. 载人运载火箭迭代制导方法应用研究[J]. 载人航天, 2009, 15(1): 9-14.

[8] 宋征宇. 从准确、精确到精益求精——载人航天推动运载火箭制导方法的发展[J]. 航天控制, 2013, 31(1): 4-10.

[9] 吕新广, 宋征宇. 长征运载火箭制导方法[J]. 宇航学报, 2017, 38(9): 895-902.

第 7 章　固体运载火箭定点制导方法研究

本章借鉴远程运载火箭经典闭路制导方法，首先针对助推—滑行—助推的飞行模式，采用定点制导原理对闭路制导方法进行改进，建立了滑行点火时间与需要速度矢量之间的理论关系。然后，设计了具有射程约束的椭圆轨道定点制导方法，通过轨道根数来统一求解满足射程约束的需要速度矢量，并导引火箭进入满足目标点射程约束的自由飞行轨道。最后，针对终端多约束的太阳同步圆轨道，设计了适应圆轨道的定点制导方法，分析和讨论了定点制导方法对助推—滑行—助推飞行模式的适用性以及在速度增量控制方面的局限性。

7.1　经典制导方法的局限性分析

固体运载火箭在实际飞行过程中要求制导计算具有强实时性和高可靠性，轨迹优化方法一般停留在方案分析和弹道设计阶段。为了满足在线制导过程的快速稳定收敛要求，同时保障飞行轨迹的最佳性能，通常采用极小值原理得到相应的最优化必要条件，将轨迹优化问题转化为两点边值问题。根据研究对象的动力学方程及横截条件，预先推导两点边值问题的最优解析解函数表达式，通过在线迭代计算最优解待定参数来实时获得制导指令。

7.1.1　制导方法的基本模型回顾

固体运载火箭在真空环境下的质心运动方程为式(3-58)，在进行制导原理理论推导过程中，采用平均引力假设和平均推力模型，其运动方程可以简化为

$$\begin{cases} \dfrac{dx}{dt} = v_x & \dfrac{dy}{dt} = v_y & \dfrac{dz}{dt} = v_z \\ \dfrac{dv_x}{dt} = aU_1 + g_{xp} & \dfrac{dv_y}{dt} = aU_2 + g_{yp} & \dfrac{dv_z}{dt} = aU_3 + g_{zp} \end{cases} \tag{7-1}$$

式中，平均引力加速度 g_{xp}、g_{yp}、g_{zp} 为从当前位置到终端位置处的平均引力加速度分量，U_1、U_2、U_3 为控制力在三个方向的分量且满足 $U_1^2+U_2^2+U_3^2=1$；a 为由发动机产生的加速度，即视加速度

$$a = V_{ex} \times \dot{m}/m = V_{ex}/(\tau - t) \tag{7-2}$$

式中，V_{ex}为发动机比冲；m 为火箭质量；τ 为发动机燃烧时间。间接法主要利用变分学和拉格朗日算子法，求解由最优控制问题的一阶必要条件得到的哈密顿两点边值问题。以最

短飞行时间为性能指标，哈密顿函数的表达式为

$$H[t,\ \boldsymbol{x}(t),\ \boldsymbol{u}(t),\ \boldsymbol{\lambda}(t)] = -1 + \boldsymbol{\lambda}_r^{\mathrm{T}}\boldsymbol{v} + \boldsymbol{\lambda}_v^{\mathrm{T}}(\boldsymbol{g}_p + a \cdot \boldsymbol{U}) + \nu(\boldsymbol{U}^{\mathrm{T}}\boldsymbol{U} - 1) \tag{7-3}$$

式中，$\boldsymbol{\lambda}^{\mathrm{T}}$ 为协态变量。那么最优控制问题存在最优解的必要条件是存在非零矢量函数 $\boldsymbol{\lambda}^*(t)$ 且 $t \in [t_0,\ t_f]$，使得 $\boldsymbol{x}^*(t)$，$\boldsymbol{u}^*(t)$，t_f和 $\boldsymbol{\lambda}^*(t)$满足以下条件。其中正则方程为

$$\dot{\boldsymbol{\lambda}}^* = -\frac{\partial H[t,\ \boldsymbol{x}(t),\ \boldsymbol{u}(t),\ \boldsymbol{\lambda}(t)]}{\partial \boldsymbol{\lambda}} \tag{7-4}$$

$$\dot{\boldsymbol{x}}^* = -\frac{\partial H[t,\ \boldsymbol{x}(t),\ \boldsymbol{u}(t),\ \boldsymbol{\lambda}(t)]}{\partial \boldsymbol{x}} \tag{7-5}$$

在最优轨迹线和最优控制上哈密顿函数取极小值，即

$$\min_{\boldsymbol{u} \in \boldsymbol{U}} H(t,\ \boldsymbol{x}^*,\ \boldsymbol{u},\ \boldsymbol{\lambda}^*) = H(t,\ \boldsymbol{x}^*,\ \boldsymbol{u}^*,\ \boldsymbol{\lambda}^*) \tag{7-6}$$

则协态矢量的解析表达式为

$$\begin{cases} \lambda_1 = \lambda_{1f} \\ \lambda_2 = \lambda_{2f} + (T - t)\lambda_{5f} \\ \lambda_3 = \lambda_{3f} + (T - t)\lambda_{6f} \end{cases} \tag{7-7}$$

式中，终点参数 T，λ_{1f}，λ_{2f}，λ_{3f}，λ_{5f}，λ_{6f}应满足边界约束方程。于是，最优控制问题的解析解为

$$\begin{cases} U_1 = \dfrac{\lambda_1}{\lambda} \quad U_2 = \dfrac{\lambda_2}{\lambda} \quad U_3 = \dfrac{\lambda_3}{\lambda} \\ \lambda = (\lambda_1\lambda_1 + \lambda_2\lambda_2 + \lambda_3\lambda_3)^{0.5} \end{cases} \tag{7-8}$$

变分法最优控制的边界条件由事件约束分解的初始条件和终端约束条件得到

$$\boldsymbol{x}(t_0) = \boldsymbol{x}_0,\quad G[t_f,\ \boldsymbol{x}(t_f)] = \boldsymbol{0} \tag{7-9}$$

间接法的求解过程是先由式(7-8)求解出最优控制变量的表达式，再求解由正则方程、边界条件、横截条件和最优终端时刻条件组成的两点边值问题，从而获得最优轨迹和相应的最优控制解。

7.1.2　闭路制导对终端多约束的局限性

远程弹道导弹采用闭路制导方法将载荷送入具有射程约束的椭圆轨道来实现飞行任务，在主动段助推结束后需要经过较长的无动力滑行到达地面落点，其终端条件以落点射程(射程角)为约束，其相应的终端状态量约束为集合的形式

$$(\boldsymbol{v}_f,\ \boldsymbol{r}_f) \in \{\beta_e(r_0,\ r_f,\ a_f,\ e_f) \cdot R_e \parallel G(a_f,\ e_f,\ i_f)\} \tag{7-10}$$

此时固体运载火箭的制导更关心如何求解满足落点射程的需要速度矢量，根据兰伯特问题的描述：已知初始位置矢量 $\boldsymbol{r}_0$ 以及终端的位置 $\boldsymbol{r}_p$，寻找通过这两点的飞行时间 t_{0-p}与初始速度矢量 $\boldsymbol{v}_0$ 之间的函数关系，即

$$\boldsymbol{v}_0 = f(t_{0-p},\ \boldsymbol{r}_0,\ \boldsymbol{r}_p) \tag{7-11}$$

式中，初始速度矢量 $\boldsymbol{v}_0$ 即是所求解的需要速度矢量 $\boldsymbol{v}_0^*$。在确定了需要速度矢量之后，为了“快速地”实现需要速度，闭路制导方法仅需要满足速度矢量 v_{xf}，v_{yf}，v_{zf}约束，而对入轨点位置坐标 y_f，z_f 没有约束，终点参数与乘子矢量之间的关系存在

$$\lambda_1 = \lambda_{1f},\quad \lambda_2 = \lambda_{2f},\quad \lambda_3 = \lambda_{3f},\quad \lambda_{5f} = 0,\quad \lambda_{6f} = 0 \tag{7-12}$$

显然，控制参数 U_1，U_2，U_3 变为常数，即当火箭入轨点只有速度约束而没有坐标约束时，火箭飞行中纵轴(推力)保持指定方向，此时的最优控制量的解析表达式为

$$\begin{cases} U_1 = C_1 \\ U_2 = C_2 \\ U_3 = C_3 \end{cases} \quad \text{s. t.} \quad C_1C_1 + C_2C_2 + C_3C_3 = 1 \tag{7-13}$$

根据终端速度矢量约束条件 $v_{xf} = v_{x0}^*$；$v_{yf} = v_{y0}^*$；$v_{zf} = v_{z0}^*$，最优解析[式(7-13)]在区间[0, T]积分可得

$$\begin{cases} v_{x0}^* - v_{x0} = C_1W_0 + g_xT \\ v_{y0}^* - v_{y0} = C_2W_0 + g_yT \\ v_{z0}^* - v_{z0} = C_3W_0 + g_zT \end{cases} \tag{7-14}$$

得到控制量的解为

$$\begin{cases} C_1 = (v_{x0}^* - v_{x0} - g_xT)/W_0 \\ C_2 = (v_{y0}^* - v_{y0} - g_yT)/W_0 \\ C_3 = (v_{z0}^* - v_{z0} - g_zT)/W_0 \end{cases} \tag{7-15}$$

式中，W_0 为视加速度在区间[0，T]的积分，表达式为

$$W_0 = I_{sp}g_0 \cdot \ln \frac{\tau}{\tau - T} \tag{7-16}$$

对于制导关机模式，根据式(7-14)和式(7-16)求解非线性方程，得到需要继续助推的时间 T

$$T = \tau - \tau \cdot e^{-W_0/(I_{sp}g_0)} \tag{7-17}$$

而对于耗尽关机模式，助推时间 T 等于额定剩余时间，即

$$T = T_s \tag{7-18}$$

因此，固体运载火箭针对具有射程约束的椭圆轨道，最佳控制方向沿着待增速度矢量方向，即满足式(7-15)的等式关系，这种以需要速度矢量及待增速度矢量为导引量的制导方法称为闭路制导。由于满足射程约束的椭圆轨道存在无数条，如图 7-1 所示，无论是采用制导关机还是耗尽关机方式，对需要速度矢量的求解都将是闭路制导方法的关键[1]。但是，针对终端多约束的圆轨道，仅通过需要速度矢量是无法满足终端多约束要求的，需要结合滑行点火时间对制导方法进行改进。

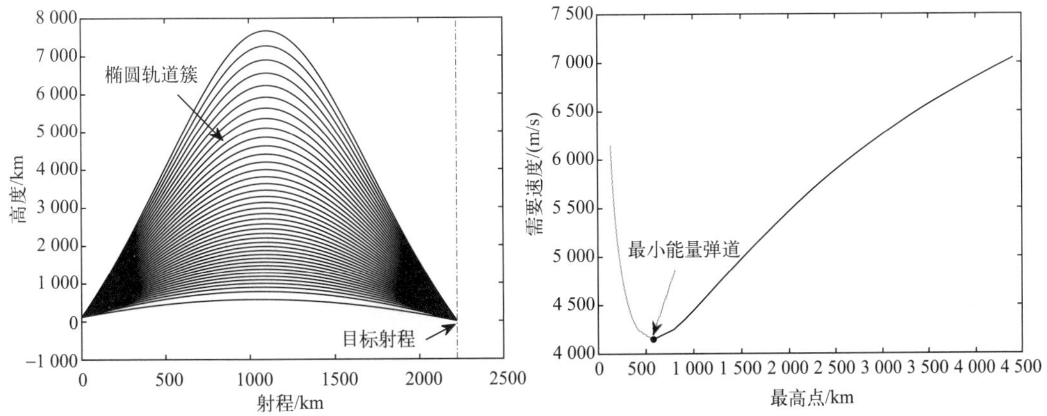

图 7-1　闭路制导方法需要速度的变化关系

7.1.3　迭代制导对助推滑行模式的局限性

卫星载荷等空间入轨任务需要同时满足速度矢量及位置矢量约束，即满足速度矢量 v_{xf}，v_{yf}，v_{zf}的同时受入轨点位置坐标 y_f，z_f 的约束。此时，可以认为 λ_1，λ_2，λ_3 是在前面 C_1，C_2，C_3 的基础上对位置量的改正且改正量较小，则最优控制的表达式为

$$\begin{cases}\lambda_1 = C_1 \\ \lambda_2 = C_2 + D_2 - tE_2 \\ \lambda_3 = C_3 + D_3 - tE_3\end{cases} \tag{7-19}$$

那么，最优控制量的解析表达式为

$$\begin{cases}U_1 = \dfrac{C_1}{\lambda} \\ U_2 = \dfrac{C_2 + D_2 - tE_2}{\lambda} \\ U_3 = \dfrac{C_3 + D_3 - tE_3}{\lambda}\end{cases} \tag{7-20}$$

式中，当改正量(D_2-tE_2)和(D_3-tE_3)为小量时，乘子量的近似表达式为

$$\begin{aligned}\frac{1}{\lambda} &= \frac{1}{\sqrt{C_1^2 + (C_2 + D_2 - tE_2)^2 + (C_3 + D_3 - tE_3)^2}} \\ &\approx 1 - C_2(D_2 - tE_2) - C_3(D_3 - tE_3)\end{aligned} \tag{7-21}$$

此外，固体运载火箭必须采用助推—滑行—助推的飞行模式进入较高的太阳同步轨道，滑行时间远大于助推持续时间。随着点火时间的不同，边界约束[式(7-9)]的初始值变化很大，导致在助推—滑行—助推模式下制导方法对点火时间十分敏感，在 t_{ig}时刻的速度位置矢量为

$$\begin{cases} \boldsymbol{r}_{ig} = T_r(\boldsymbol{r}_0,\ \boldsymbol{v}_0,\ t_{ig}) \\ \boldsymbol{v}_{ig} = T_v(\boldsymbol{r}_0,\ \boldsymbol{v}_0,\ t_{ig}) \end{cases} \tag{7-22}$$

为满足入轨点相关位置分量约束，根据最优控制的解析表达式在区间[0，T]的积分，U_1，U_2，U_3 中的 D_2，D_3，E_2，E_3 应满足以下坐标方程

$$\begin{cases} y^* - y_{ig} = v_{ig.y}T + g_xT^2/2 + C_2S_0 + D_2S_0 - E_2S_1 - \\ \qquad C_2[C_2D_2 - C_3D_3]S_0 + C_2[C_2E_2 - C_3E_3]S_1 \\ z^* - z_{ig} = v_{ig.z}T + g_zT^2/2 + C_3S_0 + D_3S_0 - E_3S_1 - \\ \qquad C_3[C_2D_2 - C_3D_3]S_0 + C_3[C_2E_2 - C_3E_3]S_1 \end{cases} \tag{7-23}$$

式中，$S_0=TW_0-W_1$，$S_1=\tau S_0-I_{sp}g_0T^2/2$，$W_1=\tau W_0-I_{sp}g_0T$。令

$$\mathrm{d}y = y^* - y_{ig} - (v_{ig.y}T + g_xT^2/2 + C_2S_0) \tag{7-24}$$

$$\mathrm{d}z = z^* - z_{ig} - (v_{ig.z}T + g_zT^2/2 + C_3S_0) \tag{7-25}$$

由式(7-20)和式(7-23)整理得到关于 E_2 和 E_3 的二元一次方程组，求解后得到最优控制解中 D_2，D_3，E_2，E_3 的表达式为

$$\begin{cases} E_2 = \mathrm{DR}_1/\mathrm{DR}_0,\quad D_2 = E_2W_1/W_0 \\ E_3 = \mathrm{DR}_2/\mathrm{DR}_0,\quad D_3 = E_3W_1/W_0 \end{cases} \tag{7-26}$$

其中

$$\begin{cases} \mathrm{DR}_1 = H_{10}H_{22} - H_{12}H_{20} \\ \mathrm{DR}_2 = H_{11}H_{20} - H_{21}H_{10} \\ \mathrm{DR}_0 = H_{11}H_{22} - H_{12}H_{21} \end{cases} \qquad \begin{cases} H_{10} = \mathrm{d}y/(S_0W_1/W_0 - S_1) \\ H_{20} = \mathrm{d}z/(S_0W_1/W_0 - S_1) \\ H_{11} = 1 - C_2C_2 \\ H_{22} = 1 - C_3C_3 \\ H_{12} = H_{21} = - C_2C_3 \end{cases}$$

根据速度约束条件 $v_{xf}=v_{x0}^*$，$v_{yf}=v_{y0}^*$，$v_{zf}=v_{z0}^*$ 以及位置修正量[式(7-26)]计算得到的入轨点 $\boldsymbol{x}$ 方向坐标的预测值为

$$\begin{aligned} x' = x_{ig} + v_{ig.x}T + g_xT^2/2 + \\ C_1[(1 - C_2D_2 - C_3D_3)S_0 + (C_2E_2 + C_3E_3)S_1] \end{aligned} \tag{7-27}$$

x 向坐标预测值相应的入轨点纬度幅角 U 的计算式为

$$U' = U_0 + \arctan(x'/y^*) \tag{7-28}$$

当 $|U'-U_0|$ 小于指定迭代精度要求时，迭代结束。至此，满足终端约束的控制参数 $\boldsymbol{C}_1$，$\boldsymbol{C}_2$，$\boldsymbol{C}_3$，D_2，D_3，E_2，E_3可以通过速度约束[式(7-15)]和位置修正量[式(7-26)]迭代计算得到，将控制参数代入最优解析[式(7-20)]得到具有速度和位置约束的最优解指令。

综上所述，固体运载火箭在实际飞行过程中以点火时序和制导指令相结合的模式来适应助推—滑行—助推的飞行任务。初始速度及位置矢量由点火条件计算得到，不同的点火条件对 y 向和 z 向位置坐标的偏差[式(7-23)]影响较大，甚至存在特定的点火时刻使

dy=0 或 dz=0，即通过速度矢量以及点火时间约束来满足终端多约束条件，如图 7-2 所示。此外，迭代制导的位置修正项，是根据位置偏差为小量的假设推导得出的，对于短燃烧弧的固体运载火箭，该方法难以保证位置偏差为小量因而导致实际应用受限，故更适用于长燃烧弧的液体火箭。最后，在耗尽关机模式下，固体运载火箭无法采用主动关机的物理手段进行终端速度、位置的控制，导致以推进剂最省的助推过程最优制导难以直接应用，需要从本质上解决耗尽关机固体运载火箭的助推段制导问题。

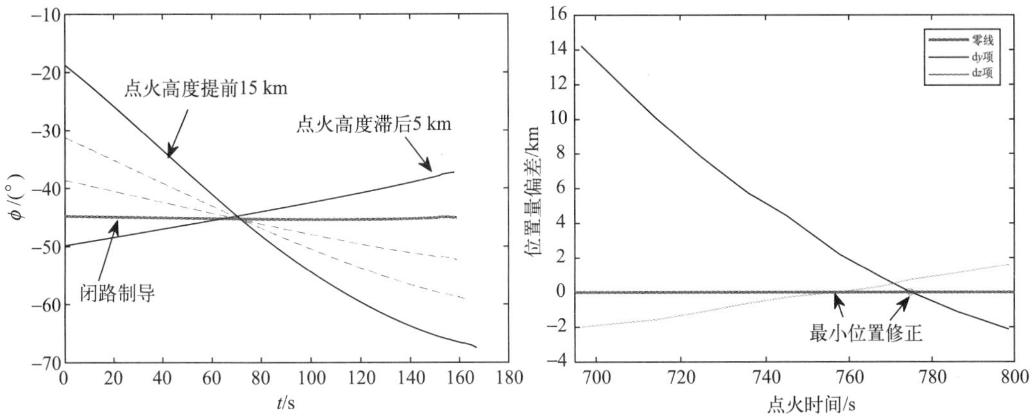

图 7-2　点火时间对迭代制导方法的影响

7.1.4　固体运载火箭自主制导技术解决思路

为了将空间载荷精准地送入预定目标轨道，需要满足 6 个轨道要素中的部分甚至全部，经典的闭路制导方法和迭代制导方法对耗尽关机的固体运载火箭均存在一定的局限性，迫切需要解决固体运载火箭助推—滑行—助推制导方法，以满足有效载荷的快速响应发射要求。根据动力学特性以及典型飞行剖面，固体运载火箭进入真空环境后将采用第三、四子级串联的多级助推—滑行—助推的飞行模式，通过开展多级兰伯特问题的理论方法研究，进行飞行任务在线规划来调整火箭的动势能分配。随着飞行阶段的递进，开展单子级滑行—助推的制导方法研究，给出固体运载火箭点火时间指令。一旦达到点火条件，固体运载火箭的制导问题逐渐从兰伯特问题转变为助推段两点边值问题，如图 7-3 所示。

为了建立起统一的固体运载火箭制导方法，其本质在于对助推段终端时间固定的两点边值问题解析求解方法的研究，以及多级助推—滑行总冲固定的兰伯特问题降阶求解方法研究，重点解决三个关键问题：固体运载火箭助推—滑行—助推模式下自适应制导问题、耗尽关机方式下多约束能量管理问题以及参数偏差和不确定性条件下高精度入轨问题。根据所提出的基础问题以及主要技术难点，采用“解析基底制导+非线性能量管理”的求解思想[2-3]，设计制导方法的研究思路，如图 7-4 所示，各子级具体研究如下：

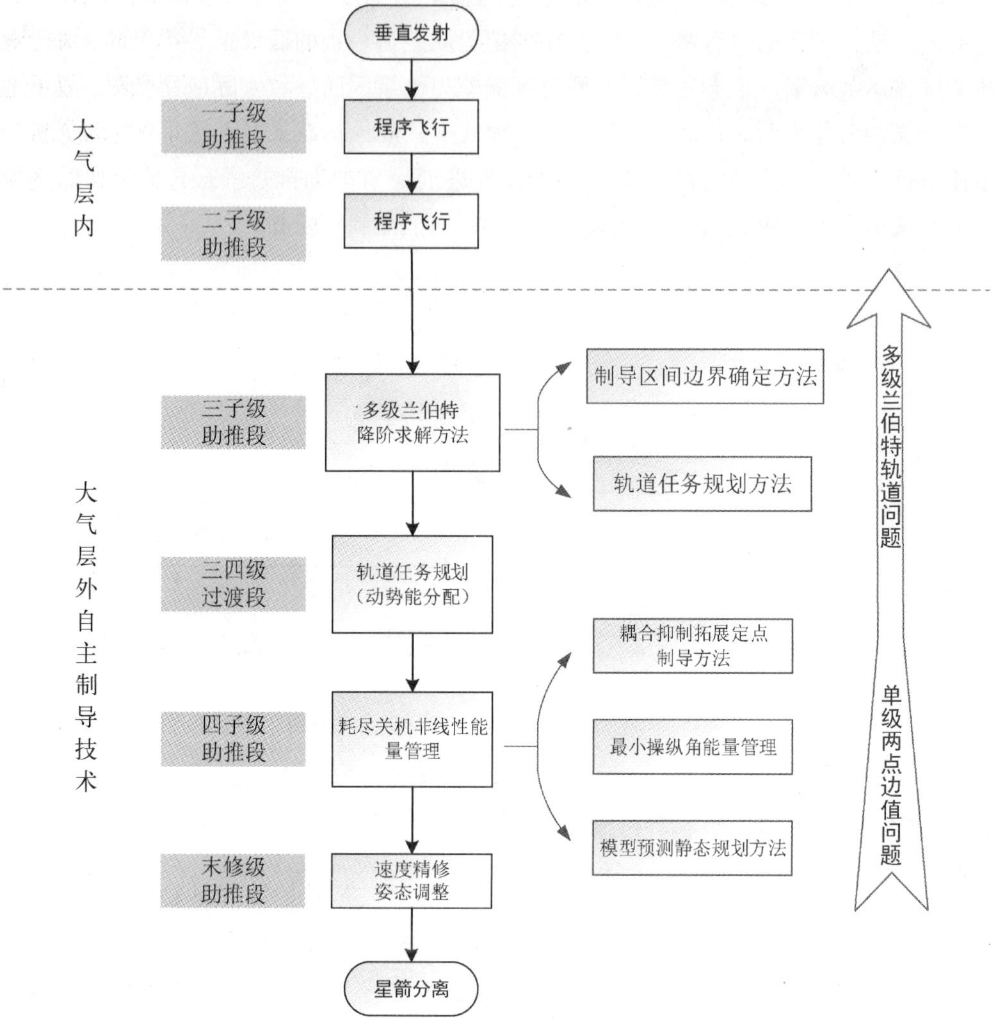

图 7-3　固体运载火箭助推—滑行—助推制导技术实施方案

在二三级滑行阶段，进行“时序规划+指令规划”：采用适应多级助推—滑行—助推模式的多级兰伯特问题的模型降阶方法(第 9.3 节)，根据三、四子级额定发动机参数在线快速解算出过渡滑行轨道根数，将运载火箭的发动机能量与空间过渡轨道任务进行匹配。

在三级助推阶段，进行“制导指令实时输出”：根据多级兰伯特问题的模型降阶方法在线规划的各子级轨道根数约束，采用具有速度、位置矢量约束的解析制导方法(第 7.4 节)，确定出推力矢量方向输出制导指令。

在三四级滑行阶段，进行“时序规划+指令规划”：根据目标轨道根数约束，采用具有速度、位置矢量多终端约束的解析制导方法(第 7.4 节)，实时预测滑行点火时间，并确定出需要速度矢量和发动机剩余能量，预先计算出助推段多约束速度控制模型(第 8.3 节)的制导参数。

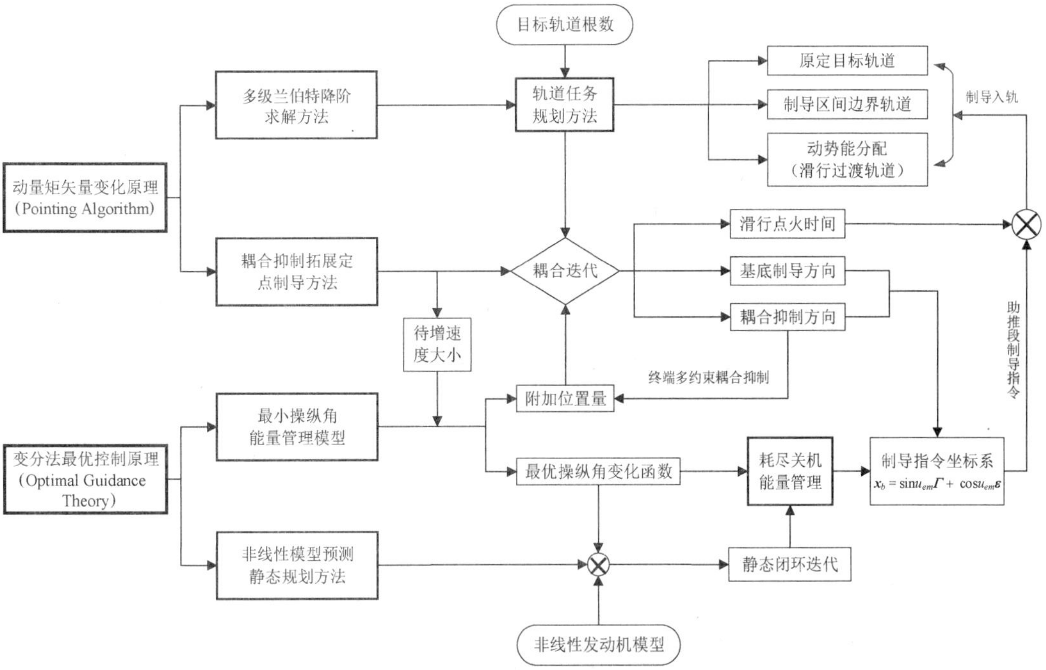

图 7-4　固体运载火箭助推—滑行—助推制导方法研究框架

在四级助推阶段，进行“制导指令实时输出”：考虑实际非线性发动机模型，根据惯导及加速度计的测量信息，采用非线性数值离散速度控制方法(第 8.4 节)，生成附加调姿角来耗散发动机多余能量。通过将附加调姿角叠加至速度控制耦合抑制通道(第 9.2 节)，实现运载火箭对速度矢量的高精度管控，并减少末修级的推进剂配置。

在末速修正阶段，进行“制导指令实时输出”：当飞行器第四级耗尽关机后，制导算法已经将运载火箭导引至目标轨道。然而，由于发动机尾段不确定性、推力后效等性能偏差的影响，采用小的液体末修级精修飞行器(第 10.1.2 节)速度矢量并调整火箭姿态准备星箭分离。

7.2　基于闭路制导改进的定点制导方法

闭路制导(Closed Loop Guidance，CLG)方法忽略了在发动机助推阶段产生的位置增量，并认为产生的速度增量是“瞬时脉冲速度矢量”来进行制导量的求解。在实际飞行过程中，额定工作时间和位置增量的变化将导致闭路制导方法的终端约束能力不足、适用性较差，故在闭路制导的基础上改进并完善了一种同时考虑速度增量和位置增量的定点制导[4-5](Pointing Algorithm，PA)，来解决固体运载火箭滑行-助推模式下的制导问题，其原理如图 7-5 所示。

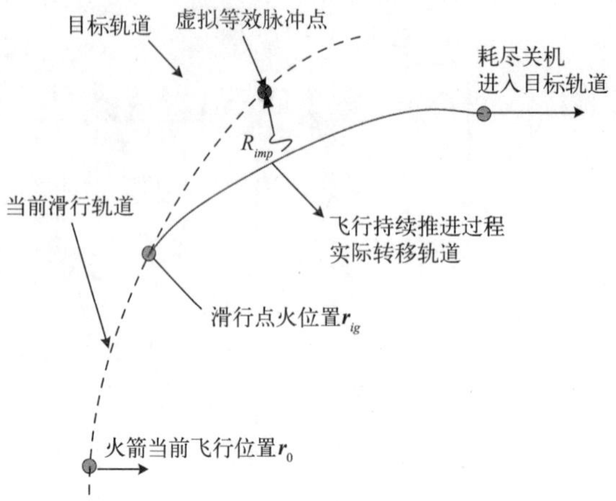

图 7-5　基于等效脉冲点的定点制导原理

7.2.1　定点制导原理的证明

兰伯特问题求解得到的需要速度矢量，需要飞行器提供瞬时脉冲矢量。对于固体运载火箭，发动机需要一定的耗尽时间来提供速度增量。固体火箭发动机虽然额定耗尽时间很短，但在持续助推过程中产生的位置变化影响了兰伯特问题求解的飞行轨迹。定点制导理论是研究“持续助推”与“瞬时脉冲”两种方式在空间变轨过程的等效理论关系，如图 7-5 所示。当火箭进入真空段飞行时，若忽略气动力、太阳光压以及引力摄动等干扰影响，地心赤道惯性坐标系下的动力学方程为

$$
\begin{cases}
\dot{\boldsymbol{r}} = \boldsymbol{v} \\
\dot{\boldsymbol{v}} = \boldsymbol{g}(\boldsymbol{r}) + T \cdot \boldsymbol{x}_b / m(t)
\end{cases}
\tag{7 - 29}
$$

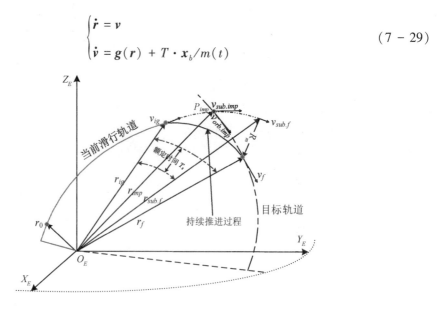

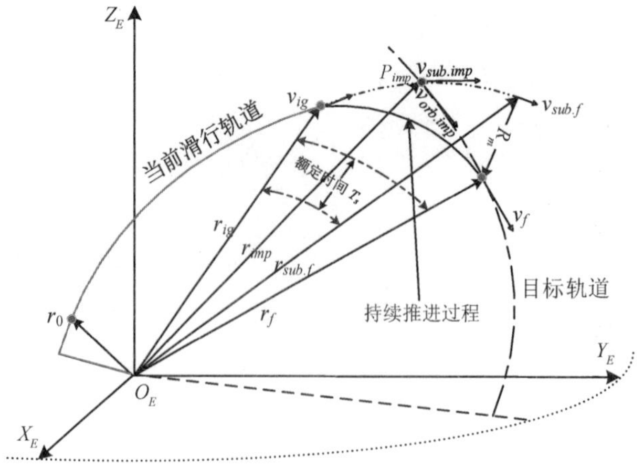

图 7-6　定点制导原理各矢量关系图

图 7-6 所示定点制导原理中各矢量关系的物理意义为：$r_{sub.f}$、$v_{sub.f}$表示外延滑行轨道的额定关机时刻地心距和绝对速度；r_f、v_f表示实际飞行轨道终端地心距和绝对速度。由齐奥尔科夫公式得，发动机产生的视速度和视位置增量分别为

$$W_M = \int_0^{T_s} \frac{T}{m(t)} \mathrm{d}t = I_{sp} g_0 \log[m_0/(m_0 - m_s)] \tag{7-30}$$

$$R_M = \int_0^{T_s} W_M(t)\mathrm{d}t = [I_{sp} g_0 m_s - W_M \cdot (m_0 - m_s)]/\dot{m} \tag{7-31}$$

假设持续助推过程中，推力矢量方向始终沿着“瞬时脉冲”速度矢量方向，即 $\boldsymbol{x}_b = \boldsymbol{\Gamma}$，直到额定耗尽关机时间 T_s。对式(7-29)积分后，得到耗尽关机时刻的速度、位置矢量为

$$\begin{cases} \boldsymbol{v}_{orb.f} = \boldsymbol{v}_{ig} + \Delta\boldsymbol{v}_G + W_M\boldsymbol{\Gamma} \\ \boldsymbol{r}_{orb.f} = \boldsymbol{r}_{ig} + T_s \cdot \boldsymbol{v}_{ig} + \Delta\boldsymbol{r}_G + R_M\boldsymbol{\Gamma} \end{cases} \tag{7-32}$$

式(7-32)所描述的运载火箭运动方程可分解为：在定向 $\boldsymbol{\Gamma}$ 的持续推力作用下产生位置矢量、速度矢量以及沿原开普勒轨道继续滑行 T_s后的速度、位置矢量，即

$$\begin{cases} \boldsymbol{v}_{sub.f} = \boldsymbol{v}_{ig} + \Delta\boldsymbol{v}_G \\ \boldsymbol{r}_{sub.f} = \boldsymbol{r}_{ig} + T_s \cdot \boldsymbol{v}_{ig} + \Delta\boldsymbol{r}_G \end{cases} \tag{7-33}$$

式中，$\Delta\boldsymbol{v}_G = \int_0^{T_s} \boldsymbol{g}(\boldsymbol{r})\mathrm{d}t$；$\Delta\boldsymbol{r}_G = \int_0^{T_s} \boldsymbol{v}_g \mathrm{d}t$ 是因引力产生的状态分量。那么，由持续推力过程引起运载火箭动量矩的变化为

$$\Delta\boldsymbol{H} = m_f \cdot \boldsymbol{r}_{orb.f} \times \boldsymbol{v}_{orb.f} - m_0 \cdot \boldsymbol{r}_0 \times \boldsymbol{v}_0 \tag{7-34}$$

将式(7-32)和式(7-33)代入动量矩变化式(7-34)，展开后得

$$\Delta\boldsymbol{H} = m_f(\boldsymbol{r}_{sub.f} \times \boldsymbol{v}_{sub.f} + \boldsymbol{r}_{sub.f} \times W_M\boldsymbol{\Gamma} + R_M\boldsymbol{\Gamma} \times \boldsymbol{v}_{sub.f} + R_M\boldsymbol{\Gamma} \times W_M\boldsymbol{\Gamma}) - m_0\boldsymbol{r}_0 \times \boldsymbol{v}_0 \tag{7-35}$$

对式(7-35)消去零元，并经过初等变换得到

$$\Delta\boldsymbol{H} = m_f\boldsymbol{r}_{sub.f} \times \boldsymbol{v}_{sub.f} + m_f[\boldsymbol{r}_{sub.f} - (R_M/W_M) \cdot \boldsymbol{v}_{sub.f}] \times (W_M\boldsymbol{\Gamma}) - m_0\boldsymbol{r}_0 \times \boldsymbol{v}_0 \tag{7-36}$$

由过渡轨道面和目标轨道面确定出轨道面交线 r_{imp}，轨道相关参数的矢量关系如图 7-6 所示。定义轨道面交线 r_{imp}为等效位置矢量，表达式为

$$\boldsymbol{r}_{imp} = \boldsymbol{r}_{sub.f} - (R_M/W_M) \cdot \boldsymbol{v}_{sub.f} \tag{7-37}$$

同样地，根据开普勒轨道性质，在等效脉冲点 P_{imp}处的矢量叉乘关系

$$\boldsymbol{r}_{imp} \times \boldsymbol{v}_{imp} = \boldsymbol{r}_{sub.f} \times \boldsymbol{v}_{sub.f} = \boldsymbol{r}_0 \times \boldsymbol{v}_0 = \text{constant} \tag{7-38}$$

将式(7-37)和式(7-38)代入式(7-36)后，化简得

$$\Delta\boldsymbol{H} = m_f\boldsymbol{r}_{imp} \times (\boldsymbol{v}_{sub.imp} + W_M\boldsymbol{\Gamma}) - m_0\boldsymbol{r}_{imp} \times \boldsymbol{v}_{imp} \tag{7-39}$$

综上，式(7-39)表明：“定向持续助推过程”对轨迹的改变与在等效脉冲点 P_{imp}处施加“瞬时脉冲矢量”对轨迹的影响等效。因此，通过特定的滑行点火时间，能够消除持续助推过程中产生的位置变化对所求兰伯特飞行轨迹的影响。

7.2.2 点火时间及待增速度的求解

运载火箭的状态矢量（$\boldsymbol{r}$, $\boldsymbol{v}$）通常建立在发射惯性坐标系内，通过地心惯性坐标系与发射惯性坐标系之间的变换矩阵得到火箭的惯性状态矢量，从而得到相应的轨道根数。在轨道面交点 P_{imp}处，速度矢量关系如图 7-7 所示。

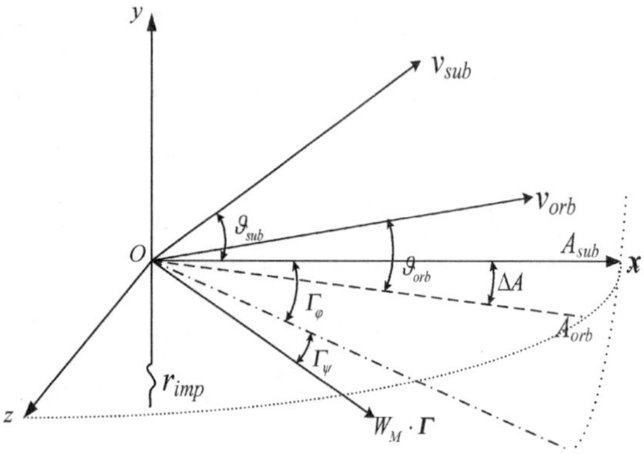

图 7-7 轨道面交点处速度矢量关系

通过滑行轨道参数求得

$$\begin{cases} f_{sub.imp} = \arccos[(p_{sub} - R_{imp})/(e_{sub}R_{imp})] \\ v_{sub.r} = (\mu/p_{sub})^{1/2} \cdot e_{sub}\sin f_{sub.imp} \\ v_{sub.f} = (\mu/p_{sub})^{1/2} \cdot (1 + e_{sub}\cos f_{sub.imp}) \end{cases} \tag{7-40}$$

同样地，根据目标轨道参数得到

$$\begin{cases} f_{orb.imp} = \arccos[(p_{orb} - R_{imp})/(e_{orb}R_{imp})] \\ v_{orb.r} = (\mu/p_{orb})^{1/2} \cdot e_{orb}\sin f_{orb.imp} \\ v_{orb.f} = (\mu/p_{orb})^{1/2} \cdot (1 + e_{orb}\cos f_{orb.imp}) \end{cases} \tag{7-41}$$

根据式(7-40)和式(7-41)，求解出轨道面交点 P_{imp}处的真近点角、切向速度及法向速度。同时根据轨道倾角 i 和 P_{imp}的经度、纬度，求解出速度矢量的方位角 A_{sub}和 A_{orb}。因此，在两轨道交点 P_{imp}处速度矢量表示如下

$$\begin{cases} \boldsymbol{v}_{sub.imp} = [\boldsymbol{v}_{sub.f}\cos A_{sub} \quad v_{sub.r} \quad v_{sub.f}\sin A_{sub}]^{\mathrm{T}} \\ \boldsymbol{v}_{orb.imp} = [\boldsymbol{v}_{orb.f}\cos A_{orb} \quad v_{orb.r} \quad v_{orb.f}\sin A_{orb}]^{\mathrm{T}} \end{cases} \tag{7-42}$$

进而得到定点制导所需的待增速度矢量 $\boldsymbol{v}_g$ 及其单位矢量方向 $\boldsymbol{\Gamma}$，表达式为

$$\begin{cases} \boldsymbol{v}_g = \| \boldsymbol{v}_{orb.imp} - \boldsymbol{v}_{sub.imp} \|_2 \\ \boldsymbol{\Gamma} = \dfrac{\boldsymbol{v}_{orb.imp} - \boldsymbol{v}_{sub.imp}}{\| \boldsymbol{v}_{orb.imp} - \boldsymbol{v}_{sub.imp} \|_2} \end{cases} \tag{7-43}$$

此外，火箭从当前点飞行至轨道交点 P_{imp}处的时间为

$$\begin{cases} E_{imp} = \arccos[(a_{sub} - R_{imp})/(a_{sub}e_{sub})] \\ t_{0-imp} = t_0 + \dfrac{1}{n}[E_{imp} - E_a - e(\sin E_{imp} - \sin E_a)] \end{cases} \tag{7-44}$$

从轨道面交点到耗尽关机点的时间为

$$t_{imp-sub.f} = t_{imp} + R_M/W_M \tag{7-45}$$

则点火时间为

$$t_{0-ig} = t_{0-imp} + t_{imp-sub.f} - T_s = t_{0-imp} - T_c \tag{7-46}$$

式中，形心时间 $T_c = \int_0^{T_s} a \cdot t\, \mathrm{d}t / \int_0^{T_s} a\, \mathrm{d}t = T_s - (R_M/W_M)$。

至此，根据定点制导原理建立了滑行点火时间、待增速度矢量 $\boldsymbol{v}_g$ 以及终端多轨道根数约束之间的理论关系。显然，在等效脉冲点处，火箭在无动力滑行轨道上的速度矢量为 $\boldsymbol{v}_{sub.imp}$，而为了进入目标轨道的需要速度矢量为 $\boldsymbol{v}_{orb.imp}$。定点制导方法由式(7-42)给出的轨道方程来计算需要速度矢量，在自由滑行阶段定点制导能够预先计算出点火时间，一旦达到点火时刻，定点制导将退化为闭路制导方法，即在助推阶段，定点制导计算的需要速度矢量为 $\boldsymbol{v}_{\mathrm{orb.imp}}$，与闭路制导计算的需要速度矢量 $\boldsymbol{v}_R$ 等效。

7.2.3　异面轨道的方位角偏差计算

若滑行轨道的轨道倾角与目标轨道的轨道倾角不同，那么火箭发动机在工作中不仅需要改变轨道的半长轴 a 和偏心率 e，还需要控制轨道倾角的变化，即 $i_{sub} \to i_{orb}$。轨道倾角变化的同时会伴随着绝对速度矢量方位角的变化，即 $\Delta A_{imp} = A_{imp.orb} - A_{imp.sub}$。方位角的求解与轨道倾角的大小和求解点所处地理位置相关，一般可以分为四种求解情况，它们依次是：(a)轨道倾角小于 90°，飞行器由南向北运动；(b)轨道倾角小于 90°，飞行器由北向南运动；(c)轨道倾角大于 90°，飞行器由南向北运动；(d)轨道倾角大于 90°，飞行器由北向南运动。

图 7-8 给出了四种情况下，各角度的球面三角形关系，其中各角度的物理含义分别是：A 为方位角；u 为在轨道面内由最近的赤道交点到当前点的幅角；ϕ 为当前位置的地心纬度；l 为在赤道面内由最近的赤道交点到当前所在的子午面与赤道交点之间的幅角；i 为轨道倾角。由球面三角形的计算法则，得到火箭在不同飞行条件下的等式关系

$$\begin{cases} \sin(\pi/2 - i) = \cos(|\phi|)\cos(\pi/2 - A) & \text{s. t. (a)} \\ \sin(\pi/2 - i) = \cos(|\phi|)\cos(A - \pi/2) & \text{s. t. (b)} \\ \sin(i - \pi/2) = \cos(|\phi|)\cos(A - 3\pi/2) & \text{s. t. (c)} \\ \sin(i - \pi/2) = \cos(|\phi|)\cos(3\pi/2 - A) & \text{s. t. (d)} \end{cases} \tag{7-47}$$

式(7-47)中的四个方程均可化简为统一的表达式

$$\sin A = \cos i / \cos(|\phi|) \tag{7-48}$$

考虑到不同情况下方位角象限的不同，将每种情况方位角的求解表达式列于表 7-1 中。

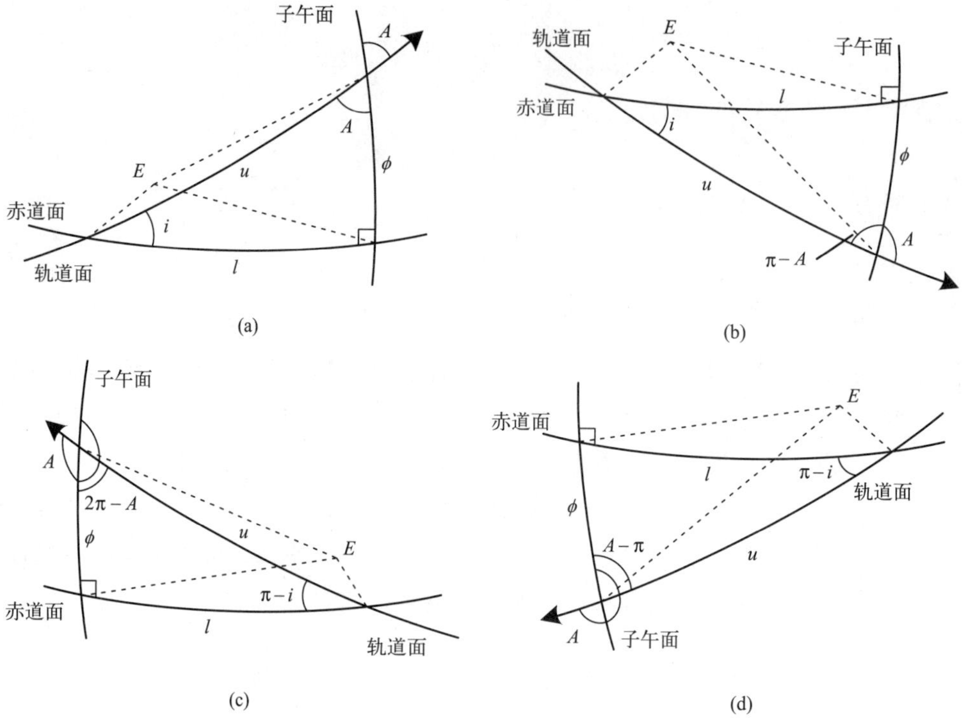

图 7-8　不同情况下方位角与轨道倾角的关系

表 7-1　不同情况下方位角的确定

情况	轨道倾角区间	纬度变化	方位角象限	方位角大小
(a)	$i<\pi/2$	增大	1	$\arcsin[\cos i/\cos(\lvert\phi\rvert)]$
(b)	$i<\pi/2$	减小	2	$\pi-\arcsin[\cos i/\cos(\lvert\phi\rvert)]$
(c)	$i\geqslant\pi/2$	减小	3	$\pi-\arcsin[\cos i/\cos(\lvert\phi\rvert)]$
(d)	$i\geqslant\pi/2$	增大	4	$2\pi+\arcsin[\cos i/\cos(\lvert\phi\rvert)]$

值得注意的是，受限于等效脉冲点所在的地理位置，特别是其地心纬度 ϕ_{imp} 值的影响，火箭助推结束后轨道倾角的改变值会受到约束。相应的约束式为 $\lvert\cos(i_{orb})\rvert\leqslant\cos(\lvert\phi_{imp}\rvert)$，化简后整理得

$$\lvert\phi_{imp}\rvert\leqslant i_{orb}\leqslant\pi-\lvert\phi_{imp}\rvert \tag{7-49}$$

考虑不等式约束[式(7-49)]后，在迭代计算过程中轨道倾角 $i_{orb.ite}$ 可以取得的值为

$$i_{orb.ite}=\begin{cases}\lvert\phi_{imp}\rvert & i_{orb.ite}<\lvert\phi_{imp}\rvert\\ i_{orb.ite} & \lvert\phi_{imp}\rvert\leqslant i_{orb.ite}\leqslant\pi-\lvert\phi_{imp}\rvert\\ \pi-\lvert\phi_{imp}\rvert & i_{orb.ite}>\pi-\lvert\phi_{imp}\rvert\end{cases} \tag{7-50}$$

纬度绝对值的取值区间为[0，π/2]，其表达式为

$$|\phi_{imp}| = \arcsin(\sin i_{sub} \sin u_{imp}) \tag{7-51}$$

式中，$u_{imp} = (\omega_{sub} + f_{imp}) \bmod (\pi)$。确定方位角求解的表达式需要对火箭处于纬度增大或减小的区间进行判断，根据速度向量 $\boldsymbol{v}_{imp}$ 在地心惯性坐标系的 OZ_I 轴方向上的分量：若 $v_{imp.Iz}>0$，处于纬度增大区间；若 $v_{imp.Iz}<0$，处于纬度减小区间。此外，定义方位角变化量的表达式为 $\Delta A_{imp} = A_{imp.orb} - A_{imp.sub}$，假设发动机工作前后火箭的纬度变化情况相同，则其求解表达式可归纳于表 7-2。

表 7-2　方位角变化量的求解

纬度变化	原轨道倾角	目标轨道倾角	方位角变化
增大	$i_{sub} \leqslant \frac{\pi}{2}$	$i_{orb.ite} \leqslant \frac{\pi}{2}$	$\arcsin \frac{\cos i_{orb.ite}}{\cos(\lvert\phi_{imp}\rvert)} - \arcsin \frac{\cos i_{sub}}{\cos(\lvert\phi_{imp}\rvert)}$
	$i_{sub} > \frac{\pi}{2}$	$i_{orb.ite} > \frac{\pi}{2}$	$\arcsin \frac{\cos i_{orb.ite}}{\cos(\lvert\phi_{imp}\rvert)} - \arcsin \frac{\cos i_{sub}}{\cos(\lvert\phi_{imp}\rvert)}$
	$i_{sub} \leqslant \frac{\pi}{2}$	$i_{orb.ite} > \frac{\pi}{2}$	$\arcsin \frac{\cos i_{orb.ite}}{\cos(\lvert\phi_{imp}\rvert)} - \arcsin \frac{\cos i_{sub}}{\cos(\lvert\phi_{imp}\rvert)} + 2\pi$
	$i_{sub} > \frac{\pi}{2}$	$i_{orb.ite} \leqslant \frac{\pi}{2}$	$\arcsin \frac{\cos i_{orb.ite}}{\cos(\lvert\phi_{imp}\rvert)} - \arcsin \frac{\cos i_{sub}}{\cos(\lvert\phi_{imp}\rvert)} - 2\pi$
减小	—	—	$-\arcsin \frac{\cos i_{orb.ite}}{\cos(\lvert\phi_{imp}\rvert)} + \arcsin \frac{\cos i_{sub}}{\cos(\lvert\phi_{imp}\rvert)}$

7.3　适应射程约束的椭圆轨道定点制导方法

定点制导方法通过确定滑行点火时间以及需要速度矢量，来适应固体运载火箭助推—滑行—助推的飞行模式。对于射程约束的椭圆轨道任务，由于轨道形状半长轴 a 和偏心率 $\boldsymbol{e}$ 是满足射程的一簇椭圆轨道的集合，在计算等效脉冲点以及需要速度矢量时仍需要根据附加约束条件求解兰伯特问题[6]。

7.3.1　由轨道根数统一求解需要速度

第 3.3 节讨论了自由飞行段的特点，轨道地心距与射程角的关系又称为落点的命中方程[式(3-77)]。在满足射程的条件下，命中方程表示为需要速度大小和速度倾角 ϑ_l^0 之间的理论关系。为了进一步分析和讨论需要速度矢量，则由式(3-77)和式(5-8)可以得到关于 $\tan\vartheta_l^0$ 的一元二次方程，其表达式为

$$\mu(1-\cos\beta_e)\tan^2\vartheta_l^0 - r_0 v_R^2 \sin\beta_e \tan\vartheta_l^0 + [\mu(1-\cos\beta_e) - r_0 v_R^2 (r_0/r_p - \cos\beta_e)] = 0 \tag{7-52}$$

该方程关于 $\tan\vartheta_l^0$ 的两个解为

$$\tan\vartheta_l^0 = \frac{r_0 v_R^2 \sin\beta_e}{2\mu(1-\cos\beta_e)} \pm \frac{\sqrt{r_0^2 v_R^4 \sin^2\beta_e - 4\mu(1-\sin\beta_e)\left[\mu(1-\sin\beta_e) - r_0 v_R^2(r_0/r_p - \cos\beta_e)\right]}}{2\mu(1-\cos\beta_e)} \tag{7-53}$$

式中，只有当根号内的式子大于或等于零时，$\tan\vartheta_l^0$ 才有实根，即 v_R 应该满足不等式条件

$$r_0^2 \sin\beta_e v_R^4 + 4\mu(1-\cos\beta_e) r_0 (r_0/r_p - \cos\beta_e) v_R^2 - 4\left[\mu(1-\cos\beta_e)\right]^2 \geqslant 0 \tag{7-54}$$

即最小的需要速度条件为

$$v_R^{*2} = \frac{2\mu(1-\cos\beta_e)\left[\cos\beta_e - r_0/r_p + \sqrt{(r_0/r_p - \cos\beta_e)^2 + \sin^2\beta_e}\right]}{r_0 \sin^2\beta_e} \tag{7-55}$$

v_R^{*2} 是由 r_0，r_p 和 β_e 所唯一确定的，且不等式(7-54)表明，只有当 $\boldsymbol{r}_0$ 处的需要速度 v_R 大于或等于 v_0^* 时，固体运载火箭才能到达目标点 $\boldsymbol{r}_p$，故称 $v_R = v_R^*$ 所对应的椭圆轨道为最小能量轨道，此时 ϑ_l^0 有唯一的解 ϑ_l^{0*}，且解析表达式为

$$\tan\vartheta_l^{0*} = \frac{r_0 v_R^{*2} \sin\beta_e}{2\mu(1-\cos\beta_e)} \tag{7-56}$$

那么，最小能量轨道对应的需要速度大小及速度倾角为

$$\vartheta_l^{0*} = \frac{1}{2}\arctan\left(\frac{\sin\beta_e}{r_0/r_p - \cos\beta_e}\right), \quad v_R^* = \sqrt{\frac{2\mu(1-\cos\beta_e)}{r_0 \sin\beta_e}\tan\vartheta_l^{0*}} \tag{7-57}$$

综上所述，固体运载火箭根据命中方程表示的落点等式关系，在当前位置矢量 $\boldsymbol{r}_0$ 处的需要速度大小 v_R 和速度倾角 ϑ_l^0 构成了一簇椭圆曲线。那么，在求解此类问题时，通过以需要速度大小 v_R 为迭代变量，根据满足射程的命中方程并以附加终止条件(如飞行时间、目标点速度倾角或者弹道最高点)构成闭环迭代格式，得到需要速度矢量求解的统一形式，如图 7-9 所示。根据式(7-55)得到满足射程约束的最小需要速度值 v_R^*，另外根据耗尽关机产生的视速度模量近似得到需要速度的最大值 $v_R^{\odot} \doteq v_0 + W_M$，则需要速度 v_R 在区间$[v_R^*, v_R^{\odot}]$内由 d$\boldsymbol{v}$ 不断迭代更新需要速度的大小，直至满足终止条件。

7.3.2 仿真验证和分析

本节以固体运载火箭针对大小射程约束的椭圆轨道任务为例，在参数偏差及不确定性条件下验证定点制导方法的制导精度及鲁棒性，仿真偏差配置见表 7-3。固体火箭发动机的性能特性受环境温度影响变化显著，在高低温条件下额定工作时间偏差达到 10%的程度，为制导方法的适应性及鲁棒性带来了一定的困难与挑战。

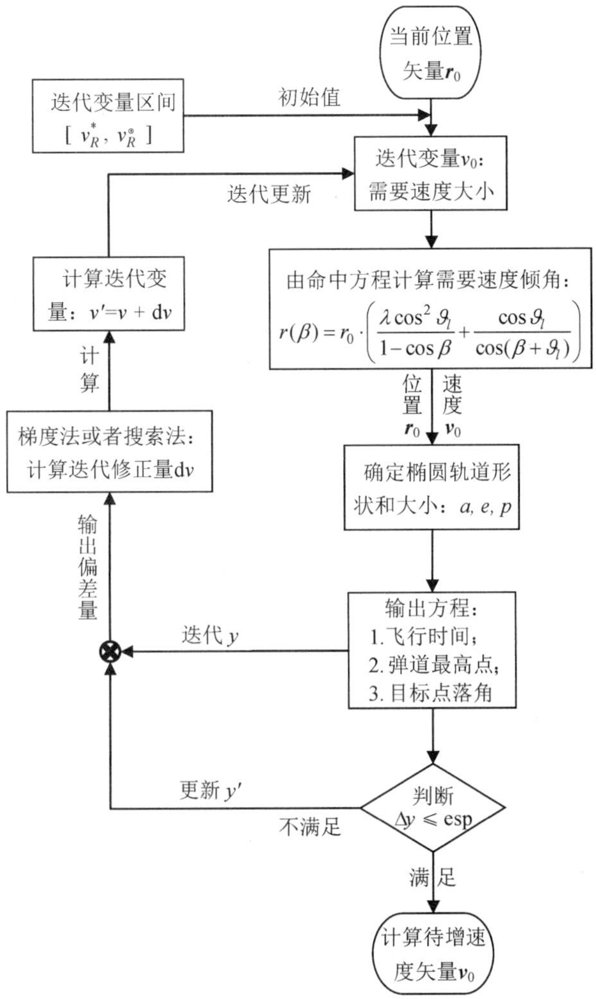

图 7-9　需要速度迭代求解逻辑

表 7-3　参数偏差及不确定性条件仿真配置

序号	参数名称	单位	一子级数值	二子级数值
1	起飞质量	kg	+100/−100	+15/−15
2	发动机工作时间	s	+10/−5	+2.0/−2.0
3	发动机平均推力(相对偏差)	%	+10/−10	+5.5/−5.5
4	气动力系数	%	±15	—
5	大气密度(相对偏差)	%	±15	—
6	风速	m/s	随高度变化的数据表	—

定点制导方法根据不同的射程约束解算出相应的俯仰角指令(火箭在射击平面内飞行，偏航角保持在零附近)并导引火箭完成不同的射程任务，对所设定的射程任务具有一定的

适应性，如图 7-10 所示。在各射程任务要求下打靶仿真统计结果见表 7-4，在定点制导方法的作用下固体运载火箭针对给定的射程约束，射程偏差的期望值均小于 5km，但标准差随着目标射程的增大而增加，从 5.702km 增大到 29.334km，而且在 4 500km 射程任务条件下偏差最大值达到 85.829km。存在较大偏差散布的主要原因是：固体火箭发动机在高低温燃烧环境下，推力变化及工作时间变化显著，特别是在采用耗尽关机方式下，发动机产生的总速度增量的变动无法得到限制，导致闭路制导方法无法精确计算待增速度矢量，从而产生关机点状态偏差；随着射程的增加，火箭自由飞行时间逐渐加长，关机点状态的偏差将沿着自由飞行段传播并呈现放大的趋势，导致射程偏差随目标射程约束的增大而增加。

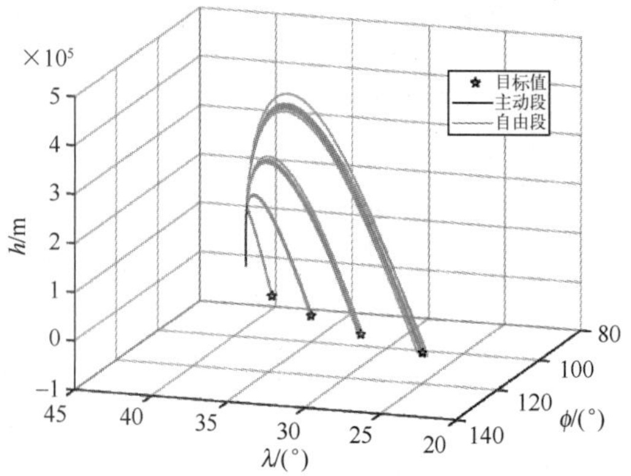

(a) 经纬高三维弹道曲线

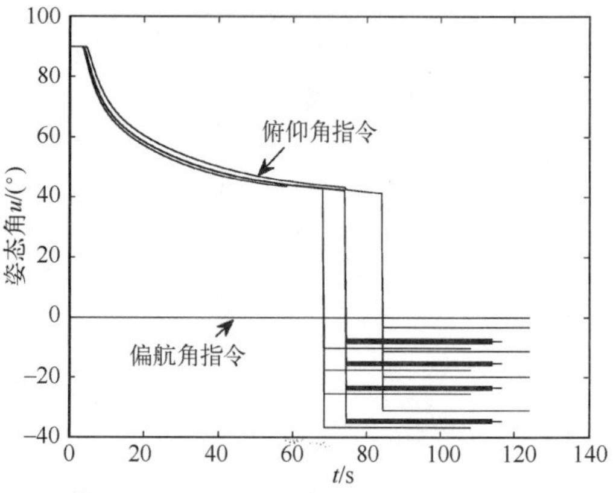

(b) 制导指令变化曲线

图 7-10　在大小射程任务条件下仿真弹道曲线簇

表 7-4　不同任务要求下打靶仿真统计结果

类别	射程偏差/km			
	任务一	任务二	任务三	任务四
目标值	1 500	2 500	3 500	4 500
期望值	-1.468	1.527	2.284	3.573
标准差	4.531	8.542	14.531	22.762
最大值	10.847	29.453	42.576	63.156

此外，定点制导方法是在闭路制导的基础上改进而来的，第 7.2 节介绍了闭路制导的基本原理，对于固定射程约束的椭圆轨道任务同样适用。故采用与第 7.3.2 节同样的固体运载火箭为研究对象，以 4 500km 射程任务为例对比定点制导方法和闭路制导方法，两种过程状态量变化曲线如图 7-11 所示。固体运载火箭在耗尽关机方式下，这两种制导方法虽然导引进入的自由飞行轨迹不同，但是对目标落点的射程控制均具有约束能力，其中经典闭路制导方法射程偏差的最大值达到 85.829 km，与定点制导方法的最大值 63.156 km 量级相当，详细打靶仿真统计结果的对比见表 7-5。

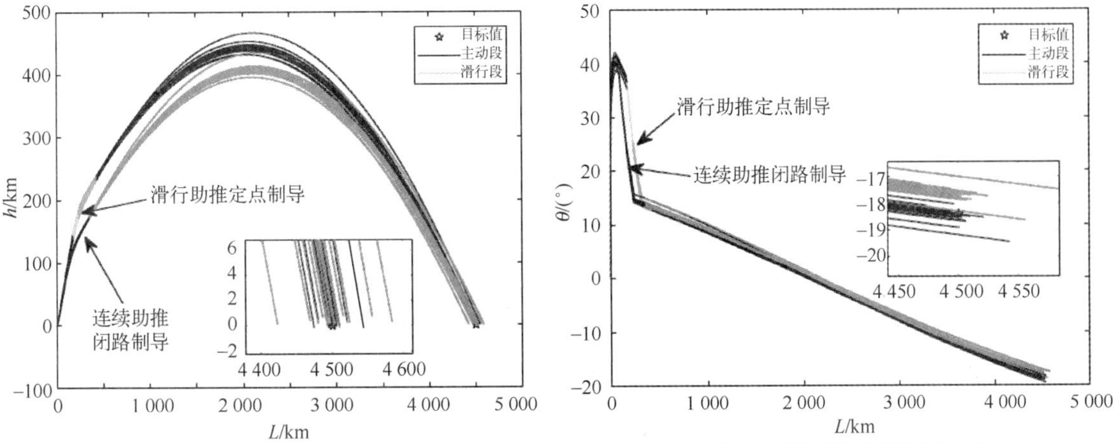

(a) 箭下点高度随射程变化曲线　(b) 当地弹道倾角随射程变化曲线

图 7-11　定点制导与闭路制导过程状态量变化曲线

表 7-5　定点制导与闭路制导方法打靶仿真统计结果

类别	射程偏差/km			
	目标值	期望值	标准差	最大值
闭路制导方法	4 500	4. 324	29. 334	85. 829
定点制导方法	4 500	3. 573	22. 762	63. 156

综上所述，针对具有射程约束的椭圆轨道，一方面存在与发动机产生的视速度相匹配的需要速度矢量来适应耗尽关机方式；另一方面，定点制导能够通过滑行助推的飞行模式来提高制导方法对大小射程任务的适用性。

7.4　适应圆轨道的滑行助推定点制导方法

定点制导理论是研究“持续助推”与“瞬时脉冲”两种方式之间的等效关系的一种理论，为了在助推—滑行飞行模式下应用定点制导原理对等效脉冲点处的各矢量进行求解，一方面根据火箭当前滑行状态的速度和位置矢量，推算飞行至等效脉冲点处的状态矢量；另一方面，根据终端轨道根数来计算等效脉冲点处的速度和位置矢量约束[7-9]。

7.4.1　由轨道根数计算等效脉冲点状态矢量

滑行轨道的状态矢量通常在地心惯性坐标系内表示，以轨道根数计算得到的速度、位置矢量在近焦点惯性坐标系内得到“自然”的描述，近焦点惯性坐标系 $O_E-X_pY_pZ_p$ 的定义为：以轨道的焦点为坐标原点 O_E，$O_E-X_pY_p$ 平面与轨道平面重合且 X_p 轴从焦点指向近地点，Y 轴指向真近点角为 90°的方向，Z_p 轴垂直于轨道平面并与角动量矢量方向一致，如

图 7-12 所示。

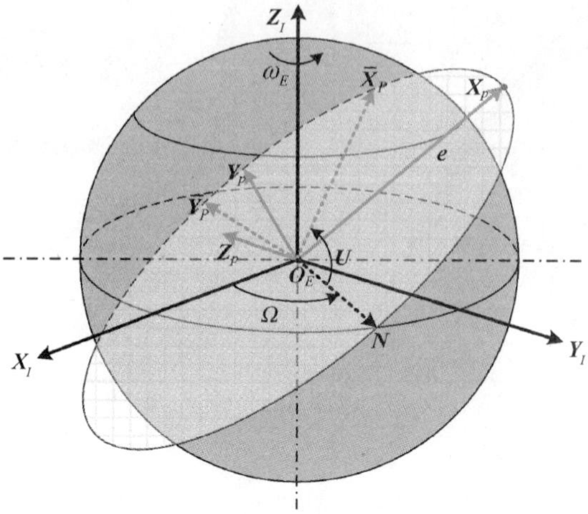

图 7-12 近焦点惯性坐标系与地心惯性坐标系

根据近焦点惯性坐标系与地心赤道坐标系的定义，由地心赤道坐标系到近焦点惯性坐标系的变换通过三次旋转完成。第一次旋转，以 Z_I 为旋转轴，旋转角度为赤经 Ω，将 X_I、Y_I 旋转至 $\boldsymbol{X}_I'$、$\boldsymbol{Y}_I'$方向；第二次旋转，以交线 $\boldsymbol{X}_I'$为旋转轴，旋转角度为 i，将 $\boldsymbol{X}_I'\boldsymbol{Y}_I'$平面旋转至与轨道平面相平行的位置；第三次旋转，在轨道平面内将单位矢量 $\boldsymbol{X}_I'$和 $\boldsymbol{Y}_I'$围绕 Z_p 轴旋转角度 ω，使其分别与 X_p和 Y_p的方向相一致。由坐标系变换的方向余弦法，得到从地心赤道坐标系至近焦点坐标系的正交变换矩阵 $\boldsymbol{P}_E$ 为

$$\begin{aligned}\boldsymbol{P}_E &= R_z(\omega)\,R_x(i)\,R_z(\Omega)\\ &= \begin{bmatrix} \cos\Omega\cos\omega - \sin\Omega\sin\omega\cos i & \sin\Omega\cos\omega + \cos\Omega\cos i\sin\omega & \sin i\sin\omega \\ -\cos\Omega\sin\omega - \sin\Omega\cos i\cos\omega & -\sin\Omega\sin\omega + \cos\Omega\cos i\cos\omega & \sin i\cos\omega \\ \sin\Omega\sin i & -\cos\Omega\sin i & \cos i \end{bmatrix}\end{aligned} \tag{7-58}$$

相对于近焦点惯性坐标系，火箭的状态向量为

$$\boldsymbol{r}_p = \frac{h^2}{\mu}\frac{1}{1+e\cos\theta}\begin{bmatrix}\cos f\\ \sin f\\ 0\end{bmatrix},\quad \boldsymbol{v}_p = \frac{\mu}{h}\begin{bmatrix}-\sin f\\ e+\cos f\\ 0\end{bmatrix} \tag{7-59}$$

则根据轨道根数计算脉冲点处在地心惯性坐标系内的矢量为

$$\boldsymbol{r}_I = \boldsymbol{P}_E^{\mathrm{T}} \times \boldsymbol{r}_p,\quad \boldsymbol{v}_I = \boldsymbol{P}_E^{\mathrm{T}} \times \boldsymbol{v}_p \tag{7-60}$$

由于太阳同步圆轨道的偏心率以及近地点幅角失去了物理意义，需要在近焦点惯性坐标系的基础上将 X_p轴旋转至脉冲点位置矢量方向，即使用脉冲点纬度幅角代替真近点角和近地点幅角。此时，只需将地心赤道坐标系到近焦点惯性坐标系中的第三次旋转变换，用纬度幅角 U 代替近地点幅角 ω，正交变换矩阵 $\overline{\boldsymbol{P}}_E$ 为

$$\overline{\boldsymbol{P}}_E = R_z(U)\,R_x(i)\,R_z(\Omega) \tag{7-61}$$

纬度幅角 U 由脉冲点处地心纬度计算得到，$U=\arcsin(\sin\phi_{imp}/\sin i)$。采用纬度幅角 U 代替真近点角和近地点幅角后，脉冲点 P_{imp} 处在地心惯性坐标系内的矢量为

$$\boldsymbol{r}_I = \overline{\boldsymbol{P}}_E^{\mathrm{T}} \times \begin{bmatrix} 0 \\ r_{imp} \\ 0 \end{bmatrix},\quad \boldsymbol{v}_I = \overline{\boldsymbol{P}}_E^{\mathrm{T}} \times \begin{bmatrix} v_{cir} \\ 0 \\ 0 \end{bmatrix} \tag{7-62}$$

式中，圆轨道速度 $v_{cir}=\sqrt{\mu/r_{imp}}$。

7.4.2　由滑行时间计算等效脉冲点状态矢量

为了将等效脉冲点处的状态矢量统一进行表示，采用全局“近点角”开普勒方程来描述椭圆轨道及圆轨道上状态矢量随飞行时间的函数。根据定点制导滑行时间的关系[式(7-39)]，滑行轨道等效脉冲点 P_{imp} 处地心惯性坐标系内的状态矢量表达式为

$$\begin{cases} \boldsymbol{r}(t_{imp},\ \boldsymbol{r}_0,\ \boldsymbol{v}_0) = f(t_{0-imp})\cdot \boldsymbol{r}_0 + g(t_{0-imp})\cdot \boldsymbol{v}_0 \\ \boldsymbol{v}(t_{imp},\ \boldsymbol{r}_0,\ \boldsymbol{v}_0) = \dot{f}(t_{0-imp})\cdot \boldsymbol{r}_0 + \dot{g}(t_{0-imp})\cdot \boldsymbol{v}_0 \end{cases} \tag{7-63}$$

设 t_0 表示全局变量为零的时刻，则 $(t_0+\Delta t)$ 时刻的 χ 值可由下述全局开普勒方程迭代解出

$$\sqrt{\mu}\,\Delta t = \frac{r_0 v_{r0}}{\sqrt{\mu}}\chi^2 C(\alpha\chi^2) + (1-\alpha r_0)\chi^3 S(\alpha\chi^2) + r_0\chi \tag{7-64}$$

式中，r_0、v_{r0} 分别为 $t=t_0$ 时刻的半径和径向速度；α 为长半轴的倒数，且 $\alpha<0$，$\alpha=0$，$\alpha>0$ 分别对应于双曲线、抛物线和椭圆。令 $z=\alpha\chi^2$，$C(z)$ 和 $S(z)$ 均为斯达姆夫(Stumpff)函数，采用级数表示为

$$S(z) = \sum_{k=0}^{\infty}(-1)^k \frac{z^k}{(2k+3)!} = \frac{1}{6} - \frac{z}{120} + \frac{z^2}{5\,040} - \frac{z^3}{362\,880} + \frac{z^4}{39\,916\,800} - \cdots \tag{7-65}$$

$$C(z) = \sum_{k=0}^{\infty}(-1)^k \frac{z^k}{(2k+2)!} = \frac{1}{2} - \frac{z}{24} + \frac{z^2}{720} - \frac{z^3}{40\,320} + \frac{z^4}{3\,628\,800} - \cdots \tag{7-66}$$

则 $C(z)$ 和 $S(z)$ 与圆周及双曲三角函数关系为

$$S(z) = \begin{cases} \dfrac{\sqrt{z} - \sin\sqrt{z}}{(\sqrt{z})^3}, & z>0 \\ \dfrac{\sinh\sqrt{-z} - \sqrt{-z}}{(\sqrt{-z})^3}, & z<0 \\ \dfrac{1}{6}, & z=0 \end{cases} \quad C(z) = \begin{cases} \dfrac{1-\cos\sqrt{z}}{z}, & z>0 \\ \dfrac{\cosh\sqrt{-z} - 1}{-z}, & z<0 \\ \dfrac{1}{2}, & z=0 \end{cases} \tag{7-67}$$

若 $C(z)$ 和 $S(z)$ 通过式(7-65)和式(7-66)形式的级数展开法求得，那么 $C(z)$ 和 $S(z)$ 的形式将只与所选择的 z 的符号有关。当 z 趋于负无穷时，$C(z)$ 和 $S(z)$ 均单调递增；当 z 趋于大的正值时，$C(z)$ 和 $S(z)$ 均趋于零。由式(7-67)可知，当 $\cos\sqrt{z}=1$ 时，对于 $z>0$，则 $C(z)=0$。即此时 $z=(2\pi)^2$，$(4\pi)^2$，$(6\pi)^2\cdots$为了计算处在时间间隔为 Δt 的全局近点角 χ，根据式(7-64)建立牛顿法迭代形式，则迭代函数及其导数分别为

$$
\begin{cases}
f(\chi) = \dfrac{r_0 v_{r0}}{\sqrt{\mu}}\chi^2 C(z) + (1 - a r_0)\chi^3 S(z) + r_0\chi - \sqrt{u}\,\Delta t \\
\dot{f}(\chi) = 2\dfrac{r_0 v_{r0}}{\sqrt{\mu}}\chi C(z) + \dfrac{r_0 v_{r0}}{\sqrt{\mu}}\chi^2 \dot{C}(z) + 3(1 - \alpha r_0)\chi^2 S(z) + (1 - \alpha r_0)\chi^3 \dot{S}(z) + r_0 \\
\quad = \dfrac{r_0 \nu_{r0}}{\sqrt{\mu}}\chi[1 - \alpha\chi^2 S(z)] + (1 - \alpha r_0)\chi^2 C(z) + r_0
\end{cases}
\tag{7-68}
$$

根据 Chobotov 关于 χ_0 合理的初始估计值以及牛顿法导数函数[式(7-68)]可得，全局近点角 χ 的闭合迭代形式为

$$
\begin{cases}
\chi_i = \sqrt{\mu}\,|\alpha|\,\Delta t & i = 1 \\
\chi_{i+1} = \chi_i - f(\chi)/\dot{f}(\chi) & i \geqslant 2
\end{cases}
\tag{7-69}
$$

采用全局变量公式，能够得到一整套覆盖所有情况的拉格朗日系数，由全局变量 χ 和斯达姆夫函数 $C(z)$ 与 $S(z)$ 所表示的拉格朗日系数为

$$
\begin{cases}
f = 1 - \dfrac{\chi^2}{r_0}C(\alpha\chi^2), & \dot{f} = \dfrac{\sqrt{\mu}}{r r_0}[\alpha\chi^3 S(\alpha\chi^2) - \chi] \\
g = \Delta t - \dfrac{1}{\sqrt{\mu}}\chi^3 S(\alpha\chi^2), & \dot{g} = 1 - \dfrac{\chi^2}{r}C(\alpha\chi^2)
\end{cases}
\tag{7-70}
$$

综上所述，定点制导原理阐述了“持续助推”与“瞬时脉冲”两种方式在空间变轨过程中的等效理论关系。在滑行轨道上，根据火箭当前的状态矢量，采用状态参数的拉格朗日系数法得到变轨前等效脉冲点处的状态矢量[式(7-63)]；在目标飞行轨道上，根据终端轨道根数约束，得到变轨后等效脉冲点处的状态矢量[式(7-60)或式(7-62)]。至此，给出了对于定点制导原理以及相关速度矢量的计算通用方法。

7.4.3　定点制导对耗尽关机速度控制的局限性

定点制导方法以推力矢量定向的方式导引火箭进入目标轨道，为了分析定点制导对耗尽关机进入圆轨道的适用性，以固体运载火箭在滑行轨道上的飞行状态以及耗尽关机方式产生的总视速度增量为约束条件，等效脉冲点随椭圆轨道参数的变化而变化。为了便于问题的分析，假设滑行轨道与目标轨道共面，等效脉冲矢量处于轨道面内。对于给定的等效脉冲点，其地心距为 r_{imp}，则对应的入轨速度为

$$v_{orb} = v_{imp}\cos\vartheta_{imp} + W_M\cos\Gamma_\varphi \tag{7-71}$$

为了使偏心率为零，存在等式关系

$$v_{imp}\sin\vartheta_{imp} + W_M\sin\Gamma_\varphi = 0 \tag{7-72}$$

由式(7-71)和式(7-72)联立求解得到耗尽关机后的入轨速度 v_{orb}。随着等效脉冲点地心距 r_{imp}的变化，入轨速度 v_{orb}也随之改变。因此，为了分析耗尽关机方式对定点制导的影响，从以下两个方面进行分析。

任务 1：针对固体运载火箭第四子级助推进入 500km 太阳同步轨道，发动机产生的视速度增量固定为 1 170m/s，通过设置不同的滑行轨道能量和动量矩使火箭满足入轨约束要求。

在第四子级滑行助推过程中，由于给出的滑行轨道参数的变化，使得定点制导方法按照式(7-46)解算的点火时间发生相应变化。随着四级助推段起始高度的不同，为了满足终端多约束圆轨道要求，起始速度、起始速度倾角和俯仰角的值都会相应发生变化，每一组初始状态都对应了一条滑行轨道，如图 7-13 所示。由于固体火箭发动机产生的总速度增量一定，为了进入终端多约束的 500km 圆轨道，需要对应不同的滑行轨道，每一组滑行轨道的动量矩和能量均对应了一条滑行轨道，如图 7-14 所示。

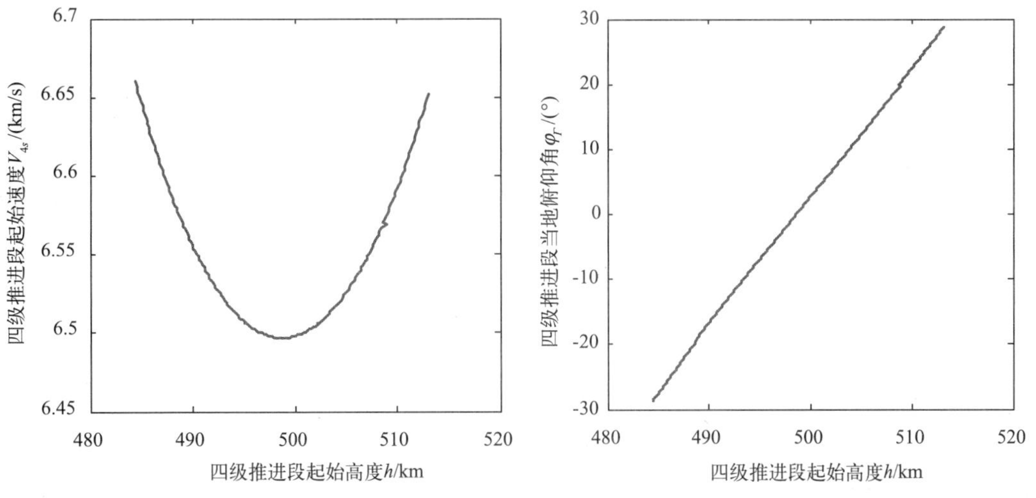

图 7-13　不同滑行轨道对进入圆轨道的初始条件影响分析

综上，图 7-13 和图 7-14 中的各组轨道状态参数表示固体运载火箭在耗尽关机方式下，采用定点制导方法计算的点火时刻起始高度和起始速度，以及为了满足约束条件所对应的滑行轨道能量和动量矩，各参数的最小值统计结果见表 7-6。仿真结果表明：为了实现耗尽关机方式下终端多约束圆轨道任务，定点制导方法需要对滑行轨道有一定的约束要求。事实上，运载火箭一旦三子级助推结束，将进入级间滑行过渡轨道且无法改变滑行轨道能量、动量矩以及其他轨道根数，导致适应滑行—助推的定点制导方法无法在耗尽关机

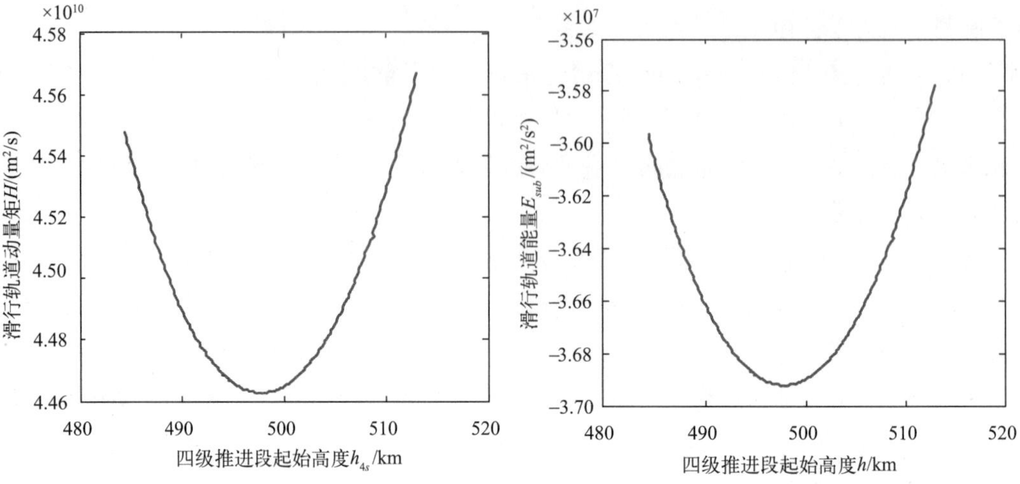

图 7-14　进入圆轨道所需要的滑行轨道能量和动量矩变化曲线

条件下进入预定的目标轨道。

表 7-6　滑行轨道上各特征点参数最小值统计结果

状态参数	单位	状态参数最小值			
		点火速度 v_{4s}	滑行轨道 $h_{a.sub}$	滑行轨道 E_{sub}	滑行轨道 H_{sub}
点火高度 h_{4s}	km	498.80	498.41	497.90	497.82
点火速度 v_{4s}	m/s	6 496.82	6 496.93	6 497.43	6 497.49
滑行轨道 H_{sub}	$m^2/s/10^{10}$	4.463 1	4.462 9	4.462 7	4.462 7
滑行轨道 E_{sub}	$m^2/s^2/10^7$	-3.691 7	-3.691 9	-3.692 1	-3.692 1
滑行轨道 $h_{a.sub}$	km	499.33	499.28	499.35	499.41

任务 2：根据耗尽关机发动机产生的视速度增量固定为 1 170m/s，并且当前滑行轨道的轨道根数预先给定，通过调整目标太阳同步轨道的终端高度，使火箭满足入轨约束要求。

为了分析耗尽关机后的入轨速度 v_{orb} 与圆轨道的对应关系，定义入轨后轨道的等效偏心率 e_{EF}，其表达式为

$$\begin{cases} e_{EF} = r_{imp}v_{orb}^2/\mu - 1 & r_{imp}v_{orb}^2 \geqslant \mu \\ e_{EF} = 1 - r_{imp}v_{orb}^2/\mu & r_{imp}v_{orb}^2 < \mu \end{cases} \tag{7-73}$$

显然，当入轨后速度为圆轨道速度 $v_{orb}=\sqrt{\mu/r_{imp}}$ 时，等效偏心率 $e_{EF}=0$，若 $r_{imp}v_{orb}^2 \geqslant \mu$ 表示等效脉冲作用在目标轨道的近地点，而 $r_{imp}v_{orb}^2 < \mu$ 为其作用在目标轨道的远地点。对于上

升段入轨问题，入射速度随着等效脉冲点地心距的增大而增大，而圆轨道速度的变化趋势则刚好相反，它会产生一个交点，在此交点对应的等效脉冲点处，入射速度与圆轨道速度的值相同。与之相应的等效偏心率，随着等效脉冲点地心距的增大而先减小，当减小为零之后，又开始增大。如果等效脉冲点处于图中等效偏心率的上升区间（$r_{imp}v_{orb}^2 \geqslant \mu$），火箭将在目标轨道近地点变轨；如果等效脉冲点处于下降区间（$r_{imp}v_{orb}^2 < \mu$），火箭将在目标轨道远地点变轨。

图 7-15 所示曲线交点的物理意义为：存在某个等效脉冲点，使固体火箭发动机以耗尽关机的方式持续定向助推，以使运载火箭进入圆轨道。但是，固体运载火箭的入轨任务通常由其携带的卫星载荷预先给定，固体火箭发动机能够产生的视速度增量由总体设计参数确定。因此，为了实现预定太阳同步轨道任务，需要在定点制导算法的基础上解决耗尽关机方式下的速度增量控制问题。

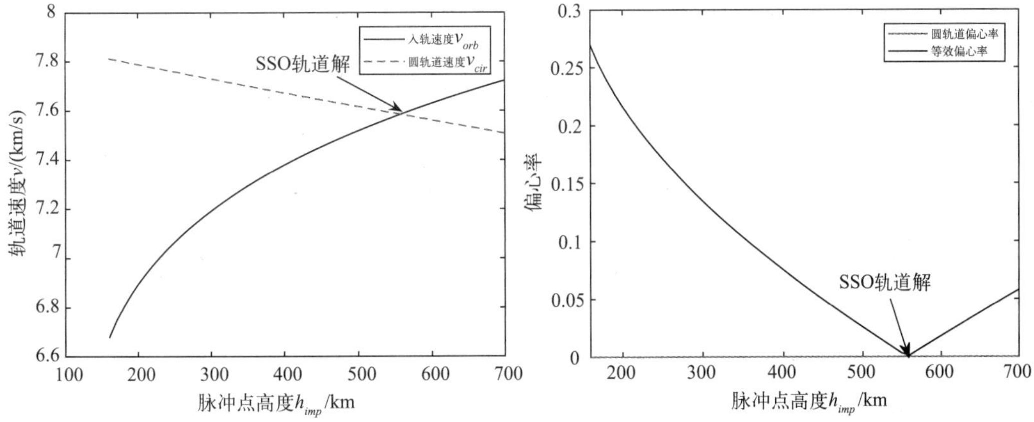

(a) 入轨速度变化曲线　　(b) 等效偏心率变化曲线

图 7-15　圆轨道参数随入轨点地心距变化曲线

7.5　本章小结

固体运载火箭通过多阶段滑行助推的飞行模式来适应不同的轨道任务，其中滑行点火时间的求解是保证终端多约束的关键。本章针对固体运载火箭滑行—助推模式的制导问题，采用具有滑行点火时间的定点制导原理并对闭路制导方法进行改进，分析和讨论了闭路制导方法和定点制导方法针对终端多约束的太阳同步圆轨道任务的适用性，主要工作和总结如下：

1）定点制导原理根据轨道动量矩矢量方程引入了速度矢量及位置矢量约束条件，得到了在等效脉冲点施加“瞬时脉冲矢量”与“定向持续助推过程”对轨迹的影响等效的结论，进而推导出点火指令与推力矢量求解方程，因此该方法适用于滑行—助推飞行模式且具有终端多轨道要素的约束能力。

2）针对终端多轨道根数约束的圆轨道，设计了适应圆轨道的滑行—助推定点制导方法，并分析了定点制导方法对圆轨道的适用性以及在耗尽关机上的局限性，阐明了耗尽关机能量管理方法对解决固体运载火箭终端多约束入轨问题的必要性。

参考文献

[1] 刘云凤，罗俊，赵世范．闭路制导在小型固体运载火箭中的应用[J]．航天控制，2005(3)：46-50.

[2] 陈克俊．耗尽关机制导方法研究[J]．国防科技大学学报，1996(3)：35-39.

[3] XU Z, ZHANG Q. Multi-constrained ascent guidance for solid propellant launch vehicles[J]. Aerospace Science and Technology, 2018(76)：260-271.

[4] NEPOMUCENO A, FILHO W. Satellite launcher pointing for orbit injection with uncontrolled solid-propellant last stage[J]. EDP Sciences：Progress in Flight Dynamics, GNC, and Avionics, 2013(6)：545-568.

[5] FILHO W C L. Strategies for orbit injection that includes yaw maneuver[J]. European Space Agency (Special Publication) ESA SP, 1997(381)：657-659.

[6] 尤伟帅，周军，呼卫军．固体运载器耗尽关机制导方法研究[J]．计算机与现代化，2013(7)：113-116.

[7] 倪彦硕，蒋方华，李俊峰. 航天动力学的数学方法[M].（修订版）. 北京：中国宇航出版社，2018.

[8] HOWARD D CURTIS. 轨道力学[M]. 周建华，徐波，冯全胜，译. 北京：科学出版社，2009.

[9] 张迁，许志，李新国．一种小型固体运载火箭末级多约束制导方法[J]．宇航学报，2020，41(3)：298-308.

第 8 章　耗尽关机多约束能量管理方法研究

第 7 章研究了适应滑行—助推模式的定点制导方法，并通过定点制导对圆轨道的适用性分析，指出了在耗尽关机方式下需要进一步解决能量管理问题，以实现终端多轨道根数约束。由于满足射程约束的椭圆轨道簇，存在与发动机产生的视速度相匹配的需要速度矢量来适应耗尽关机方式，能够将火箭的剩余速度增量分解至与射程无关的方向，从而实现对射程的控制；然而卫星载荷任务具有终端多轨道根数约束，不仅需要满足入轨点位置要求，而且需要满足相应的速度矢量，并不存在“相匹配的需要速度矢量”的适应耗尽关机方式。因此，采用耗尽关机方式快速发射空间卫星载荷的固体运载火箭，能量管理方法在弹道设计和制导方法研究中是一个不可回避的问题[1]。

本章首先描述了耗尽关机速度控制问题，并介绍了速度控制模型的一般设计原理。然后，根据速度控制过程中终端时间固定的两点边值问题分别设计了最小附加角速度控制模型和考虑位置约束的速度控制模型。最后，针对实际非线性动力特性以及姿态角速率限制问题，提出了非线性数值离散速度控制方法来修正非线性引起的偏差和限制姿态角速率的越界。

8.1　视速度增量控制问题描述

在 5.2 节中明确了需要速度矢量、待增速度矢量的概念，对于以多个轨道要素为约束的卫星载荷任务，通过附加的姿态机动来抵消多余的速度增量，以满足相应的轨道根数要求。在助推阶段，根据运载火箭动力学方程可得耗尽关机时的状态矢量表达式

$$\begin{cases} \boldsymbol{v}_f = \boldsymbol{v}_{ig} + \int_0^{T_s} [\boldsymbol{g}(\boldsymbol{r}) + T \cdot \boldsymbol{x}_b / m(t)] \mathrm{d}t \\ \boldsymbol{r}_f = \boldsymbol{r}_{ig} + v_{ig} T_s + \int_0^{T_s} \int_0^{t} [\boldsymbol{g}(\boldsymbol{r}) + T \cdot \boldsymbol{x}_b / m(\tau)] \mathrm{d}\tau \mathrm{d}t \end{cases} \tag{8-1}$$

固体运载火箭的空间入轨通常约束轨道根数中的半长轴 a 、偏心率 e 及轨道倾角 i 等，其表达式见式(3-52)~式(3-54)。一旦总体方案选定，各子级推进剂耗尽时能够产生的视速度增量和位置增量由式(3-71)预先确定，其表达式为

$$W_M = I_{sp} g_0 \ln [m_0 / (m_0 - m_s)] \tag{8-2}$$

$$R_M = [I_{sp} g_0 m_s - W_M (m_0 - m_s)] / \dot{m} \tag{8-3}$$

在耗尽关机方式下，由于失去了制导关机的物理条件，因而对终端状态的约束能力薄弱，需要通过额外的速度管控算法来解决终端多约束问题。为了便于速度控制过程的描述，在

火箭需要速度计算点 P_{imp} 处建立速度控制坐标系 $\boldsymbol{O}_p$-$\boldsymbol{\Gamma\varepsilon\eta}$，其中 $\boldsymbol{\Gamma}$ 为待增速度矢量的方向，$\boldsymbol{\varepsilon}$ 轴既可以在轨道面内，也可以在轨道垂面内（速度控制方向 $\boldsymbol{\varepsilon}$ 的影响以及如何确定将在 9.2 节进行详细论述），$\boldsymbol{\eta}$ 轴与 $\boldsymbol{\Gamma}$、$\boldsymbol{\varepsilon}$ 轴构成右手法则，附加姿态角在平面 $\boldsymbol{O}_p$-$\boldsymbol{\Gamma\varepsilon}$ 内进行实施，速度控制原理剖面如图 8-1 所示。

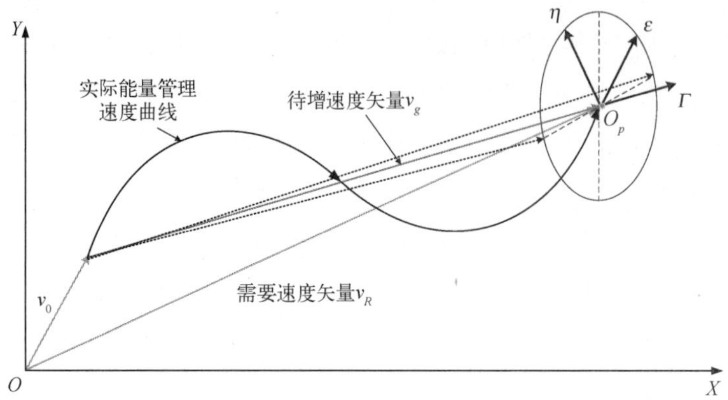

图 8-1　耗尽关机方式下速度控制原理剖面

在速度控制 $\boldsymbol{O}_p$-$\boldsymbol{\Gamma\varepsilon}$ 平面内由发动机引起的状态微分方程为

$$\begin{cases}\dot{r}_\Gamma = v_\Gamma(t)\\ \dot{r}_\varepsilon = v_\varepsilon(t)\\ \dot{v}_\Gamma = T\cos u_{em}(t)/m(t)\\ \dot{v}_\varepsilon = T\sin u_{em}(t)/m(t)\end{cases}\quad \text{s. t.}\quad \int_0^{T_s}\frac{T}{m(t)}\mathrm{d}t = W_M \tag{8-4}$$

在耗尽关机制导模式下针对固定弧长约束下的两点边值问题，制导过程如图 8-1 所示，通过将此问题分解为满足终端多约束的基底制导和叠加姿态角的速度增量控制问题，即在发动机产生的总视速度模量一定的情况下，通过速度控制算法产生附加姿态来抵消多余速度，使固定弧长约束下的矢量弦长满足基底制导要求，则速度控制平面内的终端状态约束为

$$r_\Gamma(t_f) = r_{\Gamma f},\quad r_\varepsilon(t_f) = r_{\varepsilon f},\quad v_\Gamma(t_f) = v_{\Gamma f},\quad v_\varepsilon(t_f) = v_{\varepsilon f} \tag{8-5}$$

式中，$v_{\Gamma f}$ 需要满足待增速度矢量 $\boldsymbol{v}_g$ 的模值要求：$v_{\Gamma f} = \|\boldsymbol{v}_g\|_2$，$r_{\Gamma f}$、$r_{\varepsilon f}$、$v_{\varepsilon f}$ 由不同的速度控制模型得到，当 $u_{em}\equiv 0$ 时，$v_{\Gamma f} = W_M$。由于速度控制方向 $\boldsymbol{\varepsilon}$ 既可在轨道面内，也可以在轨道垂面内，但附加位置量对终端轨道根数的影响不同。对于具有位置约束的飞行任务，耗尽关机方式下的固体运载火箭不仅需要进行速度大小的控制，而且需要确定速度控制方向 $\boldsymbol{\varepsilon}$ 的影响，并结合高低温条件下非线性推力模型（见图 8-2），来对此进行分析和研究。

多约束基底制导算法计算所需的待增速度矢量方向 $\boldsymbol{\Gamma}$，速度管控算法主要解算视速度

模量 W_M 固定条件下所需要的弦长，则箭体方向 $\boldsymbol{x}_b$ 为

$$\boldsymbol{x}_b = \sin u_{em}(t) \cdot \boldsymbol{\varepsilon}_G + \cos u_{em}(t) \cdot \boldsymbol{\Gamma}_G \tag{8-6}$$

式中，$\boldsymbol{\Gamma}_G$ 和 $\boldsymbol{\varepsilon}_G$ 为相应矢量在发射坐标系内的表示。对于耗尽关机的固体运载火箭，发动机产生的视速度增量和视位置增量由式(8-2)和式(8-3)预先计算得到，速度控制算法需要确定出附加调姿角 u_{em}，并结合基底矢量计算箭体方向 $\boldsymbol{x}_b$ 的制导指令，使终端状态矢量[式(8-1)]满足终端轨道根数[式(3-52)~式(3-54)]的约束，以完成耗尽关机入轨任务。

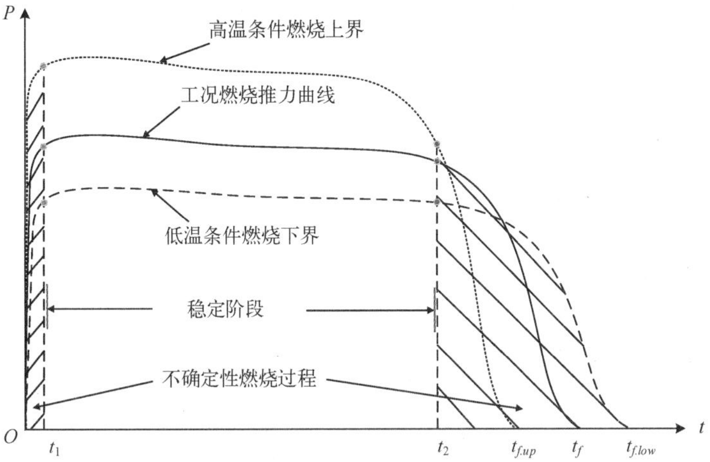

图 8-2　高低温条件下非线性推力模型

8.2　速度增量控制模型的一般设计原理

固体运载火箭的速度管控问题，主要是通过控制推力矢量与所需速度矢量之间的夹角来抵消多余速度模量。速度管控模型主要有一般能量管理(GEM)方法[2]和交变姿态速度控制(AEM)方法[3-4]，本节将对其速度控制原理进行阐述。

8.2.1　GEM 闭环速度控制方法

为了阐述能量消耗的原理，考虑如图 8-3 所示的几何关系。$\boldsymbol{W}_s$ 为圆弧的长度，表示发动机剩余推进剂全部燃烧后所能提供的视速度模量，$\boldsymbol{v}_g$ 表示基底制导算法解算的待增速度。

在圆弧的起始端，推力方向与当前的圆弧切线方向相同，由几何关系可知推力方向与 $\boldsymbol{v}_g$ 夹角 u_{em} 是圆弧所对应的中心角的一半。设圆弧的半径为 $\boldsymbol{r}_{em}$，那么存在以下关系

$$\begin{cases} W_s = 2u_{em} \cdot r_{em} \\ v_g = 2r_{em} \cdot \sin u_{em} \end{cases} \tag{8-7}$$

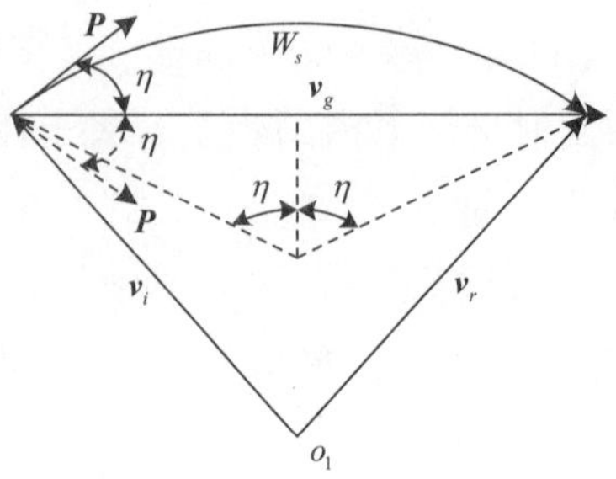

图 8-3　一般速度控制方法原理剖面

式(8-7)中两式相除可以得到

$$\frac{v_g}{W_s} = \frac{\sin u_{em}}{u_{em}} \tag{8-8}$$

将 $\sin u_{em}$ 表示为泰勒级数的形式，并取其前两项，即 $\sin u_{em} = u_{em} - u_{em}^3/6$，则式(8-8)变为

$$\frac{v_g}{W_s} = 1 - \frac{u_{em}^2}{6} \tag{8-9}$$

则速度控制附加的姿态角 u_{em} 的解析表达式为

$$u_{em} = \sqrt{6(1 - v_g/W_s)} \tag{8-10}$$

采用箭上加速度计的测量信息结合基底制导算法的方式解算的待增速度 $\boldsymbol{v}_g$，这样一般能量管理算法就构成了闭环制导模式，式中发动机剩余推进剂全部燃烧后所能提供的视速度模量 W_s 为

$$W_s = W_M - \int_0^t \sqrt{a_x^2 + a_y^2 + a_z^2}\,\mathrm{d}t \tag{8-11}$$

在速度控制平面 $\boldsymbol{O}_p$-$\boldsymbol{\Gamma\varepsilon}$ 内，附加的姿态角 u_{em} 存在对称的两个解，分别如图 8-3 中的实线推力方向和虚线推力方向所示，虽然对 Γ 方向上分量没有影响，但对 $\boldsymbol{\varepsilon}$ 方向上的速度位置分量存在正负关系，因此一般能量管理方法进行速度控制的终端状态为

$$v_\Gamma(t_f) = v_g,\quad v_\varepsilon(t_f) = \pm v_{\varepsilon f},\quad r_\Gamma(t_f) = \pm r_{\Gamma f},\quad r_\varepsilon(t_f) = \pm r_{\varepsilon f} \tag{8-12}$$

一般能量管理方法为其他的能量管理方法提供了原理性的描述，速度控制过程的物理原理是将多余的速度增量分解至 $\boldsymbol{\varepsilon}$ 方向上，使 $\boldsymbol{\Gamma}$ 方向上分量满足制导解算的待增速度模量。针对具有射程约束的椭圆轨道，虽然一般速度控制方法产生的附加速度分量以及位置分量会改变射程，但通过闭环解算待增速度能够有效地对射程再次修正，从而达到消耗多余速度模量并保证终端落点的射程精度。

8.2.2　AEM 多约束速度控制方法

为了进一步满足待增速度矢量的大小和方向约束，提出了一种采用线性规划方式的交变姿态速度控制模型，通过附加姿态角的正负交变，使在 $\boldsymbol{\varepsilon}$ 方向上产生的速度分量相互抵消，即 $v_\varepsilon(t_f)=0$，模型的设计原理如图 8-4 所示。

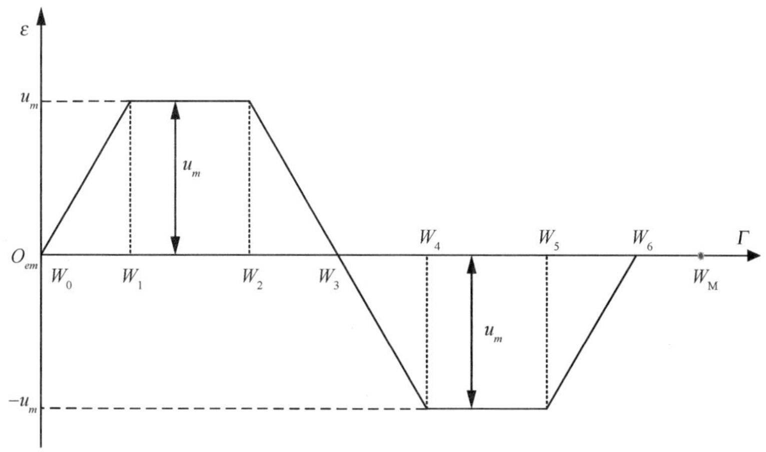

图 8-4　交变姿态速度控制模型设计原理

将发动机总视速度模量 W_M 按照导引程序的功能分为两部分：第一部分(W_0~ W_6)，进行交变姿态实现速度管控；第二部分(W_6~ W_M)，采用定轴飞行且保持姿态稳定的方式来避免因发动机秒耗量偏差带来的模型尾段姿态角速率变化过大的问题。则以视速度模量为自变量的姿态角变化模型为

$$u_{em}=\begin{cases}u_m\cdot(W-W_0)/W_\Delta & W_0\leqslant W<W_1\\ u_m & W_1\leqslant W<W_2\\ u_m-u_m(W-W_2)/W_\Delta & W_2\leqslant W<W_4\\ -u_m & W_4\leqslant W<W_5\\ -u_m+u_m(W-W_5)/W_\Delta & W_5\leqslant W<W_6\\ 0 & W_6\leqslant W<W_M\end{cases}\tag{8-13}$$

式中，$W_\Delta=W_{i+1}-W_i$，$i=1, 2, \cdots, 5$；u_{em} 为当前姿态方向与待增视速度方向之间的夹角，在第一个斜坡姿态机动段内，消耗掉的视速度为

$$W_{1con}=\int_{W_0}^{W_1}(1-\cos u_{em})\,\mathrm{d}W=\frac{W_\Delta}{u_m}\int_0^{u_m}(1-\cos u_{em})\,\mathrm{d}u_{em}=W_\Delta\left(1-\frac{\sin u_{em}}{u_m}\right)\tag{8-14}$$

在常值姿态角段，消耗掉的视速度为

$$\begin{aligned}W_{2con}&=\int_{W_1}^{W_2}(1-\cos\Delta\varphi)\,\mathrm{d}W=(1-\cos u_m)\int_{W_1}^{W_2}\mathrm{d}W\\&=W_\Delta\cdot(1-\cos u_m)\end{aligned}\tag{8-15}$$

那么在整个姿态机动段内，消耗掉的总视速度为

$$\begin{cases} W_{con} = W_M - W_g \\ W_{con} = 4W_{1con} + 2W_{2con} \end{cases} \tag{8-16}$$

当待增速度模量 W_g 由箭载计算机确定后，若其小于发动机总视速度模量 W_M，通过求解方程即可求得最大调姿角 u_m。由于式(8-16)无解析解，当最大调姿角在40°以内时，可根据泰勒线性二阶展开得到精度较高的近似解，求解公式为

$$u_m = \left(\frac{B}{2A} - \sqrt{\frac{B^2}{4A^2} - \frac{W_M - W_g}{A}} \right)^{1/2} \tag{8-17}$$

式中，$A = \Delta W_1/30 + \Delta W_2/12$；$B = 2\Delta W_1/3 + \Delta W_2$。因此，交变姿态速度控制方法的终端状态为

$$v_\Gamma(t_f) = v_g,\quad v_\varepsilon(t_f) = 0,\quad r_\Gamma(t_f) = \pm r_{\Gamma f},\quad r_\varepsilon(t_f) = \pm r_{\varepsilon f} \tag{8-18}$$

一般速度控制方法通过待增速度与圆心角之间的几何关系确定附加调姿角，在设计原理上是一种速度闭环控制方法，通过不断地更新待增速度和剩余的视速度模量来计算附加调姿角，一旦待增速度和剩余的视速度模量相等，则停止计算附加调姿角。交变姿态速度控制方法通过预先规划好的速度控制模型，能够同时满足待增速度矢量大小和方向的约束要求，具有终端多约束能力。

综上所述，对于具有射程约束的椭圆轨道簇，一般能量管理方法虽然产生的附加速度分量以及位置分量会改变射程，但通过闭环解算需要速度能够有效地对射程再次修正。但对于具有终端多轨道根数约束的入轨任务，一般能量管理方法仅满足一个速度分量的约束要求，导致该方法对终端多约束的入轨任务适用性不强。交变姿态速度控制方法能够根据固体火箭发动机特性预先规划出具有终端多约束能力的速度控制模型，对空间入轨任务具有一定的适用性，但该方法在设计速度控制模型时采用多段线性函数分开设计的方式，在速度控制程度较大的条件下，存在姿态角速率剧烈变化的现象。

8.3　多约束速度增量控制模型的设计

一般能量管理针对具有射程约束的椭圆轨道，速度控制模型满足待增速度一个分量约束；交变姿态速度控制方法满足两个分量约束，即速度矢量大小和方向，能够实现待增速度矢量与发动机推力产生的速度增量等效[5-7]，能量管理过程中速度变化以及附加位置变化如图8-5所示。

8.3.1　终端时间固定的最优问题描述

固体运载火箭在耗尽关机方式下的速度控制问题，本质上为终端时间固定的两点边值问题[8]，以最小操纵角为性能指标的表达式为

$$J = \frac{1}{2}\int_0^{t_f} U^2 \mathrm{d}t \quad \text{s.t.} \quad |U| \leqslant 1 \tag{8-19}$$

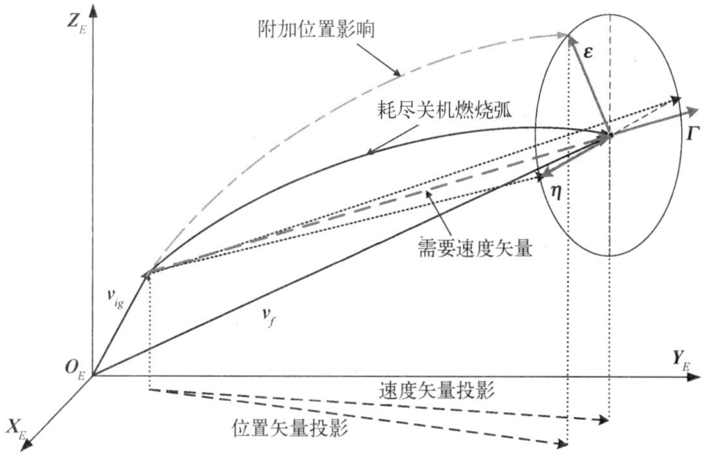

图 8-5　速度变化及附加位置变化剖面

微分方程及终端约束为

$$\begin{cases}\dot{v}_\varepsilon = \dfrac{T}{m(t)} \cdot U(t) \\ \dot{r}_\varepsilon = v_\varepsilon\end{cases} \quad \text{s. t.} \quad \begin{cases}v_\varepsilon(0) = 0; & v_\varepsilon(t_f) = 0 \\ r_\varepsilon(0) = 0; & r_\varepsilon(t_f) = \forall\end{cases} \tag{8 - 20}$$

基于最小附加角速度控制系统的哈密顿函数为

$$H = \frac{1}{2}U^2 + \lambda_1 T \cdot U(t)/m(t) + \lambda_2 v_\varepsilon + \mu_1(U - 1) + \mu_2(-U - 1) \tag{8 - 21}$$

协态微分方程组及其解为

$$\begin{cases}\dot{\lambda}_1 = -\lambda_2 \\ \dot{\lambda}_2 = 0\end{cases} \Rightarrow \begin{cases}\lambda_1 = -c_1 t + c_2 \\ \lambda_2 = c_1\end{cases} \tag{8 - 22}$$

根据极小值原理得

$$H_U^* = U + \lambda_1 T/m(t) \Rightarrow \begin{cases}> 0, & U = -1 \\ = 0, & -1 < U < 1 \\ < 0, & U = 1\end{cases} \tag{8 - 23}$$

因此，最优控制方程为

$$U^*(t) = -\operatorname{Sat}\left[T \cdot \frac{-c_1 t + c_2}{m(t)}\right], \quad \operatorname{Sat}(x) = \begin{cases}x & |x| < 1 \\ \operatorname{sgn}(x) & |x| \geqslant 1\end{cases} \tag{8 - 24}$$

式中，函数 sgn( ) 为符号函数。最优控制方程[式(8-24)]是具有边界约束的非线性函数，为了分析和研究速度控制函数与终端约束之间的关系，令无约束函数表达式为

$$U(t) = T \cdot \frac{-c_1 t + c_2}{m(t)} = k\frac{c - t}{\tau - t} \tag{8 - 25}$$

其中 $k=c_1 I_{sp} g_0$，$c=c_2/c_1$，$\tau=m_0/\dot{m}$。终端速度在 $\boldsymbol{\varepsilon}$ 方向上的分量为

$$v_\varepsilon(t_f)=k\cdot\int_0^{t_f} I_{sp} g_0\cdot\frac{(c-t)}{(\tau-t)^2}\mathrm{d}t=0 \tag{8-26}$$

根据式(8-26)可知：终端约束 $v_\varepsilon(t_f)=0$ 的成立通过系数 $\boldsymbol{c}$ 来满足，而系数 k 的取值决定着速度 $\boldsymbol{\Gamma}$ 方向分量的大小。随着速度控制程度的增加，无约束表达式(8-25)中的系数 k 逐渐增大，控制量将达到不等式约束的边界值。在初始时刻达到边界值所对应的 k_s 及终端时刻达到边界值所对应的 k_e 的表达式分别为

$$\begin{cases} |k_s|=\dfrac{t_f}{t_f+(\tau-t_f)\ln(1-t_f/\tau)} \\ |k_e|=\dfrac{t_f}{-t_f-\tau\ln(1-t_f/\tau)} \end{cases} \tag{8-27}$$

显然 $t_f<\tau$，根据式(8-27)得 $|k_e|<|k_s|$。因此，当 $|k|\leqslant|k_e|$ 时，控制量表达式[式(8-25)]在边界约束范围内；当 $|k_e|<|k|\leqslant|k_s|$ 时，终端时刻的控制量达到边界，而初始时刻的控制量在边界约束范围内；当 $|k|\geqslant|k_s|$ 时，初始时刻及终端时刻的控制量均达到边界值。

8.3.2　最小附加角的速度控制模型设计

随着速度控制程度的增加，附加调姿角及调姿角速率逐渐增大。为了在不同速度控制程度下降低附加调姿角及调姿角速率，在无约束函数式(8-25)的基础上设计速度控制模型，通过选取不同的 t_s 和 t_e 值来达到设计要求。对于由参数偏差及不确定性引起的小程度速度控制，可以通过设置较大的 t_s 值来使终端姿态角 $U(t_2)$ 贴近 $\boldsymbol{\varepsilon}$ 方向；而对于不同载荷质量等轨道任务产生的大程度速度控制，通过设置较小的 t_s 值来避免姿态角速度过大；最后，对于尾段关机时间不确定性引起的推力异常问题(图 8-2)，通过设置合适的 t_e 值使姿态角保持常值，则速度增量控制(Velocity Increment Control，VIC)模型为

$$U_{VIC}(t)=\begin{cases} U_1 & 0\leqslant t<t_s \\ k(c-t)/(\tau-t) & t_s\leqslant t<t_e \\ U_2 & t_e\leqslant t<t_f \end{cases} \tag{8-28}$$

式中，$U_1=k(c-t_s)/(\tau-t_s)$ 和 $U_2=k(c-t_e)/(\tau-t_e)$ 为常数，且 $|U_1|\leqslant|U_2|\leqslant1$。固体火箭发动机的燃烧过程受环境温度影响导致关机时间不确定程度较大，如图 8-2 所示，故要求在燃烧时间不确定区间姿态角速率收敛至零，即 $\omega_b\to0|_{t\to t_f}$，以此来保证火箭的稳定飞行。由于发动机的比冲及装药量的偏差，引起了总速度增量的变化。为保证速度控制模型对需要速度的控制精度，期望将偏差及不确定性产生的影响分解至 $\boldsymbol{\varepsilon}$ 方向，即 $U\to|U|_{\max}|_{t\to t_f}$。

运载火箭由于其执行机构的控制能力限制，需要对姿态角速率加以限制来避免控制系统的失稳，其表达式为

$$|\omega_b(t)|=\left|\frac{\dot{U}(t)}{\sqrt{1-U(t)^2}}\right|\leqslant\omega_c \tag{8-29}$$

式中，ω_c 为控制系统最大角速率限幅值；ω_b 为火箭弹体角速率。显然，由于 $\omega_b(t)|_{|U|\to 1}\to\infty$，最大角速率出现在边界处，即

$$\omega_{b.\max}=\frac{(k+1)^2}{k(\tau-c)\sqrt{1-U(t)^2}}\leqslant\omega_c \tag{8-30}$$

此外，为避免末段姿态角速率的发散以及满足姿态角速率的限制，根据边界条件[式(8-27)]及姿态角速率[式(8-30)]，t_s 和 t_e 值应满足不等式要求

$$\begin{cases} t_s\geqslant t_1;\ \omega_{b.\max}(t_s)=\dfrac{(k+1)^2}{k(\tau-c)\sqrt{1-U_1^2}}\leqslant\omega_c \\ t_e\leqslant t_2;\ \omega_{b.\max}(t_e)=\dfrac{(k+1)^2}{k(\tau-c)\sqrt{1-U_2^2}}\leqslant\omega_c \end{cases} \tag{8-31}$$

改进的速度控制模型与无约束最优速度控制函数之间的关系如图 8-6 所示。将速度控制模型[式(8-28)]代入动力学方程[式(8-4)]后，通过速度控制后速度弧的弦长为

$$\int_0^{t_f}\left(\frac{I_{sp}g_0}{\tau-t}\cdot\sqrt{1-U_{VIC}^2}\right)\mathrm{d}t=\boldsymbol{v}_\Gamma \tag{8-32}$$

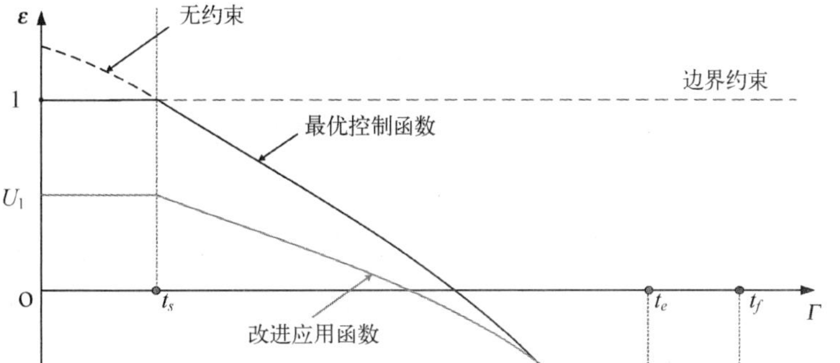

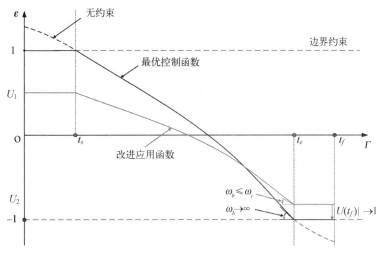

图 8-6　速度控制模型在不等式约束下的改进形式

根据火箭实际需要的待增速度矢量 $\boldsymbol{v}_\Gamma$ 求解式(8-32)，来得到最小附加角速度控制模型的比例系数 k。虽然在线计算的比例系数 k 对速度控制的程度具有一定的适应性，但由于速度控制模型属于开环静态规划模型，导致以时间为自变量的速度控制模型对参数偏差的鲁棒性较差。为提高速度控制模型的鲁棒性，一方面可以通过模型的设计将偏差及不确定性产生的影响分解至 $\boldsymbol{\varepsilon}$ 方向；另一方面，采用箭上可供制导使用的加速度计的测量信息，以视速度模量 W_a(加速度模的积分)为输入量

$$W_a=\int_0^{t_a}\sqrt{a_x^2+a_y^2+a_z^2}\,\mathrm{d}t \tag{8-33}$$

相应的速度控制模型[式(8-28)]中关于时间 t 的表达式为

$$t = \tau \cdot \left[1 - e^{-W_a/(I_{sp}g_0)}\right] \tag{8-34}$$

因此，最小附加角速度控制方法的终端状态约束为

$$v_\Gamma(t_f) = v_g,\quad v_\varepsilon(t_f) = 0,\quad r_\Gamma(t_f) = \pm r_{\Gamma f},\quad r_\varepsilon(t_f) = \pm r_{\varepsilon f} \tag{8-35}$$

8.3.3 考虑位置约束的模型改进设计

附加操纵角 u_{em} 的控制等价于 $\boldsymbol{\varepsilon}$ 方向加速度的控制

$$a_\varepsilon = \sin u_{em} \cdot T/m(t) \tag{8-36}$$

性能指标函数[式(8-19)]等价为

$$J = \frac{1}{2}\int \left[\frac{a_\varepsilon}{T/m(t)}\right]^2 \mathrm{d}t \tag{8-37}$$

同样地，由最优控制原理得到无约束的加速度指令的表达式

$$a_\varepsilon = (c_1 t - c_2) \cdot [T/m(t)]^2 \tag{8-38}$$

式中，待定参数只有 c_1、c_2，无法满足所有的横截条件，以 $v_\perp(t_f) = 0$ 为约束得系数 c_2 的表达式为

$$c_2 = c_1 \frac{m_0[\dot{m}t_f + (m_0 - \dot{m}t_f) \cdot \ln(1 - \dot{m}t_f/m_0)]}{\dot{m}^2 t_f} \tag{8-39}$$

将系数 c_1 看作比例项提出，则无约束的加速度函数[式(8-38)]可以表示为

$$a_\varepsilon(t) = (t - p_1) \cdot [T/m(t)]^2 \tag{8-40}$$

单次姿态角机动的加速度函数[式(8-40)]，仅有两个未知参数无法满足 $r_\varepsilon(t_f) = 0$ 或更多的约束要求，故采用分段设计结合线性函数来满足终端控制量和多个状态量的约束条件，则改进加速度函数表达式为

$$a_\varepsilon(t) = \begin{cases} (t - p_1) \cdot [T/m(t)]^2 & 0 < t \leqslant t_n \\ p_2(t + 1)\left[\dfrac{T}{m(t)}\right]^2 + p_3 t + p_4 & t_n < t \leqslant t_f \end{cases} \tag{8-41}$$

记平均加速度时刻 t_n 的函数为

$$\bar{a} = \frac{W_M}{T_s} = \frac{I_{sp}g_0}{m_0/\dot{m} - t_n},\quad t_n = \frac{m_0}{\dot{m}} - \frac{T_s}{\ln m_0 - \ln(T_s\dot{m})} \tag{8-42}$$

在平均加速度时刻 t_n 的间断点处调姿角应连续，则改进的加速度函数中的系数需满足等式方程组

$$\begin{cases} v_\varepsilon(t_f) = \displaystyle\int_0^{t_f} a_\varepsilon(t)\,\mathrm{d}t = 0 \\ r_\varepsilon(t_f) = \displaystyle\int_0^{t_f} v_\varepsilon(t)\,\mathrm{d}t = 0 \\ a_\varepsilon(t_n)^- = a_\varepsilon(t_n)^+ \end{cases} \tag{8-43}$$

根据式(8-41)和式(8-43)得到待定系数 p_1、p_2、p_3 及 p_4 的非线性方程组

$$
\begin{cases}
\varepsilon_1 = \int_{t_n}^{t_f}\left\{p_2(t+1)\left(\dfrac{T}{m(t)}\right)^2 + p_3 t + p_4\right\}\mathrm{d}t - \int_0^{t_n}(t-p_1)\cdot\left[\dfrac{T}{m(t)}\right]^2\mathrm{d}t = 0 \\
\varepsilon_2 = \iint_{t_n t_n}^{t_f t_f}\left\{p_2(t+1)\left[\dfrac{T}{m(t)}\right]^2 + p_3 t + p_4\right\}\mathrm{d}t^2 - \iint_{0\,0}^{t_n t_n}(t-p_1)\cdot\left[\dfrac{T}{m(t)}\right]^2\mathrm{d}t^2 - \\
\qquad (t_f - t_n)\cdot\int_{t_n}^{t_f}\left\{p_2(t+1)\left(\dfrac{T}{m(t)}\right)^2 + p_3 t + p_4\right\}\mathrm{d}t = 0 \\
\varepsilon_3 = \left\{p_2(t_n+1)\left[\dfrac{T}{m(t_n)}\right]^2 + p_3 t_n + p_4\right\} - (t_n - p_1)\cdot\left[\dfrac{T}{m(t_n)}\right]^2 = 0 \\
\varepsilon_4 = p_2(t_f+1)\left[\dfrac{T}{m(t_f)}\right]^2 + p_3 t_f + p_4 = 0
\end{cases}
\tag{8-44}
$$

改进的加速度函数表达式中待定系数 p_1、p_2、p_3 及 p_4，将根据发动机的相关参数代入非线性方程组中的等式约束 ε_1、ε_2、ε_3 及 ε_4 中计算求解。由于待定系数是具体发动机的性能参数的方程，一旦火箭总体参数确定，则相应的积分方程将化简为解析表达式。因此，考虑位置约束的改进速度控制方法终端状态约束为

$$
v_\Gamma(t_f) = v_g,\quad v_\varepsilon(t_f) = 0,\quad r_\Gamma(t_f) = \pm r_{\Gamma f},\quad r_\varepsilon(t_f) = 0 \tag{8-45}
$$

8.3.4　仿真验证与分析

本节根据终端时间固定的两点边值问题的最优解模型，设计了最小附加角速度控制模型和考虑位置约束的改进模型。以固体运载火箭真空助推段为例，发动机参数为

$$
I_{sp} = 290\mathrm{s},\ \dot{m} = 14\mathrm{kg/s},\ \tau = 80.5\mathrm{s},\ T_s = 50\mathrm{s} \tag{8-46}
$$

以此来验证速度控制模型及其方法在耗尽关机条件下速度控制的精度及适应性。由于固体火箭发动机能量的剩余，在制导过程中主要体现为视速度模量的过剩，故定义速度控制程度，其表达式为

$$
\eta = (W_M - v_\Gamma)/W_M \tag{8-47}
$$

因此，固体运载火箭为了适应不同的轨道任务，需要具备对不同速度控制程度的适应能力，具体仿真验证过程如下：

(1)最小附加角速度控制模型仿真与适用性分析

为验证最小附加角速度控制模型在不同速度控制程度下的适应性，结合实际应用需求将速度控制模型分为两类。低程度速度控制 $\eta \leqslant 10\%$：由参数偏差及不确定性引起的小程度速度控制，此时取 $t_s = 4t_f/5$。高程度速度控制 $\eta > 10\%$：不同载荷质量及轨道任务产生的大程度速度控制，此时取 $t_s = t_f/2$，并根据实际发动机末段不确定时间范围，取 $t_e = 9t_f/10$，其中 $t_f = T_s$。将上述参数代入速度控制模型表达式[式(8-28)]中，并根据等式约束方程[式(8-32)]得

$$c = 41.3174,\ \eta \leqslant 10\%;\ c = 34.6495,\ \eta > 10\% \tag{8-48}$$

式(8-28)中的比例系数 k 根据 η 计算得到，最小附加角速度控制模型仿真结果如图 8-7 所示。

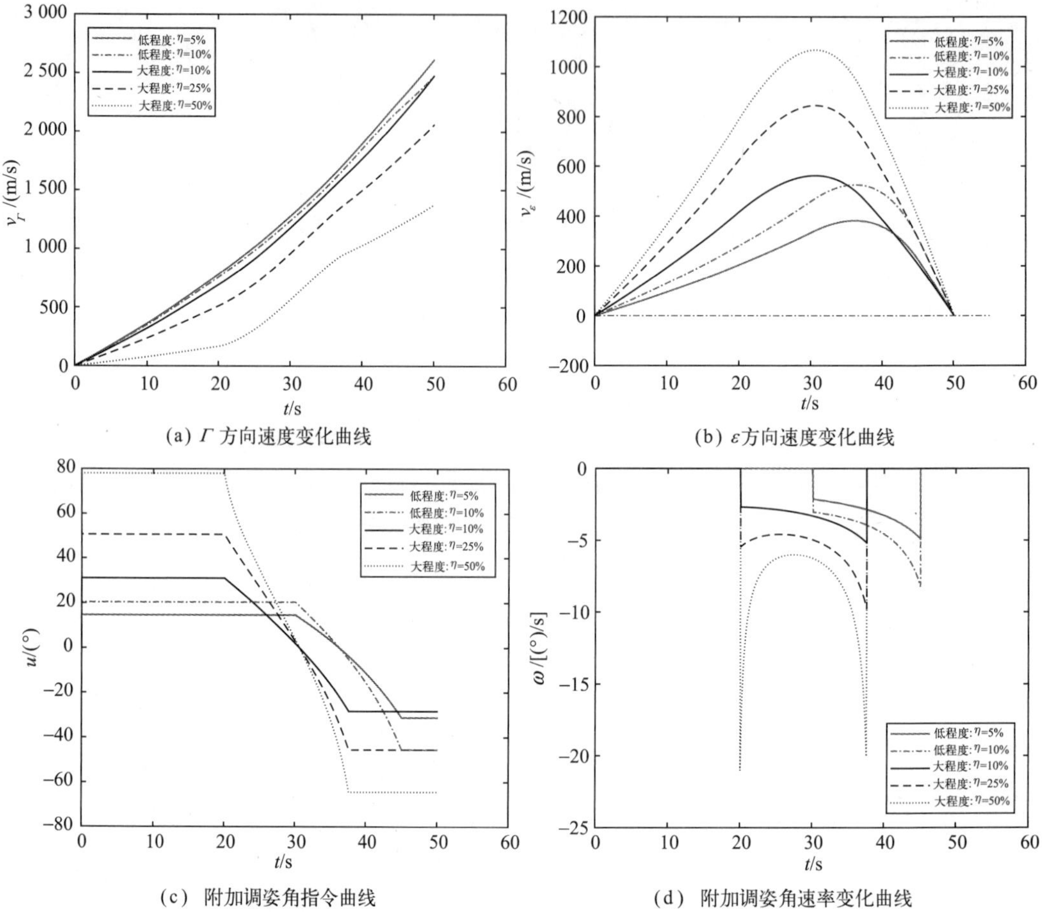

(a) Γ 方向速度变化曲线　　(b) ε方向速度变化曲线

(c) 附加调姿角指令曲线　　(d) 附加调姿角速率变化曲线

图 8-7　不同速度控制程度 VIC 速度控制模型仿真曲线

固体运载火箭在耗尽关机方式下，通过最小附加角速度控制模型将多余的能量耗散，使发动机产生的速度矢量达到制导所需要的待增速度矢量，如图 8-7 (a)和 (b)所示。图中，v_Γ按照速度控制程度 η 达到所需要的待增速度矢量大小，而耗散过程中产生的附加速度 $v_\varepsilon(t_f)$ 在关机时刻达到零值，满足速度矢量方向要求。随着速度控制程度 η 的增加，最小附加角速度控制模型产生的姿态角 u_{em}和姿态角速度 ω 逐渐增大。此外，如图 8-7(c)所示，通过改变速度控制模型中的设计参数来降低最大调姿角，使得在 $\eta=10\%$程度下，高程度的最大调姿角小于低程度的值，并且在 $\eta=10\%$和 $\eta=25\%$条件下不同的设计参数的最大调姿角达到同一个水平，起到了设计参数对速度控制模型最大调姿角的限制作用。但是，当 $\eta=50\%$时姿态角速率为-21 (°)/s，表明最小附加角速度控制模型在大程度速度控制时存在控制饱和跟踪现象。

(2)不同速度控制模型仿真对比与分析

固体运载火箭的速度管控问题，主要是通过交变控制推力矢量与所需速度矢量之间的夹角来抵消多余的速度模量。在同样的速度控制程度下，期望以更小的操纵角指令来完成整个速度控制过程。为表现速度控制过程中不同的速度管控方法的效果，采用同一组发动机参数[式(8-46)]并分别在速度控制程度 $\eta=10\%$ 和 $\eta=35\%$ 下，对比和分析一般能量管理控制(GEM)方法、交变姿态速度控制(AEM)方法与最小附加角速度控制(VIC)方法。在不同的速度控制程度下进行三种方法的仿真对比，如图 8-8 所示。

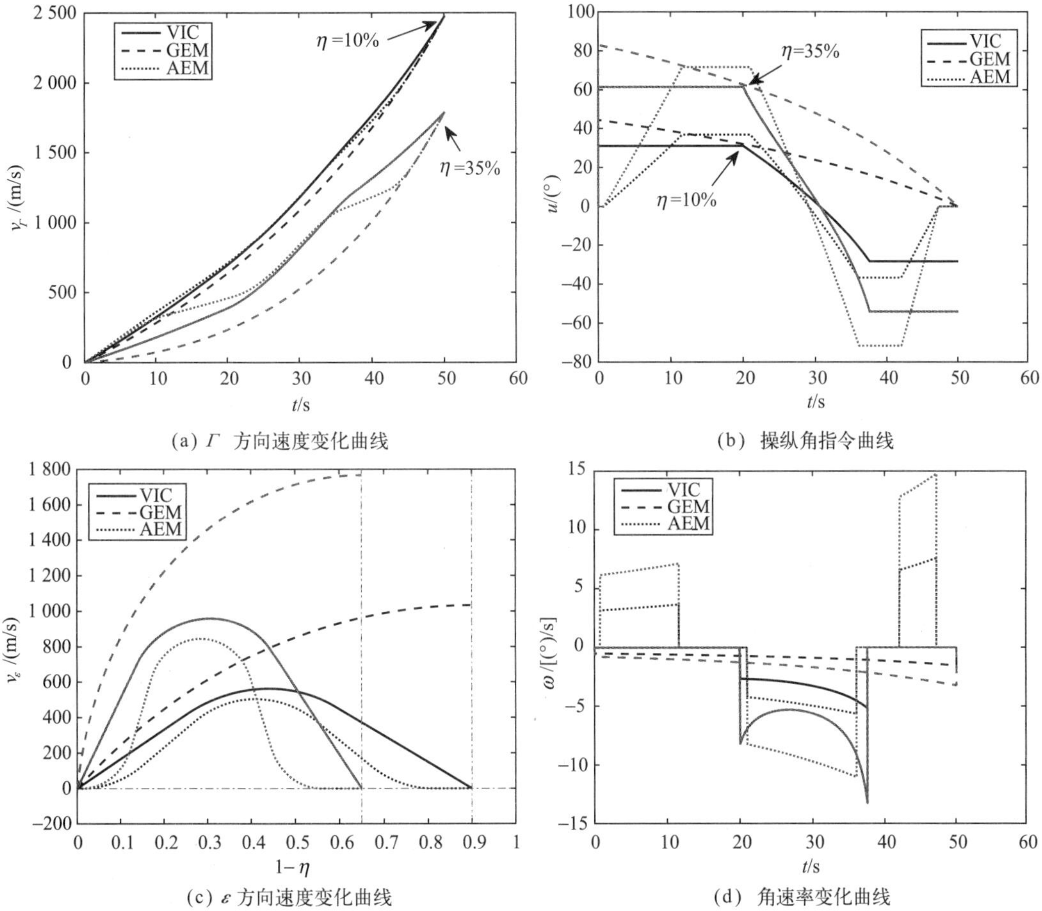

(a) Γ 方向速度变化曲线　(b) 操纵角指令曲线

(c) ε 方向速度变化曲线　(d) 角速率变化曲线

图 8-8　不同速度控制程度下速度控制模型仿真曲线

对于不同的速度控制程度，三种方法均具有较高的控制精度和较大的速度控制范围。GEM 方法没有对 $\boldsymbol{\varepsilon}$ 方向的速度进行约束，而 AEM 和 VIC 方法均在关机时刻 $v_\varepsilon(t_f)$ 达到零值，在终端约束上更占优势。在同样的速度控制程度下，GEM 方法产生的最大姿态角 u_{max} 的值最大，而 VIC 模型的最大姿态角 u_{max} 的值最小；但 GEM 方法产生的姿态角速率，远小于 AEM 和 VIC 模型，主要原因是 GEM 方法由于垂向速度仅需要正向姿态角变化，而 AEM 和 VIC 需要正负两次姿态角变化来满足垂向速度约束。在多约束条件下，VIC 方法产生的姿态角速率小于 AEM 方法，且 AEM 方法姿态角速率呈多次阶跃变化，不利于运载火箭的控制跟踪。因此，VIC 速度控制模型不仅具有多终端约束能力，而且速度控制过程中产生的最大姿态角 u_{max} 的值及姿态角速率的值更小。

（3）边界偏差条件下速度控制模型仿真对比与分析

速度控制过程主要施加在真空飞行段，此时影响固体运载火箭飞行的偏差项主要有起飞质量、时间比冲、秒耗量以及推进剂质量。为了分析这些偏差项对速度控制的精度及散布的影响，将以发动机产生的总视速度模量的变化为指标，对偏差项进行组合，总视速度模量变化最大的组合方式见表 8-1。在速度控制程度为 $\eta=35\%$ 时，对三种方法的速度控制性能进行仿真验证，如图 8-9 所示。

表 8-1　发动机参数边界偏差条件仿真配置

偏差参数	偏差项			
	起飞质量	时间比冲	秒耗量	推进剂质量
$+\delta_{max}$	+5‰	+1%	−8%	+5‰
$-\delta_{max}$	−5‰	−1%	+8%	−5‰

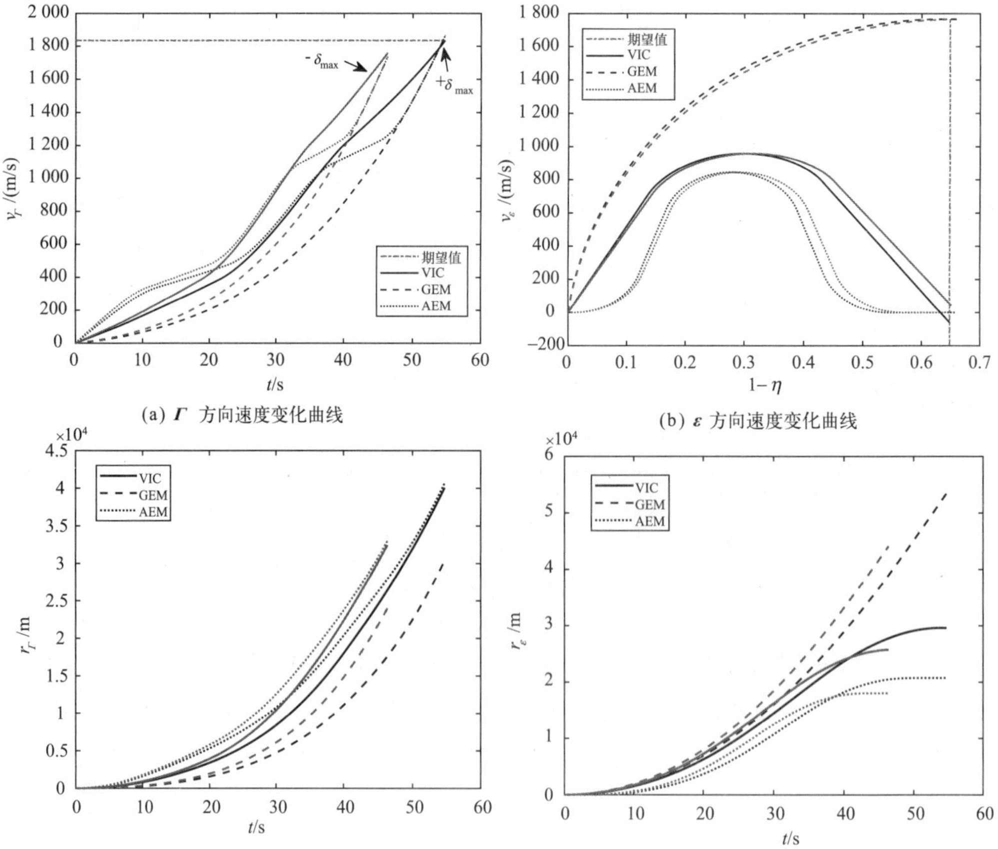

(a) $\boldsymbol{\Gamma}$ 方向速度变化曲线　(b) ε 方向速度变化曲线

(c) $\boldsymbol{\Gamma}$ 方向位置变化曲线　(d) ε 方向位置变化曲线

图 8-9　不同速度控制程度下速度控制模型仿真曲线

在速度控制的终端偏差上，GEM 和 AEM 的约束精度几乎相同。虽然 GEM 方法为闭环速度控制方法，而 AEM 方法为开环规划方法，但引入的视速度[式(8-33)]为输入量，使开环规划方法达到了闭环控制方法所具有的精度。然而，三种方法均具有一定的速度控制偏差量，主要原因是发动机参数的散差既无法离线预先确定，又无法通过箭上传感器在线测量，特别是在耗尽关机的条件下，模型的不确定性及参数的偏差无法通过制导关机来主动抑制，从而导致终端状态产生偏差。VIC 模型则将这部分偏差及不确定性分解至 $\boldsymbol{\varepsilon}$ 方向，从而保证 $\boldsymbol{\Gamma}$ 方向的控制精度。三种方法的仿真结果见表 8-2。

综上所述，通过 GEM 与 AEM 的对比分析可知，在耗尽关机条件下闭环速度控制方法与开环规划方法的制导精度相当；根据 VIC 与 AEM 的对比可知，在同等的速度控制程度下，VIC 模型需要的姿态角及姿态角速率更小，而且 VIC 模型针对末端的预先规划处理能够对偏差进行一定程度的抑制。此外，三种方法在速度控制的过程中，对位置量均产生了不同程度的影响，特别是位置量 r_ε 完全是由速度控制引起的附加量，这导致在多终端约束条件下速度控制与基底制导耦合严重。

表 8-2　发动机参数边界偏差条件下仿真统计结果

偏差项		Δv_Γ/(m/s)	Δv_ε/(m/s)	Δr_Γ/km	Δr_ε/km	$\omega_{\max}$/[(°)/s]
$+\delta_{\max}$	VIC	43.944 7	-61.034 4	4.328 9	2.052 1	12.311 7
	GEM	75.049 5	0.043 66	3.657 4	5.229 5	3.005
	AEM	75.078 4	-0.075 6	4.374 6	1.452 5	13.684 8
$-\delta_{\max}$	VIC	-31.013 8	42.686 3	-3.301 9	-1.780 0	14.202 0
	GEM	-52.912 5	-0.846 8	-2.712 2	-4.095 7	3.422 4
	AEM	-52.894 3	-0.076 3	-3.322 0	-1.235 3	15.869 1

(4)考虑位置约束的速度控制模型仿真对比与分析

当运载火箭以最大运力飞行时，发动机剩余的能量通常较小，能量管理方法主要进行由参数偏差及不确定性引起的小程度速度管控。但是随着终端约束量的增加，速度控制模型的最大调姿角也随之增大，对于具有位置量约束的速度控制模型，在同样的速度控制下具有更大的调姿角。为了验证考虑位置约束的速度控制模型，设计速度控制程度 $\boldsymbol{\eta}$ 在 0~15%，将发动机参数[式(8-46)]代入具有位置约束的速度控制模型[式(8-41)]后，计算得到模型中系数为

$$\begin{cases} p_1 = 16.647\,0,\quad p_2 = 1.007\,0,\quad p_3 = -0.003\,7 \\ p_4 = 0.112\,6,\quad t_n = 33,\quad t_f = T_s \end{cases} \tag{8-49}$$

具有位置约束的速度控制模型中比例系数 $\boldsymbol{c}_1$ 由实际的速度控制程度计算得到，分别对最小附加角速度控制模型(与上一节设计参数保持一致)和具有位置约束的速度控制模型进行仿真。

两种附加姿态速度控制模型，在速度控制程度 0~15%内均能使 $\boldsymbol{\Gamma}$ 方向的速度分量达

到速度控制约束的值，且 $\boldsymbol{\varepsilon}$ 方向的速度分量约束至零，即满足终端速度矢量约束，如图 8-10 所示。但是，最小附加角速度控制模型在 $\boldsymbol{\varepsilon}$ 方向的附加位置量随能量管理程度的增加而增加，而具有位置约束的速度控制模型使 $\boldsymbol{\varepsilon}$ 方向的附加位置量始终约束在零附近，仿真结果表明具有位置约束的改进速度控制模型对附加位置量具有一定的约束能力。两种速度控制模型的附加调姿角曲线如图 8-11 所示，在不同速度控制程度下终端状态量统计结果见表 8-3。

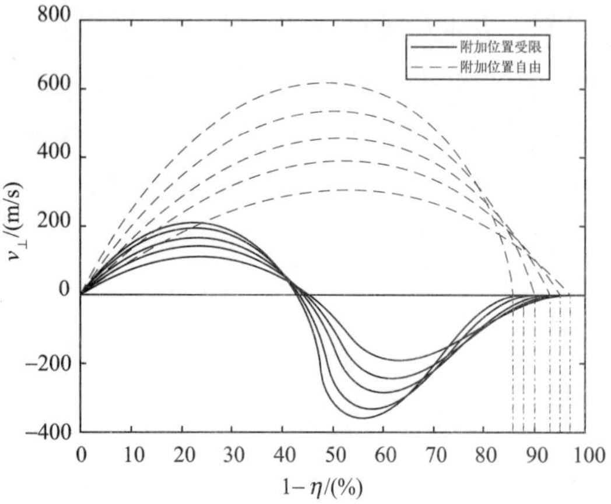

(a) 附加垂向速度变化曲线

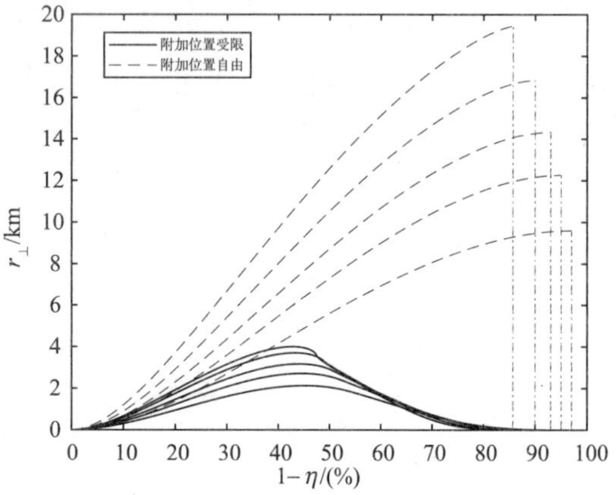

(b) 附加垂向位置变化曲线

图 8-10　位置约束对速度控制模型状态量影响的对比曲线

表 8-3　位置约束对速度控制模型在不同速度控制程度下仿真统计结果

耗散程度	附加位置自由		附加位置受限	
(%)	待增速度偏差/(m/s)	附加位置/km	待增速度偏差/(m/s)	附加位置/km
3	−0. 019 4	9. 598 8	−0. 019 4	0. 280 4
5	−0. 024 7	12. 263 7	−0. 024 7	0. 357 6
7	−0. 028 9	14. 344 3	−0. 028 9	0. 417 6
10	−0. 033 9	16. 835 2	−0. 033 9	0. 487 8
15	−0. 039 2	19. 438 0	−0. 039 2	0. 526 9

综上所述，具有位置约束的改进速度控制模型能够将附加位置量约束在零值附近，而最小附加角速度控制模型在 ε 方向的附加位置量随能量管理程度的增加而增加，最大值达到 19. 4km。对于具有终端多轨道根数约束的固体运载火箭，附加位置量的影响将导致入轨精度下降，甚至是无法进入预定目标轨道。而采用具有位置约束的改进速度控制模型，虽然对附加位置量进行了有效的约束，但是在同等速度控制程度下所需要的最大调姿角更大，并且速度控制可行区间较小，如图 8-11 所示。因此，为了实现固体运载火箭耗尽关机方式下的入轨任务，在采用速度控制模型时需要根据不同模型的特点进行合理的选

择：对于最小附加角速度控制模型，需要对附加位置量进行有效利用或者抑制(第 9.2 节将进行详细论述)；对于具有位置约束的改进速度控制模型，需要控制系统有很强的响应及跟踪能力。

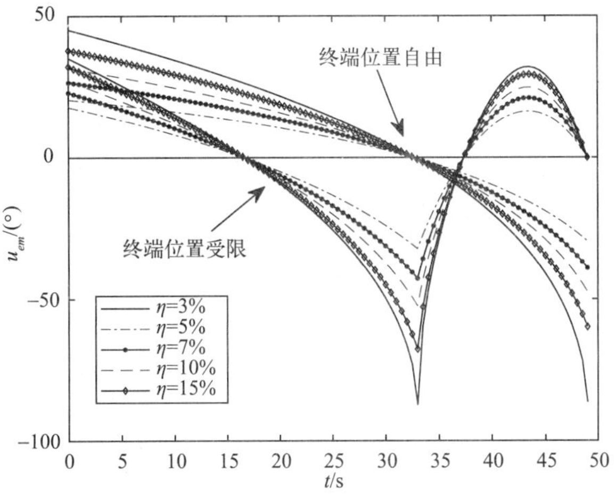

图 8-11　位置约束对速度控制模型附加调姿角影响的对比曲线

8.4　具有过程约束的非线性速度增量控制方法

固体运载火箭在耗尽关机制导过程中，通过额外的姿态角机动来耗散多余的能量，从飞行的任务要求及可靠性上需要对姿态角及姿态角速率等控制量加以限制。本书在第 4 章介绍了一种广义摄动制导方法 MPSP，本节在应用 MPSP 算法时，将火箭的姿态角定义为状态向量，同时将姿态角速率作为迭代的控制向量，则拓展后的状态向量定义为：$\hat{\boldsymbol{X}} \triangleq [\boldsymbol{r} \quad \boldsymbol{v} \quad \varphi \quad \psi]^{\mathrm{T}}$，控制向量 $\boldsymbol{U} \triangleq [\omega_{\varphi} \quad \omega_{\psi}]^{\mathrm{T}}$。根据发射惯性坐标系内固体运载火箭动力学方程，得拓展后的微分方程表达式为

$$\hat{\boldsymbol{f}}(\hat{\boldsymbol{X}}, \boldsymbol{U}) = \begin{bmatrix} \boldsymbol{v} \\ T \cdot \boldsymbol{x}_b / m(t) + \boldsymbol{g}(\boldsymbol{r}) \\ \boldsymbol{U} \end{bmatrix} \tag{8-50}$$

根据微分方程式(8-50)，应用欧拉积分法则得到 MPSP 算法的离散系统状态方程

$$\hat{\boldsymbol{X}}_{n+1} = \hat{\boldsymbol{F}}_n(\hat{\boldsymbol{X}}_n, \boldsymbol{U}_n) = \hat{\boldsymbol{X}}_n + \Delta t \cdot \hat{\boldsymbol{f}}(\hat{\boldsymbol{X}}_n, \boldsymbol{U}_n) \tag{8-51}$$

采用欧拉积分法虽然在离散化动力学微分方程存在较大的精度误差，但在离散节点上得到的线性化的状态向量和控制向量是满足假设条件的，并且积分的累计误差量可以采用高精度的龙格-库塔方法等其他数值积分方法来替代飞行轨迹的数值计算。那么，开展后的离散系统状态方程为

$$\begin{cases}\boldsymbol{r}_{n+1}=\boldsymbol{r}_n+\Delta t\cdot\boldsymbol{v}_n\\ \boldsymbol{v}_{n+1}=\boldsymbol{v}_n+\Delta t\cdot[T_n\cdot\boldsymbol{x}_b/m(t_n)+\boldsymbol{g}(\boldsymbol{r}_n)]\\ \varphi_{n+1}=\varphi_n+\Delta t\cdot\omega_\varphi\\ \psi_{n+1}=\psi_n+\Delta t\cdot\omega_\psi\end{cases}\tag{8-52}$$

输出方程的表达式为

$$\boldsymbol{Y}_N=\boldsymbol{I}_{8\times 8}\times\hat{\boldsymbol{X}}_N\tag{8-53}$$

为了得到灵敏度矩阵 $\boldsymbol{B}$ 的表达式，分别对式(8-52)和式(8-53)求偏导数，得到

$$\frac{\partial\hat{f}_j}{\partial\boldsymbol{U}_j}=\Delta t\cdot\begin{bmatrix}\boldsymbol{0}_{6\times 2}\\ \boldsymbol{I}_{2\times 2}\end{bmatrix},\quad\frac{\partial\boldsymbol{Y}_N}{\partial\hat{\boldsymbol{X}}_N}=\boldsymbol{I}_{8\times 8}\tag{8-54}$$

状态方程对状态量的偏导数见表 8-4，表中偏导数的解析表达式为

$$\frac{\partial\boldsymbol{a}}{\partial\varphi}=\boldsymbol{A}_\varphi\cdot\frac{1}{m}\begin{bmatrix}T\\0\\0\end{bmatrix},\quad\frac{\partial\boldsymbol{a}}{\partial\psi}=\boldsymbol{A}_\psi\cdot\frac{1}{m}\begin{bmatrix}T\\0\\0\end{bmatrix}\tag{8-55}$$

式中，链式偏导数的表达式为

$$\boldsymbol{A}_\varphi=\begin{bmatrix}-\sin\varphi\cos\psi & -\cos\varphi & -\sin\varphi\sin\psi\\ \cos\varphi\cos\psi & -\sin\varphi & \cos\varphi\sin\psi\\ 0&0&0\end{bmatrix},\quad\boldsymbol{A}_\psi=\begin{bmatrix}-\cos\varphi\sin\psi & 0 & \cos\varphi\cos\psi\\ -\sin\varphi\sin\psi & 0 & \sin\varphi\cos\psi\\ -\cos\psi & 0 & -\sin\psi\end{bmatrix}$$

至此，最优控制量的敏感度矩阵 $\boldsymbol{B}$ 的表达式为式(4-57)，求解敏感度矩阵的偏导数根据式(8-54)以及表 8-4 计算得到，由于敏感度矩阵由解析函数构成，具有一定的普适性和快速性。

表 8-4　状态方程对状态量的敏感度矩阵偏导数符号运算表

偏导数	$\hat{x}_1$	$\hat{x}_2$	$\hat{x}_3$	$\hat{x}_4$	$\hat{x}_5$	$\hat{x}_6$	$\hat{x}_7$	$\hat{x}_8$
$\hat{f}_1$	1			Δt				
$\hat{f}_2$		1			Δt			
$\hat{f}_3$			1			Δt		
$\hat{f}_4$				1			$\Delta t\frac{\partial\boldsymbol{a}}{\partial\varphi}$	$\Delta t\frac{\partial\boldsymbol{a}}{\partial\psi}$
$\hat{f}_5$					1			
$\hat{f}_6$						1		
$\hat{f}_7$							1	
$\hat{f}_8$								1

固体运载火箭在实际飞行过程中，速度控制产生的附加姿态角及姿态角速率需要受到控制系统跟踪能力的限制，尤其是在控制程度较大的条件下，姿态角速率变化剧烈，将超过控制能力对姿态角速率跟踪的最大值 $\boldsymbol{\omega}_{\max}$。根据耗尽关机速度控制模型[式(8-6)]，姿态角速率是由速度控制过程产生的，基底需要速度矢量为惯性空间定轴矢量，并不产生额外姿态角速率。根据速度控制方程[式(8-4)]以及姿态角指令关系[式(8-6)]，通过对速度控制产生的附加调姿角速率的限制，即可约束住指令姿态角速率。

根据 4.3.2 节最优控制方程问题 $\mathrm{P}_{\mathrm{mpsp}}2$ 的描述，结合 8.2 节和 8.3 节解析速度控制方法，最优控制量 $\boldsymbol{U}$ 相对于前一次迭代得到的控制量剖面的变化量最小，另外当姿态角速率达到约束值时，最优控制量 $\boldsymbol{U}$ 应保持在约束值附近，相应的二次型权值应尽可能地大[9-10]。因此，考虑控制量的连续性，设计权值函数在约束条件下的表达式为

$$\boldsymbol{R}_j = L_j(\boldsymbol{U}_j)\,\boldsymbol{I}_{2\times 2} \tag{8-56}$$

式中，根据参考速度控制模型产生的附加姿态角速率 $\dot{u}_{em}$的调节函数为

$$L_j(\dot{u}_{em}) = 1 + k_m \cdot \mathrm{e}^{-a_s \cdot |\omega_{\max} - \dot{u}_{em}|} \tag{8-57}$$

式中，a_s为调节系数，控制相应的指数函数在 0~1 内变化，应保证在约束范围内指数函数趋近于 0；k_m为放大系数，通常取较大的常数值。此外，由于固体运载火箭耗尽关机且推力无法调节，x 方向的位置量不进行限制，定义第一行和第一列为零元素，其余行列为单位矩阵所构成的方阵 $\boldsymbol{E}_Y = [\boldsymbol{0}\quad \boldsymbol{I}_{7\times 7}]_{8\times 8}$，则输出方程的偏差量为

$$\mathrm{d}\boldsymbol{Y}_N = \boldsymbol{E}_Y \times (\boldsymbol{Y}_N - \boldsymbol{Y}_N^*) \tag{8-58}$$

最后，将灵敏度矩阵 $\boldsymbol{B}$ 以及权值函数 $\boldsymbol{R}_j$代入最优控制函数[式(4-61)]，得到迭代更新后的控制量序列

$$\boldsymbol{U}_j^{l+1} = \boldsymbol{U}_j^l - \mathrm{d}\boldsymbol{U}_j,\quad j = 1,\ 2,\ \cdots,\ N \tag{8-59}$$

式中，$\boldsymbol{U}_j^l$ 为上一迭代周期的控制量序列，当 $\boldsymbol{I} = 1$ 时的控制量序列为选取的初始参考序列。

8.5　非线性速度增量控制方法仿真验证与分析

固体火箭发动机实际燃烧过程呈现强非线性，虽然平均线性模型能够表征发动机的指标特点，但是在非线性燃烧过程中对速度控制精度的影响不可忽略，甚至需要针对非线性特性采取特殊的设计手段。因此，本节以固体运载火箭末子级为例，平均推力、秒耗量的平均线性模型以及实际特性模型如图 8-12 所示。

此外，速度控制过程将随着控制程度的增加，所需要的附加姿态角和姿态角速率均增大，尤其是在考虑位置约束的速度控制模型上。根据 8.2 节速度控制模型的一般设计原理，交变姿态速度控制模型在设计过程中同时考虑了姿态角及姿态角速率的影响，有利于

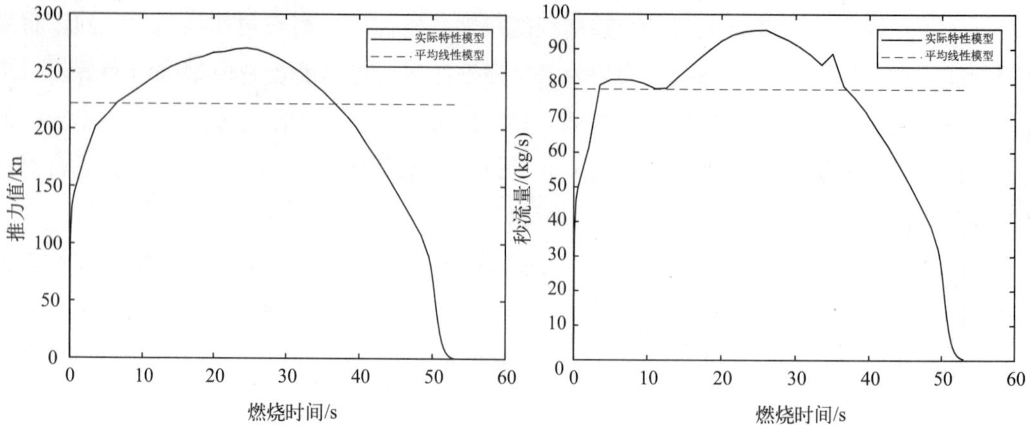

图 8-12　固体火箭发动机燃烧特性曲线

对比和分析线性解析方法与非线性数值离散方法在速度控制过程中的表现。本节以交变姿态速度控制方法为初始参考模型，姿态角速率最大值为 $|\omega_{max}|=12(°)/s$ 且迭代收敛精度阈值为 $|e_{sp}|\leqslant 10^{-3}$，验证和分析非线性数值离散速度控制方法的精度、收敛性以及对过程约束的适应能力。

8.5.1　非线性推力及过程约束的影响和分析

固体运载火箭最大载荷质量为 500kg，在耗尽关机方式下，由于携带载荷质量的减小，所需要的速度控制程度逐渐增加。为了验证非线性特性以及过程约束限制条件，火箭以携带 125kg 相应的速度控制程度($\eta=27.51\%$)为例，线性规划模型、无过程约束方法以及受过程约束方法的仿真对比曲线如图 8-13 所示。

在图 8-12 所示的实际动力条件下仿真验证，发动机平均线性模型下的速度控制方法，需要速度矢量、附加位置量以及终端调姿角存在较大的精度偏差，并且无法满足过程约束要求。通过非线性数值离散速度控制方法，能够对线性解析方法的终端状态偏差进行修正达到指定的阈值，而且在超过边界约束条件情况下对过程约束进行有效的限制，表明：在实际燃烧助推过程中，非线性数值离散速度控制方法有利于提高速度控制终端多约束的精度，对过程约束具有一定的限制能力。

8.5.2　速度控制程度的适用性验证和分析

运载火箭携带载荷质量分别设计为 500kg、375kg、250kg 以及 125kg，验证非线性数值离散速度控制方法对不同载荷(速度控制程度)的适用性，在验证过程中考虑过程约束及终端约束(即需要速度矢量、附加位置量、附加调姿角)，不同载荷质量下仿真结果如图 8-14 所示。

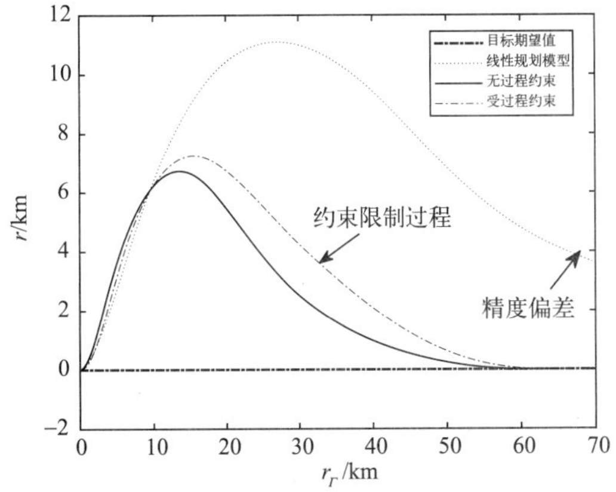

(a) 位置矢量变化

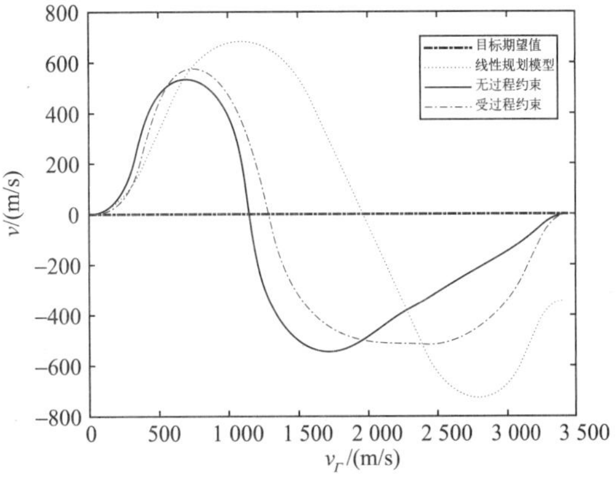

(b) 速度矢量变化

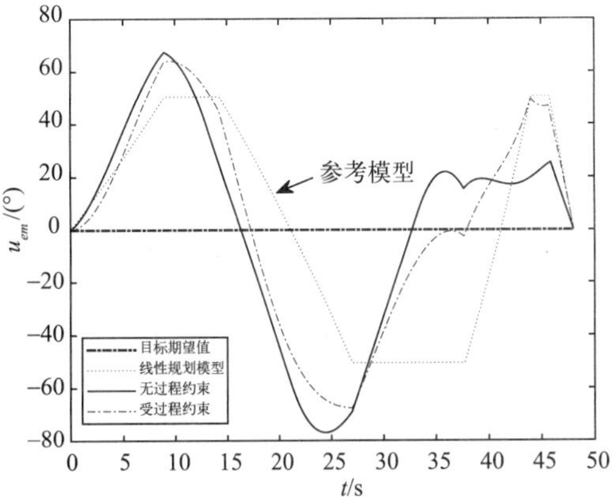

(c) 姿态角变化

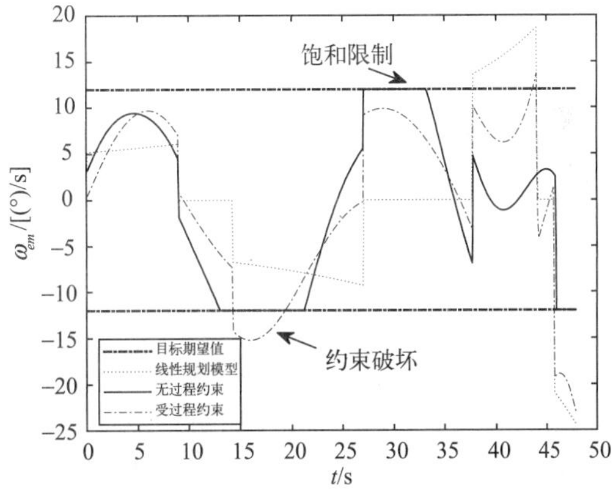

(d) 姿态角速率变化

图 8-13　不同条件下速度控制过程状态参数变化曲线

在配置的不同载荷质量条件下，需要速度矢量、附加位置量、终端附加调姿角均达到了指定的精度阈值，并且随着载荷质量的减小，速度控制程度依次上升。在速度控制程度为 18.74%以及 27.51%时，附加调姿角速率达到了边界约束值，通过自适应调整非线性数值离散速度控制方法中的二次型权值变量，有效地限制了姿态角速率的进一步增加，进而实现了具有过程约束的高精度速度控制，仿真结果见表 8-5。

表 8-5　不同载荷质量下非线性数值离散速度控制方法终端精度

载荷质量/kg	控制程度	平均推力解析方法			非线性迭代方法		
		Δv_{Γ}/(m/s)	Δv_{ε}/(m/s)	Δr_{Γ}/m	Δv_{Γ}/(m/s)	Δv_{ε}/(m/s)	Δr_{Γ}/m
500	4. 78%	-6. 7	-147. 9	712. 3	9. 8e-4	6. 1e-4	2. 1e-4
375	11. 26%	-16. 7	-220. 3	1454. 1	3. 5e-4	1. 8e-4	4. 5e-4
250	18. 74%	-22. 3	-291. 4	2292. 5	6. 8e-4	9. 2e-4	3. 3e-4
125	27. 51%	36. 1	-471. 2	2838. 1	5. 4e-4	8. 7e-4	1. 2e-4

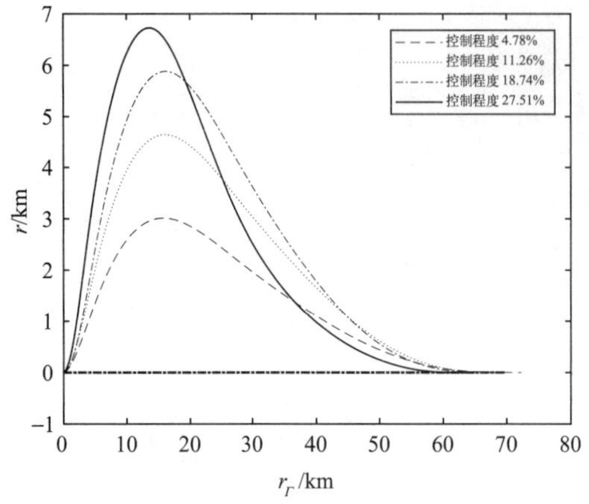

(a) 位置矢量变化曲线

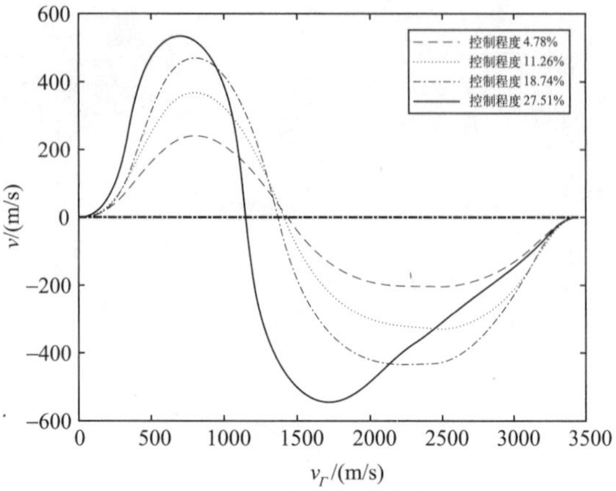

(b) 速度矢量变化曲线

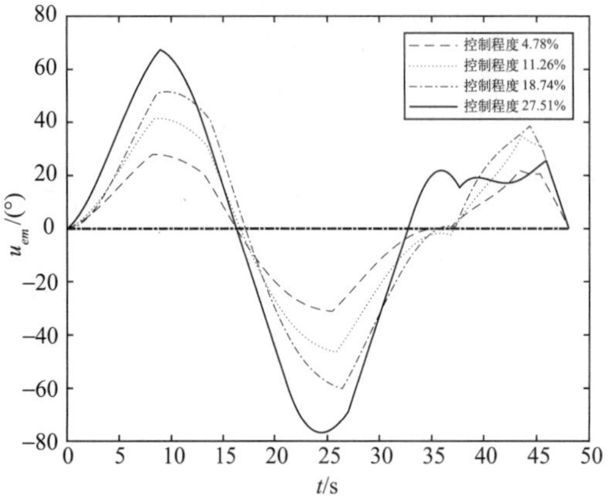

(c) 姿态角变化曲线

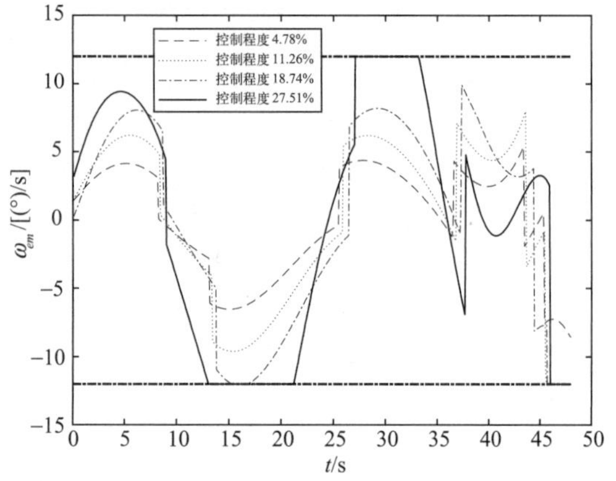

(d) 姿态角速率变化曲线

图 8-14　不同载荷质量条件下速度控制过程状态参数变化曲线

8.5.3　过程约束对迭代收敛性的影响和分析

非线性数值离散速度控制方法在推导过程中，存在大量的敏感度矩阵以及迭代求解过程。考虑在线制导应用时对计算时效以及收敛性的要求，本节对该方法在迭代过程中的表现进行仿真和分析，以携带载荷质量 125kg 相应的速度控制程度在 27.51%条件下为例，由初始参考模型迭代收敛至期望轨迹的过程如图 8-15 所示。

在姿态角速率约束的限制下，附加位置以及附加速度分量均呈现出先增大后减小的过程，最后收敛至指定的精度阈值。姿态角速率达到边界约束后，由于相应离散节点的二次型权值趋近于无穷大，从而抑制了该节点处的修正量，使姿态角速率保持在边界值。此外，其他节点根据敏感度矩阵对输出方程的偏差量进行迭代修正，使输出方程的偏差量小于指定的精度阈值。然而，迭代过程输出方程的偏差量呈现出先增大后减小的现象，表明该方法在过程约束的限制下并非按照敏感度矩阵逐渐迭代收敛，过程约束破坏了最优控制

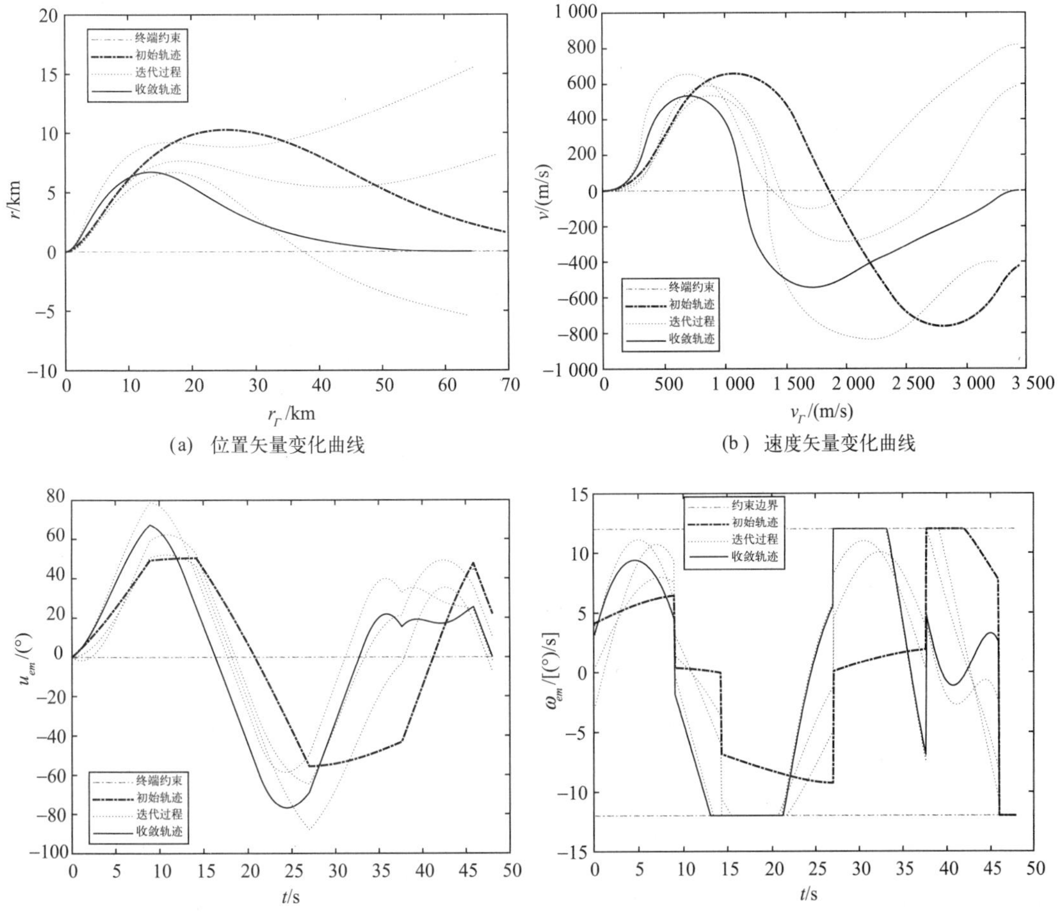

(a) 位置矢量变化曲线　(b) 速度矢量变化曲线

(c) 姿态角变化曲线　(d) 姿态角速率变化曲线

图 8-15　速度控制程度在 27.51%条件下迭代收敛过程状态参数变化曲线

量的线性迭代格式，增加了迭代过程的复杂程度以及迭代收敛次数。在对比是否考虑过程约束限制条件(仿真验证环境为 PC 端 C++程序)，该方法迭代次数、迭代时间以及输出方程的偏差量的仿真结果见表 8-6。

表 8-6　速度控制程度在 27.51%条件下迭代收敛过程终端精度统计

参数类别	无约束迭代过程			受约束迭代过程		
	次数	偏差量	时间/ms	次数	偏差量	时间/ms
初始轨迹	1	2 634.7	6.1	1	1 668.1	5.5
1/3 次数	3	245.7	18.5	21	1 262.1	115.2
2/3 次数	6	0.068	36.7	42	0.325	230.4
收敛轨迹	8	0.000 8	49.5	62	0.000 9	341.6

无姿态角速率限制条件下的迭代过程，在迭代 8 次耗时 0.049 5s 时达到指定精度阈值。在第六次迭代时输出偏差量仅有 0.068，通常情况下该速度和位置的精度已经很高，说明该方法对小偏差量条件依然具有高精度迭代收敛能力。在受过程约束限制条件下，迭代次数大幅度上升至 62 次，达到指定精度阈值所需要的迭代时间为 0.341 6s，而且迭代过程中呈现出先增大后减小的趋势。过程约束限制对收敛过程的影响对比如图 8-16 所示。

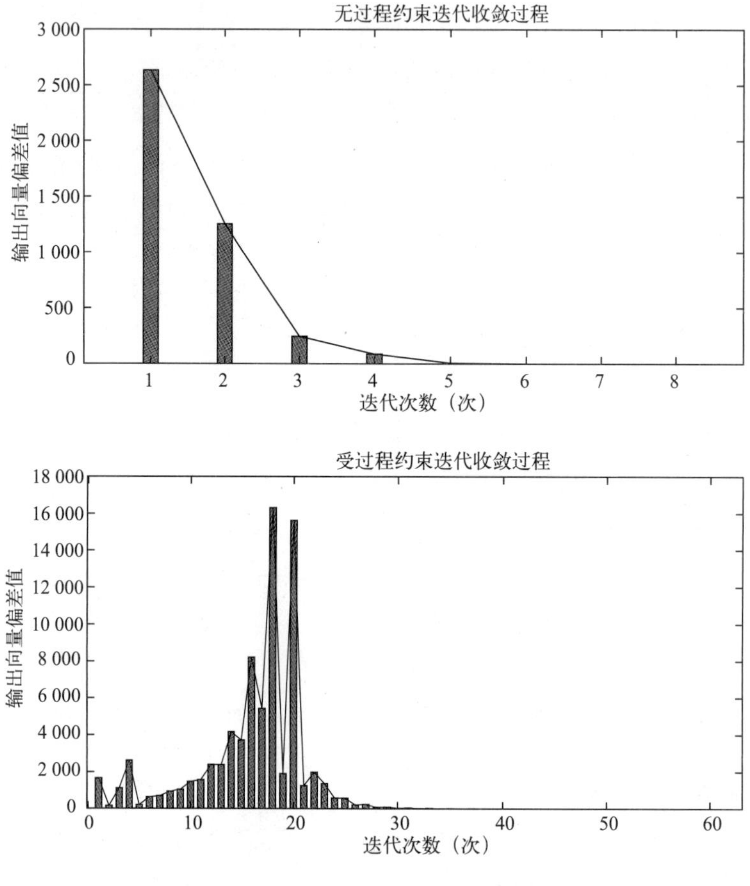

图 8-16　过程约束限制对收敛过程的影响对比

综上所述，随着载荷质量的减小，速度控制程度逐渐上升，附加调姿角速率达到了设定的边界约束值，非线性数值离散速度控制方法能够对线性解析方法的终端状态偏差进行修正以达到指定的阈值，而且在超过边界约束条件情况下对过程约束进行有效的限制。但是，过程约束破坏了最优控制量的线性迭代格式，收敛过程呈现出先增大后减小的趋势，增加了迭代过程的复杂程度以及迭代收敛次数。因此，该制导方法在实际工程应用过程中具有一定的困难及挑战，需要进一步考虑过程约束限制带来的收敛性问题。

8.6　本章小结

固体运载火箭速度增量控制模型及其多约束方法是实现在耗尽关机方式下速度管控的有效手段，在总体设计层面上把发动机的推力终止问题转移到助推段多约束制导问题上。本章在速度控制一般设计原理的基础上，分别提出了多约束改进设计模型和非线性离散数值模型，并通过数值仿真验证了算法的有效性及适用性，主要工作和总结如下：

1）针对固体运载火箭终端多轨道根数约束的入轨任务，描述了耗尽关机方式下速度增量控制问题，通过产生的附加调姿角来实现固定弧长下所需要的弦长，并根据需要速度矢量以及速度控制平面确定了附加调姿角与制导指令的计算关系。

2）根据速度控制模型一般设计原理，分别设计了最小附加角速度控制模型和考虑位置约束的速度控制模型。在同样的速度控制程度下，考虑位置约束的模型将产生更大的调姿角和调姿角速率，甚至会超过控制系统最大的跟踪能力；在极限偏差条件下，开环 AEM 方法与闭环 GEM 方法仿真精度相当，表明在耗尽关机方式下闭环制导方法也无法有效消除模型的不确定性及参数的偏差。

3）根据实际发动机非线性特性以及姿态角速率的限制，非线性数值离散速度控制方法以解析线性速度控制模型为初始参考轨迹，对线性解析方法的终端状态偏差进行修正，并且在速度控制程度较大的情况下对过程约束进行有效的限制。

4）考虑了姿态角速率约束的非线性数值离散速度控制方法，在收敛过程中呈现出先增大后减小的趋势，表明过程约束破坏了最优控制量的线性迭代格式，增加了迭代过程的复杂程度以及迭代收敛次数，迭代计算所需要的时间是无过程约束条件下的 5~10 倍，在实际工程应用过程中需要进一步考虑过程约束限制带来的收敛性问题。

参考文献

[1] 闫晓东，吕石，贾晓娟．固体助推火箭助推段能量管理分析[J]．西北工业大学学报，2013，31(4)：584-589.

[2] PAUL Z. Tactical and strategic missile guidance[M]. 7th ed. Reston VA：American Institute of Aeronautics and Astronautics，2019：290-298.

[3] 陈克俊．耗尽关机制导方法研究[J]．国防科技大学学报，1996(3)：35-39.

[4] WHITE J E. Cut-off insensitive guidance with variable time of flight[C]. Monterey，CA，United states：American Institute of Aeronautics and Astronautics，1993：793-800.

[5] 朱建文，刘鲁华，汤国建，等．低弹道多约束固体火箭能量管理方法研究[J]．弹箭与制导学报，2012，32(5)：121-123.

[6] 周军，潘彦鹏，呼卫军．固体火箭的鲁棒自适应耗尽关机制导方法研究[J]．航天控制，2013，31(3)：34-39.

[7] 姚党鼐，张力，王振国．姿态角单次调整的固体运载火箭耗尽关机能量管理方法[J]. 国防科技大学学报，2013，35(1)：39-42.

[8] BRYSON A. Applied optimal control：optimization，estimation，and control[M]. New York：IEEE，1975.

[9] PADHI R，KOTHARI M. Model predictive static programming：a computationally efficient technique for sub-optimal control design[J]. International Journal of Innovative Computing Information and Control，2009，5(2)：399-411.

[10] MAITY A，PADHI R，MALLARAM S，et al. MPSP guidance of a solid motor propelled launch vehicle for a hypersonic mission [C]. Minneapolis，MN，United States：American Institute of Aeronautics and Astronautics Inc.，2012.

第 9 章　助推—滑行—助推飞行模式制导方法研究

为了进入较高的太阳同步轨道，固体运载火箭需要采用多子级助推—滑行的飞行模式。针对其制导技术特点，在 7.1.4 节提出了“解析基底制导+非线性能量管理”的解决方案。本书第 7 章以定点原理对闭路制导方法进行了改进和完善，得到了滑行点火时间以及解析基底制导矢量的理论关系，并在第 8 章设计和验证了非线性耗尽关机非线性能量管理方法。但是，基底制导问题与能量管理问题并不是孤立的。一方面，助推段能量管理过程中将产生附加位置，与基底制导产生耦合影响，必须确定出速度控制实施通道来抑制耦合影响，从而提高制导方法的入轨精度；另一方面，大范围能量管理时存在姿态角速率超过控制系统姿态跟踪能力的现象，需要通过多子级在线动态规划和分配轨道能量的方式来降低助推段速度控制程度。因此，针对多级固体运载火箭快速发射空间载荷的技术要求，定点制导方案不仅需要解决耗尽关机能量管理的耦合问题，还必须具备适应多子级助推—滑行的拓展能力，提高制导方法对不同任务的自适应能力。

本章首先从理论上进行分析，根据推导过程中的假设条件和参数的物理意义，确定出在线应用过程中制导参数的约束范围，并给出了基于圆轨道任务的降级条件及飞行任务调整策略。然后，在定点制导理论的基础上，提出了耦合抑制拓展定点制导方法，来抑制速度控制过程中产生的附加影响，并给出了耦合抑制方法的迭代实施逻辑。最后，针对多子级多阶段耗尽关机制导问题，提出了基于多级定点制导的任务规划方法，来降低耗尽关机方式下速度控制过程所产生的最大调姿角和调姿角速率。

9.1　定点制导方法应用条件及任务降级策略

定点制导原理根据固体运载火箭的当前实际飞行状态、发动机性能参数和目标轨道根数约束，其等效脉冲点的取值需在一定的区间内才能获得合理的解，如图 9-1 所示。尤其是在线解算过程中，制导参数的计算需要严格保证取值在有效求解区间内，否则制导指令无法得到实时解算，增大飞行任务失败的概率。对于满足原定任务的飞行条件，制导参数的计算需要避免奇异值、非数条件等问题，并满足制导周期的指令解算要求；对于原定任务无法实现的飞行条件，制导参数需要根据当前的飞行状态信息(动力参数、控制能力、滑行轨道参数等)进行轨道任务降级，一方面保证制导参数的有效计算，另一方面尽可能地实现原定轨道任务。

因此，为了在线应用定点制导方法，需要根据定点制导理论推导过程中的假设条件确定出制导参数的约束范围[1-4]，再由装定的总体参数在线计算火箭的剩余飞行能力，保障制导参数在线计算的合理性和有效性，同时为轨道任务降级提供理论支持。

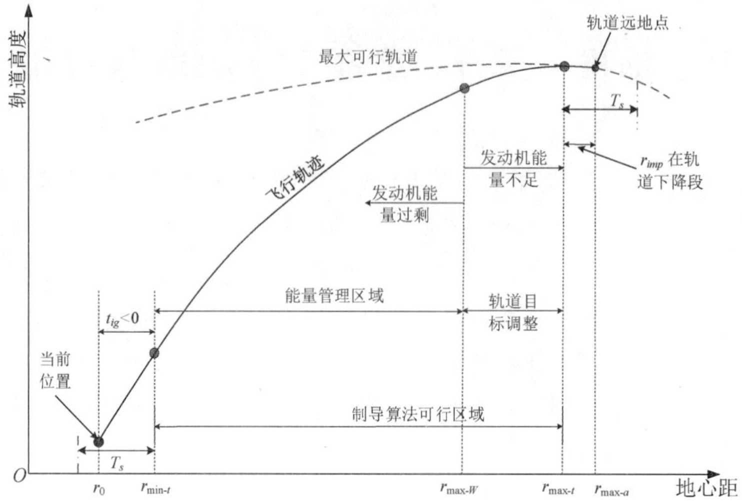

图 9-1　等效脉冲点地心距对边界约束条件的影响

9.1.1　等效脉冲点在时间和空间约束方面的讨论

固体运载火箭在上升段飞行时，等效脉冲点主要受到飞行时间和空间上的约束，而且对于不同的轨道形状，入轨速度也需要有一定的约束要求。

(1)点火时间约束

定点制导原理在等效脉冲点建立了滑行轨道和目标轨道之间的联系，进而根据发动机性能参数确定形心时间，计算得到所需要的点火条件。在求解等效脉冲点在时间上的约束范围时，存在两个限制条件：第一，火箭从原姿态调整到解得的姿态角需要的时间 T_{tip}；第二，发动机持续消耗推进剂过程中形心时间 T_c 的限制，则得到不等式约束

$$t_{0-ig} \geqslant T_{tip} \text{ 且 } t_{0-imp} \geqslant T_c \tag{9-1}$$

式中，t_{0-ig}和 t_{0-imp}表示从当前时刻 t_0 分别到点火时刻 t_{ig}和等效脉冲发生时刻 t_{imp}的时间。固体运载火箭在点火时刻的初始姿态角需要达到制导指令预先给定的值，因此在真空滑行阶段，需要采用反应控制系统（Reaction Control System，RCS)对箭体进行姿态稳定并调整至制导指令预先给定的值。所以，当姿态角调整时间不够时，即 $t_{0-ig} \leqslant T_{tip}$，初始姿态角的偏差无论是对制导精度还是控制稳定均有影响。由于点火时间是根据等效脉冲点计算得到的，当条件不满足时需要对等效脉冲点进行调整，将最短时间间隔的等效脉冲点调整为

$$\begin{cases} E_{imp.\,tip} = E_0 + \dfrac{T_{tip} \cdot n_{sub}}{1 - e_{sub}\cos E_i} \\ r_{imp.\,tip} = a_{sub}(1 - e_{sub}\cos E_{imp.\,tip}) \end{cases} \tag{9-2}$$

类似地，定点制导原理在等效脉冲点实现“持续助推”和“瞬时脉冲”的等效矢量关系，根

据点火时间计算式

$$t_{0-ig} = t_{0-imp} - T_c \tag{9-3}$$

当给定的等效脉冲点不合理时，存在 $t_{0-imp} \leqslant T_c$，使得所需要的点火时间 $t_{0-ig}<0$，故最短时间间隔的等效脉冲点调整为

$$\begin{cases} E_{imp.c} = E_0 + \dfrac{T_c \cdot n_{sub}}{1 - e_{sub}\cos E_i} \\ r_{imp.c} = a_{sub}(1 - e_{sub}\cos E_{imp.tip}) \end{cases} \tag{9-4}$$

一般而言，固体运载火箭在采用 RCS 进行姿态调整时，所提供的姿态角速率较大，相应的调姿时间 T_{tip} 通常小于固体火箭发动机的形心时间 T_c。此外，椭圆轨道在下降段，即 $E_{imp} \geqslant \pi$，存在满足时间约束[式(9-1)]的等效脉冲点，但会增加火箭飞行累计时长以及改变入轨点的真近点角和升交点赤经，此时的等效脉冲点点火时间为

$$\begin{cases} E_{imp} = 2\pi - \arccos[(a_{sub} - R_{imp})/(a_{sub}e_{sub})] \\ t_{0-imp} = t_0 + \dfrac{1}{n}[E_{imp} - E_a - e(\sin E_{imp} - \sin E_a)] \end{cases} \tag{9-5}$$

(2)脉冲点地心距约束

本书在 7.4.3 节对定点制导算法在圆轨道任务的适用性进行了讨论，并引入了等效偏心率的概念来描述在圆轨道偏心率为零时产生奇异值的问题，本节将进一步对入射速度和等效偏心率随等效脉冲点地心距变化的规律进行分析和讨论，从而得到求解等效脉冲点的可行域。根据正弦函数的值域，推力方向的绝对值应不大于 1，而且由椭圆轨道的对称性，在上升段和下降段分别存在对应的解，在此主要以火箭上升段为主进行分析，即当地速度倾角大于 0 的情况，故入轨速度与视速度模量应满足

$$v_{imp}\sin\vartheta_{imp} \leqslant W_M \tag{9-6}$$

在等效脉冲点处的入射速度和当地速度倾角表达式为

$$v_{imp} = \sqrt{\frac{2\mu}{r_{imp}} - \frac{\mu}{a_{sub}}}, \quad \vartheta_{imp} = \arccos\frac{H_{sub}}{v_{imp}r_{imp}} \tag{9-7}$$

将式(9-7)代入不等式(9-6)，得到关于 r_{imp} 的一元二次不等式

$$(\mu/a_{sub} + W_M^2)r_{imp}^2 - 2fMr_{imp} + H_{sub}^2 \geqslant 0 \tag{9-8}$$

该不等式表明，存在一个最小的等效脉冲地心距 r_{imp-W}，满足火箭入轨速度矢量要求。

根据等效偏心率的表达式(7-73)，当运载火箭的入射速度较小，使得 $r_{imp}v_{orb}^2<\mu$ 时，火箭在目标轨道的远地点入轨并且变轨后的轨道近地点小于轨道半径。对于卫星载荷任务而言，这是在实际发射中希望避免发生的情况。此外，在当前滑行轨道上，等效脉冲地心距 r_{imp} 不能超过滑行轨道远地点的地心距，否则两轨道交点将不存在且无法达到，需要对 r_{imp} 进行限定，条件为

$$r_{imp} \leqslant r_{\max-a} = a_{sub}(1 + e_{sub}) \tag{9-9}$$

因此，等效脉冲点地心距在空间上的约束区间为 $[r_{imp-W}, r_{\max-a}]$。在应用定点制导解算制导指令时，无论是预先给定的目标轨道任务，还是由滑行轨道条件计算得到的等效脉冲地心距都应在空间约束区间内。空间约束边界的下限 r_{imp-W} 与发动机视速度模量相关，需要针对具体情况进行具体分析。

(3) 入轨速度约束

在确定了等效脉冲点地心距的空间约束范围后，进一步对入轨速度在定点制导的应用进行讨论。对于固体运载火箭，为了最大化其运载能力，通常是在目标轨道的近地点达到入轨速度要求(若为圆轨道，则各点处的入轨速度相同)，在此将入轨速度分为三种情况：

当 $v_{orb}<v_{cir}$ 时，根据图 7-15（a）和（b）所示的变化曲线，在当前的滑行轨道上无法找到能使火箭在目标轨道近地点入轨的等效脉冲点；

当 $v_{orb}>v_{cir}$ 时，火箭能够在目标轨道近地点入轨，等效脉冲点地心距需要根据滑行轨道参数和目标轨道偏心率来确定；

当 $v_{orb}=v_{cir}$ 时，火箭进入目标轨道的入轨速度确定，此时相应的入轨点地心距与目标轨道半长轴一致，即 $r_{imp}=a_{orb}$。

因此，对于椭圆轨道任务，随着入轨点地心距的改变，所需要的入轨速度随之相应变化，在助推—滑行—助推模式下能够根据点火时间来调整所需的速度矢量。对于圆轨道任务，由于入轨速度和入轨地心距约束严格，需要在助推过程中对发动机产生的额外速度进行控制，从而使初始滑行轨道参数满足脉冲点在时间和空间上的约束限制。

9.1.2　等效脉冲点地心距的解析求解方法

定点制导算法对等效脉冲点地心距的求解一方面与目标轨道参数相关，另一方面所需要的速度矢量大小与发动机能够提供的视速度模量也密不可分。由于轨道异面将导致计算过程十分复杂，而且考虑到在轨道任务降级时，应优先在轨道面内完成任务的原则，故将发动机视速度模量约束下等效脉冲地心距的求解设定在轨道面内，将求解过程分为椭圆轨道含有偏心率的求解和圆轨道解析表达式的推导。首先，进行包含偏心率的椭圆轨道解算，在轨道面交点 P_{imp} 处，滑行轨道和目标轨道速度矢量的分量形式为

$$\begin{cases}\boldsymbol{v}_{imp}=v_{imp}[\cos\vartheta_{imp}\quad \sin\vartheta_{imp}\quad 0]^{\mathrm{T}}\\ \boldsymbol{\Gamma}=[\cos\Gamma_{\varphi}\cos\Gamma_{\psi}\quad \sin\Gamma_{\varphi}\cos\Gamma_{\psi}\quad \sin\Gamma_{\psi}]^{\mathrm{T}}\\ \boldsymbol{v}_{orb}=v_{orb}[\cos\Delta A\quad 0\quad \sin\Delta A]^{\mathrm{T}}\end{cases}\tag{9-10}$$

为进入太阳同步轨道，存在速度矢量关系 $\boldsymbol{v}_{orb}=\boldsymbol{v}_{imp}+W_M\boldsymbol{\Gamma}$，其标量表达式为

$$\begin{cases}v_{imp}\cos\vartheta_{imp}+W_M\cos\Gamma_{\varphi}\cos\Gamma_{\psi}=v_{orb}\cos\Delta A\\ v_{imp}\sin\vartheta_{imp}+W_M\sin\Gamma_{\varphi}\cos\Gamma_{\psi}=0\\ W_M\sin\Gamma_{\psi}+v_{orb}\sin\Delta A=0\end{cases}\tag{9-11}$$

由式(9-11)可得入轨速度为

$$v_{orb}=\sqrt{(v_{imp}\cos\vartheta_{imp}+W_M\cos\Gamma_\psi\cos\Gamma_\varphi)^2+(W_M\sin\Gamma_\psi)^2}\tag{9-12}$$

此外，根据目标轨道参数，变轨后的轨道偏心率为 e_{orb}，且入轨速度为

$$v_{orb}=\sqrt{\mu(1+e_{orb})/r_{imp}}\tag{9-13}$$

联立式(9-12)和式(9-13)，得到等效脉冲点地心距的一元三次方程

$$r_{imp}^3+A_1r_{imp}^2+A_2r_{imp}+A_3=0\tag{9-14}$$

方程的系数为

$$\begin{cases}A_1=-\dfrac{2(3+e_{orb})}{F}\\ A_2=\dfrac{(3+e_{orb})^2+4(W_M\sin\Gamma_\psi H_{sub}/\mu)^2}{F^2}\\ A_3=-\dfrac{4H_{sub}^2 1(2+e_{orb})}{\mu\cdot F^2}\end{cases}$$

式中，$F=1/a_{sub}+W_M^2/\mu$，根据三次方程的求解要求，令

$$P=\frac{A_1^2-3A_2}{9},\quad Q=\frac{9A_1A_2-2A_1^3-27A_3}{54}\tag{9-15}$$

式(9-14)的解根据判别式 Q^2-P^3 的值不同可分为三种情况：若 $Q^2-P^3=0$，三个根存在重根，且只有一个为重根。若 $Q^2-P^3>0$，有一个实根、两个虚根；若 $Q^2-P^3<0$，则有三个不同的实根。根据等效脉冲点实际的物理意义，按照各解的实际意义去除不合适的重根和虚根，则等效脉冲点地心距的合理解为

$$r_{imp}=2P^{1/2}\cos(S/3+4\pi/3)-A_1/3\tag{9-16}$$

式中，$S=\arccos(Q/P^{3/2})$。至此，在考虑 $\Gamma_\psi=0$ 且 $\Delta A=0$ 的假设条件下，根据式(9-16)以及相应的系数表达式[式(9-15)]，得到等效脉冲点地心距关于发动机视速度模量的解析式。

此外，针对圆轨道解析表达式的推导过程如下。由于圆轨道偏心率为零，可看作一种特殊的椭圆轨道，故根据圆轨道速度以及矢量关系[式(9-11)]，得到

$$\left(\frac{W_M^2\cos^2\Gamma_\psi}{2\mu}+\frac{1}{2a_{sub}}\right)(\sqrt{r_{imp}})^3-\frac{2+\cos^2(\Delta A)}{2}\sqrt{r_{imp}}+\frac{H_{sub}\cos(\Delta A)}{\sqrt{\mu}}=0\tag{9-17}$$

考虑到假设条件 $\Gamma_\psi=0$ 且 $\Delta A=0$，将式(9-17)化简为关于 $\sqrt{r_{imp}}$ 的一元三次方程

$$\left(\frac{W_{PA}^2}{2\mu}+\frac{1}{2a_{sub}}\right)\cdot(\sqrt{r_{imp}})^3-\frac{3}{2}\cdot\sqrt{r_{imp}}+\frac{H_{sub}}{\sqrt{\mu}}=0\tag{9-18}$$

类似地，根据解的判别式得到等效脉冲点地心距的合理解为

$$r_{imp}=4\cos^2(q/3+2\pi/3)/(W_M^2/\mu+1/a_{sub})\tag{9-19}$$

式中，$\cos q=H_{sub}\sqrt{(W_{PA}^2/\mu^2+1/a_{sub}/\mu)}$。

因此，由于耗尽关机方式下火箭的总视速度模量一定，根据等效脉冲点地心距的解析

表达[式(9-16)和式(9-19)]，能够确定脉冲点在空间约束下限 r_{imp-W} 的值。然而，对于耗尽关机进入太阳同步圆轨道任务的固体运载火箭，式(9-19)计算得到的 r_{imp-W} 值也是耗尽关机所能够进入最大的圆轨道的条件 $r_{\max-W}$。当等效脉冲点地心距 $r_{imp}>r_{\max-W}$ 时，固体运载火箭由于发动机能量不足无法进入预定目标圆轨道；反之等效脉冲点地心距 $r_{imp}<r_{\max-W}$ 时，需要对固体运载火箭采用速度控制方法，对多余能量进行耗散。

9.1.3　圆轨道降级条件及飞行任务调整策略

根据对脉冲点在时间和空间上的讨论，在应用定点制导算法时的关键是求解等效脉冲点 P_{imp}。等效脉冲点是由滑行轨道面与目标轨道面之间的交线来确定的，其求解过程不仅与目标轨道参数相关，而且与发动机所能够提供的视速度模量密不可分。以固体运载火箭通常发射的太阳同步轨道为例，为保证制导算法在线求解的稳定性及有效性，其终端轨道任务的调整策略如图 9-2 所示。

(1)等效脉冲点时间约束

综合点制导理论中等效脉冲地心距 r_{imp} 的表达[式(7-37)]以及在 9.1.1 节中的讨论，其有效计算区间管理为

$$\begin{cases} \boldsymbol{r}_{imp} \geqslant r_0 + \int_0^{T_s - t_{PA}} \boldsymbol{v}_g \mathrm{d}t = \boldsymbol{r}_{\min-t} \\ \boldsymbol{r}_{imp} \leqslant r_{ap} - \int_0^{t_{PA}} \boldsymbol{v}_g \mathrm{d}t = \boldsymbol{r}_{\max-t} \end{cases} \tag{9-20}$$

式中，$t_{PA}=r_\Gamma/v_\Gamma$，r_{ap} 表示滑行轨道远地点地心距。$r_{\min-t}$ 是为保证 PA 制导计算出的点火时间为非负数而设置的参数，而 $r_{\max-t}$ 用以防止飞行器进入轨道下降段，以此确保制导精度。

(2)等效脉冲点地心距约束

等效脉冲点 r_{imp} 是滑行轨道与目标轨道面的交线，若目标轨道高于滑行轨道远地点，脉冲点将不存在，制导算法无法求解等效脉冲点 r_{imp}，故

$$r_{imp} \leqslant a_{sub} \cdot (1 + e_{sub}) = r_{\max-a} \tag{9-21}$$

显然 $\boldsymbol{r}_{\max-a} \geqslant \boldsymbol{r}_{\max-t}$，表明 PA 制导算法不仅需要保证轨道面的交线存在，而且至少需要 T_c 的时间来完成制导过程。

(3) 发动机能量约束

运载火箭射入 SSO 的轨道高度与发动机所提供的能量相关，若射入目标轨道所需要的速度增量超出发动机所能够提供的速度增量，制导方法将无法完全满足终端约束条件。在这种条件下，通过降低入轨高度或者减少轨道侧向运动等方式能够有效提高轨道面内能量的使用，从而在轨道面内实现尽可能高的圆轨道。根据脉冲点处速度矢量解析关系[式(9-19)]，固体运载火箭耗尽关机能够射入的最大轨道地心距为

$$\boldsymbol{r}_{\max-W} = 4\cos^2(p/3 + 2\pi/3) / (W_M^2/\mu + 1/a_{sub}) \tag{9-22}$$

根据式(9-20)、式(9-21)和式(9-22)的关系，随着 SSO 轨道半长轴 a_{orb} 的取值不同，PA

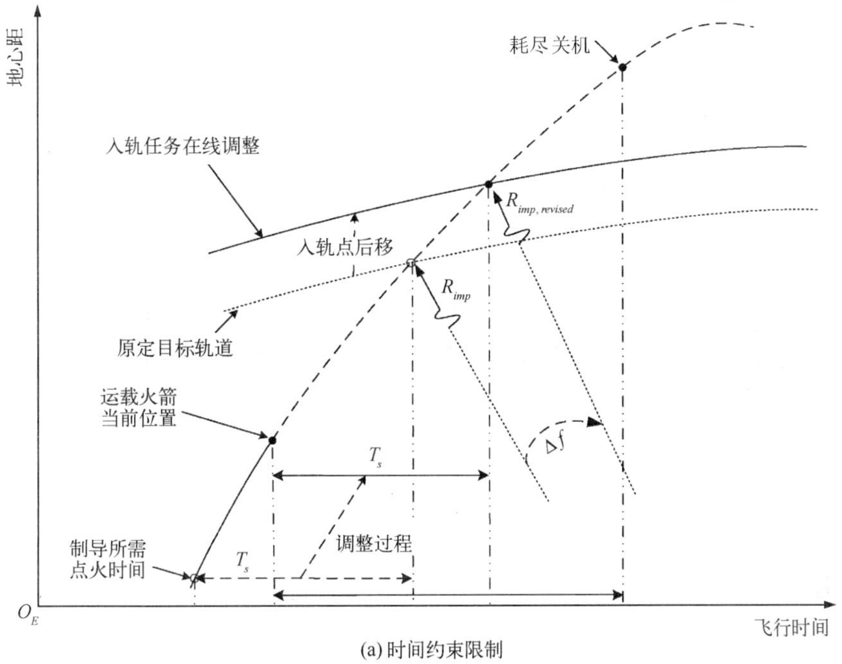

(a) 时间约束限制

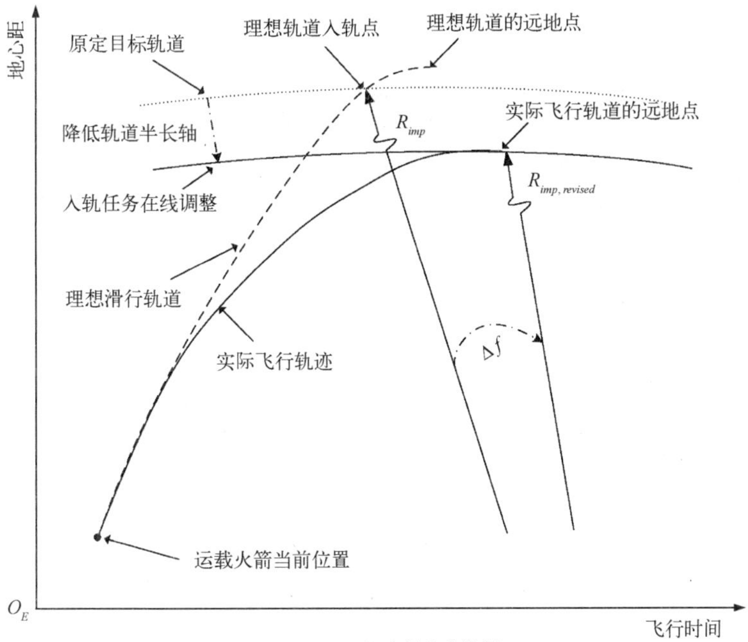

(b) 空间约束限制

图 9-2　轨道任务降级及脉冲点调整策略示意图

算法存在以下关系：1) 当 $a_{orb} \leqslant \boldsymbol{r}_{\min-t}$ 或 $a_{orb} \geqslant \boldsymbol{r}_{\max-t}$ 时，等效脉冲点 r_{imp} 不存在或对应的点火时间无意义；2) 当 $\boldsymbol{r}_{\max-W} \leqslant a_{orb} \leqslant \boldsymbol{r}_{\max-t}$ 时，由于火箭发动机能量不足，无法实现 SSO 轨道；

3) 当 $\boldsymbol{r}_{\min-t} \leqslant a_{orb} \leqslant \boldsymbol{r}_{max-W}$ 时，火箭发动机能量过剩，需要进行速度管控。因此，为保证制导解算的有效性且尽可能地实现原 SSO 轨道，终端约束调整的表达式为

$$\begin{cases} a_{orb} = r_{\min-t}\ \&\ i_{orb} = i_{orb} & \text{s. t.}\quad a_{orb} \leqslant r_{\min-t} \\ a_{orb} = r_{\max-W}\ \&\ i_{orb} = i_{sub} & \text{s. t.}\quad r_{\max-W} \leqslant a_{orb} \leqslant r_{\max-t} \\ a_{orb} = r_{\max-t}\ \&\ i_{orb} = i_{orb} & \text{s. t.}\quad a_{orb} \geqslant r_{\max-t} \end{cases} \tag{9-23}$$

9.2　耦合速度控制的定点制导拓展方法

9.2.1　速度控制耦合定点制导的拓展原理

在第 8 章对耗尽关机方式下的速度控制问题进行了论述，并介绍了几种速度控制模型。一般而言，设计速度控制的目的是在耗尽关机条件下实现所需要的待增速度矢量，而对位置矢量的变化并没有进行约束，并且在考虑位置约束后所需要的附加调姿角会明显增大，难以进行实际应用[5-6]。如图 8-5 所示，采用速度控制模型后的发动机产生的终端速度位置增量为

$$v_\Gamma(t_f) = v_{\Gamma f},\quad v_\varepsilon(t_f) = 0,\quad r_\Gamma(t_f) = r_{\Gamma f},\quad r_\varepsilon(t_f) = r_{\varepsilon f} \tag{9-24}$$

如图 9-3 所示，在能量管理速度控制坐标系 $\boldsymbol{O}_p\text{-}\boldsymbol{\Gamma\varepsilon\eta}$ 中，待增速度矢量方向为 $\boldsymbol{\Gamma}$，$\boldsymbol{\varepsilon}$ 轴既可以在轨道面内，也可以在轨道垂面内，对速度控制模型产生的位置分量将给出进一步的表述。

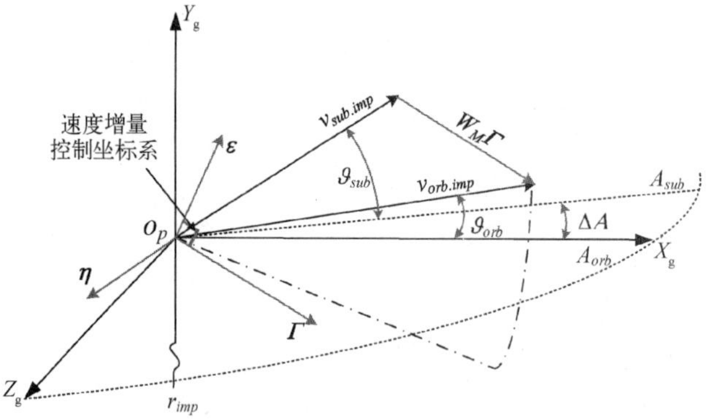

图 9-3　由需要速度矢量构成的速度控制平面示意图

根据定点制导原理，运载火箭的终端状态为

$$\boldsymbol{r}_f = \boldsymbol{r}_{ig} + \boldsymbol{v}_{ig}\cdot T_s + r_{\Gamma f}\cdot\boldsymbol{\Gamma} + r_{\varepsilon f}\cdot\boldsymbol{\varepsilon} + \int_0^{T_s}\boldsymbol{v}_g\mathrm{d}t = \boldsymbol{r}_{sub.f} + r_{\Gamma f}\cdot\boldsymbol{\Gamma} + r_{\varepsilon f}\cdot\boldsymbol{\varepsilon} \tag{9-25}$$

$$\boldsymbol{v}_f = \boldsymbol{v}_{ig} + v_{\Gamma f}\cdot\boldsymbol{\Gamma} + v_{\varepsilon f}\cdot\boldsymbol{\varepsilon} + \int_0^{T_s}\boldsymbol{g}(\boldsymbol{r})\mathrm{d}t = \boldsymbol{v}_{sub.f} + v_{\Gamma f}\cdot\boldsymbol{\Gamma} + v_{\varepsilon f}\cdot\boldsymbol{\varepsilon} \tag{9-26}$$

类似地，将终端状态表达式[式(9-25)]和式(9-26)代入式(7-34)，得到火箭动量矩变化的表达式为

$$\Delta \boldsymbol{H} = m_f(\boldsymbol{r}_{sub.f} + r_{\Gamma f}\boldsymbol{\Gamma}) \times (\boldsymbol{v}_{sub.f} + v_{\Gamma f}\boldsymbol{\Gamma}) + m_f r_{\varepsilon f} \cdot \boldsymbol{\varepsilon} \times (\boldsymbol{v}_{sub.f} + v_{\Gamma f}\boldsymbol{\Gamma}) - m_0\boldsymbol{r}_0 \times \boldsymbol{v}_0 \tag{9-27}$$

对比定点制导理论[式(7-39)]，得到在速度控制模型下的动量矩变化量为

$$\Delta \boldsymbol{H} = m_f\boldsymbol{r}_{imp} \times (\boldsymbol{v}_{sub.imp} + v_{\Gamma f} \cdot \boldsymbol{\Gamma}) - m_0\boldsymbol{r}_0 \times \boldsymbol{v}_0 + \boldsymbol{H}_{em} \tag{9-28}$$

式中，$\boldsymbol{H}_{em}$表示动量矩变化中的耦合项，是由速度控制过程产生的位置增量所引起的动量矩的改变，其表达式为

$$\boldsymbol{H}_{em} = m_f r_{\varepsilon f} \cdot \boldsymbol{\varepsilon} \times (\boldsymbol{v}_{sub.f} + v_{\Gamma f} \cdot \boldsymbol{\Gamma}) \tag{9-29}$$

相应地，等效脉冲点地心距为 $\boldsymbol{r}_{imp}=\boldsymbol{r}_{sub.f}-(r_{\Gamma f}/v_{\Gamma f}) \cdot \boldsymbol{v}_{sub.f}$。从式(9-28)中可以看出：速度控制带来的耦合项 $\boldsymbol{H}_{em}$破坏了原定点制导的理论条件，由于改变了原等效脉冲矢量关系，因此无法满足终端轨道根数的约束。此外，附加位置量的大小与速度控制模型的设计相关，一旦确定了所采用的速度控制模型，耦合影响的程度实际上仅由速度控制方向 $\boldsymbol{\varepsilon}$ 决定。

为了分析速度控制方向 $\boldsymbol{\varepsilon}$ 的影响，在等效脉冲点处的入轨坐标系 $\mathrm{P}_{\mathrm{imp}}-\boldsymbol{X}_g\boldsymbol{Y}_g\boldsymbol{Z}_g$ 内，定义 $\boldsymbol{X}_g$轴、$\boldsymbol{Y}_g$轴和 $\boldsymbol{Z}_g$轴的单位矢量分别是 $\mathbf{1}_x$，$\mathbf{1}_y$和 $\mathbf{1}_z$。如图 9-4 所示，速度矢量方向 $\boldsymbol{\Gamma}$ 和 $\boldsymbol{\varepsilon}$ 的分量表达式为

$$\begin{bmatrix} \boldsymbol{\varepsilon} \\ \boldsymbol{\Gamma} \end{bmatrix} = \begin{bmatrix} \varepsilon_x & \varepsilon_y & \varepsilon_z \\ \Gamma_x & \Gamma_y & \Gamma_z \end{bmatrix} \begin{bmatrix} \mathbf{1}_x^{\mathrm{T}} \\ \mathbf{1}_y^{\mathrm{T}} \\ \mathbf{1}_z^{\mathrm{T}} \end{bmatrix} \tag{9-30}$$

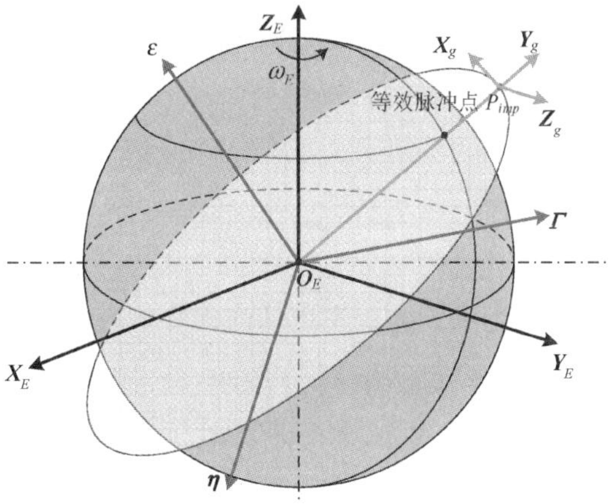

图 9-4　速度控制坐标系各矢量关系示意图

根据式(9-30)的矢量关系，动量矩变化的耦合项 $\boldsymbol{H}_{em}$表达式为

$$\boldsymbol{H}_{em} = m_f r_{\varepsilon} \boldsymbol{\varepsilon} \times (\boldsymbol{v}_{sub.imp} + v_{\Gamma f}\boldsymbol{\Gamma} + \Delta v_g \cdot \mathbf{1}_y^{\mathrm{T}}) \tag{9-31}$$

式中，$\Delta v_g = g(r_{imp}) \cdot (r_{\Gamma f}/v_{\Gamma f})$。将式(9-30)代入式(9-31)后得到

$$\boldsymbol{H}_{em} = m_f r_{\varepsilon f} \cdot (\varepsilon_x \mathbf{1}_x^{\mathrm{T}} + \varepsilon_y \mathbf{1}_y^{\mathrm{T}} + \varepsilon_z \mathbf{1}_z^{\mathrm{T}}) \times (\boldsymbol{v}_{sub.imp} + v_{\Gamma f}\boldsymbol{\Gamma} + \Delta v_g \mathbf{1}_y^{\mathrm{T}}) \tag{9-32}$$

为使耦合项的影响最小化，将对速度控制方向 $\boldsymbol{\varepsilon}$ 在当前轨道面 $P_{imp}-\boldsymbol{X}_g\boldsymbol{Y}_g$ 内的投影(将

改变入轨点地心距)进行抑制，令轨道面内的矢量投影平行，即

$$(\varepsilon_x \mathbf{1}_x^{\mathrm{T}} + \varepsilon_y \mathbf{1}_y^{\mathrm{T}}) \times (\boldsymbol{v}_{sub.imp} + v_{\Gamma f}\boldsymbol{\Gamma} + \Delta v_g \mathbf{1}_y^{\mathrm{T}}) = 0 \tag{9-33}$$

根据式(9-33)的矢量关系，动量矩变化的耦合项 $\boldsymbol{H}_{em}$ 表达式简化为

$$\Delta\boldsymbol{H} = m_f\boldsymbol{r}_{imp} \times \boldsymbol{v}_{orb.imp} - m_0\boldsymbol{r}_0 \times \boldsymbol{v}_0 + m_f r_{\varepsilon f}\varepsilon_z \cdot \mathbf{1}_z^{\mathrm{T}} \times (\boldsymbol{v}_{sub.imp} + v_{\Gamma f}\boldsymbol{\Gamma} + \Delta v_g \mathbf{1}_y^{\mathrm{T}}) \tag{9-34}$$

采用待定系数法将式(9-34)表示为含有待定参数 m、n 的表达式

$$\Delta\boldsymbol{H} = m_f(\boldsymbol{r}_{imp} + m \cdot \mathbf{1}_z^{\mathrm{T}}) \times (\boldsymbol{v}_{sub.imp} + v_{\Gamma f}\boldsymbol{\Gamma} + n \cdot \mathbf{1}_z^{\mathrm{T}}) - m_0\boldsymbol{r}_0 \times \boldsymbol{v}_0 \tag{9-35}$$

对比式(9-35)和式(9-34)，解得

$$m = r_{\varepsilon f}\varepsilon_z,\quad n = -r_{\varepsilon f}\varepsilon_z \cdot \Delta v_g / r_{imp} \tag{9-36}$$

综上所述，拓展定点制导的原理将通过特定的速度控制方向 $\boldsymbol{\varepsilon}$ 来抑制速度控制过程产生的耦合影响，以使原定点制导理论的“等效脉冲矢量”结论依然成立。此时，等效脉冲点 $\boldsymbol{r}_{imp}'$ 及等效入轨速度 $\boldsymbol{v}_{imp}'$ 为

$$\begin{cases} \boldsymbol{r}_{imp}' = \boldsymbol{r}_{imp} + m \cdot \mathbf{1}_z^{\mathrm{T}} \\ \boldsymbol{v}_{imp}' = \boldsymbol{v}_{sub.imp} + v_{\Gamma f}\boldsymbol{\Gamma} + n \cdot \mathbf{1}_z^{\mathrm{T}} \end{cases} \tag{9-37}$$

9.2.2　耦合抑制速度控制方向的确定

下面求解各速度矢量关系以及速度控制方向 $\boldsymbol{\varepsilon}$，在等效脉冲点处的入轨坐标系 P_{imp}-$\boldsymbol{X}_g\boldsymbol{Y}_g\boldsymbol{Z}_g$ 内，各坐标轴的矢量关系为

$$\boldsymbol{X}_g \parallel \boldsymbol{v}_{imp}',\quad \boldsymbol{Y}_g \parallel \boldsymbol{r}_{imp}',\quad \boldsymbol{Z}_g = \boldsymbol{X}_g \times \boldsymbol{Y}_g \tag{9-38}$$

如图 9-3 所示，滑行轨道的速度矢量 $\boldsymbol{v}_{sub.g}$ 和目标轨道的速度矢量 $\boldsymbol{v}_{orb.g}$ 在 P_{imp}-$\boldsymbol{X}_g\boldsymbol{Y}_g\boldsymbol{Z}_g$ 内的分量分别表示为

$$\boldsymbol{v}_{sub.g} = [v_{sub.x}\cos\Delta A \quad v_{sub.y} \quad v_{sub.x}\sin\Delta A]^{\mathrm{T}} \tag{9-39}$$

$$\boldsymbol{v}_{orb.g} = [v_{orb.x} \quad v_{orb.y} \quad 0]^{\mathrm{T}} \tag{9-40}$$

根据状态量与轨道根数之间的理论关系，轨道切向速度 v_x 与轨道法向速度 v_y 分别为

$$\begin{cases} v_y = (\mu/p)^{1/2} \cdot e\sin f \\ v_x = (\mu/p)^{1/2} \cdot (1 + e\cos f) \end{cases} \tag{9-41}$$

根据滑行轨道和目标轨道的轨道根数，由式(9-41)分别得到在 P_{imp} 处的速度 $v_{sub.x}$，$v_{orb.x}$，$v_{sub.y}$，$v_{orb.y}$ 值，其中方位角偏差的表达式为

$$\Delta A = \arcsin\frac{\cos i_{orb}}{\cos(|\phi_{imp}|)} - \arcsin\frac{\cos i_{sub}}{\cos(|\phi_{imp}|)} \tag{9-42}$$

至此，根据式(9-39)和式(9-40)计算得到待增速度矢量及其方向

$$\begin{cases} \boldsymbol{v}_{\Gamma} = \boldsymbol{v}_{orb.g} - \boldsymbol{v}_{sub.g} - n \cdot \boldsymbol{e}_z \\ \boldsymbol{\Gamma} = \dfrac{\boldsymbol{v}_{orb.g} - \boldsymbol{v}_{sub.g} - n \cdot \boldsymbol{e}_z}{\|\boldsymbol{v}_{orb.g} - \boldsymbol{v}_{sub.g} - n \cdot \boldsymbol{e}_z\|_2} \end{cases} \tag{9-43}$$

由于矢量方向 $\boldsymbol{\Gamma}$ 和矢量方向 $\boldsymbol{\varepsilon}$ 正交，结合动量矩耦合项的最小化方程式(9-33)，得到等式方程组

$$\begin{cases}(\varepsilon_x \mathbf{1}_x^{\mathrm{T}} + \varepsilon_y \mathbf{1}_y^{\mathrm{T}}) \times (\boldsymbol{v}_{sub.imp} + v_{\Gamma f}\boldsymbol{\Gamma} + \Delta v_g \mathbf{1}_y^{\mathrm{T}}) = 0 \\ (\varepsilon_x \mathbf{1}_x^{\mathrm{T}} + \varepsilon_y \mathbf{1}_y^{\mathrm{T}} + \varepsilon_z \mathbf{1}_z^{\mathrm{T}}) \cdot (\boldsymbol{\Gamma}_x \mathbf{1}_x^{\mathrm{T}} + \boldsymbol{\Gamma}_y \mathbf{1}_y^{\mathrm{T}} + \boldsymbol{\Gamma}_z \mathbf{1}_z^{\mathrm{T}}) = 0\end{cases} \tag{9-44}$$

求解式(9-44)，得到矢量方向 $\boldsymbol{\varepsilon}$ 的表达式为

$$\boldsymbol{\varepsilon} = \frac{1}{l}\begin{bmatrix}-\Gamma_z \\ -\Gamma_z\tan\lambda \\ \Gamma_x + \Gamma_y\tan\lambda\end{bmatrix} \quad \text{或} \quad \frac{1}{l}\begin{bmatrix}\Gamma_z \\ \Gamma_z\tan\lambda \\ -\Gamma_x - \Gamma_y\tan\lambda\end{bmatrix} \tag{9-45}$$

其中 $\tan\lambda = (v_{orb.imp}\sin\vartheta_{orb} + \Delta v_g)/(v_{orb.imp}\cos\vartheta_{orb})$；$\vartheta_{orb} = \arctan(v_{orb.y}/v_{orb.x})$；变量 l 的具体表达式为

$$l = \sqrt{\Gamma_x^2 + \Gamma_z^2 + 2\Gamma_x\Gamma_y\tan\lambda + (\Gamma_y^2 + \Gamma_z^2)\tan^2\lambda} \tag{9-46}$$

在速度控制模型的耦合影响下，等效脉冲点并不处于当前轨道平面内，但可认为它是在轨道面交点 P_{imp} 沿 z 轴的平移，即

$$r_{imp} = \| \boldsymbol{r}_{imp}' - m \cdot \mathbf{1}_z^{\mathrm{T}} \|_2 \tag{9-47}$$

那么，考虑速度控制耦合影响后的点火时间为

$$t_{ig} = t_{0-imp} + T_s - r_{\Gamma f}/v_{\Gamma f} \tag{9-48}$$

综上所述，通过定点制导理论及其拓展形式，基底制导矢量 $\boldsymbol{\Gamma}$、火箭点火时间及交变姿态方向 $\boldsymbol{\varepsilon}$ 分别由式(9-43)、式(9-48)和式(9-45)计算得到。特别地，在轨道共面时，$\boldsymbol{\Gamma}_z=0$，沿轨道面法向(平行于 z 轴)进行速度控制是实现对耦合抑制的最佳途径。

9.2.3　耦合速度控制的制导实施逻辑

定点制导拓展理论证明了在速度管控耦合影响下基底制导依然适用，并通过相关分析得到了点火时间、所需速度矢量及交变姿态方向的解析表达式。以8.3节最小附加角速度管控模型为例，根据发动机总视速度模量和制导所需速度大小得到最大调姿角，并通过数值积分得到附加位置量。耦合速度控制的计算流程如图9-5所示，详细计算过程如下：

1）确定等效脉冲点 r_{imp}：首次计算时，忽略速度管控模型的附加位置影响，即 $r_\Gamma = R_M$，$r_\varepsilon=0$，$m=n=0$，代入拓展定点制导理论[式(9-37)]进行计算，若不满足脉冲点约束，则根据9.1.3节内容进行轨道任务调整。

2）计算VIC模型比例系数 k：根据需要速度矢量 $\boldsymbol{v}_g$ 的大小，通过式(8-32)得到比例系数 k，同时得到位置量 r_Γ 和 r_ε。

3）确定速度控制方向 $\boldsymbol{\varepsilon}$：根据式(9-45)计算，由于速度控制方向的两个解是对称的，仅对入轨点升交点赤经有影响，故可任选其一。

4）更新需要速度矢量 $\Delta\boldsymbol{v}_\Gamma$：计算得到 m、n 后，根据式(9-37)得到 r_{imp}'、$\boldsymbol{v}_\Gamma'$，则 $\Delta\boldsymbol{v}_\Gamma = \boldsymbol{v}_\Gamma' - \boldsymbol{v}_\Gamma$。

5) 若 $|\Delta \boldsymbol{v}_\Gamma| \leqslant esp$，输出制导参数 $\boldsymbol{v}_\Gamma$、t_{ig}，并结束迭代；否则，令 $\boldsymbol{v}_\Gamma = \boldsymbol{v}_\Gamma'$，转至步骤 2)循环迭代。

制导算法的点火时间、速度管控模型及交变姿态方向的迭代计算过程均处于运载火箭的无动力滑行阶段，发动机点火后的助推段将按照预先规划好的速度管控模型生成制导指令。

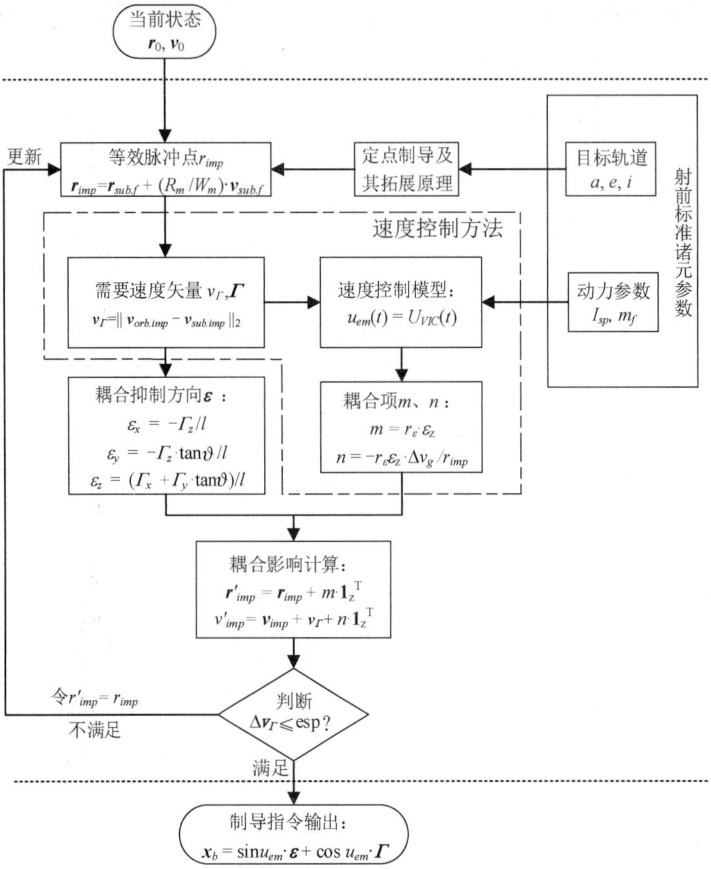

图 9-5　耦合速度控制的计算流程

9.2.4　载荷质量适应性仿真与分析

针对速度控制方法产生的附加位置影响，本节在定点制导原理的基础上提出了耦合抑制方法。以耗尽关机的固体运载火箭进入 500km 太阳同步轨道为例，终端飞行状态约束条件为

$$h_f = 500\text{km},\quad v_f = 7616.8\text{m/s}),\quad \vartheta_f = 0°,\quad i_f = 98° \tag{9-49}$$

由于定点制导耦合抑制方法不受限于速度控制方法的类型及速度控制程度的大小，仅需要给出速度控制的终端状态[式(9-24)]。因此，通过配置不同的入轨载荷质量以及初始轨道倾角偏差(异面轨道)可验证定点制导耦合抑制方法对不同的入轨条件的适应能力。

实际飞行轨迹的偏离、终端任务的调整以及卫星载荷质量的变化均要求速度管控方法对不同的飞行任务都具有一定的适应性。考虑运载火箭以 200kg 为最大载荷，依次减少

50kg 载荷，直至空载进行仿真。具有不同载荷质量的固体运载火箭均由耗尽关机方式产生剩余速度模量，并通过速度管控模型（以交变姿态速度控制模型为例）实现终端多约束要求，仿真曲线如图 9-6 所示；仿真终端偏差结果见表 9-1。

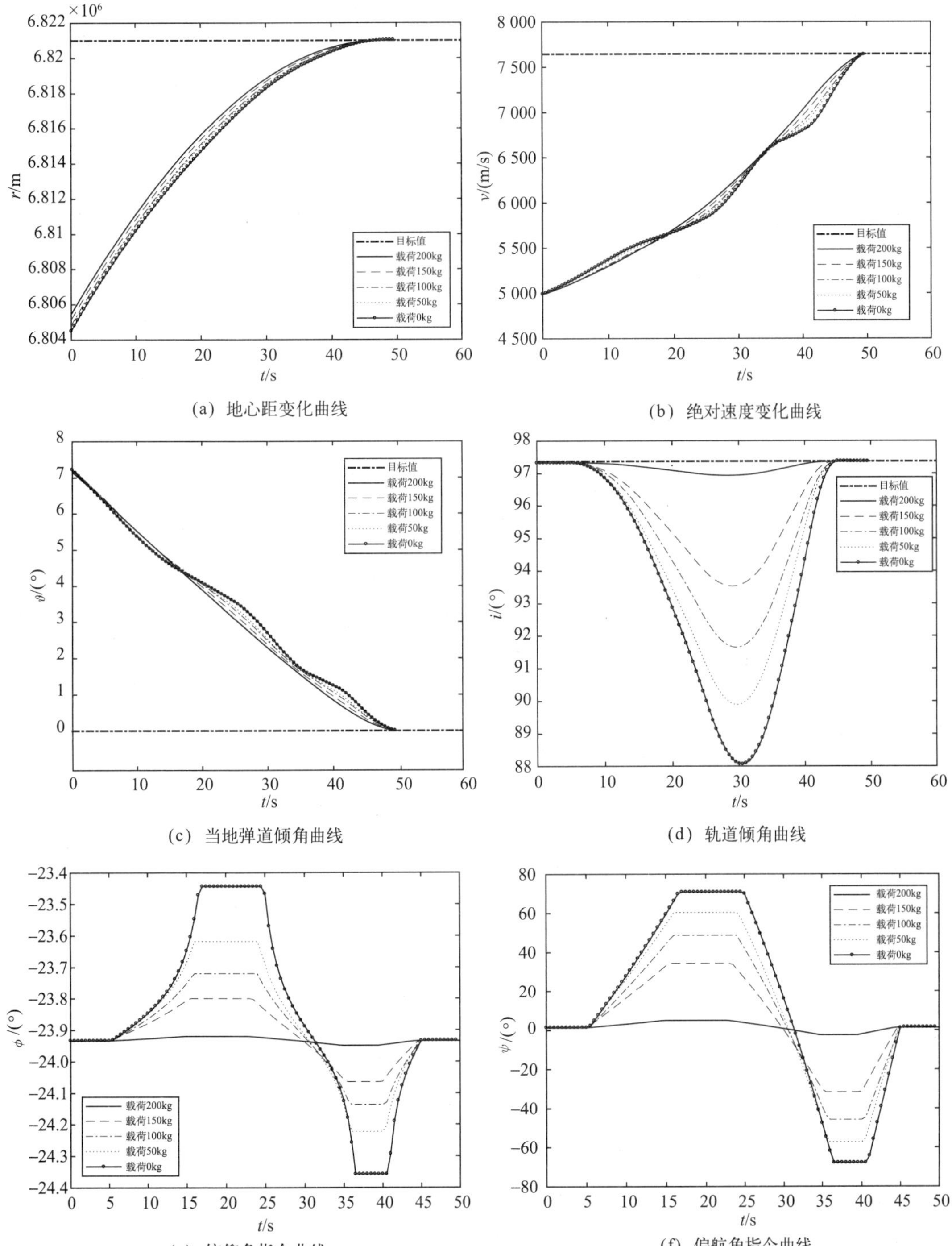

(a) 地心距变化曲线　(b) 绝对速度变化曲线

(c) 当地弹道倾角曲线　(d) 轨道倾角曲线

(e) 俯仰角指令曲线　(f) 偏航角指令曲线

图 9-6　定点制导耦合抑制方法对不同载荷质量的仿真曲线

表 9-1 定点制导耦合抑制方法对不同载荷质量的结果统计

统计参数	u_m/(°)	$r_f-\boldsymbol{r}*$/m	v_f-v*/(m/s)	$\theta_f-\theta*$/(°)	i_f-i*/(°)
200kg 载荷	3.501	20.2	0.064	0.004 5	−0.004 0
150kg 载荷	32.94	20.4	0.254	0.008 2	−0.002 9
100kg 载荷	47.19	20.7	0.494	0.010 1	−0.002 3
50kg 载荷	58.86	30.1	0.444	0.011 8	−0.001 7
零载荷	69.37	30.6	0.514	0.013 6	−0.0011

根据不同的载荷质量，通过控制最大调姿角来提高对速度管控的适应性。而由速度控制过程产生的不同程度的附加影响，采用定点制导耦合抑制算法计算出速度控制平面，在载荷质量不同的条件下，轨道高度偏差达到百米量级，速度控制偏差最大为 0.514m/s，结果均能够满足终端速度、位置约束条件，实现对速度管控中耦合项的抑制。同时，速度控制平面由速度矢量在惯性空间内确定，因此俯仰角及偏航角指令呈现出相互耦合的关系。

9.2.5 异面轨道适应性仿真与分析

根据定点制导耦合抑制方法对载荷质量的适应性仿真和分析，可看到耦合抑制方法对不同的速度控制程度均能够达到比较好的抑制效果。此外，根据耦合抑制方向的表达[式(9-45)]，耦合项的影响不仅与速度控制程度相关，而且受轨道异面夹角的影响。因此，以最小附加角速度控制模型为例，速度控制程度 $\eta=20\%$，分别设置轨道倾角初始偏差Δi =[0° 3° 6° 9° 12°]的五种状态，对不同的速度控制平面(轨道面内 $P_{imp}-\boldsymbol{X}_g\boldsymbol{Y}_g$、轨道垂面 $P_{imp}-\boldsymbol{X}_g\boldsymbol{Z}_g$ 以及耦合抑制平面 $\boldsymbol{O}_p-\boldsymbol{\Gamma\varepsilon}$)进行仿真验证，仿真结果如图 9-7 所示。

对比轨道面内 $P_{imp}-\boldsymbol{X}_g\boldsymbol{Y}_g$、轨道垂面 $P_{imp}-\boldsymbol{X}_g\boldsymbol{Z}_g$ 以及耦合抑制平面 $\boldsymbol{O}_p-\boldsymbol{\Gamma\varepsilon}$ 三种不同平面内速度控制对终端状态的耦合影响，可以得到如下结果：

1)由于最小附加角速度控制模型对速度矢量具有很强的控制能力，使速度大小[图 9-7 (b)]和当地弹道倾角[图 9-7 (c)]在各平面内均达到了终端约束值；

2) 对于最小附加角速度控制模型过程产生的附加位置量，在轨道面内明显使轨道高度和轨道倾角的偏差增大，而在轨道垂面影响相对较小；

3)当轨道共面时，轨道垂面与耦合抑制平面基本重合，而随着轨道异面程度加大，只有耦合抑制平面 $\boldsymbol{O}_p-\boldsymbol{\Gamma\varepsilon}$ 能够满足各终端约束要求，仿真对比结果见表 9-2。

对于轨道地心距约束，轨道面内 $P_{imp}-\boldsymbol{X}_g\boldsymbol{Y}_g$ 影响最为明显，偏差最大值达到了 2.4km；轨道垂面 $P_{imp}-\boldsymbol{X}_g\boldsymbol{Z}_g$ 偏差最大值为 4.58km，且随着初始轨道倾角的增大，各偏差均随之增大；耦合抑制平面 $\boldsymbol{O}_p-\boldsymbol{\Gamma\varepsilon}$ 内精度达到 50m 量级且不受初始轨道倾角的影响，对耦合项的影响具有很强的抑制能力。

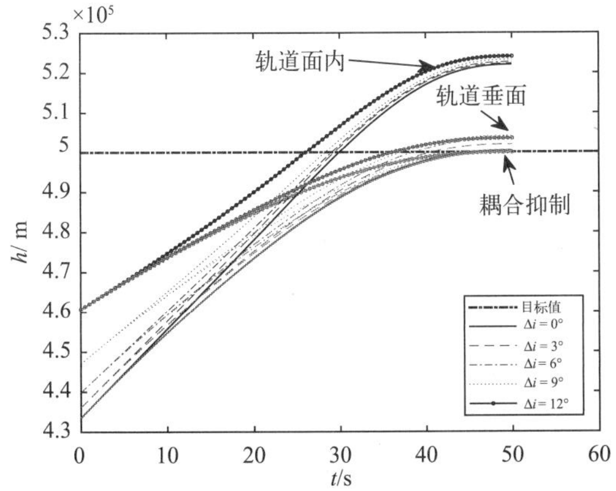

(a) 轨道高度变化曲线

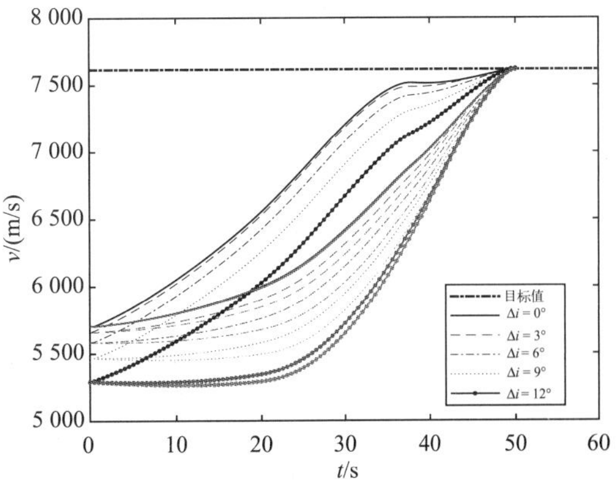

(b) 绝对速度变化曲线

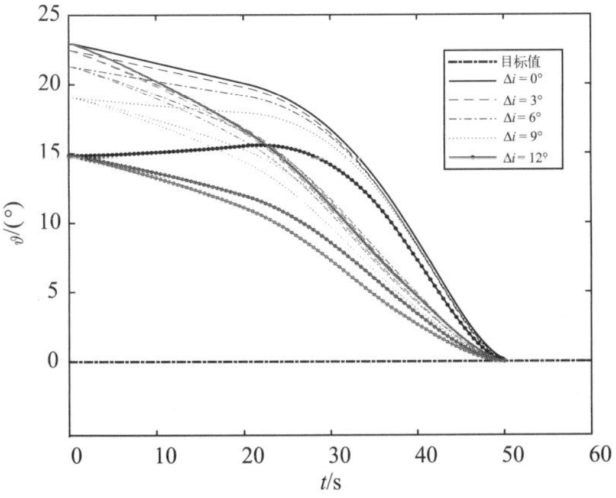

(c) 当地速度倾角曲线

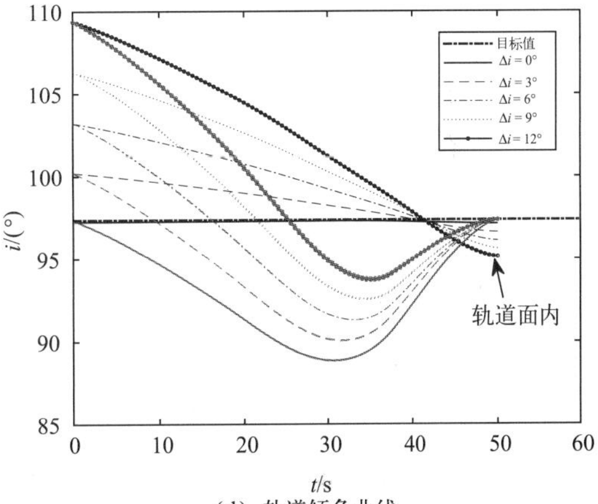

(d) 轨道倾角曲线

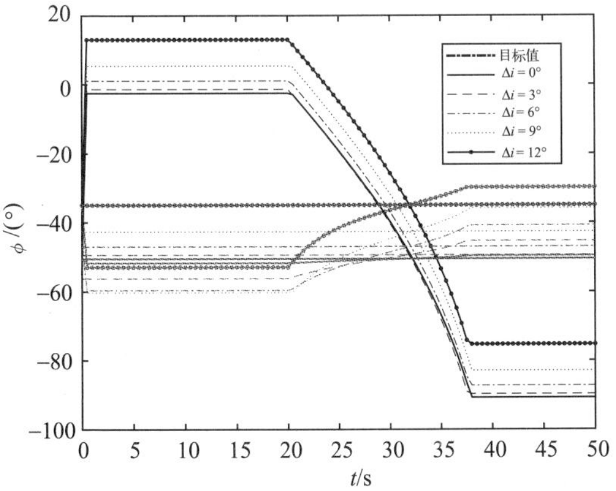

(e) 俯仰角指令曲线

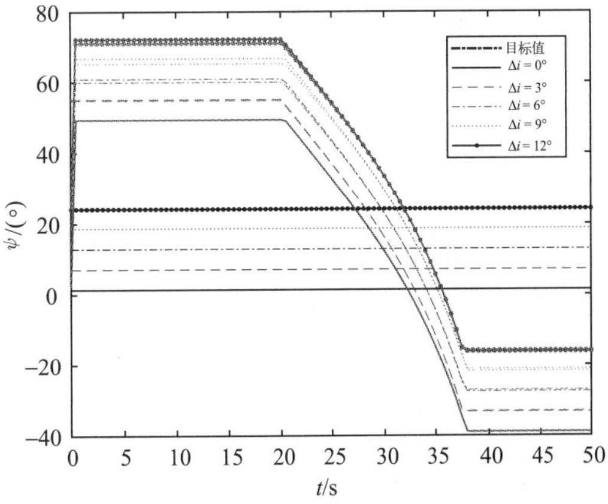

(f) 偏航角指令曲线

图 9-7　不同速度控制过程仿真各状态量变化曲线簇

此外，对于入轨速度矢量约束，在速度控制程度 $\eta=20\%$（需要耗散掉 550m/s 的剩余速度）的条件下，速度大小的控制精度达到 10m/s 量级。在轨道垂面 $P_{imp}-\boldsymbol{X}_g\boldsymbol{Z}_g$ 和耦合抑

制平面 $\boldsymbol{O}_p-\boldsymbol{\Gamma\varepsilon}$ 内，速度大小的控制精度更高，而在轨道面内 $P_{imp}-\boldsymbol{X}_g\boldsymbol{Y}_g$ 和耦合抑制平面 $\boldsymbol{O}_p-\boldsymbol{\Gamma\varepsilon}$ 内，速度倾角的控制精度更高，这表明虽然在设计最小附加角速度控制模型时考虑了速度矢量约束，但耦合抑制平面 $\boldsymbol{O}_p-\boldsymbol{\Gamma\varepsilon}$ 方法在抑制误差方面依然比设计时的参量更有优势。

最后，对于轨道倾角约束，在轨道面内 $P_{imp}-\boldsymbol{X}_g\boldsymbol{Y}_g$ 改变了入轨点位置，而在轨道垂面 $P_{imp}-\boldsymbol{X}_g\boldsymbol{Z}_g$ 将入轨点改变至轨道法向上，影响了入轨点的升交点赤经；虽然两种平面的影响原理不同，但均对入轨点轨道倾角产生了影响，轨道面内 $P_{imp}-\boldsymbol{X}_g\boldsymbol{Y}_g$ 偏差最大值达到了 2.235 4°，轨道垂面 $P_{imp}-\boldsymbol{X}_g\boldsymbol{Z}_g$ 最大值为 0.014 4°，耦合抑制平面 $\boldsymbol{O}_p-\boldsymbol{\Gamma\varepsilon}$ 精度达到 0.01° 量级。

表 9-2　不同平面内速度控制耦合影响的结果统计

对比参数		$\Delta i=0°$	$\Delta i=3°$	$\Delta i=6°$	$\Delta i=9°$	$\Delta i=12°$
$r_f-\boldsymbol{r}^*$/m	轨道面内	22 047	22 311	22 712	23 302	24 084
	轨道垂面	412.9	2 038.6	3 435.6	4 212.5	4 582.2
	耦合抑制平面	2.668	-26.573 0	-26.677 3	-42.578 0	-36.667 7
$v_f-\boldsymbol{v}^*$/(m/s)	轨道面内	0.297 5	2.394 8	4.547 6	6.404 3	7.276 5
	轨道垂面	0.188 8	-0.419 4	-0.952 6	-1.414 3	-1.924 7
	耦合抑制平面	0.198 0	-0.380 5	-0.903 9	-1.378 0	-1.917 5
$\theta_f-\theta^*$/(°)	轨道面内	0.030 6	0.037 9	0.039 4	0.033 0	0.046 7
	轨道垂面	0.165 1	0.179 1	0.176 2	0.148 4	0.177 0
	耦合抑制平面	0.027 7	0.023 7	0.018 1	0.011 5	0.004 0
i_f-i^*/(°)	轨道面内	-0.234 6	-0.745 5	-1.255 7	-1.760 1	-2.235 4
	轨道垂面	0.010 1	0.011 4	0.011 9	0.010 3	0.014 4
	耦合抑制平面	0.009 9	0.009 7	0.008 6	0.006 0	0.001 0

综上所述，通过对最小附加角速度控制模型在不同速度控制平面内仿真结果的分析，差异明显的主要原因是：由于速度管控过程产生的耦合项改变了原等效脉冲点以及需要速度矢量，而拓展定点制导理论针对耦合项进行分析讨论，从而使终端地心距、绝对速度及轨道倾角等参数因耦合引起的偏差得到了有效的抑制。定点制导耦合抑制方法能够将能量管理过程产生的耦合项进行抑制，耦合抑制平面 $\boldsymbol{O}_p-\boldsymbol{\Gamma\varepsilon}$ 将附加位置量分解至与终端状态约束无关的量(如入轨点真近点角、升交点赤经等)。因此，根据定点制导耦合抑制方法，将基底制导矢量求解与耗尽关机速度控制统一结合起来，能够解决耗尽关机条件下的终端多约束问题。

9.3　多级助推—滑行—助推的定点制导拓展方法

为满足终端多轨道要素约束条件，单子级火箭助推阶段采取附加姿态机动的方式耗散多余能量，导致姿态角速率变化剧烈；多子级火箭可以通过助推—滑行—助推的模式，使火箭的动能与势能转换，通过最佳的滑行轨道来匹配各级火箭发动机的总冲量[7-8]，多子级定点制导方法任务规划过程如图 9-8 所示。

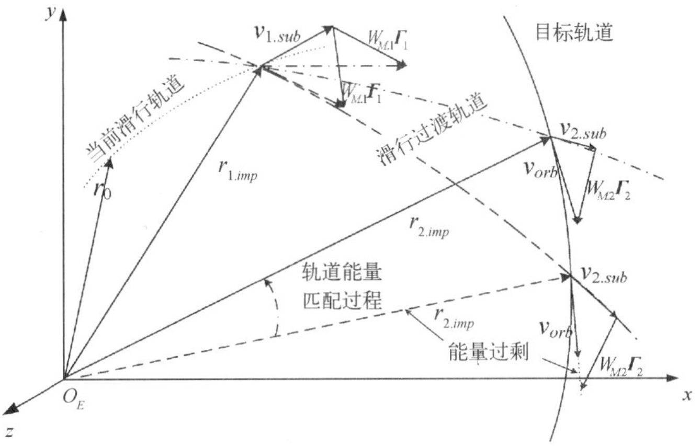

图 9-8　多子级定点制导方法任务规划过程

9.3.1　多级助推—滑行定点制导的拓展原理

为不失一般性，根据 7.2 节定点制导原理，由多子级火箭持续推力过程引起的轨道动量矩变化为

$$\Delta \boldsymbol{H} = m_n \cdot \boldsymbol{r}_n \times \boldsymbol{v}_n - \cdots - m_1 \cdot \boldsymbol{r}_1 \times \boldsymbol{v}_1 - m_0 \cdot \boldsymbol{r}_0 \times \boldsymbol{v}_0 \qquad n = 1,\ 2,\ \cdots \tag{9-50}$$

相较于单子级定点制导问题，多级火箭在第 i 个点处助推过程中动量矩的变化为

$$\begin{cases} \boldsymbol{r}_1 \times \boldsymbol{v}_1 = \boldsymbol{r}_{1.subf} \times \boldsymbol{v}_{1.subf} + [\boldsymbol{r}_{1.subf} - (R_{M.1}/W_{M.1}) \cdot \boldsymbol{v}_{1.subf}] \times (W_{M.1}\boldsymbol{\Gamma}_1) \\ \boldsymbol{r}_i \times \boldsymbol{v}_i = \boldsymbol{r}_{i.subf} \times \boldsymbol{v}_{i.subf} + \boldsymbol{r}_{i.subf} \times W_{M.i}\boldsymbol{\Gamma}_i + R_{M.i}\boldsymbol{\Gamma}_i \times \boldsymbol{v}_{i.subf} + R_{M.i}\boldsymbol{\Gamma}_i \times W_{M.i}\boldsymbol{\Gamma}_i \\ \qquad\quad = \boldsymbol{r}_{i.subf} \times \boldsymbol{v}_{i.subf} + [\boldsymbol{r}_{i.subf} - (R_{M.i}/W_{M.i}) \cdot \boldsymbol{v}_{i.subf}] \times (W_{M.i}\boldsymbol{\Gamma}_i) \\ \qquad\quad \vdots \\ \boldsymbol{r}_n \times \boldsymbol{v}_n = \boldsymbol{r}_{n.subf} \times \boldsymbol{v}_{n.subf} + [\boldsymbol{r}_{n.subf} - (R_{M.n}/W_{M.n}) \cdot \boldsymbol{v}_{n.subf}] \times (W_{M.n}\boldsymbol{\Gamma}_n) \end{cases} \tag{9-51}$$

令第 i 个点处等效脉冲点地心距 $r_{i.imp}$ 为

$$\boldsymbol{r}_{i.imp} = \boldsymbol{r}_{i.subf} - (R_{M.i}/W_{M.i}) \cdot \boldsymbol{v}_{i.subf} \qquad i = 1,\ 2,\ \cdots,\ n \tag{9-52}$$

则式(9-51)在等效脉冲点处的表达式为

$$\begin{cases} \boldsymbol{r}_1 \times \boldsymbol{v}_1 = \boldsymbol{r}_{1.imp} \times (\boldsymbol{v}_{1.imp} + W_{M.1}\boldsymbol{\Gamma}_1) \\ \boldsymbol{r}_i \times \boldsymbol{v}_i = \boldsymbol{r}_{i.imp} \times (\boldsymbol{v}_{i.imp} + W_{M.i}\boldsymbol{\Gamma}_i) \\ \qquad \vdots \\ \boldsymbol{r}_n \times \boldsymbol{v}_n = \boldsymbol{r}_{n.imp} \times (\boldsymbol{v}_{n.imp} + W_{M.n}\boldsymbol{\Gamma}_n) \end{cases} \tag{9-53}$$

将等效脉冲点[式(9-52)]代入轨道动量矩变化式[式(9-50)]，整理得

$$\Delta \boldsymbol{H} = m_n \boldsymbol{r}_{n.imp} \times (\boldsymbol{v}_{n.imp} + W_{M.n} \boldsymbol{\Gamma}_n) \cdots - m_1 \boldsymbol{r}_{1.imp} \times (\boldsymbol{v}_{1.imp} + W_{M.1} \boldsymbol{\Gamma}_1) - m_0 \boldsymbol{r}_{1.imp} \times \boldsymbol{v}_{1.imp} \tag{9-54}$$

式(9-54)表明：定点制导原理的等效脉冲理论关系，同样适用于多子级固体运载火箭中多个脉冲点之间的等效脉冲理论关系，则火箭飞越相邻两个脉冲点 $P_{i-1.imp}$ 和 $P_{i.imp}$ 处的时间为

$$\begin{cases} E_{i-1.imp} = \arccos[(a_i - r_{i-1.imp})/(a_i \cdot e_i)] \\ E_{i.imp} = \arccos[(a_i - r_{i.imp})/(a_i \cdot e_i)] \\ t_{i.imp} - t_{i-1.imp} = \dfrac{1}{\sqrt{\mu/a_i^3}}[E_{i.imp} - E_{i-1.imp} - e_i \cdot (\sin E_{i.imp} - \sin E_{i-1.imp})] \end{cases} \tag{9-55}$$

固体运载火箭在末级飞行阶段，由当前滑行轨道的飞行状态确定了 $\boldsymbol{r}_0 \times \boldsymbol{v}_0$ 矢量，终端轨道要素决定了 $\boldsymbol{r}_1 \times \boldsymbol{v}_1$ 矢量，因此唯一确定了末级等效脉冲点处的需要速度矢量 $\boldsymbol{W}_{p.1}$，这也是需要采用速度控制方法来实现入轨任务的主要原因之一。固体运载火箭在真空段通常需要两级助推来实现较高的太阳同步轨道任务，此时终端轨道根数决定了矢量 $\boldsymbol{r}_2 \times \boldsymbol{v}_2$，而两级之间的滑行过渡轨道由矢量 $\boldsymbol{r}_1 \times \boldsymbol{v}_1$ 确定，因此在各级等效脉冲点处的需要速度矢量，存在额外的维度来满足等式关系

$$W_{i.PA} = W_{M.i}, \quad i = 1, 2, \cdots, n \tag{9-56}$$

因此，根据式(9-55)得火箭各阶段的点火时间为

$$\begin{cases} t_{0-1.ig} = t_0 + t_{0-1.imp} - T_{c.1} \\ t_{1.ig-2.ig} = t_{1.imp-2.imp} - T_{c.2} \\ \vdots \\ t_{n-1.ig-n.ig} = t_{n-1.imp-n.imp} - T_{c.n} \end{cases} \tag{9-57}$$

式中各级的形心时间为 $T_{c.i} = T_{s.i} - R_{M.i}/W_{M.i}$。根据终端轨道根数约束，通过改变各级推力矢量方向 $\boldsymbol{\Gamma}_i (i \in [1, n])$ 来实现耗尽关机入轨任务。

9.3.2 基于拓展原理的多级任务规划方法

固体运载火箭通常具有四子级耗尽关机的固体火箭发动机，其中后两级发动机助推过程在真空段，并以耗尽关机进入太阳同步轨道为例。当前滑行轨道的飞行状态确定了矢量 $\boldsymbol{r}_0 \times \boldsymbol{v}_0$，终端轨道根数决定了矢量 $\boldsymbol{r}_2 \times \boldsymbol{v}_2$，根据耗尽关机约束式(9-56)，能够得到满足约束要求的两级之间的滑行过渡轨道根数。根据太阳同步轨道终端轨道根数条件及偏心率 e_{orb} 为零，得

$$\begin{cases} R_{2.imp} = a_{orb}(1 - e_{orb}^2)/(1 + e_{orb}\cos f) \\ v_{2.orb} = (\mu/a_{orb})^{1/2}, \quad \vartheta_{2.orb} = 0 \\ i_{2.orb} = i_{1.orb} = i_{orb} \end{cases} \tag{9-58}$$

火箭处于滑行轨道阶段时，根据开普勒轨道的性质——轨道动量矩和轨道能量守恒，

当前轨道参数与运载火箭状态量满足

$$\begin{cases} E_{n.1} = v_0^2/2 - \mu/R_0 = v_{1.sub}^2/2 - \mu/R_{1.imp} \\ h_1 = R_0 \cdot v_{0\perp} = R_{1.imp} \cdot v_{1.sub\perp} \end{cases} \tag{9-59}$$

同样地，滑行过渡轨道参数与运载火箭状态量满足

$$\begin{cases} E_{n.2} = v_{1.orb}^2/2 - \mu/R_{1.imp} = v_{2.sub}^2/2 - \mu/R_{2.imp} \\ h_2 = R_{1.imp} \cdot v_{1.orb\perp} = R_{2.imp} \cdot v_{2.sub\perp} \end{cases} \tag{9-60}$$

其中 $v_{0\perp}$，$v_{1.orb\perp}$，$v_{2.sub\perp}$ 分别表示在点 P_0，$P_{1.imp}$，$P_{2.imp}$ 处的径向速度分量，即

$$v_{0\perp} = v_0 \cdot \cos\vartheta_0,\quad v_{1.orb\perp} = v_{1.orb} \cdot \cos\vartheta_{1.orb},\quad v_{2.sub\perp} = v_{2.sub} \cdot \cos\vartheta_{2.sub}$$

在轨道交点 $P_{i.imp}$ 处速度矢量方向如图 9-8 所示，相应的表达式为

$$\begin{cases} \boldsymbol{\Gamma}_{i.sub} = [\cos\vartheta_{i.sub} \quad \sin\vartheta_{i.sub} \quad 0]^{\mathrm{T}} \\ \boldsymbol{\Gamma}_{i.PA} = [\cos\Gamma_{i.\varphi}\cos\Gamma_{i.\psi} \quad \sin\Gamma_{i.\varphi}\cos\Gamma_{i.\psi} \quad \sin\Gamma_{i.\psi}]^{\mathrm{T}} \\ \boldsymbol{\Gamma}_{i.orb} = [\cos\vartheta_{i.orb}\cos\Delta A_i \quad \sin\vartheta_{i.orb} \quad \cos\vartheta_{i.orb}\sin\Delta A_i]^{\mathrm{T}} \end{cases} \tag{9-61}$$

由于轨道倾角的调整在 $P_{1.imp}$ 处完成，运载火箭的后续飞行将处于轨道面内，将终端约束式(9-58)代入式(9-60)，并根据矢量方向关系式(9-61)得

$$\begin{cases} v_{2.sub}^2 = v_{2.orb}^2 + W_{M.2}^2 + 2v_{2.orb}W_{M.2}\cos\Gamma_{2.\varphi} \\ \sin\Gamma_{1.\psi} = -v_{2.orb\perp} \cdot \sin\Delta A_2/W_{M.2} \\ v_{2.sub\perp} = v_{2.orb} - W_{M.2}\cos\Gamma_{2.\varphi} \end{cases} \tag{9-62}$$

将滑行过渡轨道约束式(9-62)代入式(9-59)，并根据矢量关系式(9-61)得

$$\begin{cases} v_{1.orb}^2 = v_{1.sub}^2 + W_{M.1}^2 + 2v_{1.sub}W_{M.1}\cos\Gamma_{1.\psi}\cos(\vartheta_{1.sub} - \Gamma_{1.\varphi}) \\ \Gamma_{1.\psi} = -\arcsin(\sin\Delta A_1 \cdot v_{1.orb\perp}/W_{M.1}) \\ v_{1.orb\perp}^2 = v_{1.sub}^2\cos^2\vartheta_{1.sub} + W_{M.1}^2\cos^2\Gamma_{1.\varphi} + 2v_{1.sub}W_{M.1}\cos\Gamma_{1.\psi}\cos\Gamma_{1.\varphi} \end{cases} \tag{9-63}$$

根据运载火箭导航解算的状态向量（$\boldsymbol{r}$，$\boldsymbol{v}$）及等式方程组式(9-59)、式(9-60)、式(9-62)和式(9-63)，解算出满足耗尽关机多约束条件下的推力矢量方向 $\boldsymbol{\Gamma}$。上述方程组为超越方程、无法获得解析解，为保证算法的有效性，以 $v_{1.orb}$ 为迭代变量，将非线性方程组的求解问题转化为一维求根问题，具体流程如下：

1）确定迭代变量 $v_{1.orb}$ 区间 $[v_{1.sub},\ v_{1.sub}+W_{M.1}]$：由于运载火箭处于上升段，有 $v_{1.orb} \geqslant v_{1.sub}$，根据速度矢量得 $v_{1.orb} \leqslant v_{1.sub}+W_{M.1}$。

2）解算推力矢量方向 $\boldsymbol{\Gamma}_2$，从而得到切向速度 $v_{2.sub\perp}$；根据轨道能量方程[式(9-60)]和约束[式(9-62)]，得

$$\begin{cases} \cos\Gamma_{2.\varphi} = [v_{2.orb}^2 + W_{M.2}^2 - v_{1.orb}^2 - 2\mu \cdot (1/R_{2.imp} - 1/R_{1.imp})]/(2v_{2.orb}W_{M.2}) \\ v_{2.sub\perp} = v_{2.orb} - W_{M.2}\cos\Gamma_{2.\varphi} \end{cases} \tag{9-64}$$

3）解算推力矢量方向 $\boldsymbol{\Gamma}_1$，从而更新耗尽关机时终端速度 $\hat{v}_{1.orb}$；将 $v_{2.sub\perp}$ 代入轨道动量矩[式(9-60)]和滑行轨道约束[式(9-63)]得

$$\begin{cases} v_{1.orb\perp} = v_{2.sub\perp}R_{2.imp}/R_{1.imp} \\ \sin\Gamma_{1.\psi} = -v_{1.orb\perp}\cdot\sin\Delta A_1/W_{M.1} \\ \sin\Gamma_{1.\varphi} = [(v_{1.orb}^2 - v_{1.orb\perp}^2)^{1/2} - v_{1.sub}\cdot\sin\vartheta_{1.sub}]/(W_{M.1}\cos\Gamma_{1.\psi}) \end{cases} \tag{9-65}$$

因此，更新后的速度为

$$\hat{v}_{1.orb}^2 = v_{1.sub}^2 + W_{M.1}^2 + 2v_{1.sub}\cdot W_{M.1}\cos\Gamma_{1.\psi}\cos(\vartheta_{1.sub} - \Gamma_{1.\varphi}) \tag{9-66}$$

4）判断不等式 $|\hat{v}_{1.orb} - v_{1.orb}| \leqslant \varepsilon$ 约束：满足条件执行 5）；不满足则根据一维求根算法重新得到变量 $v_{1.orb}$ 值，执行 2）~4）。

5）根据 $v_{1.orb}$ 和 $v_{2.sub\perp}$ 解算最佳能量匹配滑行轨道参数

$$\begin{cases} a_{2.sub} = 1/(2/R_{1.imp} - v_{1.orb}^2/\mu) \\ e_{2.sub} = [1 - h_{2.sub}^2/(\mu\cdot a_{2.sub})]^{1/2} \\ h_{2.sub} = v_{2.sub\perp}R_{2.imp},\quad i_{2.sub} = i_{orb} \end{cases} \tag{9-67}$$

综上所述，针对多子级固体运载火箭的在线任务规划问题，本章在定点制导原理的基础上完成了多子级的适用性证明，并根据在线迭代计算方法将高维非线性方程组的求解问题降阶为一维求根问题。当方程的解在迭代区间内时，采用非线性求根方法迭代 5~10 步以内便可获得高精度解。根据式(9-67)计算满足能量约束的滑行过渡轨道的飞行任务参数 $a_{2.sub}$ 和 $e_{2.sub}$，然后根据定点制导方法中需要速度[式(7-39)]进一步解算发射坐标系内的制导指令，并根据式(9-57)计算火箭点火时间。此外，对于运载能力不足无法完成预定目标轨道任务的情况，由于轨道半长轴是轨道能量的函数，通过降低轨道半长轴使原方程的收敛解处于流程 1)的迭代区间内，以保证运载火箭尽可能地实现原定飞行任务。

9.3.3 速度管控程度 η 的调节能力验证与分析

固体运载火箭在耗尽关机方式下，通过采用多子级任务规划方法来解决不同子级之间的能量分配问题，是对火箭剩余能量管控的另一种途径。本节以四子级固体运载火箭进入 700km 太阳同步轨道为例，最大载荷质量(速度控制程度 $\eta=0$)为 100kg，空载条件下速度控制程度为 $\eta=36.5\%$。在第三子级采用多子级任务规划算法对第四级滑行过渡规划的任务参数在线规划，在第四子级以最小附加角速度控制模型为例，采用速度控制耦合抑制方法，分别验证任务规划方法对第四子级速度管控程度 η 的调节能力，以及任务规划方法对不同轨道任务的适用性。

当固体运载火箭第一、二、三子级以最大载荷轨道任务条件下的程序指令角飞行，在最大载荷质量 100kg 的任务下第四子级的速度控制程度 $\eta=0$。在空载条件下，若第一、二、三子级仍按照预定程序指令角飞行，那么第四子级的速度控制程度将达到 $\eta=36.5\%$。在此基础上，第三子级引入任务规划方法在线解算制导指令导引火箭飞行，并以第四子级

的速度管控程度 η 值来反映任务规划方法对其调节的能力。设定期望的速度控制程度 η^* 分别为[36.5%　25%　10%　0%]，仿真结果如图 9-9 所示，终端偏差结果见表 9-3。

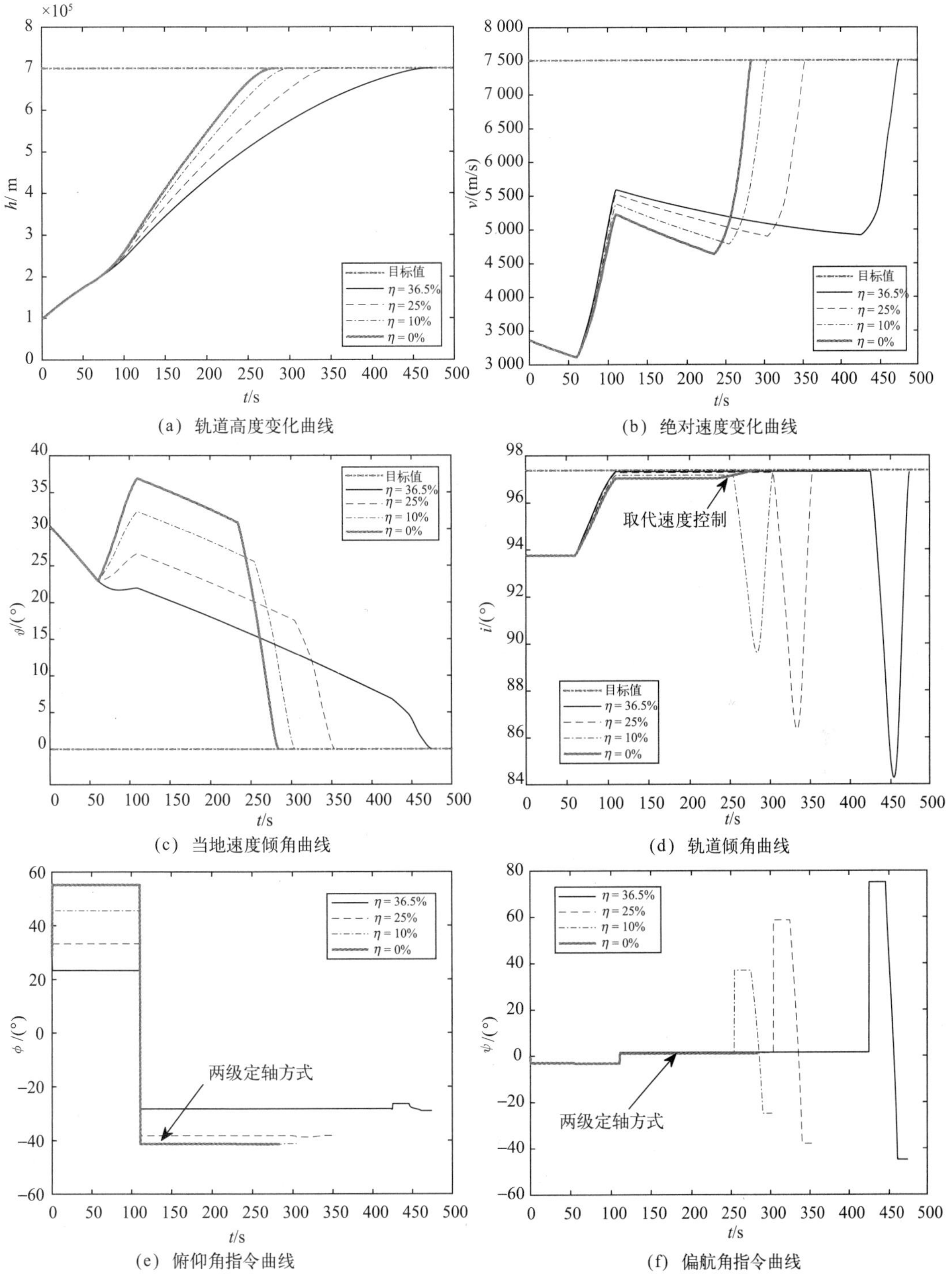

(a) 轨道高度变化曲线　(b) 绝对速度变化曲线

(c) 当地速度倾角曲线　(d) 轨道倾角曲线

(e) 俯仰角指令曲线　(f) 偏航角指令曲线

图 9-9　任务规划对速度控制程度调节能力仿真曲线

表 9-3　任务规划对速度控制程度调节能力仿真的结果统计

速度控制程度	$u_m/(°)$	$r_f-\boldsymbol{r}^*/\mathrm{m}$	$v_f-v^*/(\mathrm{m/s})$	$\theta_f-\theta^*/(°)$	$i_f-i^*/(°)$
36. 5%	75. 28	18. 3	0. 165	0. 002 9	−0. 000 7
25%	59. 67	29. 2	0. 152	0. 016 4	−0. 002 1
10%	36. 21	−12. 1	0. 276	0. 020 4	−0. 003 1
0%	0	−12. 6	−0. 329	0. 027 7	−0. 003 7

根据对速度管控程度 η 调节能力的仿真试验，第三子级通过引入多级定点制导方法，能够有效地对第四子级所需要的速度控制程度进行调节。对于耗尽关机方式的固体运载火箭，速度控制程度调节的主要目的是减弱或者抑制姿态角变化的幅度，来保证控制系统对制导指令产生的姿态角及其角速率的有效跟踪和响应。值得注意的是，任务规划方法甚至能够将原本 36. 5%的速度控制程度降低至 0，表明了在任务规划方法的能量分配条件下，第四子级并不需要受到额外的速度控制方法控制，仅以定轴飞行的方式就能实现耗尽关机入轨任务。因此，对于多子级的固体运载火箭，通过基于多级定点制导的任务规划方法能够以两级定轴飞行(两级自旋稳定)的方式来完成耗尽关机入轨任务，为固体运载火箭的制导方案设计提供了一种新的技术途径。

9. 3. 4　不同轨道任务的适用性仿真与分析

本节在同样的固体运载火箭方案下，通过携带不同的载荷质量来验证任务规划方法的适用性。由于在最大载荷质量 100kg 任务下第四子级的速度控制程度 $\eta=0\%$，并不需要额外的速度控制方法，故依次设定试验载荷质量为[75kg, 50kg, 25kg, 0kg]。在不同的载荷质量任务下，通过任务规划方法将第四子级的速度控制程度限制在 $\eta=6\%$附近，以使原本所需 10%～36. 5%的速度控制程度被限定在合适的范围内，仿真结果如图 9-10 所示。

根据不同轨道任务的适用性仿真，固体运载火箭在第三子级通过引入基于多级定点制导的任务规划方法，能够使第四子级在限定的速度控制程度下进行耗尽关机速度管控。在空载条件下原本所需 75. 28°的最大调姿角，通过任务规划方法降低至 19. 62°，而且在其他载荷任务条件下所需的最大调姿角均被限定在 17°～20°(速度控制程度 $\eta\approx6\%$)，这表示，任务规划方法在速度控制程度的管控上对不同的飞行任务具有一定的适用性。仿真结果统计见表 9-4。

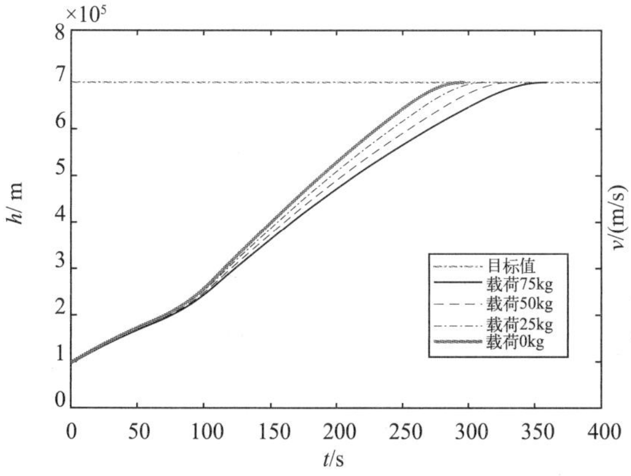

(a) 轨道高度变化曲线

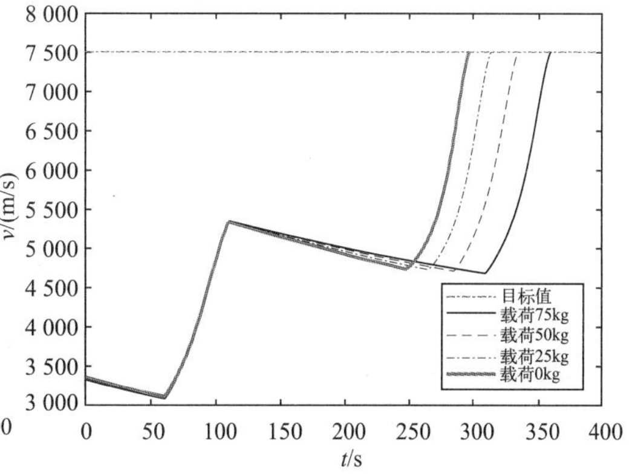

(b) 绝对速度变化曲线

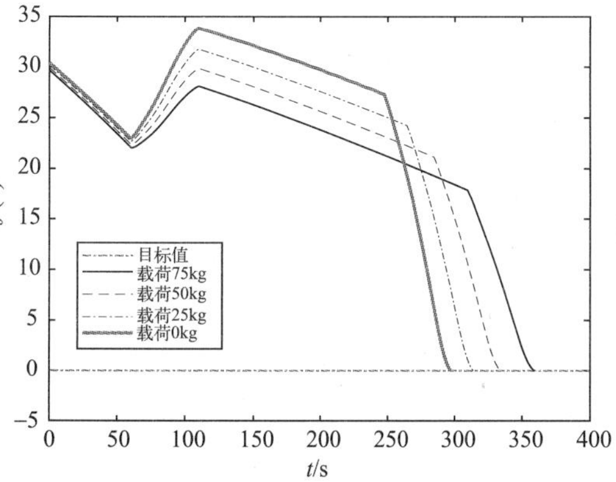

(c) 当地速度倾角曲线

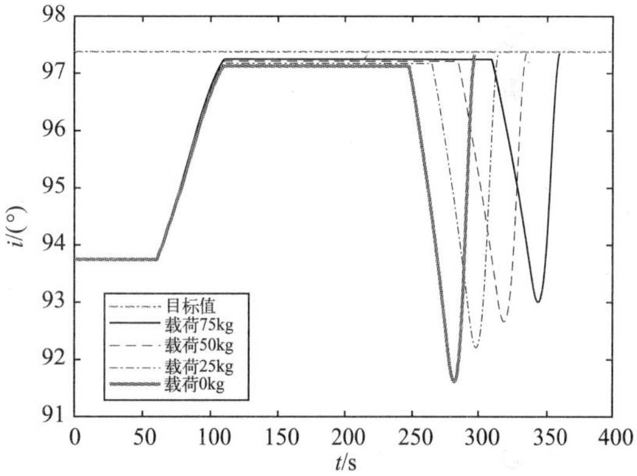

(d) 轨道倾角曲线

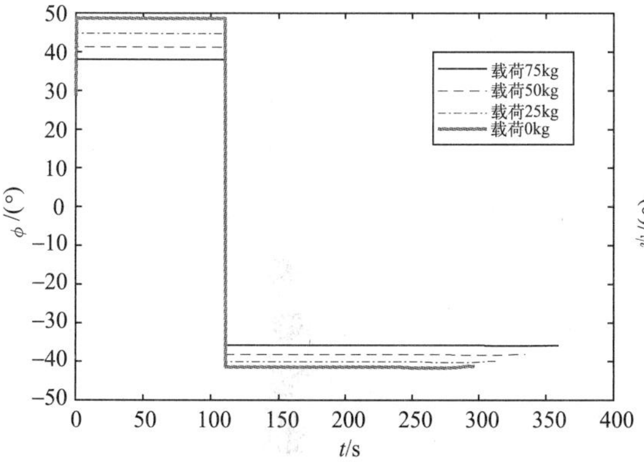

(e) 俯仰角指令曲线

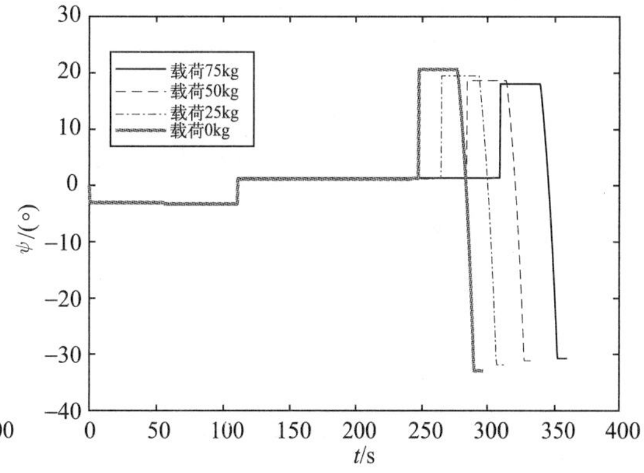

(f) 偏航角指令曲线

图 9-10　任务规划对不同飞行任务适应性仿真曲线

表 9-4 任务规划对不同飞行任务适应性仿真的结果统计

统计参数	u_m/(°)	$r_f-\boldsymbol{r}^*$/m	v_f-v^*/(m/s)	$\theta_f-\theta^*$/(°)	i_f-i^*/(°)
75kg 载荷	17.23	−10.1	0.442	0.011 1	−0.002 6
50kg 载荷	17.67	−20.6	0.513	0.011 8	−0.002 7
25kg 载荷	18.35	−25.1	0.652	0.012 3	−0.002 8
0kg 载荷	19.62	−18.2	0.725	0.013 2	−0.002 9

综上所述，基于多级定点制导的任务规划方法在耗尽关机条件下，能够对所需要的速度控制程度进行调节和限定，甚至可以仅通过任务规划方法以两级定轴飞行方式来完成耗尽关机入轨任务。此外，由参数偏差及其他不确定性引起的总视速度模量通常小于 5%，故在第四子级时设定合适的速度余量来确保火箭有足够的能力进入目标轨道，同时限定速度控制程度在较小的范围内来降低最大调姿角及其角速率，从而保障固体运载火箭的制导指令能够有效地导引火箭进入目标轨道。因此，固体运载火箭通过引入基于多级定点制导的任务规划方法，能够使速度控制程度在最佳的范围内，进一步提高火箭的适用性及可靠性。

9.4 本章小结

多子级固体运载火箭采用助推—滑行—助推的飞行模式来进入较高卫星轨道，这种具有多子级和多阶段的飞行方式，给固体运载火箭的制导技术带来了新的困难与挑战。本章以定点制导原理为基础，分别开展了对速度控制方法的理论拓展和应用、对多子级问题的适用性证明和任务规划方法的研究，并通过数字仿真验证了算法的有效性及适用性，主要工作和总结如下：

1）根据定点制导理论在推导过程中的假设条件和参数的物理意义，讨论并确定出在线应用过程中制导参数的约束范围，给出了基于圆轨道任务的降级条件及飞行任务调整策略。对于满足原定任务的飞行条件，制导参数的计算需要避免奇异值、无穷解等问题并满足制导周期的指令解算要求；对于原定任务无法实现的飞行条件，制导参数需要根据当前的飞行状态信息(动力参数、控制能力、滑行轨道参数等)进行轨道任务降级，一方面保证制导参数的有效计算，另一方面尽可能地实现原定轨道任务。

2）在定点制导理论的基础上，提出了耦合抑制拓展定点制导方法来抑制速度控制过程中产生的附加影响，并给出耦合抑制方法的迭代实施逻辑。在实现机理上，定点制导耦合抑制方法将速度控制引起的耦合项分解至与终端状态约束无关的量(如入轨点真近点角、升交点赤经等)，并通过数字仿真验证了在三种不同的速度控制平面对耦合项的抑制效果。该方法将基底制导矢量的求解与耗尽关机速度控制统一结合起来，解决了单级内耗尽关机多约束制导问题。

3）针对多子级多阶段耗尽关机制导问题，本章提出了基于多级定点制导的任务规划方法，使速度控制程度在最佳的能量管理范围内，来降低最大调姿角及调姿角速率，甚至可仅通过任务规划方法以两级定轴飞行方式来完成耗尽关机入轨任务，为固体运载火箭的多级定轴入轨方案提供了理论支撑；此外，通过引入任务规划方法能够进一步增加后续飞行阶段对定点制导方法应用条件的满足程度，提高了制导方法的适用性及可靠性。

参考文献

[1] FILHO W C L. Strategies for orbit injection that includes yaw maneuver[J]. European Space Agency(Special Publication) ESA SP, 1997(381): 657-659.

[2] NEPOMUCENO A, FILHO W. Satellite launcher pointing for orbit injection with uncontrolled solid-propellant last stage[J]. EDP Sciences: Progress in Flight Dynamics, GNC, and Avionics, 2013(6): 545-568.

[3] XU Z, ZHANG Q. Multi-constrained ascent guidance for solid propellant launch vehicles[J]. Aerospace Science and Technology, 2018(76): 260-271.

[4] PIETROBOM H C, FILHO W D C L. Closed loop guidance algorithm for solid propellant rocket[C]. Wurzburg, Germany: IFAC Secretariat, 2013: 31-36.

[5] 张迁，许志，李新国. 一种小型固体运载火箭末级多约束制导方法[J]. 宇航学报，2020，41(3): 298-308.

[6] ZHANG Q, XU Z. Autonomous ascent guidance with multiple terminal constraints for all-solid launch vehicles[J]. Aerospace Science and Technology, 2020(97): 105633.

[7] 张迁，许志，李新国. 一种多级全固体运载火箭上升段自主制导方法[J]. 宇航学报，2019，40(1): 19-28.

[8] SAKODE C M, PADHI R. Computationally efficient suboptimal control design for impulsive systems based on model predictive static programming[J]. IFAC Proceedings Volumes, 2014, 47(1): 41-46.

第10章　固体运载火箭自主制导综合验证和分析

第8章和第9章分别针对耗尽关机能量管理问题和多级助推—滑行—助推定点制导问题开展了研究，阐述了滑行点火时间的在线求解方法、飞行任务的在线规划方法以及制导指令在线计算方法，并验证了所提出方法的正确性和有效性。固体运载火箭能够在第三子级或者第四子级采用不同方式的制导方法(包括定点制导方法、能量管理方法以及两者混合的方法)，但是这些方法对飞行任务的自适应能力差别很大。此外，由于固体运载火箭各子级、各阶段之间并不是孤立的，必须系统性地设计整体制导方法，来验证和分析制导精度、自主性以及可靠性。因此，为了满足快速响应发射入轨任务的需求，需要开展自主性强的多级固体运载火箭助推—滑行—助推模式制导方法的设计和验证。

本章首先针对固体运载火箭上升段高精度入轨问题，建立了上升段全程仿真验证环境并对液体末修级对制导精度影响开展了分析。然后，分别设计出轨道平面能量管理方法和三维空间能量管理方法，验证和分析了这两种制导方法的制导精度和鲁棒性。其次，通过不同飞行任务的自主性分析和验证，表明了三维空间能量管理方法虽然具有更强的任务适应能力，但是依然存在大范围能量管理时姿态角及角速率变化剧烈的问题。最后，针对该问题设计了多级定点制导混合能量管理方法，通过具有轨道能量约束的在线任务规划方法，使能量管理过程保持在最佳的管控范围内，提高了制导方法对快速响应任务的自主性及可靠性。

10.1　上升段飞行验证环境及制导精度分析

根据固体火箭发动机大散布特性(图3-9)，并通过第8.3节闭环能量管理和开环能量管理方法的仿真对比，可知飞行过程中参数的偏差和模型的不确定性导致了固体运载火箭在耗尽关机方式下难以精确控制终端速度[1]。此外，入轨点轨道半长轴对速度偏差极其敏感，以1 200N推力的固体运载火箭末修级为例，当制导周期为$\tau=100$ms时，一个2τ的关机时间误差将造成1km的半长轴偏差，大大增加了固体运载火箭高精度入轨的难度。

10.1.1　上升段飞行轨迹及仿真验证环境

第6章的仿真试验中，以四子级串联的固体运载火箭为例，起飞质量23t、四级固体发动机均采用耗尽关机的方式，液体末修级携带20kg推进剂，采用制导关机方式，进入常用的卫星太阳同步轨道。其中700km太阳同步轨道对应的最大载荷质量为200kg，500km SSO对应的最大载荷质量为320kg，300km SSO对应的最大载荷质量为450kg，在快速发射即时任务需求下，要求固体运载火箭具备不同的载荷质量、高低轨道任务的自适应能力。

采用 J_2 自旋椭球体三自由度质点动力学模型，建立固体运载火箭的仿真验证环境[2-3]。在初始阶段运载火箭位于稠密的大气层内，飞行过程中受到空气动力的强烈作用，而气动力的解算依赖于大气模型及气动力相关系数。大气参数(密度、压强、温度、当地声速等)是一系列复杂的环境函数，采用 USSA76 标准大气模型，可比较完备地描述大气参数随高度的变化规律。风的干扰是影响飞行轨迹非常重要的因素，风场的一般变化规律主要通过平稳风、切变风以及风向等进行描述，其中切变风会为火箭的姿态运动带来较大的冲击，而平稳风会持续地干扰火箭质心运动，典型风场模型如图 2-1 所示。

为了验证固体运载火箭的制导精度及鲁棒性，主要考虑起飞质量偏差、发动机平均流量偏差、发动机比冲偏差和气动力系数偏差的影响，参数偏差及不确定性仿真配置见表 10-1，偏差散布及不确定性对飞行轨迹的影响以导航输入的方式提供给制导算法，各项随机偏差每次打靶随机产生，且服从正态分布。其中风场模型考虑随高度变化的最大风速，并按照正态分布随机产生风向；发动机模型采用实际内弹道推力曲线，并通过高低温的形式表征发动机性能散差。

表 10-1　参数偏差及不确定性仿真配置

偏差参数	单位	一级	二级	三级	四级
起飞质量相对偏差	‰	±1	±1	±1	±1
平均流量相对偏差	%	±5	±5	±5	±5
比冲偏差	s	±3	±3	±3	±3
推力线偏斜	(′)	12	12	12	12
气动系数偏差	%	±15	±15	—	—
大气密度	%	参考国内大气密度数据			
风场	m/s	最大风、切变风			

以固体运载火箭进入 500km SSO 为例，上升段的标准飞行轨迹如图 10-1 所示。其中一级助推段和二级助推段采用固定程序角开环飞行，三级飞行段和四级飞行段的制导方案采用定点制导结合速度控制的方法，并对有无末速修正仿真方案分别进行了讨论。飞行轨迹：0~135s 为方案飞行段；135~165s 为三级滑行段，运载火箭调整飞行姿态并为三级点火做准备；165~220s 为三级动力段，运载火箭根据程序角指令耗散多余视速度模量，并进入设定的四级过渡轨道；220s 以后，运载火箭进入四级滑行段，通过定点制导方法，确定点火时间以及定向推力方向，将运载火箭导引至目标轨道附近；经过液体末修级速度修正以及关机预报使运载火箭以高精度入轨。根据终端约束半长轴、偏心率和轨道倾角的变化曲线，在关机点处各终端值均达到目标约束值(虚线为目标约束值)。

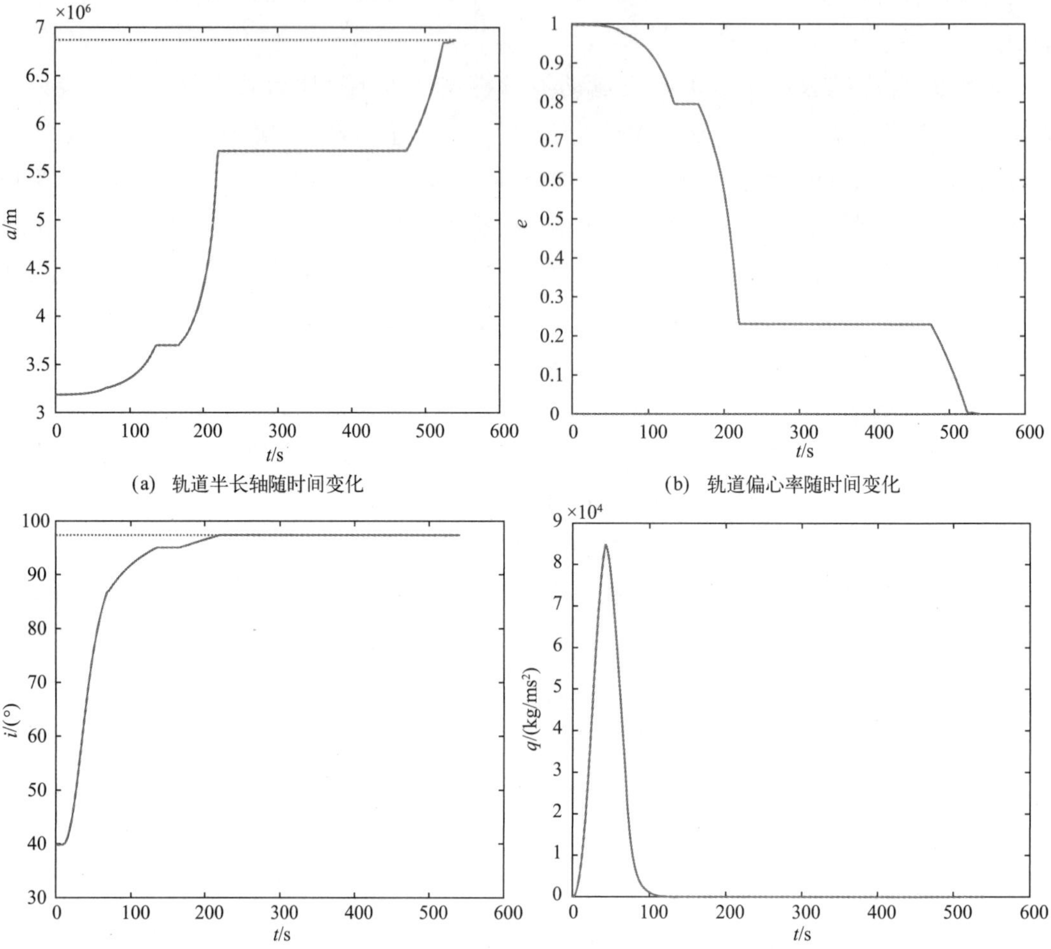

(a) 轨道半长轴随时间变化　(b) 轨道偏心率随时间变化

(c) 轨道倾角随时间变化　(d) 动压随时间变化

图 10-1　零干扰条件下固体运载火箭飞行轨迹

10.1.2　末修级速度修正及关机预报方法

为了提高固体运载火箭的入轨精度，通常采用液体小末修级(携带 20kg 左右推进剂)在入轨点附近精修入轨状态。液体末修级具备制导关机能力，其制导方法的设计和研究是实现高精度入轨的一个重要环节[4]。

(1)末修级速度修正方法

携带液体末修级的固体运载火箭将入轨精度问题转化为末修级推进剂的最佳推进剂质量问题，即性能指标函数为最小：

$$\min J = \frac{|a-a^*|}{R_1} + \frac{|e-e^*|}{R_2} + \frac{|i-i^*|}{R_3} + \frac{|\omega-\omega^*|}{R_4} + \frac{|\Omega-\Omega^*|}{R_5} + \frac{|f-f^*|}{R_6} \tag{10-1}$$

式中，R_1，…，R_6 为各轨道根数的权重系数，且为正值。对于固体运载火箭的末端修正问题，由于位置量是速度量的积分，修正位置量将大大增加末修级工作时间。此外，轨道半长轴的偏差在入轨点对速度偏差更为敏感，而入轨点位置的偏差可以暂时忽略。因此，在携带推进剂有限的条件下，末修级仅对入轨点的速度进行修正。根据第 2 章的迭代制导原理，速度偏差的修正控制量为

$$\begin{cases} C_1 = (v_{x0}^* - v_{x0} - g_x \times T)/W_0 \\ C_2 = (v_{y0}^* - v_{y0} - g_y \times T)/W_0 \\ C_3 = (v_{z0}^* - v_{z0} - g_z \times T)/W_0 \end{cases} \tag{10-2}$$

此时末修级的待增速度矢量 $\boldsymbol{v}_g$ 为

$$\boldsymbol{v}_g = \begin{bmatrix} v_{x0}^* - v_{x0} - g_x \times T \\ v_{y0}^* - v_{y0} - g_y \times T \\ v_{z0}^* - v_{z0} - g_z \times T \end{bmatrix} \tag{10-3}$$

因此，根据性能指标函数的最小值条件，在指标 J 达到拐点时末修级关闭，即

$$\begin{cases} J_{n+1} \leqslant J_n & \text{末修持续} \\ J_{n+1} > J_n & \text{制导关机} \end{cases} \tag{10-4}$$

(2)关机时间计算周期的影响分析

箭载计算机在计算制导指令、关机指令时存在时延，当计算步长为 τ 时，t_{i+1}时刻的计算结果需要根据 $t_i(=i\tau)$时刻的测量数据采样计算得到，即在 t_{i+1}时刻给出 t_i 时刻的 $v_{gx}(t_i)$ 值，相应的箭载计算机时延周期为 τ。此外，关机时间并不一定恰好在 τ 的整数节点上，只能判断当第一次出现 $J_{n+1}>J_n$ 时关机，这导致关机时间最大误差将在 τ 与 2τ 之间。以 1 200N 推力的固体运载火箭末修级为例，当制导周期为 $\tau=100$ms 时，一个 2τ 的关机时间误差将造成 1km 的半长轴偏差。为降低此项误差，需要合理简化关机点附近的计算公式，从而缩小计算步长。即假设：在关机点附近短时间内，可忽略导弹姿态的微小变化对质心运动的影响；由于引力 $\boldsymbol{g}$ 的变化很缓慢，在关机点附近可以取常值；因为 $\boldsymbol{v}_g$ 变化很缓慢，不用迭代计算求其准确值，而采用线性外推的方法进行计算。

为了明确地给出递推关机条件，根据末速修正的矢量关系[式(10-3)]，对关机方程[式(10-4)]进行简化，采用待增速度矢量 $\boldsymbol{v}_g=0$ 为关机判定条件。显然它的各个分量元素同时为零的情形是难以实现的，故通常选取“三个分量中较大的一个等于零”作为关机条件。对于固体运载火箭速度分量对轨道半长轴的影响依次为 $v_{gx}>v_{gy}>v_{gz}$，则简化后的关机条件为 $v_{gx}=0$，那么采用线性外推的待增速度矢量为

$$\begin{cases} v_{gx,\ i} = v_{gx,\ N} + \Delta v_{gx}(t_i - t_N)/\tau \\ \Delta v_{gx} = v_{gx,\ N} - v_{gx,\ N-1} \end{cases} \tag{10-5}$$

式中，$v_{gx,N-1}$，$v_{gx,N}$的含义是 v_{gx}分别以制导周期 τ 计算的第 $N-1$ 个节点上和第 N 个节点上

的值。在关机点附近的制导计算做了上述简化之后，将制导计算的步长改为原步长的1/100~1/50，记小步长为 τ'。为了保证制导精度，需要对小步长的计算次数加以限制，因此必须给出是否转入小步长的判别条件。由于最后一个大步长节点计算是在 $t_{N+1}(=t_N+\tau)$ 时刻给出的参数值，同时对关机时间进行线性预报至少需要两个小步长，故存在不等式关系

$$(2\tau + 2\tau') \geqslant (t_K - t_N) \geqslant (\tau + 2\tau') \tag{10-6}$$

式中，t_K 为转入小步长时的判别时间。因为制导周期计算是连续进行的，故当第一次出现 $(t_K-t_N)\leqslant 2\tau+2\tau'$ 时，已经满足 $(t_K-t_N)\geqslant\tau+2\tau'$，故式(10-6)可简化为

$$t_K - t_N \leqslant 2\tau + 2\tau' \tag{10-7}$$

因此，根据式(10-7)和式(10-5)，经整理可得到转入小步长时的速度判别式

$$v_{gx,\ i} \leqslant \left(\frac{2 + 2\tau'/\tau}{3 + 2\tau'/\tau}\right) v_{gx,\ i-1} \tag{10-8}$$

(3) 小步长关机时间线性预报方法

为了提高关机时间的控制精度，采用线性预报的方法，当 (t_K-t) 越小，$v_{gx}(t)$ 曲线的线性度越高，而考虑到计算机计算的时延，(t_K-t) 必须大于或等于 τ' 才能实现预报。因此，为了进行线性预报，必须满足不等式条件

$$\tau' \leqslant (t_K - t) \leqslant 2\tau' \tag{10-9}$$

同样地，因为制导周期计算是连续进行的，故取不等式 $(t_K-t)\leqslant 2\tau'$ 作为线性预报的判别条件。此时，线性预报的关机速度判别式为

$$v_{gx,\ i} \leqslant \frac{2}{3} v_{gx,\ i-1} \tag{10-10}$$

综上所述，在固体运载火箭的液体末修级小步长关机时间的线性预报方法中，转入小步长的判别式[式(10-8)]和线性预报关机判别式[式(10-10)]已经得出。在实际应用定点制导结合液体末修级时，箭载计算机进行关机时间的线性预报的具体计算步骤为：

1) 在制导周期 τ 内计算制导参数和制导指令，根据惯性导航的输入信息计算待增速度并输出姿态角指令，同时在每一个制导周期内判断是否满足判别式[式(10-8)]，若不满足则继续进行下一个制导周期的计算，若满足则转入小步长计算；

2) 在小步长周期 τ' 内，假设当 $i=N$ 时满足判别式[式(10-8)]，则采用线性化假设的递推预报计算方程为

$$\begin{cases} v_{x,\ j} = v_{x,\ N} + \Delta w + (\tau + j\tau') g_{x,\ N} \\ v_{Rx,\ j} = v_{Rx,\ N} + (1 + j \cdot \tau'/\tau) \cdot (v_{Rx,\ N} - v_{Rx,\ N-1}) \\ v_{Rx,\ S,\ j} = v_{Rx,\ j} + \dfrac{v_{Rx,\ j} - v_{Rx,\ j-1}}{v_{x,\ j} - v_{x,\ j-1}} (v_{Rx,\ S,\ j} - v_{x,\ j}) \\ v_{gx,\ j} = v_{Rx,\ S,\ j} - v_{x,\ j} \end{cases} \tag{10-11}$$

式中，$j=0$，1，2，3，…；$v_{x,j}$ 为预报的第 j 步 x 方向速度分量；$v_{Rx,j}$ 为预报的第 j 步 x 方向

所需速度分量；$v_{Rx,S,j}$为在关机点修正后的第j步x方向所需速度分量；Δw为发动机关机时间延迟、推力后效等引起的速度增量。根据式(10-11)的线性递推计算格式，得到第j步计算参数，当$v_{gx,j} \leq 2 \cdot v_{gx,j-1}/3$时递推结束，此时预报的关机时间的计算式为

$$t_S = t_N + \tau' \cdot j \tag{10-12}$$

10.1.3　液体末修级对入轨精度的影响与分析

(1)单项极限偏差仿真

单项极限偏差仿真试验中制导周期为200ms，液体末修级小步长周期取5ms，依次按照各项偏差取最大值且其余项取零，逐渐循环直到所有偏差项取完，共循环14次，以均方根值统计其偏差结果，表达式为

$$R_{MSE} = x_0 - x^* + \sqrt{\sum_{1}^{n} (x_i - x_0)^2} \tag{10-13}$$

式中，下标0表示标准条件下无干扰飞行轨迹终端结果。随着各干扰源的加入，三级秒耗量偏差以及三级、四级比冲偏差对速度模量有较大影响；三级秒耗量偏差、三级和四级比冲偏差对速度方向产生影响也较大。其原因是，三级秒耗量偏差会使速度控制产生偏差，从而影响四级滑行轨道；四级秒耗量偏差对发动机总的视速度模量并不产生影响，因此对关机点速度模量并无影响；比冲偏差直接影响发动机总视速度大小，从而影响关机点速度。此外，三级、四级秒耗量偏差对轨道高度影响较大，这是因为秒耗量的变化改变了火箭形心时间[式(7-46)]，从而导致等效脉冲点偏移，致使轨道高度产生变化。

加入末修级后，各项干扰引起的速度矢量偏差均得到修正，同时由固体火箭发动机秒耗量和比冲偏差引起的四级关机点速度矢量偏差均得到修正，使终端结果具有更高的鲁棒性和制导精度；但是依然存在的主要问题是轨道高度的偏差并不能在末修时得到修正。末修级对飞行状态的修正作用如图10-2所示，其中以速度偏差的最大值(19.40m/s)对其他速度偏差值进行无量纲化，以高度偏差的最大值(1 481.2m)为参考值对其他高度偏差值进行无量纲化，以当地速度倾角偏差的最大值(0.056 2°)为参考值对其他速度倾角偏差值进行无量纲化。

对于终端轨道根数半长轴、偏心率以及轨道倾角约束，在配置的每项干扰作用下，各条弹道的终端半长轴偏差均在200m以内，轨道倾角偏差达到$(10^{-4})°$量级，同时偏心率达到10^{-4}量级。末修级速度修正所消耗推进剂质量的均方根为12.028 6kg，固体运载火箭RCS姿态控制全程所需要消耗的推进剂质量一般为10～20kg。相较而言，末修级速度修正所消耗推进剂质量与RCS姿态控制全程所需要消耗的推进剂质量相当。

(2)末修级影响蒙特卡罗仿真对比

末修级液体发动机推进剂总质量配置为20kg，所能提供的总速度增量为50m/s。对无末修级情况进行1 000次蒙特卡罗仿真，并与耗尽关机条件下的仿真结果对比，得到两种方案下终端飞行状态量统计结果，见表10-2，得到飞行状态量及末修级推进剂消耗散布结果，如图10-3所示。其中以耗尽关机条件下各物理量的最大偏差值分别进行无量纲化。

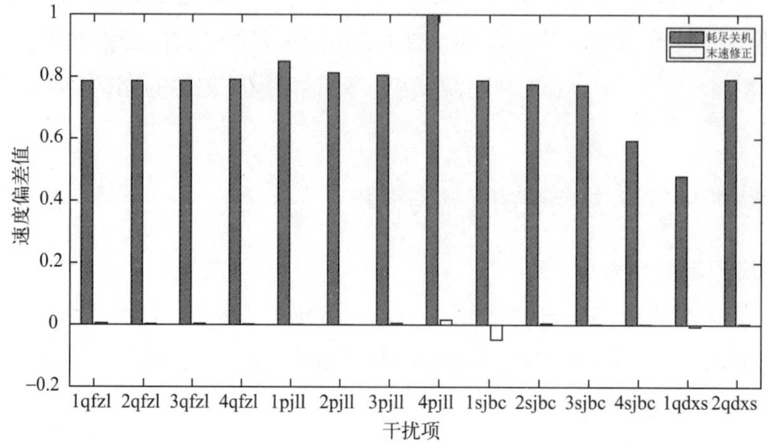

(a) 入轨点速度偏差在末修级修正作用下与耗尽关机情况的对比

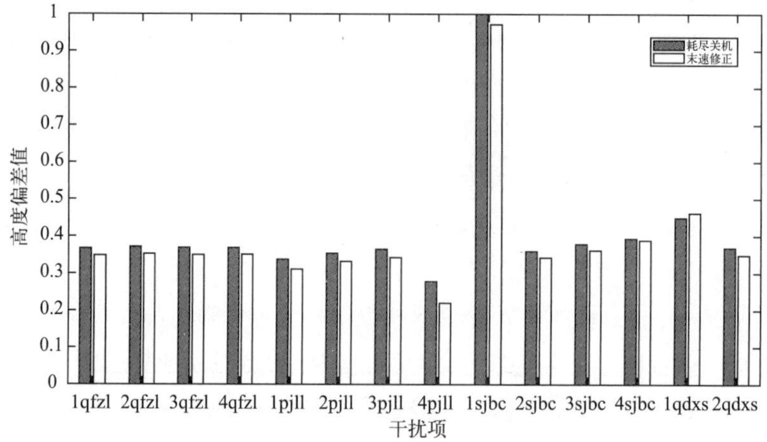

(b) 入轨点高度偏差在末修级修正作用下与耗尽关机情况的对比

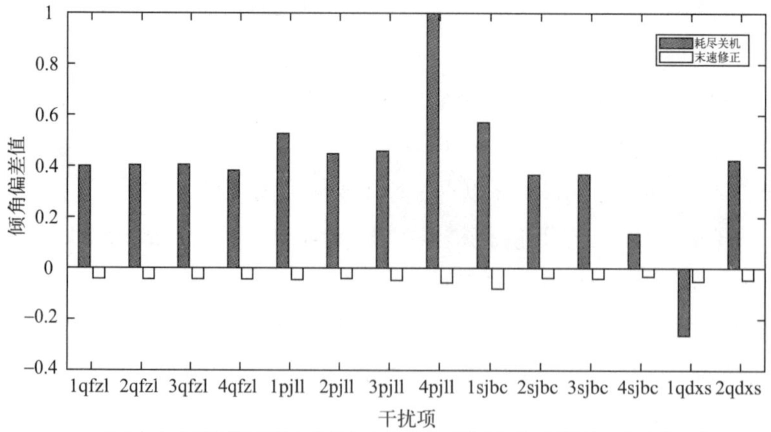

(c) 入轨点当地速度倾角偏差在末修级修正作用下与耗尽关机情况的对比

图 10-2　末修级对入轨点状态偏差修正效果的对比

液体末修级由于发动机推力小且具备关机能力，可将终端速度精修至较高精度，从而使火箭具有精确满足终端轨道要素约束的能力。但在整个液体发动机末速修正段，终端速度的精修过程对轨道高度几乎没有影响，并不具备终端位置修正能力。此外，固体发动机耗尽关机方案下绝对速度偏差最大值为 37.75m/s，占固体火箭第四子级发动机总速度增量的 1%左右，而速度偏差的期望值占比更小。

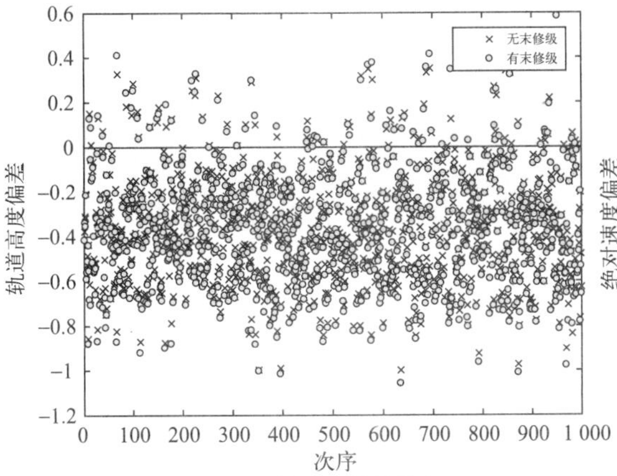

(a) 轨道地心距偏差散布

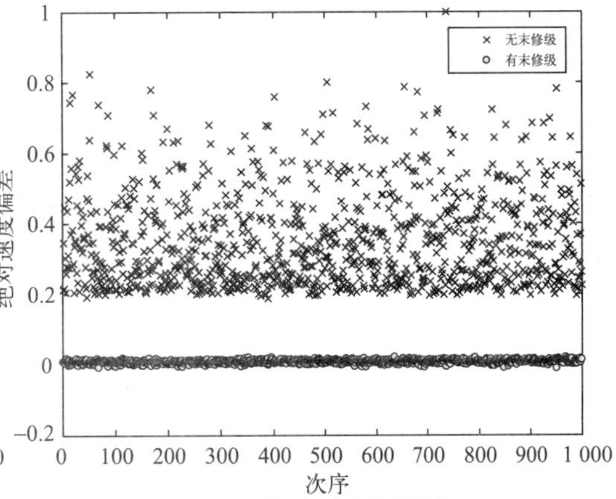

(b) 绝对飞行速度偏差散布

图 10-3　末修级对终端状态影响散布图

对于需要进行速度控制的固体运载火箭，速度矢量的管控由速度控制的方法来实现，终端多约束条件由定点制导算法来完成，制导方法对模型的偏差及不确定性修正过程如图 10-4 所示。液体末修级在固体运载火箭实现高精度入轨任务中不可或缺，其所需要配置的修正能力强弱严重依赖固体运载火箭的制导能力。耗尽关机制导算法的终端速度偏差包

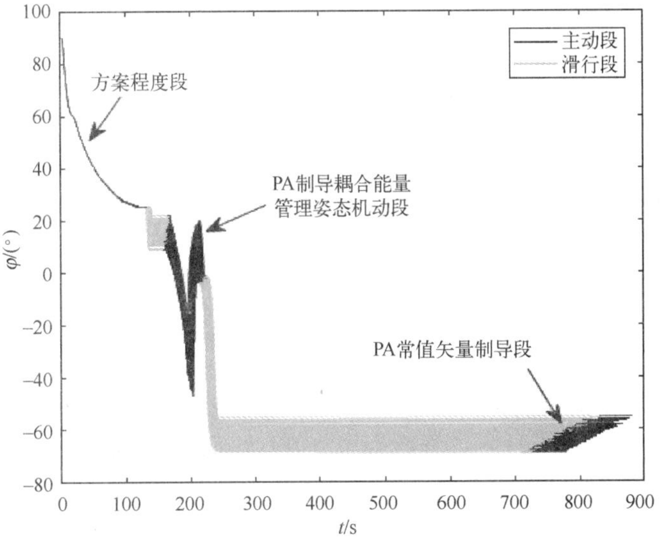

图 10-4　制导算法抗干扰指令曲线簇

络应小于末修级所提供的总速度增量，因此耗尽关机制导方法的制导精度和鲁棒性直接决定了液体末修级推进剂的配置，并保证了对终端多约束的满足要求。在耗尽关机方式和末速修正方式下各飞行状态量的蒙特卡罗统计结果见表 10-2。

表 10-2　各飞行状态量蒙特卡罗统计结果

项目类别	单位	耗尽关机统计结果			末修级统计结果		
		期望值	标准差	最大值	期望值	标准差	最大值
地心距偏差	m	-275.45	183.95	764.35	-290.28	191.75	814.32
绝对速度大小偏差	m/s	-11.29	8.01	37.35	0.38	0.21	0.93
当地速度倾角偏差	$(10^{-2})°$	-2.73	2.98	9.59	0.007 4	0.24	1.91
轨道倾角偏差	$(10^{-2})°$	2.52	0.13	2.86	0.086	0.11	0.94
末修级推进剂消耗	kg	—	—	—	6.575 7	2.265 5	17.421

相应的入轨轨道根数，半长轴偏差的数学期望值小于 10m 级，标准差小于 100m 级；偏心率的散布小于 10^{-5}量级，轨道倾角小于$(10^{-3})°$量级。这表明所提出的固体运载火箭制导算法对终端轨道半长轴、偏心率及轨道倾角均具有高精度约束能力，同时对所配置的偏差干扰具有强鲁棒性。其仿真终端轨道根数偏差散布如图 10-5 所示。

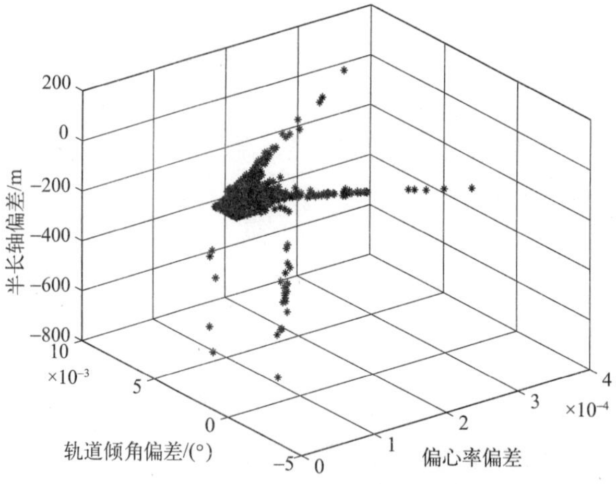

图 10-5　终端轨道要素偏差散布

综上所述，末修级速度修正所消耗推进剂的质量，无论是在单项极限偏差仿真的均方根中，还是在蒙特卡罗仿真的期望值和标准差中，均为 10~20kg，这对于共用推进剂储箱的 RCS 姿控和末修级轨控而言只需要预先加注适量的推进剂。这表示，固体运载火箭在采用定点制导和速度控制方法后，通过极少的末修级速度修正，可使固体运载火箭的入轨精度达到液体火箭的入轨精度[5]。

10.2　上升段能量管理方法的设计及其耦合影响分析

根据8.3节介绍的速度控制方法，仅有速度矢量约束的速度控制模型将会产生附加的位置分量，而具有位置约束的速度控制模型将产生更大的附加调姿角，导致能量管理方法在使用上受到限制。此外，在9.1节从理论上推导出的速度控制方法对定点制导带来的耦合影响，在轨道面内的速度控制附加位置分量将增大或减小轨道高度，而在特定的速度控制平面内能够对附加耦合项进行抑制。因此，为了进一步说明速度控制方法在耗尽关机固体运载火箭入轨任务上的应用情况，分别设计了两种基于速度控制方法的全程制导方案，并进行了仿真和分析。以固体运载火箭进入500km预定太阳同步轨道为例，采用10.1.1节中的飞行环境来验证固体运载火箭采用不同制导方案的制导精度及鲁棒性。

10.2.1　轨道平面能量管理方法的设计

固体运载火箭在一二级飞行结束后，将进入一个短时间的无动力滑行阶段。在此滑行过程中，一旦轨道高度达到120km，即认为火箭穿出大气层，正式进入真空环境，便要进行整流罩分离，与此同时切换火箭的制导方法。以交变姿态速度控制模型为例，制导算法所需要的诸元参数按标称值预先装定，在仿真模型中偏差散布及不确定性对飞行轨迹的影响以导航输入的方式供制导算法在线解算制导指令。轨道面内速度控制的制导方案设计逻辑如图10-6所示，相应的制导方案如下：

1）大气层内采用开环方案飞行，二级耗尽关机后，如运载火箭位于大气层外，则将飞行轨迹的偏差以导航输入的方式提供给在线制导算法。

2）运载火箭第三子级在固定的点火时间采用定点制导算法（7.4节）计算待增速度矢量$\boldsymbol{v}_g$，然后根据待增速度模量计算出最大调姿角u_m，由交变姿态速度控制模型（8.2节）输出附加调姿角，并根据箭体姿态角［式（8-6）］解算出俯仰指令角和偏航指令角。而对于附加调姿角在需要速度矢量上的叠加方向$\boldsymbol{\varepsilon}$，选取目标轨道面内，即$\boldsymbol{\varepsilon}=(\boldsymbol{h}_{orb}/\|\boldsymbol{h}_{orb}\|_2)\times\boldsymbol{\Gamma}$，且叠加的调姿角取正号，这有利于轨道高度增加。

3）运载火箭第四子级仅采用定点制导算法（7.4节）确定实际点火时间及推力矢量方向，不叠加能量管理方法便可使运载火箭以耗尽关机的方式进入目标轨道。由于第三子级已经考虑了发动机多余能量的消耗问题，并将附加的位置分量分解至轨道高度上，使得第四子级的滑行轨道远地点地心距增加，有利于满足等效脉冲点的位置约束条件。

4）末修级在第四子级耗尽关机（火箭基本满足入轨飞行状态参数）后，对入轨速度偏差进行精修，并采用线性递推预报关机方程［式（10-12）］进行制导关机。

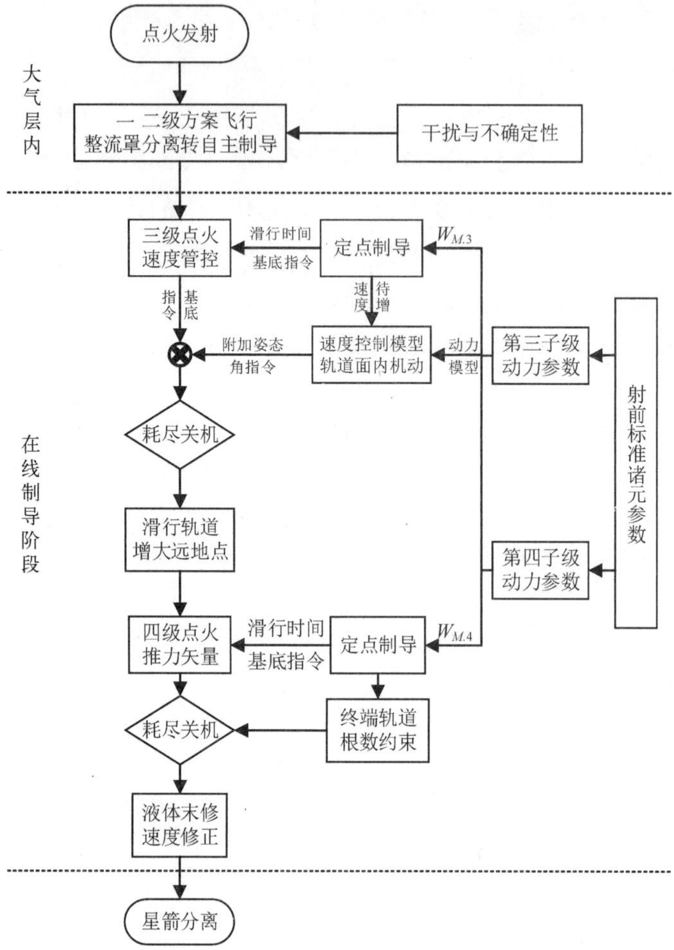

图 10-6　轨道平面能量管理方法实施逻辑

10.2.2　轨道平面能量管理方法仿真与分析

采用 10.1.1 节中的飞行环境来验证制导方法的精度和鲁棒性，根据火箭的飞行状态矢量（$\boldsymbol{r}$，$\boldsymbol{v}$）与预先装定的标称质量参数、动力参数等诸元，解算各子级点火时间并判断制导飞行时序；在速度控制的过程中，以加速度计的积分量视速度为自变量进行附加调姿角的计算，制导周期取 200ms 并实时解算制导指令，仿真抗干扰轨迹曲线簇如图 10-7 所示。

终端轨道要素 1 000 次蒙特卡罗仿真统计结果见表 10-3。从表中可以看出，半长轴偏差的数学期望值小于 10m 量级，标准差小于 100m 量级；偏心率的散布小于 10^{-5}量级，轨道倾角小于(10^{-3})°量级。因此，轨道面内速度控制的制导方案对终端轨道半长轴、偏心

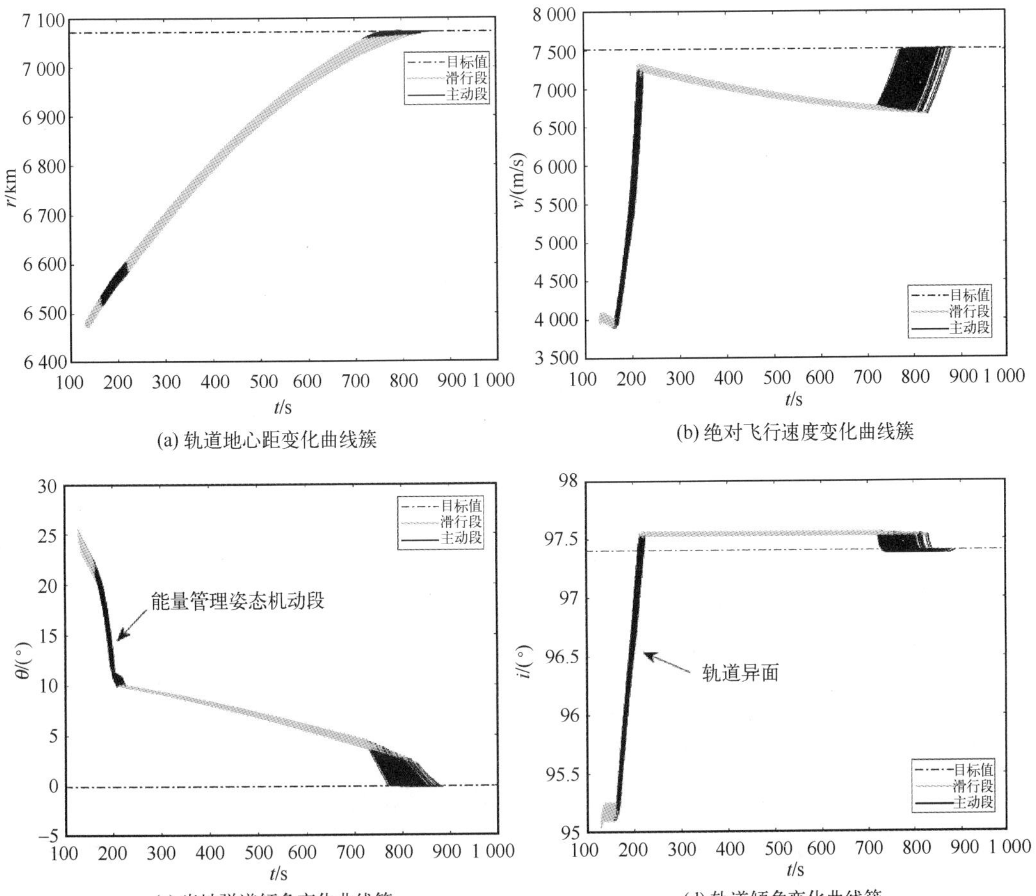

(a) 轨道地心距变化曲线簇　(b) 绝对飞行速度变化曲线簇

(c) 当地弹道倾角变化曲线簇　(d) 轨道倾角变化曲线簇

图 10-7　轨道平面能量管理方法蒙特卡罗仿真状态矢量曲线簇

率及轨道倾角具有高精度约束能力，同时对所配置的偏差干扰具有强鲁棒性，其仿真终端轨道根数偏差散布如图 10-8 所示。

表 10-3　轨道平面能量管理方法蒙特卡罗方法轨道根数统计结果

项目类别	单位	期望值	标准差	最大值	
				Ⅰ	Ⅱ
半长轴偏差	m	-7.707 4	62.410	699.6	588.4
偏心率偏差	10^{-5}	5.224 8	3.802 4	35.018	28.542
轨道倾角偏差	$(10^{-4})°$	8.574 9	10.495	93.736	76.391

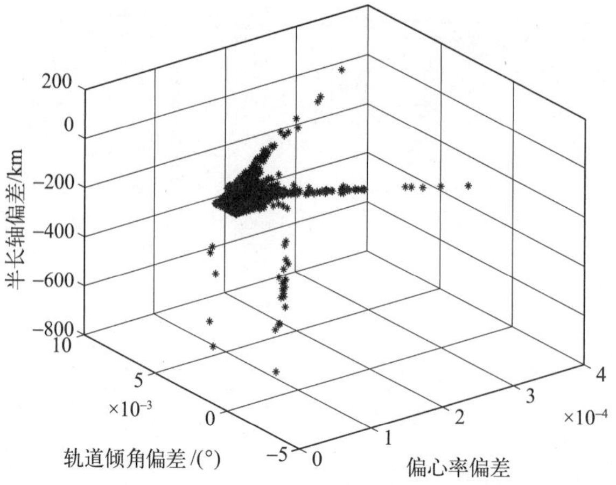

图 10-8　轨道平面能量管理方法终端轨道要素偏差散布

综上所述，使用定点制导算法可根据轨道动量矩矢量方程推导出需要速度矢量、滑行点火时间和终端轨道约束之间的理论关系，同时给出以入轨任务为约束的点火时间及需要速度矢量的解析表达式，并为速度控制算法提供理论基础。通过轨道面内速度控制的制导方案的仿真验证和分析发现，在第三子级采用速度控制方法并将附加调姿角叠加至目标轨道面内的制导方案的同时，将附加位置影响分解至轨道高度上的措施是行之有效的。整体制导方案具有高精度终端多约束能力，对各项干扰具有强鲁棒性，制导精度及散布结果为固体运载火箭制导方案设计及末修级推进剂的配置提供了依据，对实际工程具有一定的应用价值。

10.2.3　三维空间能量管理方法的设计

为了对不同的能量管理制导方法进行比较，同样以交变姿态速度控制模型为例，采用 10.1.1 节飞行环境来验证制导方法的精度和鲁棒性，制导算法所需要的诸元参数按标称值预先装定，在仿真模型中偏差散布及不确定性对飞行轨迹的影响以导航输入的方式供制导算法在线解算制导指令。制导方法实施逻辑如图 10-9 所示。

1）大气层内采用开环方案飞行，一二级连续飞行，二级耗尽关机后，进行短时间无动力滑行，当轨道高度达到 120km 时整流罩分离。

2）运载火箭第三子级在固定的点火时间以离线设计的程序角指令飞行或者按照预定的滑行过渡轨道根数制导飞行，助推段助推过程不考虑速度控制问题，耗尽关机后火箭进入无动力滑行轨道并保持较长时间。

3）运载火箭第四子级采用耦合速度控制拓展定点制导算法（9.2 节）确定实际点火时间、需要速度矢量以及速度控制方向 $\boldsymbol{\varepsilon}$，再根据待增速度模量计算出最大调姿角 $\boldsymbol{u}_m$。在长时间处于第四子级无动力滑行轨道时，点火时间、速度控制方向 $\boldsymbol{\varepsilon}$ 以及最大调姿角 $\boldsymbol{u}_m$ 均可预先计算得到。而在持续助推过程中，由交变姿态速度控制模型根据当前的视速度模值输出附加调姿角，并根据箭体姿态角[式(8-6)]解算出俯仰指令角和偏航指令角。

4) 末修级在第四子级耗尽关机(火箭基本满足入轨飞行状态参数)后，对入轨速度偏差进行精修，并采用线性递推预报关机方程[式(10-12)]进行制导关机。

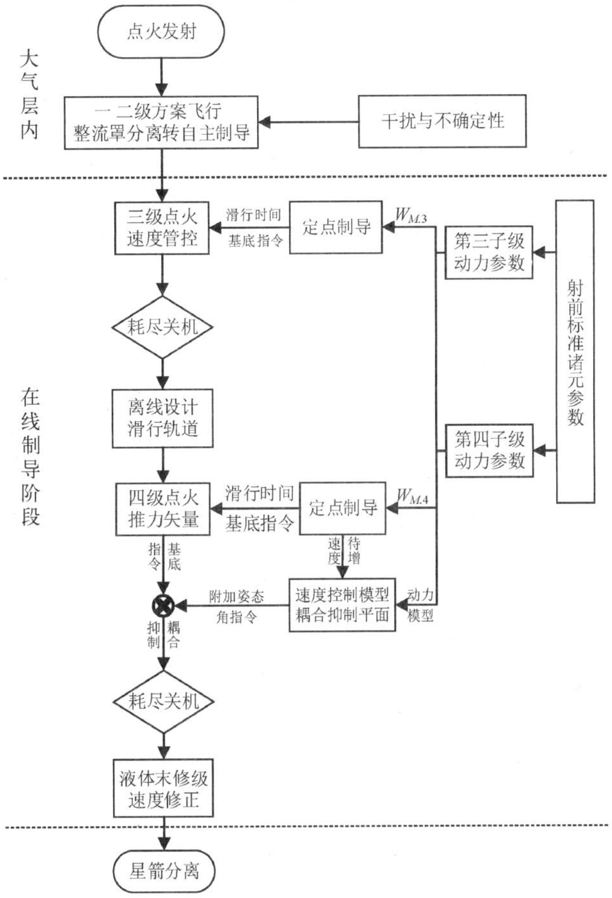

图 10-9　三维空间能量管理方法实施逻辑

10.2.4　三维空间能量管理方法仿真与分析

采用 10.1.1 节中的飞行环境来验证制导方法的精度和鲁棒性。根据火箭的飞行状态矢量 ($\boldsymbol{r}$, $\boldsymbol{v}$) 与预先装定的标称质量参数、动力参数等诸元，解算第四级点火时间并判断制导飞行时序；在速度控制的过程中，以加速度计的积分量视速度为自变量进行附加调姿角的计算，速度控制平面由定点制导耦合抑制算法计算得到，制导周期取 200ms 并实时解算制导指令，仿真抗干扰轨迹曲线簇如图 10-10 所示。

在所配置的偏差干扰下，轨道根数的变化曲线簇的宽度表征了制导算法的鲁棒性。结果表明半长轴偏差的数学期望值小于 100m 量级，偏心率的散布达到 10^{-4}量级，轨道倾角达到(10^{-4})°量级。因此，速度控制耦合抑制的制导方案对终端轨道半长轴、偏心率及轨道倾角具有高精度约束能力，同时对所配置的偏差干扰具有强鲁棒性。2 000 次蒙特卡罗终端轨道根数仿真统计结果见表 10-4，轨道要素偏差散布如图 10-10(d) 所示。

表 10-4　三维空间能量管理方法蒙特卡罗终端轨道根数仿真统计结果

项目类别	单位	期望值	标准差	最大值	
				Ⅰ	Ⅱ
半长轴偏差	m	57.75	197.9	530.6	520.4
偏心率偏差	10^{-4}	1.921 3	0.085 3	2.196	2.179
轨道倾角偏差	(10^{-4})°	0.553 5	0.072 6	1.2	0.8

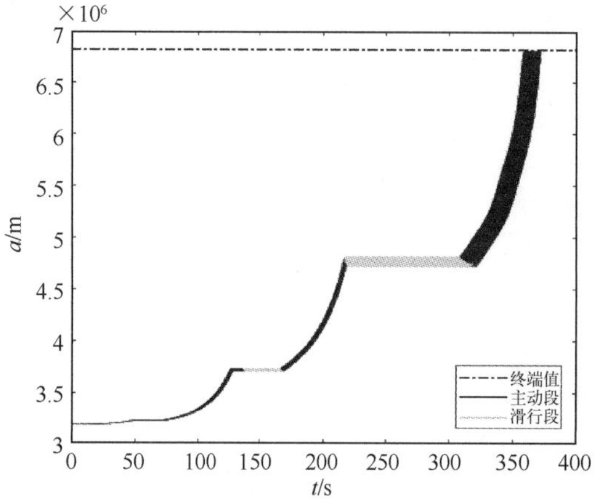

(a) 轨道半长轴抗干扰曲线簇

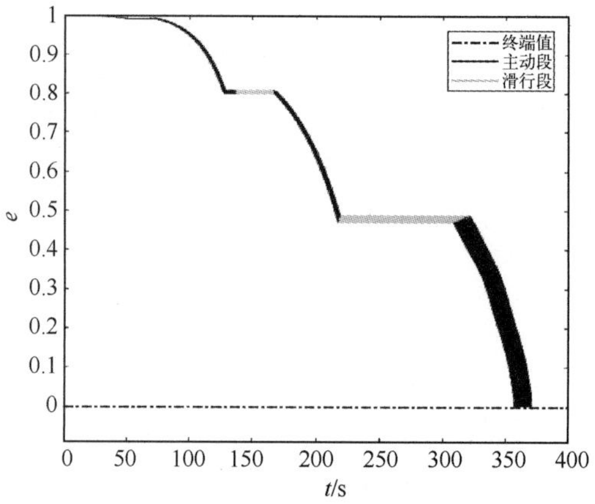

(b) 轨道偏心率抗干扰曲线簇

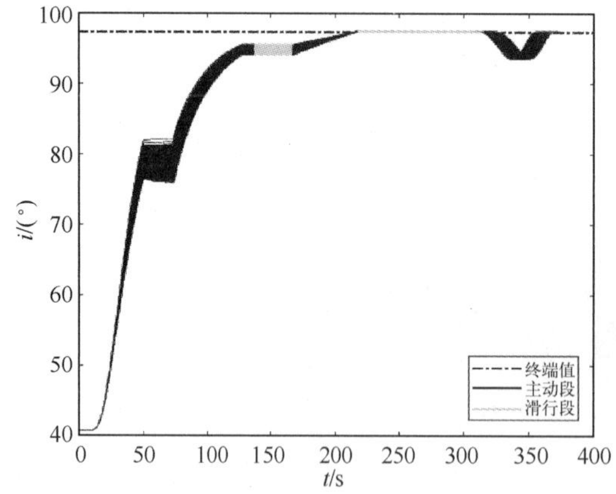

(c) 轨道倾角抗干扰曲线簇

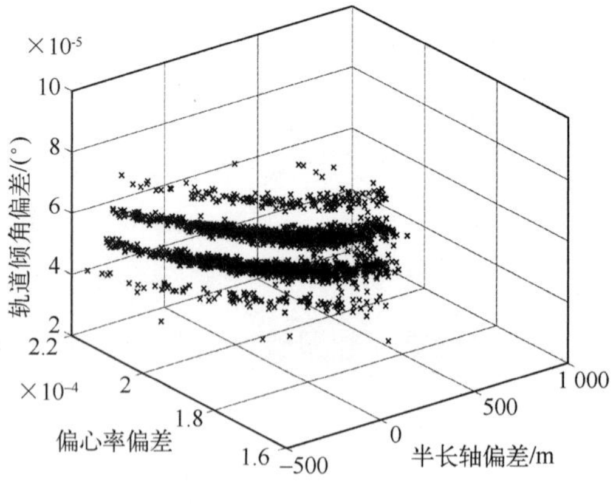

(d) 终端轨道要素偏差散步

图 10-10　三维空间能量管理方法蒙特卡罗仿真状态矢量曲线簇

综上所述，拓展定点制导算法在定点制导理论的基础上，进一步根据速度管控产生的耦合项得到等效矢量关系，并推导求解点火指令与推力矢量方程，同时使采用耗尽关机方式的火箭具有满足终端多轨道要素约束的能力。传统的轨道侧向速度管控方式并未考虑附加耦合产生的影响，虽然对于共面圆轨道耦合项的影响较小，但对于异面椭圆轨道，耦合项的影响将导致终端约束无法满足。整体制导方案具有较高的制导精度，对所配置的干扰源具有很强的鲁棒性，拓展定点制导解算的速度控制平面对耦合项具有较强的抑制能力，为固体运载火箭的制导方案设计提供了理论支撑且具有一定的工程应用价值。

10.3　多级定点制导混合能量管理方法的设计及分析

10.2节以单一预定的入轨任务开展了不同的制导方案设计和仿真，两种不同的制导方案在设定的任务条件下都具备较高的制导精度和强鲁棒性，但是针对快速发射即时任务（不同的载荷质量以及不同的圆轨道高度），要求固体运载火箭的制导方法具备在线自主解算能力，本节将开展多级定点制导混合能量管理方法的设计和验证。

10.3.1　能量管理方法的局限性验证和分析

（1）不同速度控制程度下的仿真与分析

10.2节设计了定点制导耦合能量管理方法，数值仿真试验验证了这两种制导方案的制导精度和鲁棒性。然而，在快速响应即时任务的需求下，固体运载火箭携带的卫星载荷质量无法提前确定，这导致不同制导方案下各子级的速度控制程度产生了差异。本节以500km SSO任务为例，速度控制程度分别设计为10%、20%和30%，分析这两种基于速度控制的制导方案对不同速度控制程度的适用性，仿真结果如图10-11所示。

在速度控制程度为10%的条件下，两种制导方案标称轨迹的入轨精度相当。但随着速度控制程度增加至30%，三维空间能量管理方法入轨精度变化不大，但轨道平面能量管理方法入轨精度下降，半长轴偏差的最大值为43.97km，偏心率偏差的最大值为0.006 8，轨道倾角偏差的最大值为(10^{-4})°。轨道倾角偏差随不同的速度控制程度变化不大，其主要原因是：在轨道平面能量管理方法中速度控制施加在第三子级且在轨道面内，速度控制产生的附加位置量并不影响轨道倾角的变化，而且第四子级的制导算法依然具有轨迹修正的能力；在速度控制耦合抑制的制导方法中速度控制施加在第四子级并且在轨道平面外，但是耦合抑制方法能够有效地将速度控制产生的附加位置量分解至与轨道倾角无关的方向来进行对偏差的抑制。

图10-11（d）展示了半长轴偏差和偏心率偏差的对比结果（图中以轨道半长轴偏差的最大值对其无量纲化，以轨道偏心率偏差的最大值为参考值对其无量纲化）。可看到轨道面内速度控制的制导方案入轨精度下降，其主要原因是：虽然第三子级在轨道面内施加的速度控制有利于增加滑行轨道的远地点地心距，但是由速度控制产生的附加远地点地心距并未从理论上进行量化分析。对于单一的预定轨道任务通过合理的参数设计，该方案能够达到很好的制导精度和鲁棒性，而面对不同条件的即时任务制导方案，其方法的适应性将

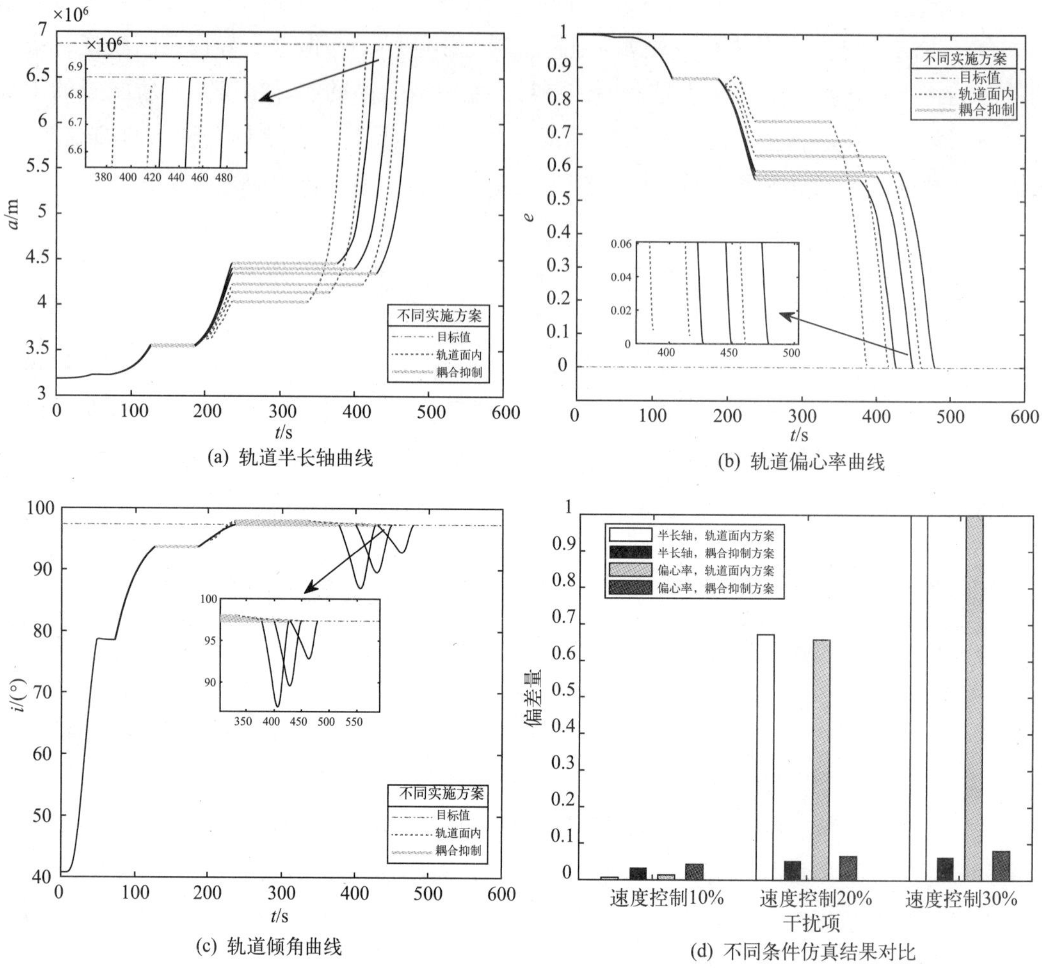

图 10-11　不同速度控制程度下仿真状态对比曲线

无法满足要求。相较之下，速度控制耦合抑制的制导方案入轨精度依然很高，表明了速度控制耦合抑制方法在理论上解决了对速度控制产生的附加位置量进行抑制的问题，具有很强的在线适应能力。

(2)不同载荷质量下的仿真与分析

以固体运载火箭进入 700km SSO 为例，采用 10.1.1 节的飞行环境来验证制导方法的精度和鲁棒性。设置三种不同的载荷任务，分别是：Case 1，最大载荷质量 200kg；Case 2，一半载荷质量 100kg；Case 3，空载荷质量 0kg。各项随机偏差在每次打靶中随机产生，且服从正态分布，每种载荷任务各进行 1 000 次蒙特卡罗仿真，总计 3 000 次。制导方案采用速度控制耦合抑制制导方案，并在速度控制的过程中，以加速度计的积分量视速度为自变量进行附加调姿角的计算，速度控制平面由定点制导耦合抑制算法计算得到，制导周期取 200ms 并实时解算制导指令，仿真抗干扰轨迹曲线簇如图 10-12 所示。

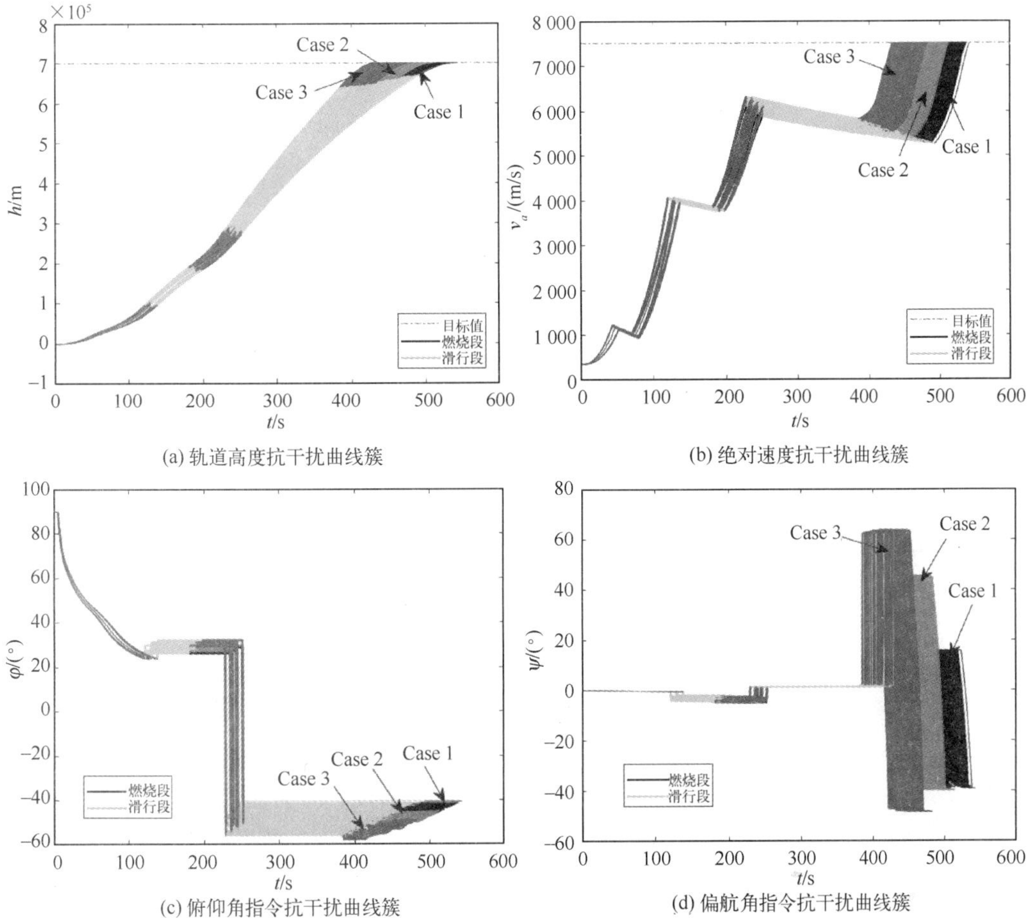

(a) 轨道高度抗干扰曲线簇　(b) 绝对速度抗干扰曲线簇

(c) 俯仰角指令抗干扰曲线簇　(d) 偏航角指令抗干扰曲线簇

图 10-12　不同载荷质量蒙特卡罗仿真飞行状态曲线簇

在不同载荷质量任务条件下，四子级滑行时间变化比较明显且分为三个不同的区域，最大载荷条件和空载条件下累计飞行时间相差 100s 左右，主要原因是不同载荷质量下火箭的加速度存在一定的差异。在空载条件下速度控制程度仅在 5%附近，一半载荷质量和满载质量条件下分别是在 18%和 32%附近。随着载荷质量的减小，速度控制程度逐渐增加，这导致速度控制所需要的调姿角也逐渐增大，如图 10-12(c)和(d)指令角曲线簇所示，相应的飞行轨道要素变化曲线簇如图 10-13 所示。

耦合抑制定点制导算法根据滑行阶段的飞行状态来求解滑行点火时间，适应固体运载火箭助推—滑行—助推的任务模式。根据图 10-12 (d)偏航指令角曲线和图 10-13(c) 轨道倾角曲线可以看出，速度控制模型随着速度控制程度的增大，附加的耦合影响越来越明显，但通过拓展定点制导算法求解的速度控制方向，能够在满足速度大小约束的同时保证满足终端约束条件。图 10-13 (d)表明，拓展定点制导算法能够根据运载火箭滑行阶段的飞行状态动态解算速度控制程度，而速度控制模型产生的耦合量是通过分解至升交点赤

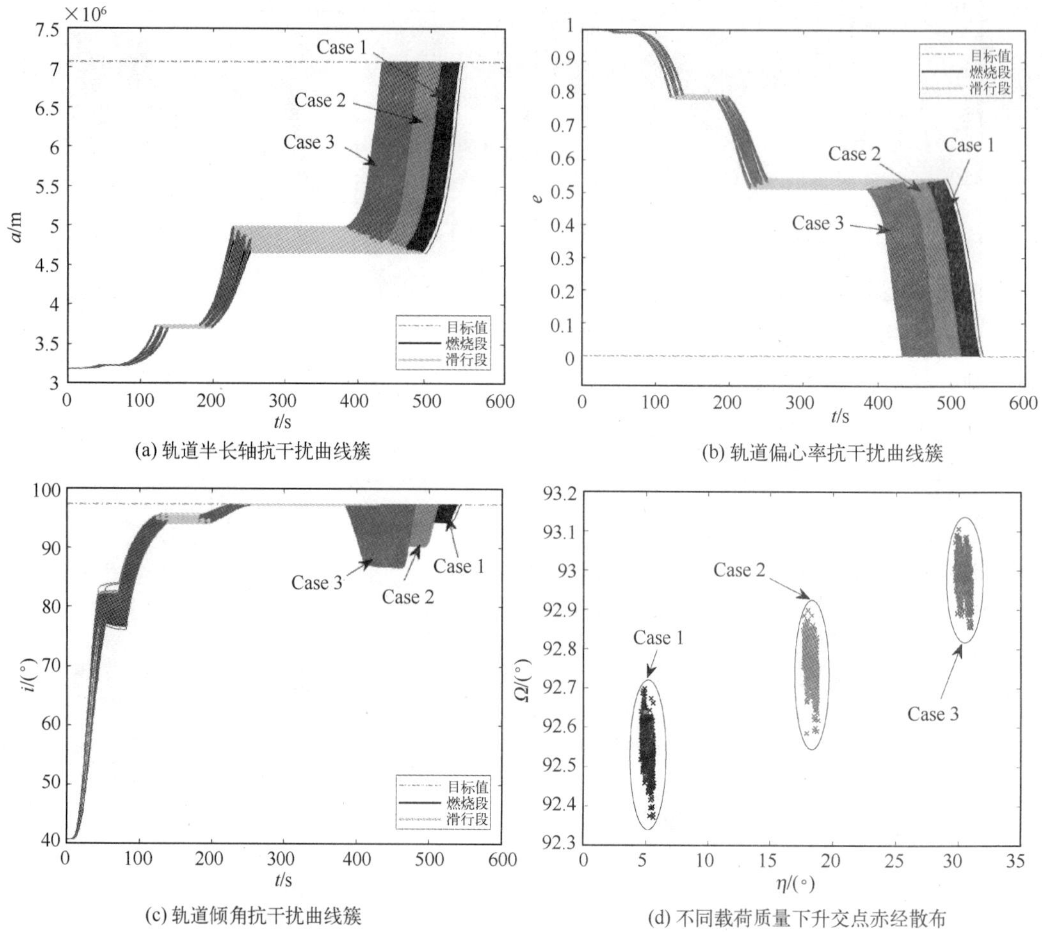

(a) 轨道半长轴抗干扰曲线簇　(b) 轨道偏心率抗干扰曲线簇

(c) 轨道倾角抗干扰曲线簇　(d) 不同载荷质量下升交点赤经散布

图 10-13　不同载荷质量蒙特卡罗仿真轨道要素曲线簇

经，来提高对终端轨道要素半长轴、偏心率及轨道倾角的制导精度的。3 000 次蒙特卡罗仿真的终端轨道要素偏差的统计结果见表 10-5。

表 10-5　不同载荷质量轨道要素蒙特卡罗统计结果

参数类别		单位	期望值	标准差	最大值 Ⅰ	最大值 Ⅱ
Case 1	半长轴	m	-106.7	113.3	409.6	383.4
	偏心率	10^{-4}	1.781 0	0.031 0	1.869 9	1.863 7
	轨道倾角	$(10^{-5})°$	4.478 3	2.498 1	9.237 5	9.183 2
Case 2	半长轴	m	111.9	172.2	571.2	550.3
	偏心率	10^{-4}	3.401 1	0.503 5	3.544 6	3.539 4
	轨道倾角	$(10^{-5})°$	0.975 8	2.441 4	6.026 2	5.703 9

续表

参数类别		单位	期望值	标准差	最大值Ⅰ	最大值Ⅱ
Case 3	半长轴	m	1.22	316.2	861.9	825.5
	偏心率	10^{-4}	5.254 1	0.145 9	5.604 9	5.600 4
	轨道倾角	$(10^{-5})°$	0.380 1	2.413 4	5.427 4	5.257 4

各轨道要素曲线随时间推移均达到目标值，表明了制导算法的终端约束能力；虽然偏差干扰源使运载火箭飞行轨迹改变，但应用所提制导方案后，受约束量通过不同的曲线形式均达到目标值，这表明了制导算法对终端状态的高精度约束能力，其中曲线簇的宽度代表了制导算法对各干扰源的鲁棒性。在不同载荷质量条件下，半长轴偏差的数学期望值达到 100m 量级，标准差小于 320m；偏心率的数学期望值达到 10^{-4}量级、标准差达到 10^{-5}量级，轨道倾角的数学期望值和标准差均达到$(10^{-5})°$量级。因此，速度控制耦合抑制的制导方案在不同的载荷质量条件下，依然对终端轨道半长轴、偏心率及轨道倾角具有高精度约束能力，且同时对所配置的偏差干扰具有强鲁棒性。

3 000 条蒙特卡罗仿真曲线簇的终端入轨根数偏差散布如图 10-14 所示。终端偏差比较集中且散布较小，半长轴偏差的最大值为 861.9m，偏心率偏差最大值为 5.6×10^{-4}，轨道倾角偏差的最大值为$(9.2\times10^{-5})°$。根据表 10-1 配置的各偏差量，虽然发动机性能参数的偏差既不能提前获知也无法在线测量，导致耗尽关机点必然存在状态偏差，但通过 VIC 模型将发动机尾段不确定性及偏差区域分解至 $\boldsymbol{\varepsilon}$ 通道，通过改变入轨点的升交点赤经来降低对终端状态量的影响，从而提高了入轨精度。

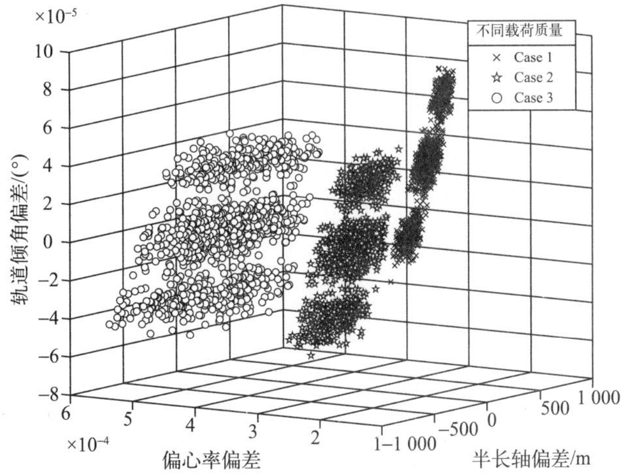

图 10-14　不同载荷质量蒙特卡罗仿真终端轨道要素偏差散布

综上所述，虽然速度控制耦合抑制制导方案对不同的载荷质量任务具有高制导精度和强鲁棒性，但是在空载条件(速度控制程度 32%左右)时，速度控制产生的附加调姿角将超过 70°，相应的调姿角速率将超过 20 (°)/s，这将对固体运载火箭的姿态控制系统形成很大的压力，甚至导致给出的调姿角指令控制系统无法实现控制，从而导致快速响应任务无法完成。因此，需要在速度控制耦合抑制制导方案的基础上，进一步解决速度控制程度过大引起的姿态角速率饱和跟踪问题。

10.3.2　多级定点制导混合能量管理方法设计

定点制导耦合能量管理方法对于事先预定的目标轨道具有高精度在线制导入轨能力。但是针对快速响应任务，随着携带卫星载荷质量以及入轨高度的变化，耗尽关机方式下速度控制程度会发生相应的改变，导致上述制导方案对飞行任务的自适应能力差，甚至无法保障火箭稳定可靠飞行。根据上述方案的仿真结果和分析，主要原因为：

（1）轨道面内速度控制全程制导方案

虽然第三子级在轨道面内施加速度控制且有利于增加滑行轨道的远地点地心距，但是由速度控制产生的附加远地点地心距并未从理论上进行量化分析。随着速度控制程度发生改变，附加耦合影响的程度产生了相应的变化，导致轨道面内速度控制方案对不同飞行任务的制导精度及适用性较差。

（2）速度控制耦合抑制全程制导方案

速度控制耦合抑制方法在理论上解决了附加耦合影响的抑制问题，针对不同的速度控制程度均具有很强的在线适应能力。但是，随着速度控制程度的增加，附加调姿角以及调姿角速率将逐渐增大，空载条件下速度控制程度达到 32%，调姿角将超过 70°，且相应的调姿角速率将超过 20 (°)/s，而对于一般的固体火箭控制系统要求调姿角速率不大于 12(°)/s，速度控制程度不应超过 15%。

综上所述，为了进一步解决在即时响应任务需求下速度控制耦合抑制方案存在的调姿角以及调姿角速率过大的问题，本节提出了即时任务多子级制导方案。在第三子级采用多子级定点制导算法，通过具有轨道能量约束的过渡轨道根数来实现对不同发射任务的在线规划，使第四子级采用的耦合抑制方法在最佳的速度管控范围内具有耗尽关机条件下的终端多约束能力，提高了制导方案对即时响应任务的适应性及自主性。多子级即时任务全程制导方案设计逻辑如图 10-15 所示，相应的制导方案如下：

1）大气层内采用开环方案飞行，二级耗尽关机后，进行短时间无动力滑行，当轨道高度达到 120km 时整流罩分离，此时飞行轨迹的偏差以导航输入的方式提供给在线制导算法。

2）在运载火箭二级关机与三级点火之间的滑行阶段，当整流罩分离之后切换至多子级即时任务全程制导方案。根据当前的飞行状态以及装定的三四级动力参数诸元，采用多子级在线任务规划方法(9.3 节)：对运载能力不足的飞行任务，参照定点制导方法的在线应用条件及任务降级策略(9.1 节)，进行在线任务规划，动态解算出三、四级之间滑行过渡轨道并决策出降级后的目标轨道；对运力足够的正常任务，根据原定即时飞行任务动态

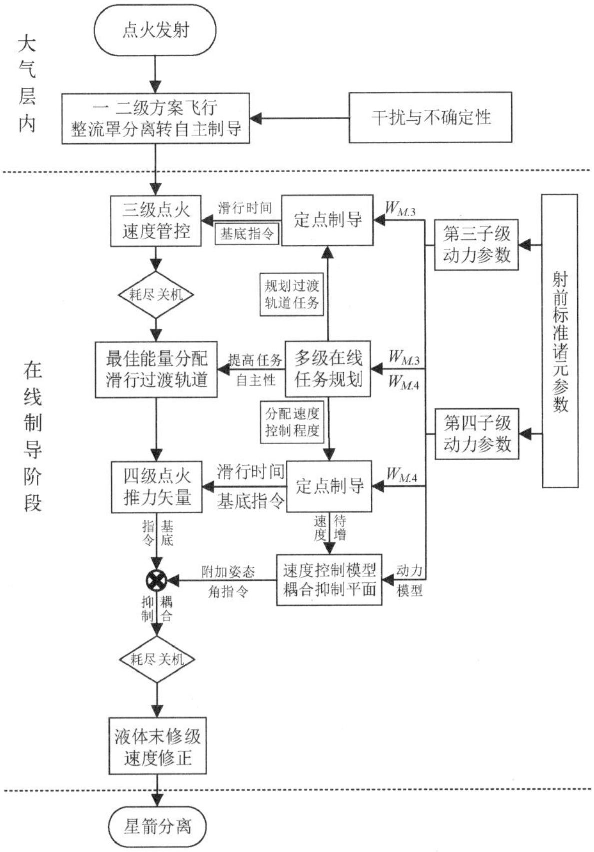

图10-15 多子级即时任务自主制导方法逻辑示意图

解算出三、四级之间具备最佳能量匹配的滑行过渡轨道，输出三子级助推段进入过渡滑行轨道的终端约束。

3）运载火箭第三子级按照在线任务规划方法解算的滑行过渡轨道根数制导（7.4节）飞行，助推段助推过程不考虑速度控制问题，耗尽关机后火箭进入持续较长时间的无动力滑行轨道。

4）运载火箭第四子级采用拓展定点制导算法（9.2节）确定实际点火时间、需要速度矢量以及速度控制方向 $\boldsymbol{\varepsilon}$。由于在线任务规划方法预先考虑了最佳能量分配问题，根据待增速度模量计算出的最大调姿角 u_m 将在合适的范围内。在长时间的第四子级无动力滑行轨道上，点火时间、速度控制方向 $\boldsymbol{\varepsilon}$ 以及最大调姿角 u_m 均可预先计算得到，而在持续助推过程中，由最小附加角速度控制模型根据当前的视速度模值输出附加调姿角，并根据箭体姿态角［式(8-6)］解算出俯仰指令角和偏航指令角。

5）末修级在第四子级耗尽关机（火箭基本满足入轨飞行状态参数）后，对入轨速度偏差进行精修，并采用线性递推预报关机方程［式(10-12)］进行制导关机。

10.3.3 仿真验证与分析

为验证制导算法对快速发射任务的自适应性，考虑 700km SSO 轨道最大载荷、空载荷两种典型情况，并以最大载荷方案设置终端轨道高度为 300km、700km 的两种常用卫星轨道。根据所设置的三种典型发射任务条件，采用 10.1.1 节的飞行环境来验证制导方法的精度和鲁棒性，各方案分别进行 1 000 次蒙特卡罗仿真，火箭轨道地心距变量以终端地心距约束值为参考值进行无量纲化，绝对速度变量以终端入轨速度约束值进行单位化，终端状态约束见表 10-6。

表 10-6 不同载荷质量运载火箭发射任务配置表

任务配置	终端状态约束			
	高度/km	地心距/km	绝对速度/(m/s)	当地弹道倾角/(°)
700km 满载	700	7 071.004	7 508.07	0
700km 空载	700	7 071.004	7 508.07	0
300km 满载	300	6 671.004	7 729.89	0

三种不同发射任务条件下的蒙特卡罗仿真曲线簇如图 10-16 所示，其中各状态量曲线随时间推移均达到目标值，表明了制导算法的终端约束能力；虽然偏差干扰源使运载火箭飞行轨迹改变，但应用助推—滑行—助推制导算法后，状态量通过不同的曲线形式均达到目标值，表明了制导算法对终端状态的高精度约束能力，其中曲线簇的宽度代表了制导算法对各干扰源的鲁棒性。

图 10-16（b）绝对速度变化曲线簇中，出现了飞行过程绝对速度超过目标速度的情况，因为 300km 满载与 700km 空载分别对应轨道高度的变化与有效载荷质量的改变，两种情况下运载火箭均存在发动机能量过剩的情况，通过多子级自主制导方法生成的制导指令如图 10-16(d)所示，使状态量均达到目标值且在耗尽关机过程中降低了姿态角的变化率，表明该制导方法在不同程度的发动机剩余能量情况下均能满足耗尽关机要求，对不同任务具有一定的适用性。

在 300km 满载与 700km 空载发射任务下，存在速度控制程度较大(30%～50%)的现象，通过多子级定点制导方法在线解算滑行过渡轨道根数约束条件，使固体运载火箭第三、四级发动机产生的速度矢量增量与实现轨道任务所需的速度矢量相匹配，来解决速度控制程度过大的问题并满足固体运载火箭耗尽关机要求。在不同的初始条件下，图 10-17(a)轨道能量变化和图 10-17（b）动量矩变化均达到终端约束值，展现出多子级定点制导方法对多级轨道能量控制的自主性，同时也体现出算法对不同干扰的鲁棒性。

终端偏差如图 10-18 所示，散布较小且比较集中但依然存在野点。半长轴偏差的最大值为 1 520.9m，轨道倾角偏差的最大值为$(1.4\times10^{-2})°$。主要原因为：一方面，大气层内

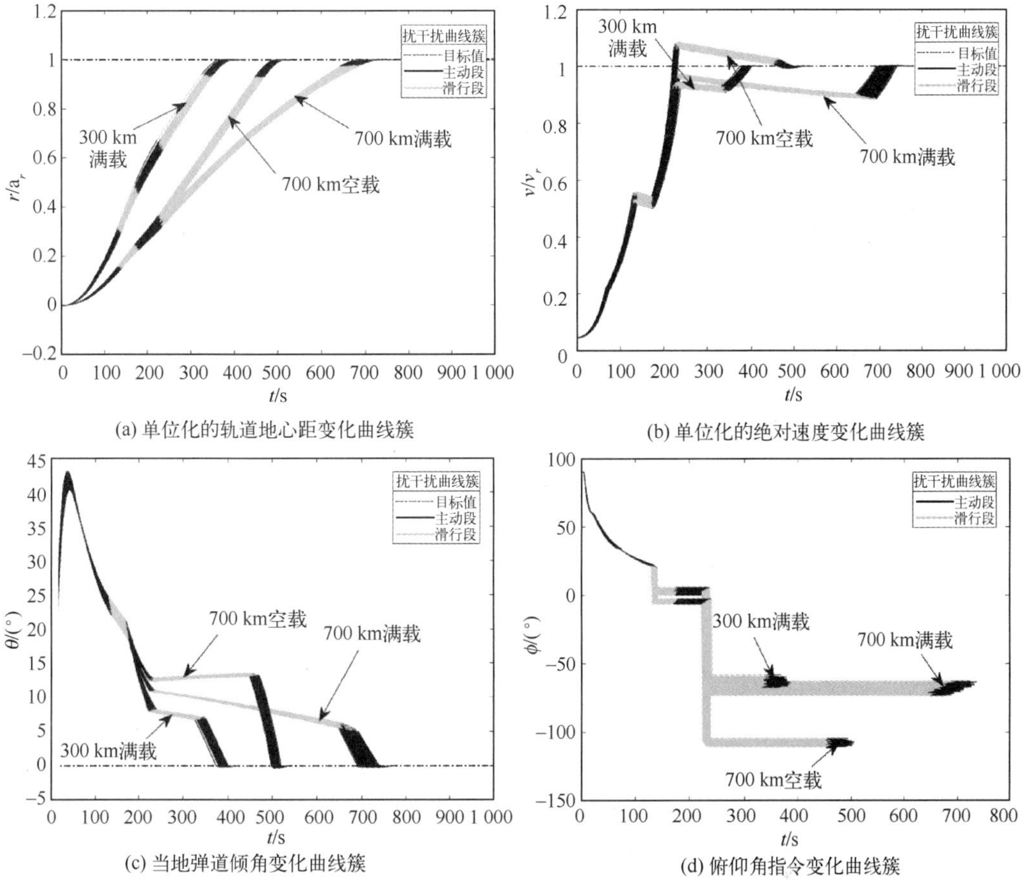

(a) 单位化的轨道地心距变化曲线簇　(b) 单位化的绝对速度变化曲线簇

(c) 当地弹道倾角变化曲线簇　(d) 俯仰角指令变化曲线簇

图 10-16　即时任务蒙特卡罗仿真状态矢量曲线簇

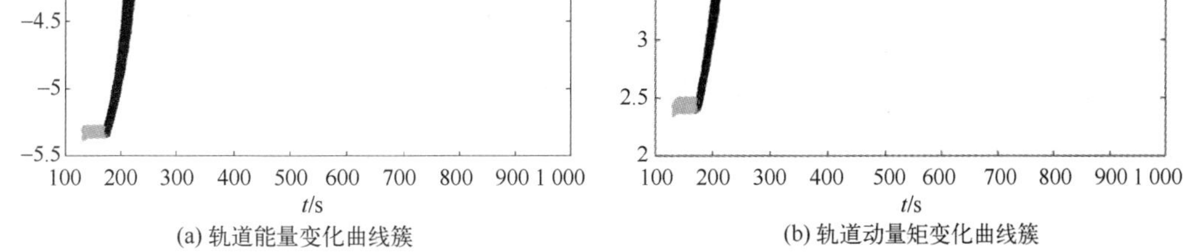

(a) 轨道能量变化曲线簇　(b) 轨道动量矩变化曲线簇

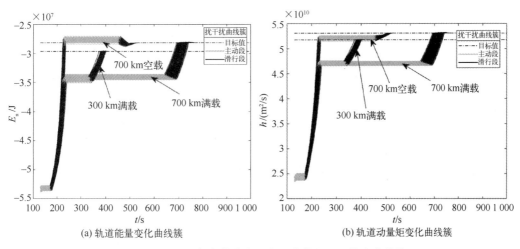

图 10-17　即时任务蒙特卡罗自适应能量匹配仿真曲线簇

采用未加横法向导引的开环飞行，箭体受气动及风干扰影响，导致飞行轨迹偏差较大；另一方面，发动机性能参数的偏差既不能提前获知也无法在线测量，导致耗尽关机点必然存在状态偏差。根据表 10-7 可得，半长轴偏差的数学期望值小于 100m 量级，标准差小于 200m 量级；偏心率的数学期望值与标准差达到 10^{-4} 量级，轨道倾角的数学期望值达到 $(10^{-3})°$ 量级，标准差达到 $(10^{-2})°$ 量级。末修级推进剂的平均值为 6.575 7kg，最大值为 14.761kg，标准差小于 1.721 3kg。数据结果表明：即时任务多子级制导方案具有高精度终端约束能力，并且对液体末修级推进剂消耗不超过 15kg。

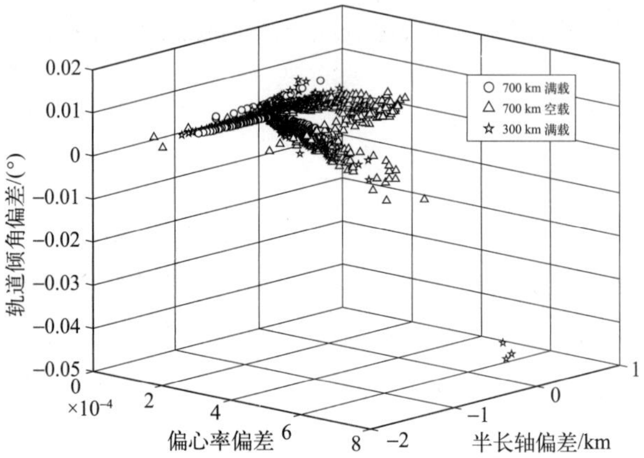

图 10-18　即时任务蒙特卡罗终端轨道要素偏差散布

表 10-7　即时任务蒙特卡罗仿真轨道根数统计结果

目标轨道	偏差类别	单位	期望值	标准差	最大值	
					Ⅰ	Ⅱ
700km SSO 满载	半长轴	m	−55.295	150.42	847.5	796.1
	偏心率	10^{-5}	8.516 6	5.159 2	26.733	25.609
	轨道倾角	$(10^{-4})°$	6.035 7	16.067	105.19	85.820
	末修质量	kg	8.143 5	1.721 3	14.761	14.249
700km SSO 空载	半长轴	m	−31.780	171.44	1 520.9	1 410.5
	偏心率	10^{-4}	1.300 9	1.091 3	4.747 8	4.251 9
	轨道倾角	$(10^{-3})°$	1.490 6	3.882 1	14.156	12.408
	末修质量	kg	4.782 2	1.607 7	12.064	11.236
300km SSO 满载	半长轴	m	−15.753	162.76	699.6	588.4
	偏心率	10^{-5}	5.530 9	6.112 4	35.018	28.542
	轨道倾角	$(10^{-4})°$	2.564 5	31.737	93.736	76.391
	末修质量	kg	5.386 1	1.644 5	11.462	10.822

综上所述，第三子级采用的多子级定点制导算法，通过具有轨道能量约束的滑行过渡轨道建立多级能量匹配方程组，根据解算的过渡轨道根数来实现对不同发射任务的在线规划，从而有效解决速度控制程度过大的问题；第四子级的定点制导拓展算法，引入了速度矢量及位置矢量约束条件，推导出点火指令、推力矢量以及速度控制平面的求解方程，并在可控速度控制程度内实现在耗尽关机条件下的终端多约束能力。在载荷最大的条件下，运载火箭几乎无剩余能量，这要求末修级推进剂的消耗有一定的增加；而在剩余能量过多的条件下，干扰源的影响使耗尽关机点产生的状态偏差通过滑行轨道进一步放大，使制导算法的鲁棒性略有降低。但是，即时任务多子级制导方案依然具有很高的制导精度，对所配置的干扰源具有很强的鲁棒性，对快速响应任务具有强适应性及自主性。

10.4　本章小结

固体运载火箭助推—滑行—助推模式制导技术是快速响应空间任务的关键技术之一，在第 8 章能量管理方法和第 9 章定点制导方法的基础上，本章开展了快速响应即时任务精确制导方案的多样化设计和仿真试验对比分析，从液体末修级的精度影响、速度控制的制导方案以及多子级即时任务方案等几个方面，对不同的制导方法及其在飞行任务上的应用进行了验证，主要工作和结论如下：

1）固体运载火箭在解决了耗尽关机方式下的多约束制导问题后，通过极少量的末修级推进剂，对发动机推力后效、装药量偏差、比冲偏差等干扰源引起的入轨速度偏差进行精确修正，使其入轨精度能够媲美甚至超越液体火箭。

2）轨道平面能量管理方法，在第三子级采用速度控制方法将附加位置影响分解至轨道高度上；三维空间能量管理方法，在第四子级采用速度控制方法并将位置影响分解至入轨点升交点赤经。这两种方案针对预先给定的飞行任务，具有高精度终端多约束能力，对各项干扰具有强鲁棒性，为固体运载火箭的制导方案设计提供了两种方式的速度控制途径。

3）针对即时响应任务，随着携带卫星载荷质量以及入轨高度的变化，耗尽关机方式下速度控制程度会发生相应的改变。虽然第三子级在轨道面内施加速度控制，且有利于增加滑行轨道的远地点地心距，但是由速度控制产生的附加远地点地心距并未从理论上进行量化分析，这导致了轨道面内速度控制方案对不同飞行任务的制导精度及适用性较差。

4）三维空间能量管理方法对即时响应不同载荷质量的任务，都具有很高的入轨精度以及强鲁棒性，表明了速度控制耦合抑制方法在理论上解决了对速度控制产生的附加位置量进行抑制的问题，针对不同的速度控制程度具有很强的在线适应能力。但是，随着速度控制程度的增加，附加调姿角以及调姿角速率将逐渐增大，空载条件下速度控制程度达到 32%，调姿角将超过 70°且相应的调姿角速率将超过 20(°)/s，而对于一般的固体火箭控制系统要求调姿角速率不大于 12(°)/s，速度控制程度不应超过 15%。

5）为了解决三维空间能量管理方法存在的调姿角以及调姿角速率过大的问题，进一步提出了多级定点制导耦合能量管理方法。在第三子级采用的多子级定点制导算法，根据原定飞行任务动态解算出三、四级之间具备最佳能量匹配的滑行过渡轨道。并通过具有轨道能量约束的过渡轨道根数，使第四子级三维空间能量管理方法在最佳的速度管控范围内，提高了制导方案对快速响应任务的适应性、自主性及可靠性。

参考文献

[1] TOKUDOME S, HABU H, UI K, et al. Solid propulsion systems for epsilon launch vehicle[C]. Atlanta, GA, United states: American Institute of Aeronautics and Astronautics, 2012: 1-7.

[2] HANSON J M, BEARD B B. Applying Monte Carlo simulation to launch vehicle design and requirements verification[J]. Journal of Spacecraft and Rockets, 2012, 49(1): 136-144.

[3] 杨希祥，张为华．小型固体运载火箭六自由度弹道仿真[J]. 航空学报，2010，31(1)：41-47.

[4] 陈世年，李连仲，王京武. 控制系统设计[M]. 北京：宇航出版社，1996.

[5] YAMAGUCHI H, MORITA Y, IMOTO T, et al. Developing of guidance and control system for enhanced epsilon launch vehicle[C]. Montreal, Canada: Univelt Inc., 2016: 233-241.